职业教育食品类专业教材系列

食品检测技术

理化检验　感官检验技术

（修订版）

朱克永　主编

杜淑霞　王　磊　潘　宁　副主编

科学出版社

北　京

内 容 简 介

本书按照高等职业教育食品类专业规定的职业培养目标编写。面向食品生产、质量检验监督部门，突出综合职业能力和实践能力的培养，并反映出在食品检测中所应用的新知识、新技术、新方法、新标准，主要内容包括食品的感官检验、食品的理化检验等。

本书适合高等职业教育食品加工技术、食品营养与检测、食品储运与营销、食品机械与管理、食品生物技术、农畜特产品加工及农业技术类专业、农产品安全检验等专业作为教材，同时适用于各食品加工企业、食品检测机构作为培训教材。

图书在版编目(CIP)数据

食品检测技术：理化检验　感官检验技术/朱克永主编. —北京：科学出版社，2011.1

(职业教育食品类专业教材系列)

ISBN 978-7-03-029342-8

Ⅰ.①食…　Ⅱ.①朱…　Ⅲ.①食品检验-高等学校：技术学校-教材　Ⅳ.①TS207

中国版本图书馆 CIP 数据核字(2010)第 207798 号

责任编辑：沈力匀/责任校对：王万红

责任印制：吕春珉/封面设计：耕者设计工作室

科学出版社 出版

北京东黄城根北街 16 号

邮政编码：100717

http://www.sciencep.com

北京鑫丰华彩印有限公司印刷

科学出版社发行　各地新华书店经销

*

2011 年 1 月第　一　版　开本：787×1092　1/16

2020 年 8 月修　订　版　印张：21 1/2

2022 年 8 月第十三次印刷　字数：516 000

定价：65.00 元

(如有印装质量问题，我社负责调换〈鑫丰华〉)

销售部电话 010-62134988　编辑部电话 010-62130750

前　　言

为认真贯彻落实教育部《关于全面提高高等职业教育教学质量的若干意见》中提出“加大课程建设与改革的力度，增强学生的职业能力”的要求，适应我国职业教育课程改革的趋势，我们根据食品行业各技术领域和职业岗位（群）的任职要求，以“工学结合”为切入点，以真实生产任务或（和）工作过程为导向，以相关职业资格标准基本工作要求为依据，重新构建了职业技术（技能）和职业素质基础知识培养两个课程系统。在不断总结近年来课程建设与改革经验的基础上，组织开发、编写了高等职业教育食品类专业教材系列，以满足各院校食品类专业建设和相关课程改革的需要，提高课程教学质量。

本书自第一版出版以来，使用本书的学校先后提出许多宝贵意见，随着课程体系与教学改革的深化，我们对内容进行了调整和修改。将《食品检测技术》分解为理化检验感官检验技术分册、微生物检验技术分册、仪器检验技术分册、动植物食品检疫技术分册、食品掺伪检验与速测技术分册。内容更丰富，实用性更强。

本书为《食品检测技术》理化检验 感官检验技术分册，内容主要包括食品的感官检验、食品检验的基本知识、理化检验。

本书由四川工商职业技术学院朱克永任主编；广东轻工职业技术学院杜淑霞、长春职业技术学院王磊和广西工业职业技术学院潘宁任副主编。参与编写的还有北京农业职业技术学院李鹏林，大连轻工业学校周海彤，成都大学万萍，内蒙古农业大学职业技术学院赵丽华。全书由朱克永统稿、整理、审定。

本书经教育部高职高专食品类专业教学指导委员会组织审定。在编写过程中，得到教育部高职高专食品类专业教学指导委员会、中国轻工职业技能鉴定指导中心的悉心指导以及科学出版社的大力支持，谨此表示感谢。在编写过程中，参考了许多文献、资料，包括大量网上资料，难以一一鸣谢，在此一并感谢。

由于时间和编写者水平有限，不妥之处在所难免，恳请读者批评指正。

目　　录

第二篇　食品理化检测技术

绪　　论

1. 食品检测技术研究的对象与任务

食品是人类生存不可缺少的物质条件之一，是维持人类生命和身体健康不可缺少的能量和营养源，是人类最基本的生活资料。因此，食品品质的好坏，直接关系着人们的身体健康。对食品品质的好坏进行评价，就必须对食品进行分析检验、品质检定。食品检测技术就是专门研究各类食品组成成分的检测方法、检测技术及有关理论的一门技术性和应用性的学科。

食品检测技术的任务是运用物理、化学、生物化学等学科的基本理论及各种科学技术，对食品工业生产中的物料（原料、辅料、半成品、成品、副产品等）的主要成分及其含量和有关工艺参数进行检测，其作用是：

（1）控制和管理生产，保证和监督食品的质量。通过对食品生产所用原料、辅助材料的检测，可了解其质量是否符合生产的要求，确定工艺参数、工艺要求以控制生产过程。通过对半成品和成品的检测，可以掌握生产情况，及时发现生产中存在的问题，便于采取相应的措施，以保证产品的质量。为制订生产计划，进行经济核算提供基本数据。

（2）为食品新资源和新产品的开发、新技术和新工艺的探索等提供可靠的依据。在食品科学研究中食品检测技术是不可缺少的手段，不论是理论性研究还是应用性研究，都离不开食品检测技术。如食品资源的开发，新产品的试制，新设备的使用，生产工艺的改进，产品包装的更新，储运技术的提高等方面的研究中，都需要以分析检测结果为依据。

2. 食品检测技术的内容

1）食品感官检测技术

各种食品都具有各自的感官特征，随着人民生活水平的不断提高，对食品的色、香、味、外观等感官特征提出了更高的要求。好的食品不但要符合营养和卫生的要求，而且要有良好的可接受性。因此在食品检测技术中，感官鉴定占有重要的地位。

2）食品理化检测技术

食品的理化检测主要是利用物理、化学以及仪器等分析方法对食品中的各种营养成分、添加剂、矿物质、有害物质、微量成分、污染物质等进行分析检验。确保食品的质量，指导食品生产、加工过程，评价食品的优劣、保证食品的安全性。

3）食品微生物检测技术

微生物广泛地分布于自然界中。绝大多数微生物对人类和动、植物是有益的，有些甚至是必需的。而另一方面，微生物也是造成食品变质的主要因素，其中病原微生物还会致病。因此，为了正确而客观地揭示食品的卫生情况，加强食品卫生的管理，保障人们的身体健康，必须对食品进行微生物检测。食品的微生物检测技术就是应用微生物学的理论和方法，对食品中细菌总数、大肠菌群以及致病菌等进行检测。

3. 食品检测方法及发展方向

1）食品检测方法

在食品检测中，由于目的不同，或被测组分和干扰成分的性质以及它们在食品中存在的数量的差异，所选择的分析检测方法也各不相同。食品检测采用的方法有感官检验法、化学检验法、仪器检验法、微生物检验法和酶检验法。

（1）感官检验法。各种食品都具有各自的感官特征，除了色、香、味是所有食品共有的感官特征外，液态食品还有澄清、透明等感官指标，对固体、半固体食品还有软、硬、弹性、韧性、黏、滑、干燥等一切能为人体感官判定和接受的指标。好的食品不但要符合营养和卫生的要求，而且要有良好的可接受性。因此，各类食品的质量标准中都有感官指标。感官鉴定是食品质量检验的主要内容之一，在食品检测中占有重要的地位。

（2）化学检验法。以物质的化学反应为基础，使被测成分在溶液中与试剂作用，由生成物的量或消耗试剂的量来确定组分和含量的方法。包括定性分析和定量分析。定量分析包括：称量法和容量法。如食品中水分、灰分、脂肪、果胶、纤维等成分的测定，常规法基本上都是称量法。容量法包括酸碱滴定法、氧化还原滴定法、配位滴定法和沉淀滴定法等。如酸度、蛋白质的测定常用到酸碱滴定法；还原糖、维生素 C 的测定常用到氧化还原滴定法。化学分析法是食品检测技术中最基础、最基本、最重要的分析方法。

（3）仪器检验法。以物质的物理或物理化学性质为基础，利用光电仪器来测定物质含量的方法称为仪器分析法。其包括物理分析法和物理化学分析法。物理分析法是通过测定密度、黏度、折光率、旋光度等物质特有的物理性质来求出被测组分含量的方法。物理化学分析法是通过测量物质的光学性质、电化学性质等物理化学性质来求出被测组分含量的方法。

（4）微生物检验法是基于某些微生物生长需要特定的物质，该方法条件温和，克服了化学分析法和仪器分析法中某些被测成分易分解的弱点，方法的选择性也高。常应用于维生素、抗生素残留量、激素等成分的检测中。

（5）酶检验法是利用酶反应进行物质定性、定量的方法。酶是生物催化剂，它具有高效和专一的催化剂特征，而且是在温和的条件下进行。酶作为分析试剂应用于食品检测中，解决了从复杂组分中检测某一成分而不受或少受其他共存成分干扰的问题，具有简便、快速、准确、灵敏等优点。目前已用于食品中有机酸（柠檬酸、苹果酸、乳酸等）、糖类（葡萄糖、果糖、乳糖、半乳糖、麦芽糖等）、淀粉、维生素 C 等成分的测定。

2）食品检测技术的现状及发展方向

（1）测定方法的发展及存在问题。近年来，蛋白质和脂肪的测定方法发展较快，已实现半自动和自动化分析。粗纤维的测定方法已用膳食纤维测定法代替。近红外光谱分析法已应用于某些食品中水分、蛋白质、脂肪、纤维素等多种成分的测定，但尚存在一些问题，不能用于多种食品的测定，因而有局限性。气相色谱法和液相色谱法测定游离糖已有较可靠的分析方法。自气相色谱仪问世以来，脂肪酸的测定方法得到了飞跃发展，目前多采用填充柱分离多种饱和及不饱和脂肪酸；毛细管色谱法以其更佳的分离效果也得到了广泛的应用。氨基酸自动分析仪的出现，完全革新了原有的微生物法测定氨基酸的手段，分析效果大为提高；高效液相色谱法附加柱前或柱后反应装置，也应用于氨基酸的测定，其效果甚至优于氨基酸自动分析仪。但是，食品检测技术中仍需要一些适用于工厂常规检验的简便、快速、高效的方法。随着食品污染源的增多及各种新型食品添加剂的相继出现，食品卫生安全检测的任务越来越重。某些有害残留物、微量元素等的检测方法仍需不断研究和发展。

（2）食品检测技术的仪器化和自动化。随着科学技术的迅猛发展，各种食品检测的方法不断得到完善、更新，在保证检测结果准确度的前提下，食品检测正向着微量、快速、自动化的方向发展。许多高灵敏度、高分辨率的分析仪器越来越多地应用于食品检测中，为食品的开发与研究、食品的安全与卫生检验提供了更有力的手段。气相色谱仪、高效液相色谱仪、氨基酸自动分析仪、原子吸收分光光度计以及可进行光谱扫描的紫外-可见分光光度计、荧光分光光度计等已在食品检测中得到普遍应用。现代食品检测技术中涉及各种仪器检验方法，许多新型、高效的仪器检测技术也在不断的产生，随着计算机的普及和应用，为仪器分析方法的自动化提供了有力的保证。从自动进样到分析结果、数据的统计处理，实现了全过程的自动化。

第一篇　食品感官检验技术

第 1 章　感官检验概论

食品的感官检验，是根据人的感觉器官对食品的各种质量特征的“感觉”，如味觉、嗅觉、视觉、听觉等，用语言、文字、符号或数据进行记录，再运用概率统计原理进行统计分析，从而得出结论，对食品的色、香、味、形、质地、口感等各项指标做出评价的方法。

在食品所具备的营养、卫生、色香味俱佳等质量特性中，最直接受人们鉴别、评价的是食品的感官特性，感官特性是可由人的感觉器官感知的食品特性，如食品的色泽、风味、香气、形态组织等。长期以来，人们习惯于根据自身感觉器官的感觉来决定食品的取舍，所以作为食品不仅要符合营养、卫生的要求，还必须被消费者接受，其可接受性是难以用一般的物理或化学的方法进行检测和描述的。因为用物理或化学的方法来测定食品中各组分的含量，特别是与感觉有关的组分，如糖、氨基酸、食盐等，只是对组分的含量进行测定，并未考虑组分之间的相互作用和对感觉器官的刺激情况，因而会缺乏综合性判断。人的感官是十分有效、敏感的综合检测器，可以克服上述方法的不足，对食品做出综合性的感觉评价，并能加以比较和准确地表达，从而对食品的可接受性做出判断。

此外，感官检验还用于鉴别食品质量。在各种食品的质量标准中，都有感官指标，如外观、形态、色泽、口感、风味、均匀度、浑浊度、是否有沉淀和杂质等。这些感官指标往往能反映出食品的品质和质量的好坏，当食品的质量发生变化时，常引起某些感官指标也发生变化。因此，通过感官检查可判断食品的质量及变化情况。尤其重要的是，当食品的感官性状只发生微小变化，甚至这种变化轻微到有些用仪器都难以准确发现时，可通过人的感觉器官，如嗅觉、味觉等给予鉴别。可见，食品的感官检验有着理化和微生物检验方法所不能替代的优越性，是食品检验中的一个重要组成部分，而且居于食品检验中的首位，因此，感官检验不仅能直接对食品的感官性状做出判断，而且可察觉异常现象的有无，并据此提出必要的理化和微生物检验项目，便于食品质量的检测和控制。

总之，感官检验对食品工业原辅材料、半成品和成品质量检验和控制、食品储藏保鲜、新产品开发、市场调查以及家庭饮食等方面都具有重要的指导意义。

1.1　感官检验的类型

感官检验中，根据作用不同分为两大类型。通常根据试验目的，明确选定其中一种类型，防止混用。

1.1.1　分析型感官检验

分析型感官检验是把人的感觉器官作为一种检验测量的工具，来评定样品的质量特性或鉴别多个样品之间的差异等。例如，质量检查、产品评优等都属于这种类型。

由于分析型感官检验是通过感觉器官的感觉来进行检测的，因此，为了降低个人感觉之间差异的影响，提高检测的重现性，以获得高精度的测定结果，必须注意评价基准的标准化、试验条件的规范化和评价员的选定。

1）评价基准的标准化

在感官测定食品的质量特性时，对每一测定项目都必须有明确、具体的评价尺度及评价基准物，亦即评价基准应统一、标准化，以防评价员采用各自的评价基准和尺度，使结果难以统一和比较。对同一类食品进行感官检验时，其基准及评价尺度必须具有连贯性及稳定性。因此制作标准样品是评价基准标准化的最有效的方法。

2）试验条件的规范化

感官检验中，分析结果很容易受环境及试验条件的影响，故试验条件应规范化，如必须有合适的感官试验室、有适宜的光照等。以防试验结果受环境、条件的影响而出现大的波动。

3）评价员的素质

从事感官检验的评价员必须有良好的生理及心理条件，并经过适当的训练，感官感觉敏锐。

综上所述，分析型感官检验是评价员对物品的客观评价，其分析结果不受人的主观意志干扰。

1.1.2　偏爱型感官检验

偏爱型感官检验与分析型正好相反，它是以样品为工具，来了解人的感官反应及倾向。在新产品开发的过程中，对试制品的评价；在市场调查中使用的感官检查都属于此类型的感官检验。

偏爱型感官检验不像分析型那样需要统一的评价标准及条件，而依赖于人们的生理及心理上的综合感觉，即人的感觉程度和主观判断起着决定性作用，检验的结果受到生活环境、生活习惯、审美观点等多方面的因素影响，因此其结果往往是因人、因时、因地而异。例如，一种辣味食品在具有饮食习惯的群体中进行调查，所获得的结论肯定有差异，但这种差异并非说明群体之间孰好孰坏，只是说明了不同群体的不同饮食习惯，或者说某个群体更偏爱于某种口味的食品。所以，偏爱型感官检验完全是一种主观的或群体的行为。它反映了不同个体或群体的偏爱倾向，不同个体或群体的差异。对食品的开发、研制、生产有积极的指导意义。

偏爱型感官检验是人的主观判断，因此，是其他方法所不能替代的。

1.2　感官检验的发展过程

原始的感官检验是利用人们自身的感觉器官对食品进行评价和判别。许多情况下，这种评价由某方面的行家进行，并往往采用少数服从多数的简单方法，来确定最后的评价。这种评价，存在弊端。同时，作为一种以人的感觉为测定手段或测定对象的方法，误差也是难免的。因此，原始的感官检验，缺乏科学性，可信度不高。

1935 年英国著名的统计学家 R. A. Fisher，首次在其论著中，将统计学方法应用在感官检验的例子中。1936 年 S. Keber 真正把统计学方法应用于两点感官检验法来检验肉的嫩度。1941 年，美国一工厂的老板 Whisky 将两点检验法，用于产品的出厂检查，这是感官检验首次应用于质量管理的实例。统计学的引入，合理、有效地纠正了误差带来的影响，使感官检验成为一种有说服力的、科学的测定方法。此后，感官检验逐渐进入工业生产的各个领域。

随着对感官的生理学研究及心理学测定技术的直接应用，使感官检验有了更完善的理论基础及科学依据。

统计学原理及感官的生理学与心理学的引入，避免了感官检验中存在的缺陷，提高了可信度，使感官检验成为一种科学的检验方法，在食品工业生产中得到了广泛的应用。这三门学科构成了现代感官检验的三大支柱。

电子计算机技术的发展，更进一步影响和推进了感官检验的发展。电子计算机技术的应用，使感官检验的数据处理成为一项简单快捷的工作。在感官检验室中，管理者通过使用小型计算机网络提示评价员，得到有关检验的各项内容及要求。每个终端的评价员只要通过终端输入评价信息，计算机可以立即输出经统计分析的检验结果。

1.3　感觉的概念

1.3.1　感觉的定义

人类在生存的过程中时时刻刻都在感知自身存在的外部环境，感觉就是客观事物的各种特征和属性通过刺激人的不同的感觉器官引起兴奋，经神经传导反映到大脑皮层的神经中枢，从而产生的反应。一种特征或属性即产生一种感觉。而感觉的综合就形成了人对这一事物的认识及评价。

比如面包作用于我们的感官时，通过视觉可以感觉到它的外观、颜色；通过味觉可以感受到它的风味、味道；通过触摸或咀嚼可以感受到软硬、质地等。

人的感觉不仅仅是对外部环境的认知，同时也是对自身状况的认识。健康的人凭着对自身的感觉及对外界信息感知的反馈而正常、主动地进行一系列的活动，包括了体能方面、动作方面的活动以及大脑的逻辑思维等活动。失去了感觉，人也就失去了正常的、主动的活动能力。感官检验就是依靠人的这种感觉，以及人的大脑对各种感觉信息的处理和反馈来进行的。

1.3.2　感觉的分类及其敏感性

食品作为一种刺激物，它能刺激人的多种感觉器官而产生多种感官反应。早在2000多年前就有人将人类的感觉划分成五种基本感觉，即视觉、听觉、触觉、嗅觉和味觉。除上述的五种基本感觉外，人类可辨认的感觉还有温度觉、痛觉、疲劳觉、口感等多种。

感觉的敏感性是指人的感觉器官对刺激的感受、识别和分辨能力。感觉的敏感性因人而异，某些感觉通过训练或强化可以获得特别的发展，即敏感性增强。而当某些感觉器官发生障碍时，其敏感性会降低，甚至消失。如评酒大师的嗅觉及味觉就有超常的敏感性。而人在患感冒时，其嗅觉及味觉的敏感性将大大降低。

1.3.3　感觉阈

感觉的产生需要有适当的刺激，而刺激强度太大或太小都产生不了感觉。也就是说，必须有适当的刺激强度才能引起感觉。这个强度范围称为感觉阈。它是指从刚好能引起感觉，到刚好不能引起感觉的刺激强度范围。如人的眼睛，只能对波长范围在380～780nm之间的光波刺激产生视觉。在此范围以外的光刺激，均不能引起视觉，这个波长范围的光也就被称为可见光，也就是人的视觉阈。因此，对各种感觉来说，都有一个感受体所能接受的外界刺激变化范围。感觉阈值就是指感官或感受体对所能接受的刺激变化范围的上、下限以及对这个范围内最微小变化感觉的灵敏程度。依照测量技术和目的的不同，可以将感觉阈的概念分为下列几种：

（1）绝对感觉阈。是指以使人的感官产生一种感觉的某种刺激的最低刺激量为下限，到导致感觉消失的最高刺激量为上限的刺激强度范围值。

（2）察觉阈值。对刚刚能引起感觉的最小刺激量，我们称它为察觉阈值或感觉阈值下限。

（3）识别阈值。对能引起明确的感觉的最小刺激量，我们称为识别阈值。

（4）极限阈值。对刚好导致感觉消失的最大刺激量，我们称它为感觉阈值上限，又称为极限阈值。

（5）差别阈。是指感官所能感受到的刺激的最小变化量。如人对光波变化产生感觉的波长差是10nm。差别阈不是一个恒定值，它随某些因素如环境的、生理的或心理的变化而变化。

1.4　感觉的基本规律

在感官检验中不同的感觉与感觉之间会产生一定的影响，有时发生相乘作用，有时发生相抵效果。但在同一类感觉中，不同刺激对同一感受器的作用，又可引起感觉的适应、掩蔽或对比等现象。这种感官与刺激之间的相互作用、相互影响，在感官检验中，特别是在考虑样品制备、检验程序、试验环境的设立时，应引起充分的重视。

1.4.1　适应现象

“入芝兰之室，久而不闻其香。”这是典型的嗅觉适应。人从光亮处走进暗室，最初什么也看不见，经过一段时间后，就逐渐适应黑暗环境，这是视觉的暗适应现象。吃第二块糖总觉得不如第一块糖甜，这是味觉适应。除痛觉外，几乎所有感觉都存在这种适应现象。适应现象是指感受器在同一刺激物的持续作用下敏感性发生变化的现象。值得注意的是，在整个过程中，刺激物的性质强度没有改变，但由于连续或重复刺激，而使感受器的敏感性发生了暂时的变化。

一般情况下，强刺激的持续作用可使敏感性降低，微弱刺激的持续作用可使敏感性提高。

1.4.2　对比现象

各种感觉都存在对比现象，当两个不同的刺激物先后作用于同一感受器时，一般把一个刺激的存在比另一个刺激强的现象称为对比现象，所产生的反应叫对比效应。同时给予刺激时称为同时对比，先后连续给予两个刺激时，称为先后对比或相继性对比。

如在15%的砂糖溶液中，加入0.017%的食盐后，会感到其甜味比不加食盐时要甜。这是同时对比效应。吃过糖后再吃橘子，会觉得甜橘子变酸了。这是味觉的先后对比使敏感性发生变化的结果。

总之，对比效应提高了对两个同时或连续刺激的差别反应。因此，在进行感官检验时，应尽可能避免对比效应的发生。例如在品尝每种食品前，都应彻底漱口，品尝不同浓度的食品时应先淡后浓，刺激强度应从弱到强。

1.4.3　协同效应和拮抗效应

当两种或多种刺激同时作用于同一感官时，感觉水平超过每种刺激单独作用效果叠加的现象，称为协同效应或相乘效应。如谷氨酸与氯化钠共存时，使谷氨酸的鲜味加强；0.02%谷氨酸与0.02%肌苷酸共存时，鲜味显著增强，且超过两者鲜味的加和。又如麦芽酚添加到饮料或糖果中能增强这些产品的甜味。

与协同效应相反的是拮抗效应。它是指因一种刺激的存在，而使另一种刺激强度减弱的现象。拮抗效应又称相抵效应。

1.4.4　掩蔽现象

当两个强度相差较大的刺激同时作用于同一感官时，往往只能感觉出其中的一种刺激，这种现象称掩蔽现象。如当两个强度相差很大的声音传入双耳，我们只能感觉到强度较大的一个声音、即同时进行两种或两种以上的刺激时，感官会降低对其中某种刺激的敏感性，或使该刺激的感觉发生了改变。

思考题

1. 说明食品感官检验的概念和测定意义。
2. 食品感官检验的类型有哪些？
3. 简述食品感官检验的发展方向。
4. 感觉是怎样产生的，它有哪些规律？
5. 感觉阈的分类各有何特点？
6. 什么是感觉的适应现象、对比现象、协同效应、拮抗效应、掩蔽现象？

第 2 章　食品的感官评价

食品的感官检验主要是根据人的感觉器官对食品的各种质量属性所产生的感觉，以及通过大脑对各种感觉信息的逻辑思维而对食品的质量做出的判断与评价。这是食品感官检验的基础。

2.1　视觉与视觉的评价

2.1.1　视觉的产生及其特征

在适宜的光照条件下，物体发出的波在人眼球的视网膜上聚焦，形成物像。物像刺激视网膜上的感觉细胞，使细胞产生神经冲动，沿视神经传入大脑皮层的视觉中枢，而产生视觉。

2.1.2　视觉的评价

在感官检验中，视觉评价占了极其重要的地位。市场上销售的产品，能否得到消费者的欢迎，往往取决于第一印象，即“视觉印象”，几乎所有产品的检验，都离不开视觉评价。在感官检验的程序中，首先由视觉判断物体的外观，确定物体的外形、光泽、色泽。在日常消费中，不管是生活用品还是食品，其造型美观，必然受到消费者喜爱。

任何食品都有其一定的外观及形态特征，而食品形态特征的变异往往与其内在质量紧密相关。如从表面的光泽、色泽即可判断鱼类或肉类的新鲜度；从色泽可以判断水果、蔬菜的成熟状况；从包装的外观情况可以判断罐装食品是否胀罐或泄漏。面包和糕点的烘烤，可以通过视觉检查控制烘烤温度和时间。哪一种食品的包装或造型会受到消费者的欢迎；哪一种颜色可引起人们对这种食品的食欲，这是仪器不能代替的，必须通过视觉来评价。

视觉评价，一般情况下在自然光或类似自然光下进行。先检查整体外形及外包装，然后再检查内容物。

2.2　听觉与听觉的评价

2.2.1　听觉的产生及其特征

声波经外耳道传入鼓膜，可引起鼓膜振动，刺激耳蜗内听觉感受器，使听觉感受器产生神经冲动，经神经传导至大脑皮层的听觉中枢形成听觉。

听觉的敏感性是指人的听力，即对声波的音调和响度的感受能力。频率在16～20000Hz的声波是人耳听觉声音频率的绝对感觉阈。人耳对不同频率的声波敏感性不同，纯音强度的差别阈随刺激强度的增加而降低。1000Hz的纯音强度为20dB时，差别阈为1.5dB；强度为40dB时，差别阈仅为0.7dB。

2.2.2 听觉的评价

人耳对一个声音的强度或频率的微小变化是很敏感的。利用听觉进行感官检验的应用范围十分广泛。食品的质感特别是咀嚼食品时发出的声音，决定食品质量和食品接受性方面起重要作用。如焙烤制品中的酥脆薄饼、爆玉米花和某些膨化制品，在咀嚼时应该发出特有的声音，否则可认为质量已发生变化。对于同一物品，在外来机械敲击下，应该发出相同的声音。但当其中的一些成分、结构发生变化后，会导致原有的声音发生一些变化。据此，可以检查许多产品的质量。如敲打罐头，用听觉检查其质量，生产中称为打检，从敲打发出的声音来判断是否出现异常，另外容器有无裂缝等，也可通过听觉来判断。

2.3 嗅觉与嗅觉的评价

2.3.1 嗅觉的产生及其特征

嗅觉是辨别各种气味的感觉。鼻腔是人类感受气体的嗅觉器官，在鼻腔的上部有一块对气味异常敏感的区域，称为嗅区。嗅区内的嗅黏膜是嗅觉感受体。嗅黏膜呈不规则形状，面积约为2.7～5cm^2，厚度约为60μm，其上布满嗅细胞、支持细胞和基细胞。嗅细胞是嗅觉感受体中最重要的成分。空气中气味物质的分子在呼吸作用下，首先进入嗅感区，吸附和溶解在嗅黏膜表面，进而扩散至嗅毛，被嗅细胞所感受，然后嗅细胞将感受到的气味刺激通过传导神经传递到大脑，就产生了嗅觉。

引起嗅觉的刺激物，必须具有挥发性及可溶性，否则不能刺激鼻黏膜，无法引起嗅觉。嗅味物气体扩散至嗅区刺激嗅觉细胞时，嗅觉响应强度很快增加，并且达到最大值，嗅觉反应处于平衡状态，以后就不存在嗅味物浓度差的动力，嗅觉细胞敏感性逐渐降低，嗅觉响应趋于平衡。例如当人们进入一个新的环境时，很快能够感受到气味异常，一旦时间较长就会适应这一环境而感觉不出原来已经被辨别出的气味。这是因为嗅觉器官的嗅细胞容易产生疲劳。连续的气味刺激使其敏感性降低，甚致使嗅觉受到抑制，气味感消失，也就是对气味产生了适应性。因此，进行嗅觉评价时，应按从淡气味到浓气味的顺序进行，且检验的数量及延续时间应尽量缩减并间断进行。

人的嗅觉的个体差异很大，有嗅觉敏锐者和嗅觉迟钝者。即使嗅觉敏锐者也并非对所有的气味都敏锐。如长期从事评酒工作的人，其嗅觉对酒香的变化非常敏感，但对其他气味就不一定敏感。

人的身体状况也会影响嗅觉的感觉。如人在感冒、身体疲倦或营养不良时，其嗅觉功能会降低。

2.3.2　嗅觉的评价

在食品生产、检验和鉴定方面，嗅觉起着十分重要的作用。有许多方面是无法用仪器和理化检验来替代的。如在食品的风味化学研究中，通常由色谱和质谱将风味各组分定性和定量，但整个过程中提取、捕集、浓缩等都必须伴随感官的嗅觉检查，才可保证试验过程中风味组分无损失。另外，食品加工原料新鲜度的检查；鱼、肉类是否因蛋白质分解而产生氨味或腐败味；油脂是否因氧化而产生哈喇味；新鲜果蔬是否具有应有的清香味；还有酒的调配与勾兑、食品的调香等，都有依赖于嗅觉的评价。

嗅觉试验最方便的方法就是把盛有嗅味物的小瓶置于离鼻子一定距离的位置，用手掌在瓶口上方轻轻煽动，然后轻轻地吸气，让嗅味物气体刺激鼻中嗅觉细胞，产生嗅觉。以被测样品和标准样品之间的相对差别来评判嗅觉响应强度。在两次试验之间以新鲜空气作为稀释气体，使得鼻内嗅觉气体浓度迅速下降。

2.4　味觉与味觉的评价

2.4.1　味觉的产生及其特征

人类的味觉感受器是覆盖在舌面上的味蕾，味蕾中含有味细胞，可溶性呈味物质刺激味细胞，通过味觉神经传入大脑皮层的味觉中枢，使人产生味觉。

舌头的不同部位对味觉的灵敏度不同。一般味觉在舌尖部、舌两边敏感，中间和舌根部较迟钝。舌头的不同部位对不同味觉的敏感度也不同，舌尖对甜味最敏感，舌尖和舌前侧边缘对咸味最敏感，舌后侧靠腮的两边对酸味最敏感，舌根部对苦味最敏感，舌的不同部位对味觉的敏感性及各部位的味觉阈限如图 2-1 和表 2-1 所示。

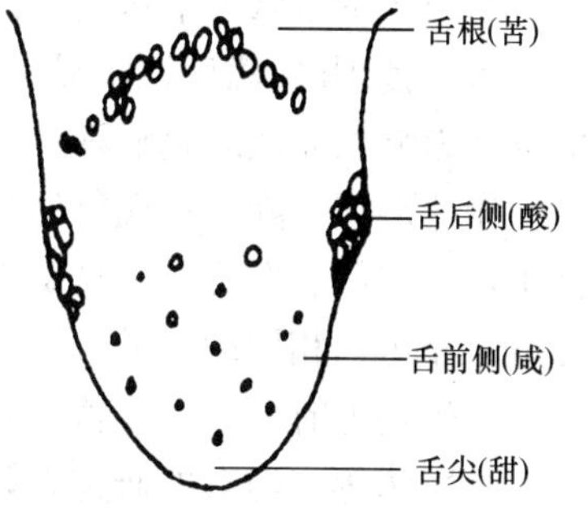

图 2-1　舌表面味敏感区域分布图

表 2-1　舌各部位的味觉阈限

味道	呈味物质	舌尖/%	舌边/%	舌根/%
咸	食盐	0.25	0.24～0.25	0.28
酸	盐酸	0.01	0.06～0.007	0.016
甜	蔗糖	0.49	0.72～0.76	0.79
苦	硫酸奎宁	0.00029	0.0002	0.00005

从刺激味觉感受器到出现味觉，一般需 0.15～0.4s。其中咸味的感觉最快，苦味的感觉最慢。所以，一般苦味总是在最后才有感觉。

味觉的强度和味觉产生的时间与呈味物质的水溶性有关。这与呈味物质的溶解性有关。完全不溶于水的物质实际上是无味的. 只有溶解在水中的物质才能刺激味觉神经，产生味觉。因此，呈味物质与舌表面接触后，先在舌表面溶解，而后才产生味觉。这样，味觉产生的时间和味觉维持的时间因水溶性不同而有差异。水溶性好的物质，味觉产生快，消失也快；水溶性较差的物质，味觉产生慢，但维持时间较长。蔗糖和糖精就属于这不同的二类。

味觉与温度的关系很大。最能刺激味觉的温度在 10～40℃，其中以 30℃时味觉最敏感，即接近舌温对味的敏感性最大，高于或低于此温度，味觉都稍有减弱，如甜味在 50℃以上时，感觉明显迟钝。温度对味觉的影响表现在味阈值的变化上。感觉不同味道的最适温度有明显差别。甜味和酸味的最佳感觉温度在 35～50℃，咸味的最适感觉温度为 18～35℃。而苦味则是 10℃。各种味道的察觉阈会随温度而变化，这种变化在一定范围内是有规律的。

不同年龄的人对成味物质的敏感性不同。在青壮年时期，生理器官发育成熟，并且也积累了相当的经验，处于感觉敏感期。随着年龄的增长，味觉逐渐衰退，对味觉的敏感度降低，但是相对而言对酸味的敏感性的降低程度是最小的。

性别对不同味觉的敏感性有差别，如女性在甜味和咸味方面比男性更加敏感，而男性对酸味比女性敏感，在苦味方面基本不存在性别上的差别。

人的身体状况对味觉影响很大，当身体患某些疾病或发生异常时，会导致失味、味觉迟钝或变味。另外人体内某些营养物质的缺乏也会造成对某些味道的喜好性发生改变。如维生素 A 缺乏会拒受苦味。

人处于饥饿状态下味觉敏感性会明显提高。四种基本味的敏感性在餐前可达到最高，而进食 1h 内敏感性明显下降，下降程度与食物热量有关。但饥饿对味觉喜好性几乎没有影响，而缺乏睡眠则会明显提高酸味阈值。

味的形成，除生理现象外，还与成味物质的化学结构、光学性质有关。如同一呈味物质，因左旋、右旋和不具旋光性，它们的味觉是不完全相同的；而完全不同的物质，却可能显示出相同的味觉。

在生理上有酸、甜、苦、咸四种基本味觉，除此之外，还有辣味、涩味、鲜味、碱味、金属味等。但有的研究者认为这些不是真正的味觉，而是触觉、痛觉或是味觉与触觉、嗅觉融合在一起的综合反应。如辣味是刺激口腔黏膜引起的痛觉，也伴有鼻腔黏膜的痛觉，同时皮肤其他部位也可感到痛觉。涩味是舌头黏膜的收敛作用。表 2-2 为四种基本味的察觉阈和差别阈。

表 2-2　四种基本味的察觉阈和差别阈

呈味物质	察觉阈		差别阈	
	%	mol/L	%	mol/L
蔗糖	0.531	0.0155	0.271	0.008
氯化钠	0.081	0.014	0.034	0.0055
盐酸	0.002	0.0005	0.00105	0.00025
硫酸奎宁	0.0003	0.0000039	0.000135	0.0000019

2.4.2　味觉的评价

味觉是人的基本感觉之一，味觉一直是人类对食物进行辨别、挑选和决定是否予以接受的主要因素之一。味觉在食品感官评价上占据有重要地位。进行味觉评价前，评价员不能吸烟或吃刺激性强的食品，以免降低感官的灵敏度。评价时取出少量被检食品，放入口中，细心咀嚼、品尝，然后吐出，用温水漱口，再检验第二个样品。几种不同味道的食品在进行感官评价时，应当按照刺激性由弱到强的顺序，最后鉴别味道强烈的食品。在进行大量样品鉴别时，中间必须休息。

2.5　触觉与触觉的评价

2.5.1　触觉的产生及其特征

皮肤的感觉称为触觉。它是辨别物体表面的机械特性和温度的感觉。皮肤上的触觉感受器受机械刺激、产生神经冲动，传入大脑皮层即产生触感。在感官检验中，利用手触摸食品，是手部肌肉主动参与的触摸及触压的触觉。皮肤分布着冷点与温点，若以冷或温的刺激作用于冷点或温点，便可产生温度觉。在 10～60℃的适宜刺激下均能产生温度觉。温度刺激作用于皮肤时所产生的感觉强度直接取决于被刺激部位皮肤面积，因为同样的刺激作用于较大的皮肤表面，就会引起强烈的感觉。皮肤区感受点的密度越大，对温度变化越敏感，说明温度觉有显著的空间总和。这些触觉在感官检验中，对感知被测样品的表面属性有着重要作用。

2.5.2　触觉的敏感性

触觉的感受器在皮肤内的分布不均匀，所以不同部位有不同敏感性。四肢皮肤比躯干部敏感，手指尖的敏感性最强。此外，不同皮肤区感受两点之间最小距离的能力也有所不同。皮肤分布着冷点与温点，而冷点总是多于温点，两者之比为(4∶1)～(10∶1)，所以皮肤对冷的敏感性高于对热的敏感性。

2.5.3　触觉的感官评价

触觉的感官评价是通过人的手、皮肤表面接触物体时所产生的感觉来分辨、判断产品质量特性的一种感官评价。

进行触觉评价时，通过手触摸食品，对食品的质量特性，如食品表面的粗糙度、光滑度、软硬、柔性、弹性、韧性、塑性、冷热、潮湿、干燥、黏稠等做出评价。例如，根据鱼体肌肉的硬度和弹性，常常可以判断鱼是否新鲜或腐败；评价动物油脂的品质时，常须鉴别其稠度等。触觉的评价往往与视觉、听觉配合进行。

在分辨物品表面的冷、热程度时，气温和检查场所的环境温度、检查者的体温等都能给温度觉产生感觉误差。人体自身的皮肤（手指、手掌）是否光滑，对分辨物品表面的粗糙、光滑、细致程度也有影响。如果皮肤表面有伤口、炎症、裂痕时，触摸觉的误差更大。这些是在感官检验中必须注意的。

2.6 口感的评价

食品的口感在食品品质的评价方面也很重要。食品的味道基本上是化学性的，而食品的口感是指物理性的。

食品的口感指食品在口腔中，通过牙齿的咀嚼，与口腔、舌面接触及机械摩擦的过程中所产生的物理性的感觉。如感受到食品的硬度、黏度、弹性、酥性、脆性、韧性、附着力、润滑感、粗糙感、冷感、热感、细腻感、咀嚼性、胶性等物理特性。不同的食品具有不同的口感特性，因此人们对口感的要求也就不同。如对苏打饼干的口感要求是脆性大；对酥性饼干的要求是酥松性好；对口香糖要求耐嚼性高。所以口感实际上是食品的某种质量特征在人的口腔内产生的综合的感觉。

2.7 感官评价的基本要求

食品的感官检验是以人的感觉为基础，通过感官评价食品的各种属性后，再经概率统计分析而获得客观的检测结果的一种检验方法。因此，评价过程不但受客观条件的影响，也受主观条件的影响。客观条件包括外部环境条件和样品的制备，主观条件则涉及参与感官检验人员的基本条件和素质。因此，外部环境条件、参与检验的评价员和样品制备是感官评价得以顺利进行并获得理想结果的三个必备要素。

2.7.1 感官实验室的要求

规范的感官检验室应隔音和整洁，不受外界干扰，无异味，具有令人心情愉快的自然色调，给检验人员以舒适感，使其注意力集中。

感官实验室应布置三个独立的区域：办公室、样品准备室和检验室，见图 2-2。

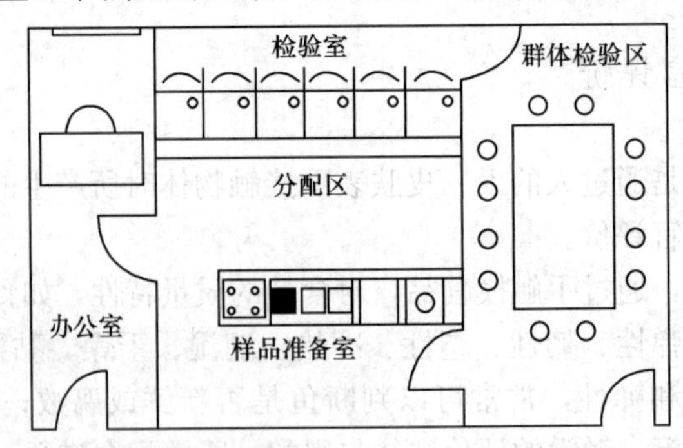

图 2-2 理想的感官实验室

办公室用于工作人员管理事务。

样品准备室用于准备和提供样品。样品准备室应与检验室完全隔开，目的是不让检验员见到样品的准备过程。室内应设有排风系统。

检验室用于进行感官检验，室内墙壁宜用白色涂料，颜色太深会影响人的情绪。为了避免检验人员互相之间的干扰（如交谈、面部表情等），室内应分隔成几个间隔。每一间隔内设有检验台和传递样品的小窗口，以及简易的通讯装置，检验台上装有漱洗盘和水龙头，用来冲洗品尝后吐出的样品。

检验室还应设群体检验区，用于检验员之间的讨论。群体检验区应设一张大的桌子和 5～10 把椅子，桌子上应配有可拆卸的隔板。群体检验区也可设在一个单独房间内。

2.7.2　检验人员的选择

分析型感官检验和偏爱型感官检验对检验人员的要求不同。

1. 分析型感官检验

在工艺检查、判断原料、成品是否合格、检查几种试样的质量是否有差别，要求评价员能对试样之间的微妙差异敏感，对于重复的样品也能准确地分析，但作为评价员本人的嗜好则不是特别的问题，因此检验人员必须具备一定的条件并经过挑选测试。

2. 偏爱型感官检验

这种检查以知道是否为一般人所喜好为目的，对食品进行可接受性评价，不需要特别的感觉。检验员可由任意的未经训练的人组成，人数不少于 100 人，这些人必须在统计学上能代表消费者总体，以保证试验结果具有代表性和可靠性。

2.7.3　样品的准备

1. 样品数量

每种样品应该有足够的数量，保证有 3 次以上的品尝次数，以提高结果的可靠性。

2. 样品温度

在食品感官鉴评实验中，样品的温度是一个值得考虑的因素，只有以恒定和适当的温度提供样品才能获得稳定的结果。

样品温度的控制应以最容易感受样品间所鉴评特性为基础，通常由该食品的饮食习惯而决定样品的温度。表 2-3 列出了几种样品呈送时的最佳温度。

表 2-3 几种食品作为感官鉴评样品时最佳呈送温度

品种	最佳温度/℃	品种	最佳温度/℃
啤酒	11～15	乳制品	15
白葡萄酒	13～16	冷冻浓橙汁	10～13
红葡萄酒、餐末葡萄酒	18～20	食用油	55

温度对样品的刺激影响除过冷、过热的刺激造成感官不适、感觉迟钝和日常饮食习惯限制温度变化外，还涉及温度升高后，挥发性气味物质挥发速度加快，影响其他的感觉，以及食品的品质及多汁性随温度变化所产生的相应变化影响感官鉴评。在实验中，可采用事先制备好样品保存在恒温箱内，然后统一呈送，保证样品温度恒定和均一。

3. 器皿

食品感官鉴评实验所用器皿应符合试验要求，同一试验内所用器皿最好外形、颜色和大小相同。器皿本身应无气味或异味。通常采用玻璃或陶瓷器皿比较适宜，但清洗麻烦。也有采用一次性塑料或纸塑杯、盘作为感官鉴评试验用器皿。

试验器皿和用具的清洗应慎重选择洗涤剂。不应使用会遗留气味的洗涤剂。清洗时应小心清洗干净并用不会给器皿留下毛屑的布或毛巾擦拭干净，以免影响下次使用。

4. 编号

所有呈送给评价员的样品都应适当编号，以免给评价员任何相关信息。样品编号工作应由试验组织者或样品制备工作人员进行，试验前不能告知评价员编号的含义或给予任何暗示。可以用数字、拉丁字母或字母和数字结合的方式对样品进行编号。用数字编号时，最好采用从随机数表上选择三位数的随机数字。用字母编号时，则应该避免按字母顺序编号或选择喜好感较强的字母（如最常用字母、相邻字母、字母表中开头与结尾的字母等）进行编号。同次试验中所用编号位数应相同。同一个样品应编几个不同号码，保证每个评价员所拿到的样品编号不重复。

5. 样品的摆放顺序

呈送给评价员的样品的摆放顺序也会对感官鉴评试验（尤其是评分试验和顺位试验）结果产生影响。这种影响涉及两个方面，一是在比较两个与客观顺序无关的刺激时，常常会过高地评价最初的刺激或第二次刺激，造成所谓的第一类误差或第二类误差；二是在评价员较难判断样品间差别时，往往会多次选择放在特定位置上的样品。如在三点检验中选择摆在中间的样品，在五中取二检验法中，则选择位于两端的样品。因此，在给评价员呈送样品时，应注意让样品在每个位置上出现的概率相同或采用圆形摆放法。

6. 其他

还应为评价人员准备一杯温水，用于漱口，以便除去口中样品的余味，然后再接着品尝下一个样品。如果食品的余味很浓、很辛辣、很油腻，则可用茶水漱口。

2.7.4　实验时间的选择

感官检验宜在饭后 2～3h 内进行，避免过饱或饥饿状态。要求评价员在检验前 0.5h 内不得吸烟，不得吃刺激性强的食物。

思考题

1. 说明各种感官评价在食品质量检验中的应用。
2. 影响味觉、嗅觉的主要因素有哪些？它们对感官评价的影响如何？
3. 食品感官评价结果受哪些因素的影响？如何消除？
4. 食品感官检验常用的方法有哪些？
5. 进行食品感官检验有哪些基本要求？

第 3 章　食品感官检验常用的方法

食品感官检验的方法很多。在选择适宜的检验方法之前，首先要明确检验的目的、要求等。根据检验的目的、要求及统计方法的不同，常用的感官经验方法可以分为三类：差别检验法、类别检验法、描述检验法。

3.1　差别检验法

差别检验的目的是要求评价员对两个或两个以上的样品，做出是否存在感官差别的结论。差别检验的结果，是以做出不同结论的评价员的数量及检验次数为基础，进行概率统计分析。常用方法有：两点检验法、三点检验法、“A”和“非 A”检验法、五中取二检验法、选择检验法、配偶检验等。

3.1.1　两点检验法

两点检验法又称配对检验法。此法以随机顺序同时出示两个样品给评价员，要求评价员对这两个样品进行比较，判断两个样品间是否存在某种差异及其差异方向（如某些特征强度的顺序）的一种评价方法。这是最简单的一种感官评价方法。

具体检验方法：把 A、B 两个样品同时呈送给评价员，要求评价员根据要求进行评价。在检验中，应使样品 A、B 和 B、A 这两种次序出现的次数相等，样品编码可以随机选取 3 位数组成，且每个评价员之间的样品编码尽量不重复。

1. 两点识别法

判断两个样品间是否存在差异统计有效评价表的正解数，此正解数与表 3-1 两点检验法差异检验表中相应的某显著水平的数做比较，若大于或等于表中的数，则说明在此显著水平上 A、B 两样品间有显著性差异。反之则不然。

或用解析法：设正解数为 α，判断人次为 n，按下式计算 t_0：

$$t_0 = \frac{a - \frac{n}{2} - \frac{1}{2}}{\sqrt{n \times \frac{1}{2} \times \frac{1}{2}}}$$

当 $t_0 \geqslant 2.23$ 时，为 1%显著水平；$t_0 \geqslant 1.60$ 时，为 5%显著水平（单侧检定）。

例如，由 50 名评价员在以下两种试样中选择咸味强的一种。

检验试样：A——1%食盐浓度的酱汁；

　　　　　B——1.05%食盐浓度的酱汁。

结果：正解数（即判断 B 较咸的人数）33 名。

（1）查表判断。根据表 3-1，从 $n=50$ 的一栏写有：32、34、37 三个数字。也就是说在 32、33 时其显著水平值为 5%，在 34、35、36 时为 1%；在 37 以上为 0.1%。

$$t_0=\frac{33-\frac{50}{2}-\frac{1}{2}}{\sqrt{50\times\frac{1}{2}\times\frac{1}{2}}}=2.12\geqslant 1.64$$

表 3-1　两点检验法差异检验表

答案数目（n）	显著水平			答案数目（n）	显著水平			答案数目（n）	显著水平		
	5%	1%	0.1%		5%	1%	0.1%		5%	1%	0.1%
7	7	7	—	24	17	19	20	41	27	29	31
8	7	8	—	25	18	19	21	42	27	29	32
9	8	9	—	26	18	20	22	43	28	30	32
10	9	10	10	27	19	20	22	44	28	31	33
11	9	10	11	28	19	21	23	45	29	31	34
12	10	11	12	29	20	22	24	46	30	32	34
13	10	12	13	30	20	22	24	47	30	32	35
14	11	12	13	31	21	23	25	48	31	33	36
15	12	13	14	32	22	24	26	49	31	34	36
16	12	14	15	33	22	24	26	50	32	34	37
17	13	14	16	34	23	25	27	60	37	40	43
18	13	15	16	35	23	25	27	70	43	46	49
19	14	15	17	36	24	26	28	80	48	51	55
20	15	16	18	37	24	27	29	90	54	57	61
21	15	17	18	38	25	27	29	100	59	63	66
22	16	17	19	39	26	28	30	—	—	—	—
23	16	18	20	40	26	28	31	—	—	—	—

据此表说明正解数为 33 时有 5%的概率有显著水平值。即对于试样 A 和 B 尝不出差别的可能只有 5%，也就是说，A 与 B 两者在通常情况下（概率为 95%）有显著差别。

（2）解析法。故通常情况下 A、B 两者有显著差别（显著水平为 5%）。

2. 两点嗜好检验法

该法是对 A、B 两种试样进行比较，判断哪一种更好，并利用两点嗜好检验法检验表（表 3-2）对判定结果进行检定。与各显著水平的数比较，若此数大于或等于表中某显著水平的相应数字，则说明两样品中嗜好程度有差异，否则说明两样品间无显著差异。

表 3-2　两点嗜好检验法检验表

答案	显著水平			答案	显著水平			答案	显著水平		
数目（n）	5%	1%	0.1%	数目（n）	5%	1%	0.1%	数目（n）	5%	1%	0.1%
7	7		—	24	18	19	21	41	28	30	32
8	8	8	—	25	18	20	21	42	28	30	32
9	8	9	—	26	19	20	22	43	29	31	33
10	9	10	10	27	19	20	22	44	28	31	33
11	9	10	11	28	19	21	23	45	29	31	34
12	10	11	12	29	20	22	24	46	30	32	34
13	10	12	13	30	20	22	24	47	30	32	35
14	11	12	13	31	21	23	25	48	31	33	35
15	12	13	14	32	22	24	26	49	31	34	36
16	12	14	15	33	22	24	26	50	32	34	37
17	13	14	16	34	23	25	27	60	37	40	43
18	13	15	16	35	23	25	27	70	43	46	49
19	14	15	17	36	24	26	28	80	48	51	55
20	15	16	18	37	24	27	29	90	54	57	61
21	15	17	18	38	25	27	29	100	59	63	66
22	16	17	19	39	26	28	30	—	—	—	—
23	16	18	20	40	26	28	31	—	—	—	—

或用解析法：按两点识别法同样计算 t_0，当 $t_0 \geqslant 2.58$ 时为 1%显著水平；$t_0 \geqslant 1.96$ 时，为 5%显著水平。

例如，为了调查近来市场上天然调味料效果，对于用鱼汤与用天然调味料制的仿鱼汤，根据两点嗜好检验法由 20 名评价员进行检验，以确定人们喜好哪一种。

检验试样：A——鱼汤；

B——用天然调味料制的仿鱼汤。

结果：见表 3-3。

表 3-3　调查天然调味料的两点嗜好检验法结果

判定项目	嗜好人数	
	A	B
外观	12	8
香味	11	9
风味	8	12
综合	10	10

（1）判断：表 3-2 中，$n=20$ 一栏所标数值为 15、16、18。其意为在 18 人以上时显著水平为 0.1%，16 人时显著水平为 1%，15 人时显著水平为 5%。没有显著水平时用横线来表示。由表 3-3 可知嗜好人数应少于 15 人，说明 A、B 两样品间没有显著差别，即嗜好上无差别。

由此结果可知，鱼汤与用天然调味料制的仿鱼汤之间，人们嗜好不存在差别。

（2）解析法：按 a 的最大值为 12 时计算

$$t_0=\frac{12-\dfrac{20}{2}-\dfrac{1}{2}}{\sqrt{20\times\dfrac{1}{2}\times\dfrac{1}{2}}}=0.671<1.96$$

故 A、B 二者无显著差别。

3.1.2　三点检验法

三点检验法是同时提供 3 个样品，其中两个是相同的，要求评价员区别出有差别的那个样品。

为使三个样品的排列次序、出现次数的概率相等，可运用以下六组组合：BAA、ABA、AAB、ABB、BAB、BBA。

在检验中，六组出现的概率也应相等。当评价员人数不足 6 的倍数时，可舍去多余的样品组，或向每个评价员提供六组样品做重复检查。

让评价员选出单纯代表一类的那个样品，然后用三点检验法检验表（表 3-4）对其结果进行检定，用表中相应的某显著性水平的数比较，若大于或等于表中的数，则说明在该显著性水平上，二个样品间有差异。

表 3-4　三点检验法检验表

答案数目（n）	显著水平			答案数目（n）	显著水平			答案数目（n）	显著水平		
	5%	1%	0.1%		5%	1%	0.1%		5%	1%	0.1%
3	3	—	—	33	17	18	21	63	28	31	34
4	4	—	—	34	17	19	21	64	29	31	34
5	4	5	—	35	17	19	21	65	29	32	35
6	5	6	—	36	18	20	22	66	29	32	35
7	5	6	7	37	18	20	22	67	30	33	36
8	6	7	8	38	19	21	23	68	30	33	36
9	6	7	8	39	19	21	23	69	31	33	36
10	7	8	9	40	19	21	24	70	31	34	37
11	7	8	10	41	20	22	24	71	31	34	37
12	8	9	10	42	20	22	25	72	32	34	38
13	8	9	11	43	20	23	25	73	32	35	38
14	9	10	11	44	21	23	26	74	32	35	39
15	9	10	12	45	21	24	26	75	33	36	39
16	9	11	12	46	22	24	27	76	33	36	39
17	10	11	13	47	22	24	27	77	34	36	40
18	10	12	13	48	22	25	27	78	34	37	40
19	11	12	14	49	23	25	28	79	34	37	41
20	11	13	14	50	23	26	28	80	35	38	41
21	12	13	15	51	24	26	29	82	35	38	42
22	12	14	15	52	24	26	29	84	36	39	43
23	12	14	16	53	25	27	29	86	37	40	44
24	13	15	16	54	25	27	30	88	38	41	44
25	13	15	17	55	26	28	30	90	38	42	45
26	14	15	17	56	26	28	31	92	39	42	46
27	14	16	18	57	26	29	31	94	40	43	47
28	15	16	18	58	26	29	32	96	41	44	48
29	15	17	19	59	27	29	32	98	41	45	48
30	15	17	19	60	27	30	33	100	42	45	49
31	16	18	20	61	28	30	33	—	—	—	—
32	16	18	20	62	28	30	33	—	—	—	—

或用解析法：设正解数为 a，判断人数为 n，计算 x_0^2：

$$\chi_0^2 = \frac{1}{2n}(3a - n)^2$$

当 χ_0^2 为 6.64 时，为 1%显著水平；

χ_0^2 为 3.84 时，为 5%显著水平。

此法适用于检验有细微差别的两种样品，也用于挑选、培训评价员，但不适于嗜好检验。

例如，用三点差别检验法由 30 名评价员判断纯肉馅饺子和在肉馅中掺入 30%植物蛋白的饺子是否有差别。

检验试样：A——纯肉馅饺子；

B——肉中掺入 30%植物蛋白的饺子。

方法：把 30 名评价员分成 2 组，各 15 名，把 A、B 样品随机排列组合组成两组，如（ABB）和（AAB），并分发给两个小组，让评价员挑选出纯肉馅饺子。

检验结果如表 3-5 所示。

表 3-5　试验结果

组合	n	正解数	判断
ABB	15	4	A、B 无差别
AAB	15	6	
合计	30	10	

（1）查表判断。根据表 3-4 里 n=30 栏里标有 15、17、19，由此表可以看出当判定人数达 19 人以上时显著水平为 0.1%，达 17 人以上时显著水平为 1%，达 15 人以上时显著水平为 5%。而在试验结果表里正解数为 10，<15，故不存在显著水平，因此在 A、B 两样试验之间不存在显著差别。即在肉馅中掺入 30%植物蛋白的饺子与用纯肉做的饺子在食味上没有差别。

（2）解析法。

$$\chi_0^2 = \frac{1}{2 \times 30}(3 \times 10 - 30)^2 = 0$$

故 A、B 二者无显著差异。

3.1.3　“A”和“非 A”检验法

在评价员熟悉样品“A”以后，再将一系列样品提供给评价员，其中有“A”也有“非 A”。要求评价员指出哪些是“A”，哪些是“非 A”的检验方法称“A”和“非 A”检验法。

此试验适用于确定由于原料、加工、处理、包装和储藏等各环节的不同所造成的产品感官特性的差异。特别适用于检验具有不同外观或后味样品的差异检验，也适用于确定评价员对一种特殊刺激的敏感性。

实际检验时，分发给每个评价员的样品数应相同，但样品“A”的数目与样品“非A”的数目不必相同。

结果分析：统计评价表的结果，并汇入表 3-6 中，表中 n_{11} 为样品本身是“A”，评价员也认为是“A”的回答总数；n_{22} 为样品本身为“非 A”，评价员也认为是“非 A”的回答总数；n_{21} 为样品本身是“A”，而评价员认为是“非 A”的回答总数；n_{12} 为样品本身为“非 A”，评价员认为是“A”的回答总数。n_1 为第一行回答数之和，n_2 为第二行回答数之和，n_1 为第一列回答数之和，n_2 为第二列回答数之和，n 为所有回答数，然后用 n_1、n_2 为第一、二列回答数之和，n 为所有回答数，然后用 x^2 检验来进行解释。

表 3-6　试验结果统计表

判别 样品 数 / 判别	“A”	“非 A”	累计
判为“A”的回答数	n_{11}	n_{12}	n_1
判为“非 A”的回答数	n_{21}	n_{22}	n_2
累计	n_1	n_2	n

假设评价员的判断与样品本身的特性无关。当回答总数为 $n \leqslant 40$ 或 n_{ij}（$i=1$，2；$j=1$，2）$\leqslant 5$ 时，χ^2 的统计量为

$$\chi^2 = \frac{[\,|n_{11} \times n_{22} - n_{12} \times n_{21}| - n_1/2]^2 \times n}{n_1 \times n_2 \times n_1 \times n_2}$$

当回答总数 $n>40$ 和 $n_{ij}>5$ 时，χ^2 的统计量为

$$\chi^2 = \frac{[\,|n_{11} \times n_{22} - n_{12} \times n_{21}|\,]^2 \times n}{n_1 \times n_2 \times n_1 \times n_2}$$

将 χ^2 统计量与 χ^2 分布临界值比较：当 $\chi^2 \geqslant 3.84$ 时，5%显著水平；当 $\chi^2 \geqslant 6.63$ 时，1%显著水平。

因此，在此选择的显著水平上拒绝原假设，即评价员的判断与样品本身特性有关，即认为样品“A”与“非 A”有显著差异。反之，则无显著差异。

例如，30 位评价员判定某种食品经过冷藏（A）和室温储藏（非 A）后，二者的差异关系。每位评价员评价 3 个“A”和 2 个“非 A”，结果如表 3-7 所示。

表 3-7　评价结果

判别 样品 数 / 判别	“A”	“非 A”	累计
判为“A”的回答数	40	40	80
判为“非 A”的回答数	20	50	70
累计	60	90	150

因为 $n=150>40$，$n_{ij}>5$，则

$$\chi^2=\frac{[|n_{11}\times n_{22}-n_{12}\times n_{21}|]^2\times n}{n_1\times n_2\times n_1\times n_2}=\frac{(40\times 50-20\times 40)^2\times 150}{60\times 90\times 80\times 70}=7.14$$

因为 $\chi^2=7.14>6.63$，所以在1%显著水平上有显著差异。

3.1.4 五中取二检验法

同时提供给评价员五个以随机顺序排列的样品，其中两个是同一类型，另三个是另一种类型。要求评价员将这些样品按类型分成两组的一种检验方法称为五中取二检验法。

此检验可识别出两样品间的细微感官差异。当评价员人数少于10个时，多用此检验。但此检验易受感官疲劳和记忆效果的影响，并且需用样品量较大。

结果分析：假设有效评价表数为 n，回答正确的评价表数为 k，查表3-8中 n 栏的数值。若 k 小于这一数值，则说明在5%显著水平两种样品间无差异。若 k 大于或等于这一数值，则说明在5%显著水平两种样品有显著差异。

例如，某食品厂为了检查原料质量的稳定性，把两批原料分别添加入某产品中，运用五中取二试验对添加不同批原料的两个产品进行检验。由10名评价员进行检验，其中有3名评价员正确地判断了五个样品的两种类型。查表3-8中 $n=10$ 一栏，得到正答最少数为4，>3，说明这两批原料的质量无差别。

表3-8 五中取二检验法检验表（$a=5\%$）

评价员数（n）	正答最少数（k）	评价员数（n）	正答最少数（k）	评价员数（n）	正答最少数（k）
9	4	23	6	37	8
10	4	24	6	38	8
11	4	25	6	39	8
12	4	26	6	40	8
13	4	27	6	41	8
14	4	28	7	42	9
15	5	29	7	43	9
16	5	30	7	44	9
17	5	31	7	45	9
18	5	32	7	46	9
19	5	33	7	47	9
20	5	34	7	48	9
21	6	35	8	49	10
22	6	36	8	50	10

3.1.5 选择检验法

从3个以上的样品中，选择出一个最喜欢或最不喜欢样品的检验方法称为选择试验法。它常用于嗜好调查。注意出示样品的随机顺序。

结果分析：

（1）求数个样品间有无差异，根据 χ^2 检验判断结果，用如下公式求 x_0^2。

$$\chi_0^2 = \sum_{i=1}^{m} \frac{\left(x_i - \frac{n}{m}\right)^2}{\frac{n}{m}}$$

式中　m——样品数；

n——有效评价表数；

χ_i——m 个样品中，最喜好其中某个样品的人数。

查 x^2 表（见附表 1），若 $\chi_0^2 \geqslant \chi^2(f,a)$（$f$ 为自由度，$f=m-1$，a 为显著水平），说明 m 个样品在 a 显著水平存在差异。若 $x_0^2 < x^2(f,a)$，说明 m 个样品在 a 显著水平不存在差异。

（2）求被多数人判断为最好的样品与其他样品间是否存在差异，根据 x^2 检验判断结果，用如下公式求 χ_0^2 值。

$$\chi_0^2 = \left(\chi_i - \frac{n}{m}\right)^2 \frac{m^2}{(m-1)n}$$

查 χ^2 分布表（见附表 1），若 $x_0^2 \geqslant x^2(1,a)$，说明此样品与其样品之间在 a 水平存在差异。否则，无差异。

例如，某生产厂家把自己生产的商品 A，与市场上销售 3 个同类商品 x、y、z 进行比较。由 80 位评价员进行评价，选出最好的一个产品来，结果如表 3-9 所示。

表 3-9　评价结果

商　品	A	x	y	z	合计
认为某商品最好的人员	26	32	16	6	80

① 求 4 个商品间的喜好度有无差异。

$$\chi_0^2 = \sum_{i=1}^{m} \frac{\left(\chi_i - \frac{n}{m}\right)^2}{\frac{n}{m}} = \frac{n}{m}\sum_{i=1}^{m}\left(\chi_i - \frac{m}{n}\right)^2$$

$$= \frac{4}{80} \times \left[\left(26 - \frac{80}{4}\right)^2 + \left(32 - \frac{80}{4}\right)^2 + \left(16 - \frac{80}{4}\right)^2 + \left(6 - \frac{80}{4}\right)^2\right] = 19.6$$

$$f = 4—1 = 3$$

查表知 $\chi^2(3,0.05) = 7.81 < x_0^2 = 19.6$

$\chi^2(3,0.01) = 11.34 < x_0^2 = 19.6$

所以，结论为 4 个商品间的喜好度有显著性差异。

② 求被多数人判断为最好的商品与其他商品间是否有差异。

$$\chi_0^2 = \left(\chi_i - \frac{n}{m}\right)^2 \frac{m^2}{(m-1)n} = \left(32 - \frac{80}{4}\right)^2 \times \frac{4^2}{(4-1)\times 80} = 9.6$$

查表知：

$\chi^2(1,0.05)=3.84<\chi_0^2=9.6$

$\chi^2(1,0.01)=6.63<\chi_0^2=9.6$

所以，结论为被多数人判断为最好的商品 x 与其他商品间存在极显著差异，但与商品A相比，由于 $\chi_0^2=\left(32-\frac{58}{2}\right)^2\times\frac{2^2}{(2-1)\times58}=0.62$，远远 $<\chi^2(1,0.05)$ 故可以认为无差异。

3.1.6　配偶检验法

把两组试样逐个取出各组的样品进行两两归类的方法称为配偶试验。

此方法可应用于检验评价员识别能力，也可以用于识别样品间的差异。

检验前，两组中样品的顺序必须是随机的，但样品的数目可不尽相同，如A组有 m 个样品，B组可有 m 个样品，也可有 $m+1$ 或 $m+2$ 个样品，但配对数只能是 m 对。

结果分析：统计出正确的配对数平均值，即 $\overline{S}_0$，然后根据以下情况查表3-10或表3-11中的相应值，得出有无差异的结论。

（1）m 对样品重复配对时（即由两个以上评价员进行配对时），若 $\overline{S}_0$ 大于或等于表3-10中的相应值，说明在5%显著水平样品间有差异。

表3-10　配偶检验法检验表（a=5%）

n	S	n	S	n	S	n	S
1	4.00	6	1.83	11	1.64	20	1.43
2	3.00	7	1. 86	12	1.58	25	1.36
3	2.33	8	1 75	13	1.54	30	1.36
4	2.25	9	1.67	14	1.52	—	—
5	1.90	10	1.60	15	1.50	—	—

注：此表为 m 个和 m 个样品配对时的检验表。适用范围 $m\geqslant4$，重复次数 n。

（2）m 个样品与 m 个或（$m+1$）或（$m+2$）个样品配对时若 $\overline{S}_0$ 值大于或等于表3-11中 $n=1$ 栏或表3-10中的相应值，说明在5%显著水平样品间有差异，或者说评价员在此显著水平有识别能力。

表3-11　配偶检验法检验表（a=5%）

m	S	
	$m+1$	$m+2$
3	3	3
4	3	3
5	3	3
6以上	4	3

注：此表为 m 个和($m+1$)个或($m+2$)个样品配对时的检验表。

例如，由四名评价员通过外观，对 A～H 八种不同加工方法的食物进行配偶检验。结果如表 3-12 所示。

表 3-12　配偶检验

评价员 \ 样品	A	B	C	D	E	F	G	H
1	B	C	E	Ⓓ	A	Ⓕ	Ⓖ	B
2	Ⓐ	Ⓑ	Ⓒ	E	D	Ⓕ	Ⓖ	Ⓗ
3	Ⓐ	Ⓑ	F	C	Ⓔ	D	H	C
4	B	F	Ⓒ	Ⓓ	Ⓔ	G	A	Ⓗ

注：表中带圈字母表示判断正确的样品。

四个人的平均正确配偶数为

$$\bar{S}_0 = \frac{3+6+3+4}{4} = 4$$

查表 3-10 中 $n=4$ 栏，$S=2.25<\bar{S}_0=4$，说明这 8 个产品在 5%显著水平有差异。

例如，向某个评价员提供砂糖、食盐、酒石酸、硫酸奎宁、谷氨酸钠五种味道的稀释溶液（0.4%，0.13%，0.05%，0.0064%，0.05%）和两杯蒸馏水，共七杯试样。要求评价员选择出与甜、咸、酸、苦、鲜味相应的试样。结果如下：甜——食盐、咸——砂糖、酸——酒石酸、苦——硫酸奎宁、鲜——蒸馏水，即该评价员判断出 2 种味道的试样，即 $\bar{S}_0=2$。而查表 3-11 中 $m=5$，$(m+2)$ 栏的临界值为 $3>\bar{S}_0=2$，说明该评价员在 5%显著水平无判断味道的能力。

3.2　类别检验法

类别检验试验中，要求评价员对两个以上的样品进行评价，判定出哪个样品好，哪个样品差，以及它们之间的差异大小和差异方向，通过试验可得出样品间差异的排序和大小，或者样品应归属的类别或等级，选择何种方法解释数据，取决于试验的目的及样品数量。常用方法有：分类检验法、评分检验法、排序检验法等。

3.2.1　分类检验法

分类检验法是把样品以随机的顺序出示给评价员，要求评价员在对样品进行样品评价后，划出样品应属的预先定义的类别，这种检验方法称为分类检验法。当样品打分有困难时，可用分类法评价出样品的好坏差别，得出样品的优劣、级别。也可以鉴定出样品的缺陷等。

结果分析：统计每一个样品被划入每一类别的频数。然后用 x_2 检验比较两种或多种样品落入不同类别的分布，从而得出每一种产品应属的级别。

例如，为了改变苏打饼干的质量，对面团的发酵工艺进行试验，采用了 4 种不同的发酵方案，现对 4 种苏打饼干进行检验，以了解不同的发酵工艺对苏打饼干质量的影响并选择最佳的发酵方案。

样品按分类检验法，由 24 个评价员进行评价分级。统计有效评价表中各样品列入各等级的次数 Q_{ij}，并把它们填入表 3-13。

表 3-13　苏打饼干分类检验统计表

列入各等级的次数 Q_{ij} / 样品编号	一级	二级	三级	合计
353	8	12	4	24
162	16	6	2	24
239	18	4	2	24
578	5	10	9	24
合计	47	32	17	96

结果分析：假设各样品的级别分布相同，那么各级别的期待值 E_{ij}，为

$$E_{ij} = \text{该级别的实际测定值} / \text{样品数}$$

一级：$E_{ij}=47/4=11.75$

二级：$E_{ij}=32/4=8$

三级：$E_{ij}=17/4=4.25$

计算出各样品在每一个等级的实际测定值与期待值的差 $Q_{ij}-E_{ij}$，见表 3-14。

表 3-14　4 种苏打饼干测定值与期待值之差

$Q_{ij}-E_{ij}$ / 等级 / 样品	一级	二级	三级
353	8−11.75=−3.75	12−8=4	4−4.25=−0.25
162	16−11.75=4.25	6−8=−2	2−4.25=−2.25
239	18−11.75=6.25	4−8=−4	2−4.25=−2.25
578	5−11.75=−6.75	10−8=2	9−4.25=4.75
合计	0	0	0

从表 3-14 可见，162 与 239 号样品作为一级的实际测定值大大高于期望值，故 162 与 239 号样品应为一级品。353 号样品为二级的实际测定值大大高于期望值，故 353 号样品应为二级，578 号样品作为三级的实际测定值大大高于期望值，故 578 号样品应为三级品。

这三个级别间有无显著差异可通过 x_2 检验来确定。

$$\chi_0^2=\sum_{i=1}^{l}\sum_{j=1}^{m}\frac{(Q_{ij}-E_{ij})^2}{E_{ij}}=\frac{(-3.75)^2}{11.75}+\frac{4.25^2}{11.75}+\cdots+\frac{4.75^2}{4.25}=22.63$$

自由度 f = 样品自由度×级别自由度=(样品数−1)×(级别数−1)=6

查附表 1χ^2 分布表：

$\chi^2(6,0.05)=12.59$

$\chi^2(6,0.01)=16.81$

由于$\chi^2=22.63>12.59$

$\chi^2=22.63>16.81$

结论：这 3 个级别在 1％显著性水平有显著差别，即这 4 种苏打饼干可划分为有显著差别的 3 个级别。可见由于面团发酵工艺的不同，使苏打饼干的质量有显著差异。239 号样品的品质最佳，据此可认为该样品的面团发酵工艺较好。

3.2.2　评分检验法

要求评价员把样品的品质特性以数字标度形式来评价的一种检验法称为评分检验法。在评分法中，所使用的数字标度为等距示度或比率标度。它不同于其他方法的是所谓的绝对性判断，即根据评价员各自的评价基准进行判断。它出现的粗糙评分现象可由增加评价员人数来克服。

由于此方法可同时评价一种或多种产品的一个或多个指标的强度及其差别，所以应用较为广泛。尤其用于评价新产品。

检验前，首先应确定所使用的标度类型，使评价员对每一个评分点所代表的意义有共同的认识。样品的出示顺序（评价顺序）可利用拉丁法随机排列。

结果分析：例如，

−4	−3	−2	−1	0	1	2	3	4
非常不喜欢	很不喜欢	不喜欢	不太喜欢	一般	稍喜欢	喜欢	很喜欢	非常喜欢

评价结果换成数值，如非常喜欢＝9，非常不喜欢＝1 的 9 分制评分式，或非常不喜欢＝－4，很不喜欢＝－3，不喜欢＝－2，不太喜欢＝－1，一般为 0，稍喜欢＝1，喜欢＝2，很喜欢＝3，非常喜欢＝4；也可有无感觉＝0，稍稍有感觉＝1，稍有＝2，有＝3，较强＝4，非常强＝5；还可有 10 分制或百分制等，然后通过 F 检验及 Duncan 的复合比较，来分析各个样品的各个特性间的差异情况。这与顺位法的方法 2 的分析相同，但当样品数只有两个时，可用较简单的 t 检验。

例如 1　10 位评价员评价两种样品，以 9 分制评价，求两样品是否有差异。评价结果见表 3-15。

表 3-15　评价结果

评价员		1	2	3	4	5	6	7	8	9	10	合计	平均值
样品	A	8	7	7	8	6	7	7	8	6	7	71	7.1
	B	6	7	6	7	6	6	7	7	7	7	66	6.6
评分差	d	2	0	1	1	0	1	0	1	−1	0	5	0.5
	d^2	4	0	1	1	0	1	0	1	1	0	9	—

用 t 检验进行解析：

$$t=\frac{\bar{d}}{\sigma_e/\sqrt{n}}$$

其中：$\bar{d}=0.5$，$n=10$

$$\sigma_e=\sqrt{\frac{\sum(d-\bar{d})^2}{n-1}}=\sqrt{\frac{\sum d_i^2-\left(\sum d\right)^2/n}{n-1}}=\sqrt{\frac{9-\frac{5^2}{10}}{10-1}}=0.85$$

所以，$t=\dfrac{0.5}{0.85/\sqrt{10}}=1.86$

以评价员自由度为 9，查 t 分布表（附表 2），在 5%显著水平相应的临界值为 $t_9(0.05)=2.262$，因为 $2.262>1.86$，可推断 A、B 两样品没有显著差异（5%水平）。

3.2.3 排序检验法

比较数个食品样品，按某一指定质量特征由强度或嗜好程度将样品排出顺序的方法称为排序检验法，也称顺序检验法。该法只排出样品的次序，不评价样品间差异的大小。

排序试验法可用于进行消费者接受性调查及确定消费者嗜好顺序；选择或筛选产品；确定由于不同原料、加工工艺，包装等环节造成的对产品感官特性的影响，也可用于更精细的感官检验前的初步筛选。

在评价少数样品（6 个以下）的复杂特征（如质地、风味等）或多数样品（20 个以上）的外观时，此法迅速而有效。

例如，用排序法，由 5 位评价员对 5 种饮料的风味进行喜欢程度的评价。每个评价员通过对 5 种饮料的品尝进行嗅觉及味觉的评价，根据个人的感受填写排序检验评价表，见表 3-16。并将各排序检验评价表的结果进行统计，填写排序检验统计表，如表 3-17 所示。

根据评价员数 5 和样品数 5，查附录附表排序检验法检验表，得出表 3-18 临界值表。

表 3-16 排序检验评价表

评价内容	评价结果				
品尝并评价 5 个饮料样品，将您对各个饮料样品的风味的喜欢程度排出顺序，在相应的位置填入样品号	1	2	3	4	5
	很喜欢	比较喜欢	喜欢	不太喜欢	不喜欢

表 3-17 5 种饮料喜欢程度排序检验统计表

排序 / 样品 / 评价员	503	145	267	384	465
1	2	1	4	2	5
2	1	2	4	3	5
3	2	4	5	1	3
4	1	2	4	3	5
5	1	3	5	2	4
总排序和 t	7	12	22	11	22

表 3-18　j=5、p=5 临界值表

显著性水平	5%	1%
上段	8～12	7～23
下段	10～20	8～22

将每个样品的排序和 t 与上段的最大值及最小值比较，若所有的排序都在上段范围内，说明在该显著性水平，样品间无显著差异。若排序和 t<最小值，或>最大值，则说明在显著性水平，样品间有显著差异。

由表 3-18 可见，最小 t 值 7<8(5%)，最大 t 值=22(5%)，说明在 5%显著性水平，5 个饮料样品间有显著差别。

根据下段，可以确定样品间的差异程度。若排序和在下段范围内的，可列为一组，这组内的样品间无显著差别。排序和在下段范围的下限及上限之外的样品可分别为一组。这样，5 个饮料样品可分为 3 组：(503)、(145、384)、(267、465)。

由此可得出结论，在 5%的显著水平上，样品 503 最受欢迎；145、384 次之，且 145 与 384 之间无显著差别，267 与 465 不受欢迎，且 267 与 465 之间无显著差别。

3.3　描述性检验法

描述性检验是评价员对产品的所有品质特性进行定性、定量的分析及描述评价。它要求评价产品的所有感官特性，因此要求评价员除具备人体感知食品品质特性和次序的能力外，还要具备用适当和准确的词语描述食品品质特性及其在食品中的实质含义的能力，以及总体印象、总体特征强度和总体差异分析的能力。通常是可依定性或定量而分为简单描述检验法和定量描述检验法。

3.3.1　简单描述检验法

评价员对构成样品质量特征的各个指标，用合理、清楚的文字，尽量完整地、准确地进行定性的描述，以评价样品品质的检验方法，称简单的描述性检验法。可用于识别或描述某一特殊样品或许多样品的特殊指标，或将感觉到的特性指标建立一个序列。常用于质量控制，产品在储存期间的变化或描述已经确定的差异检测，也可用于培训评价员。这种方法通常有两种评价形式：

(1) 由评价员用任意的词汇，对样品的特性进行描述。

(2) 提供指标评价表，评价员按评价表中所列出描述各种质量。

特征的词汇进行评价。比如：

外观：色泽深、浅、有杂色、有光泽、苍白、饱满；

口感：黏稠、粗糙、细腻、油腻、润滑、酥、脆；

组织结构：致密、松散，厚重，不规则、蜂窝状、层状、疏松等。

评价员完成评价后进行统计，根据每一描述性词汇使用的频数，得出评价结果。

3.3.2 定量描述检验法

评价员对构成样品质量特征的各个指标的强度，进行完整、准确的评价。

可在简单描述试验中所确定的词汇中选择适当的词汇，可单独或结合地用于鉴评气味、风味、外观和质地。此方法对质量控制、质量分析、确定产品之间差异的性质、新产品研制、产品品质的改良等最为有效，并且可以提供与仪器检验数据对比的感官参考数据。

进行定量描述检验，通常有以下几个检验内容：

(1) 食品质量特性、特征的鉴定：用适当的词汇，评价感觉到的特性、特征。

(2) 感觉顺序的确定：记录显现及察觉到的各质量特性、特征所出现的先后顺序。

(3) 特性、特征强度的评估：对所感觉到的每种质量特性、特征的强度做出评估。

特性特征强度可由多种标度来评估：

① 用数字评估。

如：没有＝0，很弱＝1，弱＝2，中等＝3，强＝4，很强＝5。

② 标度点评估。

在每个标度的两端写上相应的叙词，其中间级数或点数根据特性特征而改变。

③ 用直线评估。

在直线段上规定中心点为“0”，两端各标叙词，或直接在直线段规定两端点叙词，如弱——强。以所标线段距一侧的长短表示强度。

(4) 综合印象评估：对产品全面、总体的评估。

如：优＝3，良＝2，中＝1，差＝0。

(5) 强度变化的评估：如用时间-感觉强度曲线，表现从感觉到样品刺激，到刺激消失的感觉强度变化。如食品中的甜味、苦味的感觉强度变化；品酒、品茶时，嗅觉、味觉的感觉强度变化（图 3-1）。

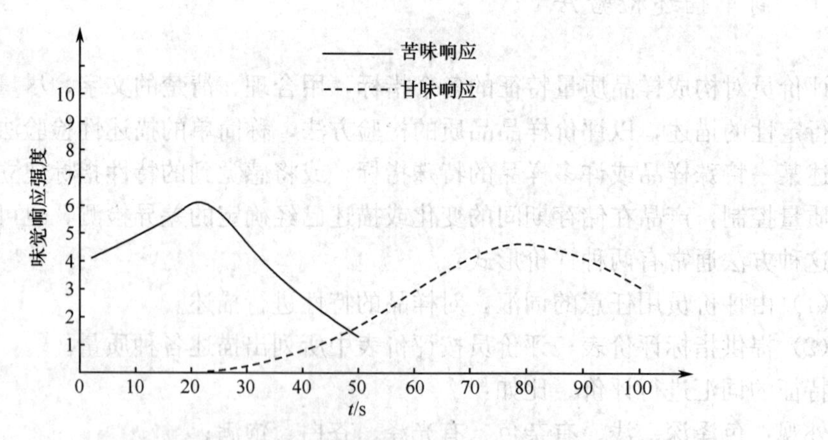

图 3-1 评茶时时间-味觉响应强度曲线

3.4　感官检验的应用

3.4.1　原材料的检验

食品生产中原材料质量的控制，进货的检验，特别是农副产品，很大程度上需依靠感官检验来把关，确定原料的分级及取舍。

通常采用分类法或评估法。当对样品打分有困难时用分类法可确定原材料品质的好坏级别。而对那些有着较具体的质量特征，且特征强度变化明显的样品，采用评估法可以对原材料进行分类，并可以得出具体的综合评分结果。

3.4.2　生产过程中的检验

生产过程中的检验包含了工艺条件的检查、控制与半成品的检验。检查样品与常规样或标准样，有无差异及差异的大小。通常采用差别试验法，如两点检验法、三点检验法、二-三点检验法等。

3.4.3　成品检验

对于成品感官质量的鉴定，可采用描述法。而对某批产品感官质量的趋向性或质量异常的检出，则需采用评估法或分类法。

3.4.4　产品品质的研究

在产品质量管理及质量控制的环节中，产品的品质研究是其中重要的组成部分。了解产品感官质量的好坏，可采用差别检验法；分析产品感官指标的内容，可采用描述法，对某个指标的分析研究，可采用排序法。

3.4.5　市场调查与新产品开发

市场调查，要了解消费者是否喜欢某种产品，更要了解他们喜欢或不喜欢的理由。在市场调查中，感官检验作为市场调查的一部分而被使用。而新产品的开发，首先就要通过市场调查，了解消费者的消费嗜好，对产品的期望倾向，从而得出新产品的设想。而试制品充分利用感官分析的方法与技巧，不断从各个方面进行改进，使产品得到消费者的接受与欢迎。

在这一类的感官分析中，多采用差别检验中的两点检验法及三点检验法，或使用类别检验中的排序法。

3.5 感官检验方法的选择

如何选择最佳的方案需就具体情况而定，一般需要考虑以下几个方面。

1. 检验目的

任何检验都有目的，所以首先须从检验目的出发选择合适的方法。例如，当想了解两样品间有无差别时，可用的方法有两点试验法、三点试验法、五中取二检验法、评分法等。当想了解三个以上样品间的品质、嗜好等的关系时，可用的方法有：顺位法、评分法、分类法、评估法等。

2. 要检出差异时，选择精度高的方法

检验两个样品间差异时，对于同样的试验次数，同样的差异水平，三点试验法所要求的正解数少，从这一观点来说，三点试验法比两点试验法要好。

3. 从经济角度考虑

从经济角度考虑即考虑样品用量、评价员人数、试验时间、统计处理数据的难易程度。

4. 从评价员所受影响出发

试验室培训过的评价员，对于那些复杂的方法，也会产生不安和压迫感。若把这样的方法运用于普通消费者，即使方法的精确度很高，也不会得到好的结果。

3.6 感官检验中问题的设定

要想获得满意的感官分析结果，除了对评价员进行专门的训练之外，向评价员提些什么问题，以什么样的形式提问，让评价员如何回答等，也在很大程度上，直接影响检验结果。

1. 问题设定的原则

(1) 要简单明了地提示出必需的信息，避免拖沓冗长。不要使用含混不清的语言、易引起误解的措辞和难理解的词汇。

(2) 避免使回答者产生厌恶、烦躁、不安的问题。

(3) 所提的问题应考虑回答者的文化程度、生活水平、年龄和性别等。

(4) 提问的问题应是容易回答的内容。一个问题中只问一个内容，不要问两个以上的内容。

(5) 避免带有诱导或提示的问题。

(6) 提问顺序必须有逻辑性。

2. 回答的形式

确定提问的内容和提问方式后，还应考虑回答问题的形式。通常采用如下几种回答形式：

二项选择法：答案为“是”或“不是”。

多项选择法：从列举的多种回答中选择出一个回答。

自由回答法：回答者自由地回答问题。

思考题

1. 什么是差别检验法？它有哪些主要的方法？如何进行差别检验？举例说明。
2. 食品感官检验适用的范围有哪些？
3. 食品感官检验中问题设定的原则有哪些？

第 4 章　食品感官检验实验

4.1　基本味觉训练实验

1. 实验内容

练习甜、酸、咸、苦四种基本味觉的评价方法。

2. 实验目的与要求

（1）通过试验品尝学会判别基本味觉，对感官鉴定有初步了解。

（2）掌握味觉评价的方法。

3. 仪器和试剂

1）仪器

（1）4 个 250mL、12 个 500mL 容量瓶。

（2）12 个 50mL、1 个 100mL、1 个 500mL 烧杯。

（3）5、10、20、25、50mL 移液管各 2 支。

（4）1 个 25mL、1 个 50mL 量筒。

（5）电子天平、洗瓶、滴管、吸球、漏斗、样品匙。

2）试剂

（1）蔗糖储备液（20g/100mL）：称取 50g 蔗糖，溶解并定容 250mL。

（2）蔗糖使用液：分别取 20、30mL 储备液，稀释、定容 500mL，配成浓度为 0.4、0.6g/100mL 的溶液。

（3）NaCl 储备液（10g/100mL）：称取 25gNaCl，溶解并定容 250mL。

（4）NaCl 使用液：分别取 8、15mL 储备液，稀释、定容 500mL，配成浓度为 0.08、0.15g/100mL 的溶液。

（5）柠檬酸储备液（1g/100mL）：称取 2.5g 柠檬酸，溶解并定容 250mL。

（6）柠檬酸使用液：分别取 20、30、40mL 储备液，稀释定容 500mL，配成浓度为 0.02、0.03、0.04g/100mL 的溶液。

（7）硫酸奎宁储备液（0.02g/100mL）：称取 0.05g 硫酸奎宁，水溶解（70～80℃）、定容 250mL。

（8）硫酸奎宁使用液：分别取 2.5、10、20、40mL 储备液，稀释、定容 500mL，配成浓度为 0.00005、0.0002、0.0004、0.0008g/100mL 的溶液。

4. 操作步骤

（1）对于每个试液杯（50mL 烧杯），先取一个三位数随机样品顺序。

（2）在白瓷盘中，放有 12 个有编号的小烧杯、各盛有 30mL 不同浓度的基本味觉试液，试液以随机顺序从左到右排列。先用清水洗漱口腔（水温约 40℃），然后取第一个小烧杯，喝一小口试液含于口中（注意请勿咽下），活动口腔，使试液充分接触整个舌头。

（3）仔细辨别味道，然后吐去试液，用清水洗漱口腔。记下烧杯号码及味觉判别。当试液的味道浓度低于你的分辨能力时，以“0”表示；当试液的味道不能明确判别时，以“?”表示；对于能肯定的味觉，分别以“甜、酸、咸、苦”表示。

（4）更换一批试液，重复以上操作，从左到右按顺序判别各试液，并记录结果。

5. 实验结果记录（表 4-1）

表 4-1　味觉实验记录

姓名　　　　日期

第一次		第二次	
试液号	味　觉	试液号	味　觉

6. 说明及注意事项

（1）每个试液应只品尝一次。若判别不能肯定时，可再重复，但品尝次数过多会引起感官疲劳，敏感度降低。

（2）溶液配制时，水质非常重要，须用“无味中性”水。

（3）加热应在水浴中进行。

（4）每份被品尝的试液体积为 20～30mL 较为适宜。

（5）所用的玻璃器皿都须无灰尘、无油脂，应用清水洗涤、

（6）品尝试液应有一定顺序（从左至右）。在品尝每个试液前都一定要漱口（约 20～30mL 清水），水温约 40℃ 。

（7）从容量瓶倒出试液于试液杯时应十分小心，两者号码必须一致，这对于判断很重要，否则会引起结果误差。

（8）吐液杯应选择棕色玻璃烧杯，约 400～600mL，或采取一些措施使试验人员避免看见吐液颜色和状态，引起不愉快感觉。吐液后应用纸巾擦干口角。

4.2　嗅觉训练实验

1. 实验内容

练习嗅觉评价的方法。

2. 实验目的与要求

（1）学会辨别气味的基本方法，训练嗅觉。

（2）掌握嗅觉评价的方法和技能。

3. 仪器和试剂

1）仪器

（1）深棕色小玻璃瓶：12 只。

（2）5mL 移液管：2 支。

2）试剂

（1）柠檬油、橘子油、薄荷油、水杨酸甲酯。

（2）香兰素、苯甲醛（均为 10%乙醇溶液）。

（3）红糖、五香粉、咖喱粉、胡椒粉，茶叶、茴香粉。

（4）无水乙醇（99.8%）。

对于嗅味样品试液，吸取 1mL 试剂置于瓶中，再加 9mL 无水乙醇，混合即可。嗅味样品分别放在深棕色瓶内，并且避免试验者看出瓶中的样品的颜色和形态，每个样品以随机三位数编号，分置于试验桌上。

4. 操作步骤

在白瓷盘中放有 12 个分别装有柠檬油、橘子油、薄荷油、水杨酸甲酯、香兰素乙醇溶液、苯甲醛乙醇溶液、红糖、五香粉、咖喱粉、胡椒粉、茶叶、茴香粉有编号的棕色小试剂瓶。从左至右取第一个试剂瓶，打开瓶盖，使瓶口接近鼻子（不要太靠近）。用手在瓶口轻轻往鼻子方向扇动，轻轻吸气，辨别逸出的气味。记录试样号码、气味描述，并根据气味辨别出食品名称。如果不能够写出样品名称，也请尽可能对气味进行描述（如柠檬油：可描述为橘子皮，柠檬气味；薄荷油：可描述为牙膏、口香糖或薄荷味；香兰素：可描述为可可、烹调味；橘子油：可描述为橘子皮、柠檬皮味；苯甲醛：可描述为苦杏仁味）。重复以上操作，并记录结果。

5. 实验结果记录（表 4-2）

表 4-2　嗅觉实验记录

姓名　　日期

第一次			第二次		
试液号	嗅　觉	气味描述	试液号	嗅　觉	气味描述
303			626		
616			303		
727			515		
505			808		
464			737		
120			484		
802			252		
027			014		
815			301		

续表

第一次			第二次		
试液号	嗅　觉	气味描述	试液号	嗅　觉	气味描述
456			545		
343			909		
727			123		

6. 说明及注意事项

（1）辨别气味时，如果吸气过度和吸气次数过多都会引起嗅觉疲劳。而嗅觉疲劳又较难恢复，所以应限制样品试验的次数，使其尽可能减小。

（2）初次试验的目的是学会辨别气味的方法，并非要求每次试验的结果都准确无误。

（3）样品嗅味顺序安排可能会对试验结果产生影响，连续闻同一种类型气体会使嗅觉很快疲劳，因此样品顺序应合理安排。

（4）如果样品量很少或者气味刺激性很强烈，可以用嗅纸片（约 100mm 长、5mm 宽的滤纸）浸入样品，把沾有样品的纸片放近鼻子，闻其气味。

4.3　风味感觉训练实验

1. 实验内容

对食品进行风味综合评定。

2. 实验目的与要求

（1）学会分辨风味的方法，训练。

（2）掌握风味检验的技巧，进行初步感官评价。

3. 仪器和试剂

1）仪器

（1）500mL 烧杯 4 只、1000mL 烧杯 2 只、100mL 量筒 3 只、吸管。

（2）电子天平、粉碎机、筛、挤压机、铝锅、铝盘、纸巾、塑料匙 2 把等。

2）试剂

（1）果蔬罐头：菠萝、黄桃、竹笋、梨等。

（2）新鲜橘子 500g。

（3）新鲜芹菜 500g。

（4）鲜牛奶 1000mL。

（5）红茶 2000mL。

（6）橘子汁。

使用时，罐头及果蔬分别打浆、过滤取汁作为样品。鲜牛奶分别以加 1/3 纯水冲稀、加热至 90℃沸腾 7～8min（用 3 种不同处理方法做 3 种不同的样品）。

4. 操作步骤

在白瓷盘中，放有 9 个分别装有各种水果、蔬菜汁及鲜牛奶试样的棕色小试剂瓶。先按 4.2 节进行嗅觉检验，然后再按 4.1 节进行味觉检验，分别记录检验结果。气味描述可用香味、甜味、酸味、水果味等；味觉描述可用甜味、咸味、苦味、酸味、水果味、辣味、涩味等。

5. 实验结果记录（表 4-3）

表 4-3　风味实验记录

姓名　　　　日期

样品号	气味描述	气味辨别物	味　觉	味觉辨别物

6. 说明及注意事项

（1）由于食品的颜色和形态等都会给鉴定者一些暗示，所以本实验采用的食品均以汁液代替。

（2）水果汁应由高质成熟水果制备的天然产品，无损伤，无玷污，不添加水和糖，如果罐头水果不合适，也可由新鲜水果制得水果汁或水果饮料。

（3）牛奶应为鲜牛奶。

（4）用温热（40℃）红茶作为洗漱剂来漱口，会比清水更有效。

4.4　其他感觉实验

1. 实验内容

练习用味觉和嗅觉以外的其他感觉来鉴定食品。

2. 实验目的与要求

（1）学习口感鉴定方法。

（2）掌握综合各种感觉对食品进行综合评价的技巧。

3. 仪器和试剂

1）仪器

（1）50mL烧杯16个。

（2）薄荷油试纸、漱液杯、漱口杯、纸巾、塑料勺、塑料小刀。

2）试剂

（1）公用样品：白酒、生姜粉、桂皮粉、薄荷脑；$CaCO_3$水溶液、米饭、碎玉米、胡椒粉、洋葱片、奶粉。

（2）个人用样品：碳酸水、明矾液、醋酸、柠檬汁、面包、蛋椰子糖、太妃糖、奶油、奶油巧克力、饼干、油炸虾片。

4. 操作步骤

在白瓷盘中，放有4组共16个盛有试样的小烧杯，从左到右为第一组装有50%（体积分数）的白酒、生姜粉、桂皮粉、薄荷脑；第二组装有碳酸水、柠檬汁、明矾液、醋酸胡椒粉，洋葱片；第三组装有$CaCO_3$水溶液、碎玉米、米饭；第四组装有面包片、干奶粉、蛋清。

（1）取第一组样品，品尝冷热感：用塑料勺取少量白酒、生姜粉、桂皮粉样品接触舌头前部，体会冷、热、烫或灼热感觉；在舌上放少量薄荷脑，立即闭口，先用鼻子呼吸，体会感觉。再略微张口，吸气，体会清凉感觉，比较感觉上与生姜粉有何不同。吐去样品，用温水漱口。重复以上操作，按顺序检验各试样，并比较每一试样的感觉。综合各种感觉对样品进行描述并记录。见表4-4。

（2）取第二组样品，品尝辛酸麻辣涩感：先用水漱口，然后分别含碳酸水、柠檬汁、明矾液、醋酸各一小口试样，体会感觉。吐去试样，每次用温水漱口。咀嚼少许洋葱片，迅速吐出，描述感觉。用塑料勺柄沾些胡椒粉放在舌上，体会感觉。重复操作，按顺序检验各试样，并记录各种辛、酸、麻、辣、涩的综合感觉。见表4-4。

（3）取第三组样品，体会粒度感：用塑料勺取少量$CaCO_3$样品溶液放在舌上，含一勺碎玉米，咀嚼，含一勺米饭，舌头前后移动并咀嚼，体会粒度大小、软度、碎度、黏度、弹性等感觉。吐去试样，每次用水漱口。重复操作，按顺序检验各试样并记录每一试样的综合感觉。见表4-4。

（4）第四组样品，体会黏弹性：吃一片面包，留意其柔软度和碎度；咀嚼少量干奶粉，留意其黏度；取少量蛋清于口中，咀嚼，留意其滑动性，吐出。每次用水漱口。重复操作，按顺序检验各试样并记录每一试样的综合感觉。见表4-4。

5. 实验结果记录（表 4-4）

表 4-4　综合感觉实验记录

姓名　　　　日期

序　　号	试样编号	综合感觉描述

6. 说明及注意事项

在感官鉴定中，如不消除口中余味，则无法进行下一个样品的品尝试验。现举一些消除刺激味感的“中和剂”以供选择使用：

（1）一般异味：用冷水漱口。

（2）较强的刺激辣味、灼热感：可吃一些奶油，或酸牛奶。

（3）轻微的刺激辣味感：微热红茶（50℃）漱口，也可以咀嚼一些生卷心菜叶或吃些热带水果，或罐头水果等。

（4）过冷的刺激：咀嚼奶糖；若不太冷的刺激感可用温水（50℃）漱口。

（5）涩味感：咀嚼奶糖，然后用温水漱口。

4.5　基本味觉的味阈实验

1. 实验内容

学习测定一种基本味阈的方法。

2. 实验目的与要求

（1）进一步理解味阈的基本概念。

（2）掌握阈值测定方法。

3. 仪器和试剂

1）仪器

（1）100mL 容量瓶 1 个、250mL 容量瓶 10 个。

（2）漏斗 2 个。

（3）600mL 烧杯 1 个、50mL 烧杯 100 个。

（4）滴管 1 支，10、20、25mL 移液管各 1 支。

（5）25、50mL 量筒各 1 只。

2）试剂

（1）NaCl 储备液（10g/100mL）：称取 25gNaCl，溶解并定容 250mL。

（2）NaCl 使用液：分别取 0.0、1.0、2.0、3.0、4.0、5.0、6.5、7.5、9.0、10.0mL 储备液，稀释、定容 250mL，配成浓度为 0.00、0.02、0.04、0.06、0.08、0.10、0.13、0.15、0.18、0.20g/100mL 的溶液。

4. 操作步骤

在白瓷盘中，放有 10 个装有 NaCl 基本味觉物的样品从左到右按浓度从小到大顺序排列，并随机以三位编号。

从左到右按顺序品尝试液，先用水漱口然后喝入试液含于口中，做口腔运动使试液接触全部舌头和上腭，仔细体会味觉，进行味觉描述并记录味觉强度，吐去试液，用水漱口，继续品尝下一个试液。按味觉强弱用数值记录。强度记录可参照如下：

0：无味感或味道如水。

?：不同于水，但未能明确辨别出某种味感（觉察味阈）。

1：开始有味感，但很弱（识别味阈）。

2：有比较弱的味感。

3：有明显味感。

4：有比较强的味感。

5：很强烈的味感。

根据味感强度记录及实验室提供的试液浓度值，确定你的味阈。

如觉察味阈、识别味阈、极限味阈（超过此浓度，溶质再增加味感也无变化）。

5. 实验结果记录（表 4-5）

表 4-5　基本味觉味阈实验

姓名　　　　日期

顺序号	样品号	味　觉	味感强度	浓度/(g/100mL)	阈　值

6. 说明及注意事项

（1）为避免各种因素干扰，食品编号及试样顺序应随机化。基本味觉味阈试验，试样品尝顺序应按浓度从小到大，从左到右的顺序进行，即味感从淡到浓，避免先浓后淡而影响判断的准确性。

（2）品尝试样时，每个试样只品尝一次，决不允许重复，以避免错误的结果。

（3）试验中水质很重要。蒸馏水、重蒸馏水或去离子水都不令人满意。蒸馏水会引起苦味感觉，这将提高甜味的味阈值；去离子水对某些人会引起甜味感。一般的方法是用煮沸（不盖锅盖）10min 的新鲜自来水，冷却、沉淀后倾斜倒出即可。

（4）开始试验时，NaCl 和柠檬酸溶液会有甜味感，然后才会出现咸味和酸味的感觉。

4.6 差别检验实验

1. 实验内容

用配对、对比差别检验法，检测 2 个试样，判断试样间有无差别。

2. 实验目的与要求

（1）通过实验，学会分辨不同样品的味道方法，掌握味觉评价的方法。

（2）掌握差别检验的方法。

3. 仪器和试剂

1）仪器

50mL 小烧杯 24 个，500mL 烧杯一个，容量瓶 25mL1 个，500mL2 个，漏斗 2 个，移液管 10、15mL 各 1 支，白瓷盘 1 个。

2）试剂

（1）1%酒石酸储备液：2.5g 酒石酸，用水稀释定容至 250mL。

（2）0.018g/L 酒石酸试液：取 1%的储备液 9mL，稀释定容至 500mL。作为 A 液。

（3）0.021g/L 酒石酸试液：取 1%的储备液 10.5mL，稀释定容至 500mL。作为 B 液。

（4）按以下组合向每人提供几组样品：

配对试验：A、B(108、768)，B、A(750、463)

B、A(127、936)，A、B(503、847)

对比试验：标准样 R

RA、A、B(125、819、145)　RA、B、A(213、629、572)

RB、B、A(223、623、413)　RB、A、B(185、821、493)

4. 操作步骤

（1）每人领取 4 组样品，进行配对试验，依次品尝试样，体会感觉并记录结果，判断 2 个样品间有无差别，尽量不重复。品尝前后都应漱口，试液勿咽下，品尝后吐出。

（2）每人领取几组（3 个试液杯为一组）样品，进行对比试验，按味觉品尝方法从左至右依次品尝标准样与试样，体会感觉并记录结果，判断哪个样品与标准样相同或哪个样品与标准样有差别。

5. 实验结果记录及统计分析

填写配对检验实验记录表 4-6。

表 4-6　配对检验实验记录表

姓名　　　　日期

组　号	一		二		三		四	
序　号	1	2	1	2	1	2	1	2
试样编号								
味感评价								
差别评价								

将本组 6～10 人（或 10～20 人）的记录结果列成表格形式，用有关表格分析试验数据，进行统计分析，给出概率值。

配对检验，若每人对四组样品进行了检验，6～10 人共进行了 24～40 次实验，将其中判断 A 与 B 试样间有差别与无差别的次数，按表 4-7 进行统计。根据统计结果，查两点检验法差异检验表对结果进行统计分析。

表 4-7　配对检验实验统计表

姓名　　　　日期

评价员	评别次数	
	有差别次数	无差别次数
1		
2		
3		
4		
5		
6		
7		
总数		

对比实验，若每人对四组样品进行了检验，6～10 人共进行了 24～40 次实验，填写对比实验记录表 4-8。将其中判断样品 A 与标准样有差别或样品 B 与标准样有差别的次数按表 4-9 进行统计。根据统计结果，查两点检验法差异检验表，对结果进行统计分析，给出概率值。

表 4-8　对比试验记录表

姓名　　　　日期

组　号	一			二			三			四		
序　号	1	2	3	1	2	3	1	2	3	1	2	3
试样编号												
味感评价												
差别评价												

表 4-9 对比检验实验统计表

姓名　　　　日期

评价员	评别次数	
	A 与标准样有判别的次数	B 与标准样式判别的次数
总数		

6. 说明及注意事项

（1）样品的品尝应避免重复、且每个编号样品被品尝的次数应一样。

（2）若只是对味觉、嗅觉或风味进行检验，所提供的样品必须具有相同（或类似）外表、形态、温度、数量等，否则可能会引起评价者的偏爱，而影响客观的评价。

思考题

1. 说明食品感官检验的概念和测定的意义。
2. 食品感官检验的类型有哪些？
3. 简述食品感官检验的发展方向。
4. 感觉是怎样产生的，它有哪些规律？
5. 简述感觉阈的分类，各有何特点？
6. 什么是感觉的适应现象、对比现象、协同效应、拮抗效应、掩蔽现象？
7. 说明各种感官评价在食品质量检验中的应用。
8. 影响味觉、嗅觉的主要因素有哪些？它们对感官评价的影响如何？
9. 食品感官评价结果受哪些因素的影响？如何消除？
10. 食品感官检验常用的方法有哪些？
11. 进行食品感官检验有哪些基本要求？
12. 什么是差别检验法？它有哪些主要的方法？如何进行差别检验？举例说明。
13. 食品感官检验适用的范围有哪些？
14. 食品感官检验中问题设定的原则有哪些？

第二篇　食品理化检测技术

第5章　食品检测的基本知识

食品种类繁多，成分复杂，来源不一，食品分析检测的目的不同、项目各异，尽管如此，不论哪种类型食品的检测，一般都按照以下程序进行。首先，是检测样品的准备过程，包括样品的采集和预处理；然后选择适当的检测方法进行成分分析及数据处理；最后将检测结果以检测报告的形式表达出来。

5.1　样品的采集、制备和保存

5.1.1　样品的采集

从大量的检测对象中抽取有代表性的一部分样品供分析检验用，叫做采样。

1. 正确采样的重要性

采样是食品检测工作中非常重要的环节。在食品检测中，不管是成品，还是未加工的原料，即使是同一种类，由于品种、产地、成熟期、加工或保藏条件的不同，其成分及其含量也可能有很大的差异。另外，即使是同一分析对象，各部位间的组成和含量也有相当大的差异。因此，要保证检测结果准确，前提之一，就是采取的样品要有代表性。从大量的、成分不均匀的、所含成分不一致的被检物质中采集能代表全部被检物质的分析样品，必须掌握科学的采样技术，在防止成分逸散和不被污染的情况下，均衡地、不加选择地采集有代表性的样品，否则，即使以后的样品处理、检测等一系列环节非常精密、准确，其检测的结果亦毫无意义，以致导致错误的结论。

目前在下列工作中都需要先进行采样：

（1）检查内销和进出口的食品和食品添加剂，是否符合有关食品卫生质量标准的规定。

（2）检查食品生产、储存、运输、销售等过程中，食品的质量是否符合国家卫生法规；有无变质现象，查明污染食品的原因、种类、程度和途径。

（3）检查食品是否有掺假和伪造等现象。

（4）鉴定新食品、开发新食品资源、新工艺流程和设备、新食品包装材料等。

（5）测定食品中各种成分及其变化；对与食品有关疾病病因的探索。

（6）食品质量标准及其检验方法的制定、修订和增订。

在上述各项工作中，由于食品的数量较大，而且目前的检验方法大多数具有破坏性，因此不能对食品进行全部检验，必须从整批食品中采取一定比例的样品进行检验。

2. 采样的过程、方法与要求

1）采样的过程

采样时必须注意使其具有代表性以外，还应调查食品的货主、来源、种类、批次、生产日期、总量、包装堆积形式、运输情况、储存条件及时间、可能存在的食品逸散和污染情况及其他一切能揭示食品发生变化的材料。采样一般分三步，依次获得检样、原始样品和平均样品。

从检测对象（大批物料）的各个部分采集的少量样品称为检样；许多份检样综合在一起称为原始样品；原始样品经过充分混合后，平均的分出一部分（如按“四分法”取样）供分析检验的样品称为平均样品。然后将平均样品分为3份，一份作为检验用的样品，可称为试验样品（或检验样品）；一份供复检用的样品，可称为复验样品；一份作为备查用的样品，可称为保留样品，每份样品不少于0.5kg。采样完毕时，应认真填写采样记录，写明采样单位、地址、日期、样品批号、采样条件、包装情况、采样数量、检验项目及采样人。按照不同检验项目的要求妥善包装后，送实验室尽快进行检测。

2）采样的方法

样品的采集有随机抽样和代表性取样两种方法。随机抽样可以避免人为的倾向性，但是在有些情况下，如难以混匀的食品（如黏稠液体、蔬菜等）的采样，仅仅用随机采样法是不行的，必须结合代表性取样，从有代表性的各个部分分别取样。因此，采样通常采用几种方法相结合的方式。具体的取样方法，因检测对象的性质而异。

（1）均匀固体物料（如粮食、粉状食品）。有完整包装（袋、桶、箱等）的：可按总件数1/2的平方根确定采样件数，然后从样品堆放的不同部位，按采样件数确定具体采样袋（桶、箱），再用双套回转取样管采样。将取样管插入包装中，回转180°取出样品，每一包装须由上、中、下三层取出3份检样；把许多检样综合起来成为原始样品；用“四分法”将原始样品做成平均样品，即将原始样品充分混合后堆集在清洁的玻璃板上，压平成厚度在3cm以下的图形，并划成“十”字线，将样品分成4份，取对角的2份混合，再如上分为4份，取对角的2份，此即是平均样品。

无包装的散堆样品：先划分若干等体积层，然后在每层的四角和中心点取样，得检样，再按上法处理的平均样品。

（2）黏稠的半固体物料（如稀奶油、动物油脂、果酱等）。这类物料不易充分混合，可先按总件数1/2的平方根确定取样数。启开包装，用采样器从各桶中分层（一般上、中、下三层）分别取出检样，然后混合分取缩减到所需数量的平均样品。

（3）液体物料（如植物油、鲜乳等）。如果数量较大。可依容器的大小及形状，分区分层采取小样，再将各小样汇总混合，取出原始样品。如果数量不大，可在密闭容器内旋转摇荡，或从一个容器倒入另一个容器，反复数次或颠倒容器，采样前需用搅拌器等搅拌一定时间，再用采样器缓慢匀速地自上端斜插至底部采取样品。易氧化食品搅拌时要避免与空气混合；挥发性液体食品，用虹吸法从上、中、下三层采样。

（4）组成不均匀的固体食品（如鱼、肉、果品、蔬菜等）。这类食品本身各部位极不均匀，个体大小及成熟程度差异很大，取样更应注意代表性，可按下述方法采样。

① 肉类：根据不同的检测目的和要求而定。有时从不同部位取样，混合后代表该只动物；有时从一只或很多只动物的同一部位取样，混合后代表某一部位的情况。

② 水产品：小鱼、小虾可随机取多个样品，切碎、混匀后分取缩减到所需数量；对个体较大的鱼，可从若干个体上切割少量可食部分，切碎混匀分取，缩减到所需数量。

③ 果蔬：体积较小的（如山楂、葡萄等），随机取若干个整体，切碎混匀，缩分到所需数量。体积较大的（如西瓜、苹果、萝卜等）可按成熟度及个体大小的组成比例，选取若干个体，对每个个体按生长轴纵剖分 4 份或 8 份，取对角线 2 份，切碎混匀，缩分到所需数量。体积蓬松的叶菜类（如菠菜、小白菜等），由多个包装（一筐、一捆）分别抽取一定数量，混合后捣碎、混匀、分取，缩减到所需数量。

（5）小包装食品（罐头、袋或听装奶粉、瓶装饮料等）。这类食品一般按班次或批号连同包装一起采样。如果小包装外还有大包装（如纸箱），可在堆放的不同部位抽取一定量大包装，从每箱中抽取小包装（瓶、袋等），再缩减到所需数量。同一批号取样件数，250g 以上包装不得少于 6 个，250g 以下的包装不得少于 10 个。

3）采样的要求

采样时应注意以下几个问题：

（1）一切采样的工具，如采样器、容器、包装纸等都应清洁、干燥、无异味，不应将任何有害物质带入样品中，采样容器应根据检验项目选用硬质玻璃瓶或聚乙烯制品。检测微量与超微量元素时，对容器要进行预处理，例如检测食品中铅含量时，容器在盛样前先应该进行去铅处理；检测铁含量时，应避免与铁的工具与容器接触；做汞测定的样品不能用橡皮塞；检测 3,4-苯并芘时，样品不要用蜡纸包，并防止阳光照射。

（2）设法保持样品原有的理化指标，在进行检测之前不得污染，不发生变化。例如，做黄曲霉毒素测定的样品，要避免阳光、紫外灯照射，以免黄曲霉分解。

（3）采样后应在 4h 内，迅速送往实验室进行检测，使其保持原来的理化状态及有毒有害物质的存在状况，在检测前不应再被污染，也不应发生变质、腐败、霉变、微生物死亡、毒物分解或挥发以及水分增减等变化。

（4）感官性质极不相同的样品，切不可混合在一起，应另行包装并注明其性质。

（5）盛装样品的器具上要贴牢标签，注明样品名称、采样地点、采样日期、样品批号、采样方法、采样数量、检测项目及采样人。

5.1.2 样品的制备

按采样规程采取的样品往往数量过大，颗粒太大，组成不均匀。因此，为了确保分析结果的正确性，必须对样品进行粉碎、混匀、缩分，这项工作即为样品制备。样品制备的目的就是要保证样品十分均匀，使在检测时取任何部分都能代表全部样品的成分。

样品的制备方法因产品类型不同而异。

1. 液体、浆体或悬浮液体

一般将样品摇匀，充分搅拌。常用的简单搅拌工具是玻璃搅拌棒及电动搅拌棒。

2. 固体样品

应用切细、粉碎、捣碎、研磨等方法将样品制成均匀可检状态。水分含量少、硬度较大的固体样品（如谷类）可用粉碎法；水分含量较高的，质地软的样品（如果蔬类）可用匀浆法；韧性较强的样品（如肉类）可用研磨法。常用的工具有粉碎机、组织捣碎机、研钵等。

3. 罐头

水果罐头在捣碎前必须清除果核；肉禽罐头应预先清除骨头；鱼类罐头要将调味品（葱、辣椒及其他）分出后再捣碎。常用的工具有组织捣碎机等。

在制备样品的过程中，应注意防止易挥发性成分的逸散和避免样品组成和理化性质发生变化，作微生物检测的样品，必须根据微生物学的要求，按照无菌操作规程制备。

5.1.3 样品保存

采取的样品，为了防止其水分或挥发性成分散失及其他待测成分含量的变化（如光解、高温分解、发酵等），应在短时间内进行检测。如不能立即检测的，应妥善保存。

制备好的样品应放在密封洁净容器内，置于阴暗处保存。易腐败变质的样品应保存在 0～5℃的冰箱里，但保存时间不宜过长。有些成分，如胡萝卜素、黄曲霉毒素 B_1 容易发生光解，以这些成分为检测项目的样品，必须在避光条件下保存。特殊情况下，样品中可加入适量的不影响分析结果的防腐剂，或将样品置于冷冻干燥器内进行升华干燥保存。此外，存放的样品要按日期、批号、编号摆放，以便查找。

5.2 样品预处理

食品的成分复杂，既含有大分子的有机化合物，如蛋白质、糖、脂肪、淀粉、维生素及因污染引入的有机农药等，也含有各种无机元素，如钾、钠、钙、铁等。这些组分往往以复杂的结合态或配位化合态形式存在。当应用某种化学方法或物理方法对其中某种组分的含量进行测定时，其他组分的存在，常给测定带来干扰。因此，为了保证检测工作的顺利进行，得到准确的检测结果，必须在测定前排除干扰组分；此外，有些被测组分在食品中含量极低，如污染物、农药、黄曲霉毒等，要准确测出它们的含量，必须在测定前，对样品进行浓缩，以上这些操作过程统称为样品预处理，它是食品检测过程中的一个重要环节，直接关系着检测的成败。

样品预处理的方法有很多，可根据食品的种类、特点以及被测组分的存在形式和物化性质不同采取不同的方法。总的原则是：消除干扰因素；完整保留被测组分。一般常用的方法有以下六种。

5.2.1　有机物破坏法

有机物破坏法主要用于食品中无机盐或金属离子的测定。

食品中无机盐或金属离子，常与蛋白质等有机物结合，成为难溶、难离解的有机金属化合物。欲测定其中金属离子或无机盐的含量，则需在测定前破坏有机结合体，释放出被测组分。通常可采用高温、或高温加强氧化条件，使有机物质分解，呈气态逸散，而被测组分残留下来。根据具体操作条件不同，又可分为干法和湿法两大类。

1. 干法灰化

干法灰化又称灼烧法，即用高温灼烧的方式破坏样品中有机物的方法。除汞外大多数金属元素和部分非金属元素的测定都可用此法处理样品。

1）原理

将一定量的样品置于坩埚中加热，小火炭化后，使其中的有机物脱水、炭化、分解、氧化，再置于 500～600℃ 高温电炉中灼烧灰化，直至残灰为白色或浅灰色为止，所得残渣即为无机成分，可供测定用。

2）方法特点

此法优点在于有机物分解彻底，操作简单，无须工作者经常看管，另外此法基本不加或加入很少的试剂，所以空白值低。但此法所需时间较长，因温度过高易造成某些易挥发元素的损失，坩埚对被测组分有吸留作用，致使测定结果和回收率降低。

3）提高回收率的措施

（1）根据被测组分的性质，采取适宜的灰化温度。

（2）加入助灰化剂，防止被测组分的挥发损失和坩埚吸留。例如，通过加入氢氧化钠或氢氧化钙可使卤素转为难挥发的碘化钠或氟化钙；加入氯化镁或硝酸镁可使磷元素、硫元素转变为磷酸镁或硫酸镁，防止它们损失。

近年来已开发了一种低温灰化技术，将样品放在低温灰化炉中，先将空气抽至 0～133.3Pa，然后不断通入氧气，每分钟 0.3～0.8L，用射频照射使氧气活化，在低于 150℃ 下可使样品完全灰化，从而克服高温灰化的缺点，但所需仪器价格较贵。

2. 湿法消化

此法简称消化法，是常用的样品无机化方法。

1）原理

向样品中加入强氧化剂．并加热煮沸，使样品中的有机物质完全分解、氧化呈气态逸出，待测成分转化为无机物状态存在于消化液中，供测试用。常用的强氧化剂有浓硝酸、浓硫酸、高氯酸、高锰酸钾、过氧化氢等。

2）方法特点

此法有机物分解速度快，所需时间短；由于加热温度较干法低。故可减少金属挥发逸散的损失，容器吸留也少。但在消化过程中，常产生大量有害气体，因此操作过程需在通风橱内进行；消化初期，易产生大量泡沫外溢，故需操作人员随时照管；此外，试剂用量较大，空白值偏高。本法适用于某些极易挥发散失物质的测定，除汞之外，大部分金属元素的测定都能达到良好的结果。

近年来，已开发了一种新型样品消化技术，即高压密封罐消化法。此法是在聚四氟乙烯容器中加入适量样品和氧化剂，置于密封罐内并置120～150℃烘箱中保温数小时，取出自然冷却至室温，便可取此液直接测定。此法克服了常压湿法消化的一些缺点，但要求密封程度高，高压密封罐的使用寿命有限。

3. 常用消化方法

（1）硝酸-高氯酸-硫酸法。称取5～10g粉碎的样品于250～500mL凯氏烧瓶中、加少许水使之湿润，加数粒玻璃珠，加4∶1的硝酸-高氯酸混合液10～15mL放置片刻，小火缓缓加热，待作用缓和后放冷，沿瓶壁加入5mL或10mL浓硫酸，再加热，至瓶中液体开始变成棕色时，不断沿瓶壁滴加硝酸-高氯酸混合液（4∶1）至有机物分解完全。加大火力至产生白烟，溶液应澄清、无色或微黄色。在操作过程中应注意防止爆炸。

（2）硝酸-硫酸法。称取均匀样品10～20g于凯氏烧瓶中，加入浓硝酸20mL，浓硫酸10mL，先以小火加热，待剧烈作用停止后，加大火力并不断滴加浓硝酸直至溶液透明不再转黑为止。每当溶液变深时，立即添加硝酸，否则溶液难以消化完全。待溶液不再转黑后，继续加热数分钟至有浓白烟逸出，消化液应澄清透明。

也可用双氧水代替硝酸进行操作，滴加时应沿壁缓慢进行以防爆沸。

5.2.2 溶剂提取法

在同一溶剂中，不同的物质具有不同的溶解度。利用样品各组分在某一溶剂中溶解度的差异，将各组分完全或部分地分离的方法，称为溶剂提取法。此法常用于维生素、添加剂、农药及黄曲霉毒素等的测定。

溶剂提取法又分为浸提法、溶剂萃取法。

1. 浸提法

用适当的溶剂将固体样品中的某种待测成分浸提出来的方法称为浸提法，又称液-固萃取法。

1）提取剂的选择

一般来说，提取效果符合相似相溶的原则，故应根据被提取物的极性强弱选择提取剂。对极性较弱的成分（如有机氯农药）可用极性小的溶剂（如正己烷、石油醚）提取。对极性强的成分（如黄曲霉毒素 B_1）可用极性大的溶剂（如甲醇与水的混合溶液）提取。溶剂沸点宜在45～80℃之间，沸点太低易挥发。沸点太高则不易浓缩，且对热稳定性差的被提取成分也不利。此外，溶剂要稳定，不与样品发生作用。

2）提取方法

（1）振荡浸渍法：将样品切碎，放在一合适的溶剂系统中浸渍、振荡一定时间，即可从样品中提取出被测成分。此法简便易行，但回收率较低。

（2）捣碎法：将切碎的样品放入捣碎机中加溶剂捣碎一定时间，使被捣成分提取出来。此法回收率较高，但干扰杂质溶出较多。

（3）索氏提取法：将一定量样品放入索氏提取器中，加入溶剂加热回流一定时间，将被测成分提取出来。此法溶剂用量少，提取完全，回收率高。但操作较麻烦，且需专用的索氏提取器。

2. 溶剂萃取法

利用某组分在两种互不相溶的溶剂中分配系数的不同，使其从一种溶剂转移到另一种溶剂中，而与其他组分分离的方法，叫溶剂萃取法。此法操作迅速，分离效果好，应用广泛。但萃取试剂通常易燃、易挥发，且有毒性。

1）萃取溶剂的选择

萃取用溶剂应与原溶剂不互溶，对被测组分有最大溶解度，而对杂质有最小溶解度。即被测组分在萃取溶剂中有最大的分配系数，而杂质只有最小的分配系数。经萃取后。被测组分进入萃取溶剂中，即同仍留在原溶剂中的杂质分离开。此外，还应考虑两种溶剂分层的难易以及是否会产生泡沫等问题。

2）萃取方法

萃取通常在分液漏斗中进行，一般需经 4～5 次萃取，才能达到完全分离的目的。当用较水轻的溶剂，从水溶液中提取分配系数小，或振荡后易乳化的物质时，采用连续液体萃取器较分液漏斗效果更好。仪器如图 5-1 所示。烧瓶 A 内的溶剂被加热，产生的蒸气经过管 B 上升至冷凝器 C 被冷却，冷凝液化后滴入中央的管内并沿中央管下降，从下端成为小滴，使欲萃取的液层 D 上升，此时发生萃取作用。萃取液经回流至烧瓶 A 内后，溶剂再次气化，这样继续反复萃取，可把被测组分全部萃入 A 中。

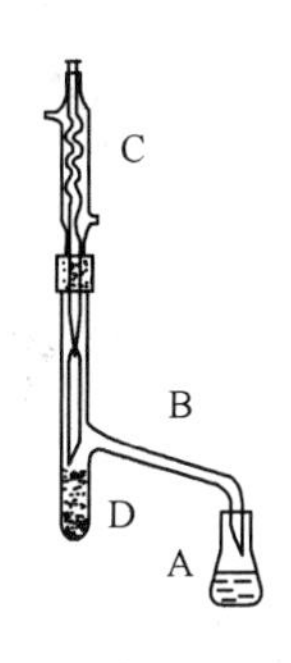

图 5-1 连续液体萃取器

5.2.3 蒸馏法

蒸馏法是利用被测物质中各组分挥发性差异来进行分离的方法。可用于除去干扰组分，也可用于被测组分蒸馏逸出，收集馏出液进行分析。此法具有分离和净化双重效果。

根据样品中待测组分性质不同，可采取常压蒸馏、减压蒸馏、水蒸气蒸馏等方式。

对于沸点不高或者加热不发生分解的物质，可采用常压蒸馏，装置如图 5-2 所示。

当常压蒸馏容易使蒸馏物质分解，或其沸点太高时，可以采用减压蒸馏。

某些物质沸点较高，直接加热蒸馏时，因受热不均易引起局部炭化；还有些被测成

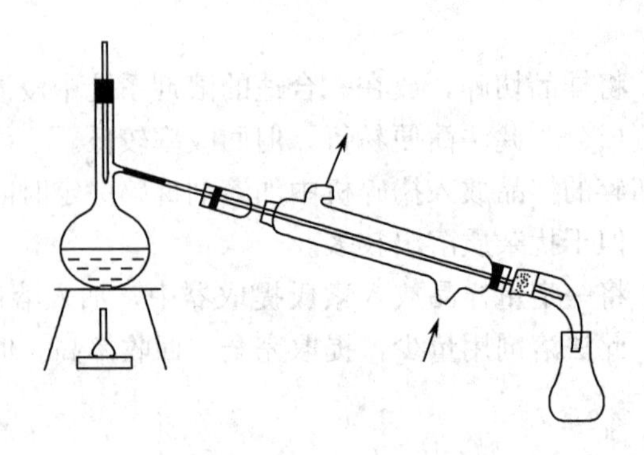

图 5-2　常压蒸馏装置

分当加热到沸点时可能发生分解。这些成分的提取，可用水蒸气蒸馏（蒸馏装置见图 5-3）。水蒸气蒸馏是用水蒸气来加热混合液体，使具有一定挥发度的被测组分与水蒸气分压成比例地自溶液中一起蒸馏出来。

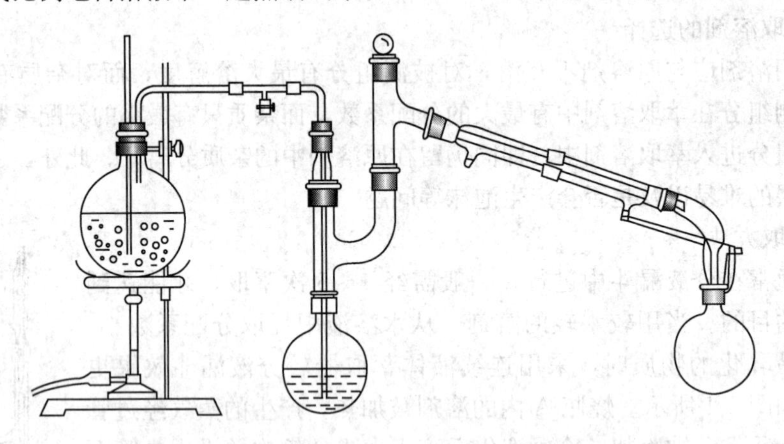

图 5-3　水蒸气蒸馏装置图

5.2.4　色层分离法

色层分离法又称色谱分离法，是一种在载体上进行物质分离的一系列方法的总称。根据分离原理的不同，可分为吸附色谱分离、分配色谱分离和离子交换色谱分离等。此类分离方法分离效果好，近年来在食品分析中应用越来越广泛。

1. 吸附色谱分离

利用聚酰胺、硅胶、硅藻土、氧化铝等吸附剂，经活化处理后，所具有的适当的吸附能力，对被测成分或干扰组分进行选择性吸附而进行的分离称吸附色谱分离。例如，聚酰胺对色素有强大的吸附力，而其他组分则难于被其吸附，在测定食品中色素含量时，常用聚酰胺吸附色素，经过过滤洗涤，再用适当溶剂解吸，可以得到较纯净的色素溶液，供测试用。

2. 分配色谱分离

此法是以分配作用为主的色谱分离法。是根据不同物质在两相间的分配比不同所进行的分离。两相中的一相是流动的（称流动相），另一相是固定的（称固定相）。被分离的组分在流动相沿着固定相移动的过程中，由于不同物质在两相中具有不同的分配比，当溶剂渗透在固定相中并向上渗展时，这些物质在两相中的分配作用反复进行，从而达到分离的目的。例如，多糖类样品的纸上层析，样品经酸水解处理，中和后制成试液，点样于滤纸上，用苯酚-1%氨水饱和溶液展开，苯胺邻苯二酸显色剂显色，于105℃加热数分钟，则可见到被分离开的戊醛糖（红棕色）、己醛糖（棕褐色）、己酮糖（淡棕色）、双糖类（黄棕色）的色斑。

3. 离子交换色谱分离

离子交换分离法是利用离子交换剂与溶液中的离子之间所发生的交换反应来进行分离的方法。分为阳离子交换和阴离子交换两种。交换作用可用下列反应式表示：

阳离子交换：　$R—H+M^{+}X^{-} \rightleftharpoons R—M+HX$

阴离子交换：　$R—OH+M^{+}X^{-} \rightleftharpoons R—X+MOH$

式中　R——离子交换剂的母体；

MX——溶液中被交换的物质。

当将被测离子溶液与离于交换剂一起混合振荡，或将样液缓缓通过用离子交换剂做成的离子交换柱时，被测离子或干扰离子即与离子交换剂上的 H^{+} 或 OH^{-} 发生交换，被测离子或干扰离子留在离子交换剂上，被交换出的 H^{+} 或 OH^{-}，以及不发生交换反应的其他物质留在溶液内，从而达到分离的目的。在食品分析中，可应用离子交换分离法制备无氟水、无铅水。离子交换分离法还常用于分离较为复杂的样品。

5.2.5　化学分离法

1. 磺化法和皂化法

磺化法和皂化法是除去油脂的一种方法，常用于农药残留和脂溶性维生素测定中样品的处理。

（1）硫酸磺化法。本法是用浓硫酸处理样品提取液，有效地除去脂肪、色素等干扰杂质。其原理是浓硫酸能使脂肪磺化，并与脂肪和色素中的不饱和键起加成作用，形成可溶于硫酸和水的强极性化合物，不再被弱极性的有机溶剂所溶解，从而达到分离净化的目的。

此法简单、快速，净化效果好，但用于农药分析时，仅限于在强酸介质中稳定的农药（如有机氯农药中六六六、DDT）提取液的净化，其回收率在80%以上。

（2）皂化法。本法是用热碱溶液处理样品提取液，以除去脂肪等干扰杂质。其原理是利用KOH-乙醇溶液将脂肪等杂质皂化除去，以达到净化目的。此法常用于脂溶性维生素含量测定样品的预处理。

2. 沉淀分离法

沉淀分离法是利用沉淀反应进行分离的方法。在试样中加入适当的沉淀剂，使被测组分沉淀下来，或将干扰组分沉淀下来，经过过滤或离心将沉淀与母液分开。从而达到分离目的。例如，测定冷饮中糖精钠含量时，可在试剂中加入碱性硫酸铜，将蛋白质等干扰杂质沉淀下来，而糖精钠仍留在试液中，经过滤除去沉淀后，取滤液进行分析。

3. 掩蔽法

此法是利用掩蔽剂与样液中干扰成分作用使干扰成分转变为不干扰测定状态，即被掩蔽起来。运用这种方法可以不经过分离干扰成分的操作而消除其干扰作用。简化分析步骤，因而在食品分析中应用十分广泛，常用于金属元素的测定。如双硫腙比色法测定铅时，在测定条件（pH9）下，Cu^{2+}、Cd^{2+}等对测定有干扰。可加入氰化钾和柠檬酸胺掩蔽，消除它们的干扰。

5.2.6　浓缩

食品样品经提取、净化后，有时净化液的体积较大，在测定前需进行浓缩，以提高被测成分的浓度。常用的浓缩方法有常压浓缩法和减压浓缩法两种。

1. 常压浓缩法

此法主要用于待测组分为非挥发性的样品净化液的浓缩，通常采用蒸发皿直接挥发；若要回收溶剂，则可用一般蒸馏装置或旋转蒸发器。该法简便、快速，是常用的方法。

2. 减压浓缩法

此法主要用于待测组分为热不稳定性或易挥发的样品净化液的浓缩，通常采用K-D浓缩器。浓缩时，水浴加热并抽气减压。此法浓缩温度低、速度快、被测组分损失少，特别适用于农药残留量分析中样品净化液的浓缩（AOAC即用此法浓缩样品净化液）。

5.3　分析方法的选择及数据处理

5.3.1　正确选择分析方法的重要性

食品理化检验的目的在于为生产部门和市场管理监督部门提供准确、可靠的分析数据，以便生产部门根据这些数据对原料的质量进行控制，制定合理的工艺条件，保证生产正常进行，以较低的成本生产出符合质量标准和卫生标准的产品；市场管理和监督部门则根据这些数据对被检食品的品质和质量做出正确、客观的判断和评定，防止质量低劣食品危害消费者的身心健康。为了达到上述目的，除了需要采取正确的方法采集样品，并对采取的样品进行合理的制备和预处理外，在现有的众多分析方法中，选择正确的分析方法是保证分析结果准确的又一关键环节。如果选择的分析方法不恰当，即使前序环节非常严格、正确，得到的分析结果也可能是毫无意义的，甚至会给生产和管理带来错误的信息，造成人力、物力的损失。

5.3.2　选择分析方法应考虑的因素

样品中待测成分的分析方法往往很多，既有标准的分析方法又有文献参考的方法，怎样选择最恰当的分析方法是需要周密考虑的。一般地说，应该综合考虑下列各因素：

（1）分析要求的准确度和精密度。不同的分析方法的灵敏度、选择性、准确度、精密度各不相同，要根据生产和科研工作对分析结果要求的准确度和精密度来选择适当的分析方法。

（2）分析方法的繁简和速度。不同分析方法操作步骤的繁简程度和所需时间各不相同，每样次分析的费用也不同。要根据待测样品的数目和要求取得分析结果的时间等来选择适当的分析方法。同一样品需要测定几种成分时，应尽可能选用能用同一份样品处理液同时测定该几种成分的方法，以达到简便、快速的目的。

（3）样品的特性。各类样品中待测成分的形态和含量不同；可能存在的干扰物质及其含量不同；样品的溶解和待测成分的提取的难易程度也不相同。要根据样品的这些特征来选择制备待测液、定量某成分和消除干扰的适宜方法。

（4）现有条件。分析工作一般在实验室进行，各级实验室的设备条件和技术条件也不相同，应根据具体条件来选择适当的分析方法。

在具体情况下究竟选用哪一种方法，必须综合考虑上述各项因素，但首先必须了解各类方法的特点，如方法的精密度、准确度、灵敏度等，以便加以比较。

5.3.3　分析方法的评价

在研究一个分析方法时，通常用精密度、准确度和灵敏度这三项指标评价。

1. 精密度

精密度是指多次平行测定结果相互接近的程度。这些测试结果的差异是由偶然误差造成的。它代表着测定方法的稳定性和重现性。

精密度的高低可用偏差来衡量。偏差是指个别测定结果与几次测定结果的平均值之间的差别。偏差有绝对偏差和相对偏差之分。测定结果与测定平均值之差为绝对偏差，绝对偏差占平均值的百分比为相对偏差。

分析结果的精密度，可以用单次测定结果的平均偏差（$\overline{d}$）表示，即

$$\overline{d}=\frac{|d_1|+|d_2|+\cdots+|d_3|}{n}$$

d_1，d_2，…，d_n 为1，2，…，n 次测定结果的绝对偏差。平均偏差没有正负号。用

这种方法求得的平均偏差称算术平均偏差。单次测定结果的相对算术平均偏差为

$$相对平均偏差=\frac{\overline{d}}{\overline{x}}\times 100\%\times 100\%$$

$\overline{x}$ 为单次测定结果的算术平均值。

平均偏差的另一种表示方法为标准偏差（均方根偏差）。单次测定的标准偏差（S）可按下列公式计算：

$$S=\sqrt{\frac{\sum d_i^2}{n-1}}$$

单次测定结果的相对标准偏差称为变异系数，即

$$变异系数=\frac{S}{x}\times 100\%$$

标准偏差较平均偏差有更多的统计意义，因为单次测定的偏差平方后，较大的偏差更显著地反映出来，能更好地说明数据的分散程度。因此，在考虑一种分析方法的精密度时，通常用标准偏差和变异系数来表示。

2. 准确度

准确度是指测定值与真实值的接近程度。测定值与真实值越接近，则准确度越高。准确度主要是由系统误差决定的，它反映测定结果的可靠性。准确度高的方法精密度必然高，而精密度高的方法准确度不一定高。

准确度高低可用误差来表示。误差越小，准确度越高。误差是分析结果与真实值之差。误差有两种表示方法，即绝对误差和相对误差。绝对误差指测定结果与真实值之差；相对误差是绝对误差占真实值（通常用平均值代表）的百分率。选择分析方法时，为了便于比较，通常用相对误差表示准确度。

对单次测定值　　　　　　绝对误差 $E=x-x_T$

$$相对误差\ RE=\frac{E}{x_T}\times 100\%$$

对一组测定值 x 取多次测定值的平均值，式中，x 表示测定值，x_T 表示真实值。

而对于某一未知试样的测定，其真实值是不可能知道的，所以通常用回收率来评价检验方法的准确度。某一分析方法的准确度，可通过测定标准试样的误差，或做回收试验计算回收率，以误差或回收率来判断。

在回收试验中，加入已知量的标准物的样品，称加标样品。未加标准物质的样品称为未知样品。在相同条件下用同种方法对加标样品和未知样品进行预处理和测定，按下列公式计算出加入标准物质的回收率。

$$P=\frac{x_1-x_0}{m}\times 100\%$$

式中　P——加入标准物质的回收率，%；

m——加入标准物质的量；

x_1——加标样品的测定值；

x_0——未知样品的测定值。

3. 灵敏度

灵敏度是指分析方法所能检测到的最低限量。不同的分析方法有不同的灵敏度，一般，仪器分析法具有较高的灵敏度，而化学分析法（重量分析和容量分析）灵敏度相对较低。在选择分析方法时，要根据待测成分的含量范围选择适宜的方法。一般地说，待测成分含量低时，须选用灵敏度高的方法；含量高时宜选用灵敏度低的方法，以减少由于稀释倍数太大所引起的误差。由此可见灵敏度的高低并不是评价分析方法好坏的绝对标准。一味追求选用高灵敏度的方法是不合理的。如重量分析和容量分析法，灵敏度虽不高，但对于高含量的组分（如食品的含糖量）的测定能获得满意的结果，相对误差一般为千分之几。相反，对于低含量组分（如黄曲霉毒素）的测定，重量法和容量法的灵敏度一般达不到要求，这时应采用灵敏度较高的仪器分析法。而灵敏度较高的方法相对误差较大，但对低含量组分允许有较大的相对误差。

5.3.4　提高检测结果精密度和准确度的方法

为了获得准确可靠的测定结果，就必须提高分析检测的精密度和准确度，必须采取相应措施减少测定的系统误差和偶然误差。

1. 正确选取样品量

样品量的多少与测定结果的准确度关系很大。在常量分析中，滴定量或质量过多或过少都直接影响结果的准确度；在比色分析中，含量与吸光度之间往往只在一定范围内呈线性关系，这就要求吸光度值在此范围内，并尽可能在仪器读数较灵敏的范围内，以提高准确度。通过增减样品量或改变稀释倍数可以达到以上目的。

2. 增加平行测定次数

一般来说，测定次数越多，结果的平均值越接近真实值，结果准确度越高。一般要求每个样品平行测定的次数不少于 2 次，误差在规定的范围内，取其平均值计算结果。如果要更准确的测定，应增加测定次数，以减少测定的偶然误差。

3. 检定或校准仪器，标定标准溶液

各种检测用的计量仪器，如天平、分光光度计、原子吸收、色谱以及容量瓶、移液管、滴定管等，在精确的检测中必须定期进行检定或校准，检定或校准合格后才能使用。各种标准溶液（尤其是不稳定的溶液）应按规定定期标定，并保证在溶液的有效期内使用。

4. 做空白试验

在进行样品测定的同时，采用完全相同的方法和试剂，唯独不加试样，进行空白试验。在样品测定值中扣除空白值，就可以消除试剂中杂质干扰等因素的影响。

5. 做对照试验

对照试验是检查系统误差的有效方法。在样品测定的同时，用已知结果的试样（如标准物质）与被测试样按完全相同的条件操作，或由不同单位、不同人员按同样方法进行测定，最后将结果进行比较，这样可以消除许多未知因素的影响。

6. 严格遵守操作规程

应严格按照标准方法中规定的步骤进行检测，理化检验实验室应实行分析质量控制。

5.3.5 检测结果的数据处理

数据处理是分析检测工作的重要内容，必须对测定工作获得的一系列数据进行正确的记录、运算和处理，才能对检测对象做出客观的评价和报告。

（1）检测过程应随时记录原始数据，原始数据记录表格设计的信息点主要包括样品的名称、编号、检测日期、检测依据的标准、测定情况（如取称样量、定容体积、稀释倍数、滴定消耗体积、吸光度等）、结果计算公式、测定过程中使用的主要仪器、检验员、校核员等。数据的记录应清晰、准确、实事求是。

（2）数据的记录、计算均应遵循有效数字运算规则及数字修约规则，在测定值中只保留一位可疑数字。

（3）同一样品的进行多次测定时，常有个别数据与其他数据相差较大，对这些可疑数据不能任意弃除，应采用 t 确定法和 Q 值检验法来确定这些数据的取舍。

（4）分析结果的有效数字位数或小数点后的位数，应参考相关的标准分析方法保留。如 GB/T 5009.3—2003 中规定水分测定的计算结果应保留 3 位有效数字，GB/T 5009.6—2003 中规定脂肪含量测定的计算结果表示到小数点后一位。如方法中没有明确规定，常量组分的测定一般要求测定结果保留 4 位有效数字；对微量组分的测定，一般要求测定结果保留 2 位有效数字。

（5）样品测定值的单位应使用法定计量单位，其写法应与相应产品标准规定相一致。如果检测结果在方法的检出限以下，可以用“未检出”表述分析结果，但应标明方法的检出限的数值。

（6）最终的检验结果以检验报告的形式出具，检验报告必须列出各个检测项目的测定结果，并与产品相应的质量或卫生标准相对照比较，从而对产品做出合格或不合格的判断。常见的检验报告的格式见表 5-1。

表 5-1　检验报告单

编号：

食品名称		标称商标	
型号规格		生产日期	
样品来源		样品数量	
生产单位		生产单位地址	
收检日期		验讫日期	
检验依据			

检验结果	序号	检验项目	单位	标准值	实测值	单项判定

检验结论：

签发日期：

编制：　　　　审核：　　　　批准：

5.4　国内外食品检测标准简介

5.4.1　建立检测标准的意义和作用

质量是产品的生命，它关系到产品是否能有效地进入国内外市场。提高产品质量的关键是抓好质量标准、质量管理和质量监督三项相互关联、相互依存、缺一不可的工作，只有这样才能保证产品质量建立在一个良性循环过程中。标准是衡量产品质量的技术依据，目前对于食品生产的原辅料及最终产品，已经制定出相应的国际和国内标准，并且不断的改进和完善。

目前，我国已经建立了 213 个国家产品质量监督检测中心，在众多的质量监督检测部门开展检测工作时，制定和实施相应的分析标准是十分重要的。采用标准的分析方法、利用统一的技术手段才能使分析结果有权威性，便于比较和鉴别产品质量，为食品生产和流通领域标准化管理、国际贸易往来和国际经济技术合作有关的质量管理和质量标准提供统一的技术依据。这对提高产品质量，扩大对外贸易，促进食品业的发展，保护消费者利益和保证食品贸易的公平进行，具有重要的意义。

5.4.2　食品标准分类

所谓标准就是经过一定的审批程序，在一定范围内必须共同遵守的规定，是企业进行生产技术活动和经营管理的依据。

1. 国内食品检验标准

我国的标准体制分国家、行业、地方、企业四级标准。

国家标准是在全国范围内统一技术要求，由国务院标准化行政主管部门编制的标准，国家标准有“GB”字样。《中华人民共和国食品卫生检验方法（理化部分）》发布了GB/T 5009.1—2003～GB/T 5009.203—2003标准方法，检测成分包括：食品一般成分、有害元素、农药、食品添加剂、致癌物质等。检测对象包括：粮油、瓜果蔬菜、肉与肉制品、乳与乳制品、水产品、蛋与蛋制品、豆制品、淀粉类制品、食糖、糕点、饮料、酱醋和腊制品、橡胶和塑料制品（食品用）、食品包装用纸、陶瓷、铝制、搪瓷食具容器等。每一检测项目列有几种不同的分析方法，应用时可根据条件进行选择，但以第一法为仲裁法。

行业标准是在全国某个行业范围内统一技术要求，由国务院有关行政主管部门编制的标准，如农业行业标准“NY”，轻工行业标准“QB”，国内贸易行业标准“SB”，出入境检验检疫行业标准“SN”，卫生行业标准“WS”。

地方标准是在省、自治区、直辖市范围内统一技术要求，由地方行政主管部门编制的标准，只能规范本区域内食品的生产与经营。

对企业生产的产品，尚没有国际标准、行业标准及地方标准的，如某些新开发的产品，企业必须自行组织制定相应的标准，报主管部门审批、备案，作为企业组织生产的依据。

2. 国际食品检验标准

国际食品检验标准主要是指由国际标准化组织（ISO）制定的分析标准。该组织成立于1941年，是目前世界上最大的、最具权威的国际性标准化专门机构，下设27个国际组织，其中与食品检验有关的组织有联合国粮食及农业组织（FAO）与世界卫生组织（WHO）、“食品法典”联合委员会（简称食品法规委员会，CAC，该委员会是由联合国粮食及农业组织与世界卫生组织共同设立的，现有包括我国在内的130多个成员国，其主要职能是执行FAO/WHO联合国食品标准规划制定各种食品的国际统一标准和标准分析方法。目前食品检验国际标准方法多采用食品法规委员会制定的标准）。

另外，在国际上影响较大的组织还有美国分析化学家协会（AOAC），它是美国为使农产品（食品）分析标准化而设立的协会，该协会推荐的分析方法比较先进、可靠，对国际上食品分析领域的影响较大，目前已为越来越多国家所采用。

思考题

1. 以果蔬制品为例，简述正确采样的意义及采样方法。

2. 什么叫四分法采样？

3. 在食品检测中，样品预处理的原则是什么？有哪几种处理方法？各有何特点？

4. 说明准确度与精密度的概念，在分析测定中如何计算分析结果的准确度和精密度。

5. 说明下列缩写的中文名称：

FAO ______ ISO ______ CAC ______

第 6 章 食品的物理检验法

根据食品的相对密度、折光率、旋光度等物理常数与食品的组成及含量之间的关系进行检验的方法称为物理检验法。另外，某些食品的一些物理量（如罐头的真空度、面包的比体积等）可采用物理检验法直接测定。

6.1 密 度 法

6.1.1 密度与相对密度

密度是指物质在一定温度下单位体积的质量，以符号 ρ 表示，其单位为（g/cm^3）。相对密度是指某一温度下物质的质量与同体积某一温度下水的质量之比，以符号 d 表示。

因为物质热胀冷缩的性质，所以密度和相对密度的值都随温度的改变而改变。故密度应标示出测定时物质的温度，表示为 ρ_t。而相对密度应标示出测定时物质的温度及水的温度，表示为 $d_{t_2}^{t_1}$，如 d_4^{20}，其中 t_1 表示物质的温度，t_2 表示水的温度。

当用密度瓶或密度天平测定液体的相对密度时，以测定溶液对同温度水的相对密度比较方便。通常测定液体在 20℃时对水在 20℃时的相对密度，以 d_{20}^{20} 表示。d_{20}^{20} 和 d_4^{20} 之间可以用下式换算：

$$d_4^{20} = d_{20}^{20} \times 0.99823$$

式中 0.99823——水在 20℃时的密度，g/cm^3。

同理，若要将 $d_{t_2}^{t_1}$ 换算为 $d_4^{t_1}$，可按下式计算：

$$d_4^{t_1} = d_{t_2}^{t_1} \times \rho_{t_2}$$

式中 ρ_{t_2}——温度 t_2 时水的密度，g/cm^3。

表 6-1 列出了不同温度下水的密度。

表 6-1 水的密度和温度的关系

t/℃	密度/(g/cm^3)	t/℃	密度/(g/cm^3)	t/℃	密度/(g/cm^3)	t/℃	密度/(g/cm^3)
0	0.999868	9	0.999808	18	0.998622	27	0.996539
1	0.999927	10	0.999727	19	0.998432	28	0.996259
2	0.999968	11	0.999623	20	0.99823	29	0.995971
3	0.999992	12	0.999525	21	0.998019	30	0.995673
4	1.000000	13	0.999404	22	0.997797	31	0.995367
5	0.999992	14	0.999271	23	0.997565	32	0.995052
6	0.999968	15	0.999126	24	0.997323	—	—
7	0.999929	16	0.99897	25	0.997071	—	—
8	0.999876	17	0.998801	26	0.99681	—	—

各种液态食品都有其一定的相对密度，当其组成成分及其浓度发生改变时，其相对密度也发生改变，故测定液态食品的相对密度可以检验食品的纯度和浓度。

蔗糖、酒精等溶液的相对密度随溶液浓度的增加而增高，通过实验已经制定了溶液浓度与相对密度的对照表，只要测得了相对密度就可以由专用的表格上查出其对应的浓度。

对于某些液态食品（如果汁、番茄酱等），测定相对密度并通过换算或查专用经验表格可以确定可溶性固体物或总固形物的含量。

正常的液态食品，其相对密度都在一定范围内。例如全脂牛乳为 1.028～1.032，植物油（压榨法）为 0.9090～0.9295。当因掺杂、变质等原因引起这些液体食品的组成成分发生变化时，均可出现相对密度的变化，如牛乳的相对密度与其脂肪含量、总乳固体含量有关，脱脂乳相对密度升高，掺水乳相对密度下降。油脂的相对密度与其脂肪酸的组成有关，不饱和脂肪酸含量越高，脂肪酸不饱和程度越高，脂肪的相对密度越高；游离脂肪酸含量越高、相对密度越低；酸败的油脂相对密度升高。因此，测定相对密度可初步判断食品是否正常以及纯净程度。需要注意的是当食品的相对密度异常时，可以肯定食品的质量有问题，当相对密度正常时，并不能肯定食品质量无问题，必须配合其他理化分析，才能确定食品的质量。总之，相对密度是食品生产过程中常用的工艺控制指标和质量控制指标。

6.1.2　液态食品相对密度的测定方法

1. 密度瓶法

密度瓶是测定液体相对密度的专用精密仪器，是容积固定的玻璃称量瓶，其种类和规格有多种。常用的有带温度计的精密度瓶和带毛细管的普通密度瓶，见图 6-1。

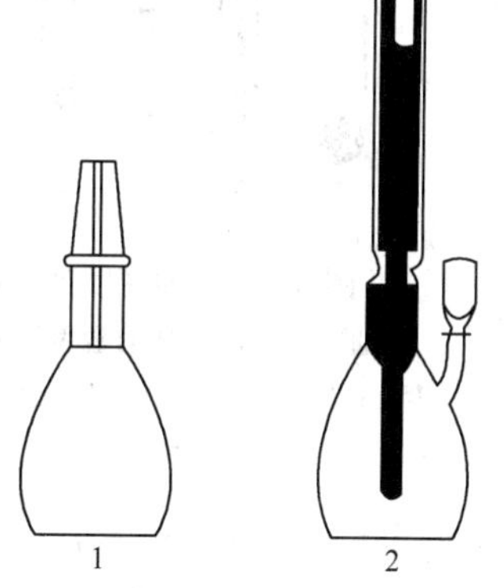

图 6-1　密度瓶

1. 带毛细管的普通密度瓶；
2. 带温度计的精密密度瓶

在规定温度 20℃时，用同一密度瓶分别称取等体积的样品溶液和蒸馏水的质量，两者之比即为该样品溶液的相对密度。

测定方法：

先把密度瓶洗干净，再依次用乙醇、乙醚洗涤，烘干并冷却后，精密称重。装满样液，置 20℃水浴内浸 0.5h，使内容物的温度达到 20℃，盖上瓶盖，用细滤纸条吸去支管标线上的样液，盖上侧管帽后取出。用滤纸把瓶外擦干，置天平室内 0.5h 后称重。将样液倾出，洗净密度瓶，装入煮沸 30min 并冷却到 20℃以下的蒸馏水，按上法操作。测出同体积 20℃蒸馏水的质量。

按下式计算：

$$d_{20}^{20}=\frac{m_2-m_0}{m_1-m_0}$$

$$d_4^{20} = d_{20}^{20} \times 0.99823$$

式中　m_0——空密度瓶质量，g；

m_1——密度瓶和水的质量，g；

m_2——密度瓶和样品的质量，g；

0.99823——20℃时水的密度，g/cm^3。

说明：

（1）本法适用于测定各种液体食品的相对密度，特别适合于样品量较少的场合，对挥发性样品也适用，结果准确，但操作较烦琐。

（2）测定较黏稠样液时，宜使用具有毛细管的密度瓶。

（3）水及样品必须装满密度瓶，瓶内不得有气泡。

（4）拿取已达恒温的密度瓶时，不得用手直接接触密度瓶球部，以免液体受热流出。应带隔热手套取拿瓶颈或用工具夹取。

（5）水浴中的水必须清洁无油污，防止瓶外壁被污染。

（6）天平室温度不得高于20℃，以免液体膨胀流出。

2. 密度计法

密度计是根据阿基米德原理制成的，其种类很多，但结构和形式基本相同，都是由玻璃外壳制成。头部呈球形或圆锥形，里面灌有铅珠、水银或其他重金属，使其能立于溶液中，中部是胖肚空腔，内有空气故能浮起，尾部是一细长管，内附有刻度标记，刻度是利用各种不同密度的液体标度的。食品工业中常用的密度计按其标度方法的不同，可分为普通密度计、锤度计、乳稠计、波美计等，见图 6-2。

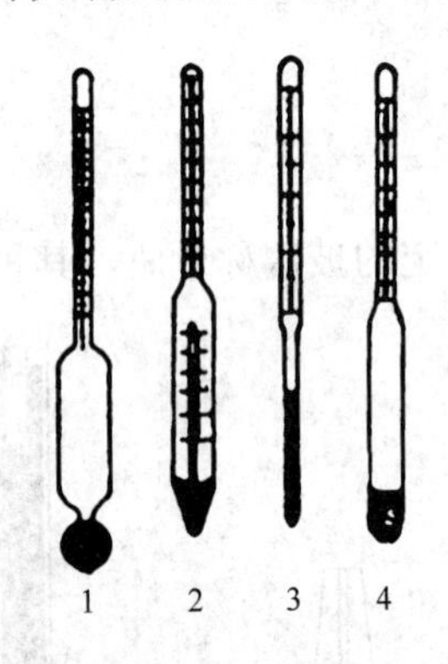

图 6-2　各种密度计

1. 普通密度计；2. 附有温度计的糖度计；3. 波美密度计；4. 锤度密度计

（1）普通密度计：普通密度计是直接以 20℃时的密度值为刻度的。一套通常由几支组成，每支的刻度范围不同，刻度值<1 的（0.700～1.000）称为轻表，用于测量比水轻的液体，刻度值大于 1 的（1.000～2.000）称为重表，用来测量比水重的液体。

（2）锤度计：锤度计是专用于测定糖液浓度的密度计。它是以蔗糖溶液重量百分浓度为刻度的，以符号°Bx表示。其刻度方法是以 20℃为标准温度，在蒸馏水中为 0°Bx，在 1%蔗糖溶液中为 1°Bx（即 100g 蔗糖溶液中含 1g 蔗糖），依此类推。锤度计的刻度范围有多种，常用的有：0～6°Bx，5～11°Bx，10～16°Bx，15～21°Bx等。

若测定温度不在标准温度（20℃），应进行温度校正。当测定温度高于 20℃因糖液体积膨胀导致相对密度减小，即锤度降低，故应加上相应的温度校正值（附表 4），反之，则应减去相应的温度校正值。例如：

在 17℃时观测锤度为 22.00°Bx 查附表 4 得校正值为 0.18 则标准温度 20℃时糖锤

度为 22.00－0.18＝21.82°Bx。

在 24℃时观测锤度为 16.00°Bx，查表得校正值为 0.24，则标准温度（20℃）时糖锤度为 16.00°Bx＋0.24°Bx＝16.24°Bx。

（3）乳稠计：乳稠计是专用于测定牛乳相对密度的密度计，测量相对密度的范围为 1.015～1.045。它是将相对密度减去 1.000 后再乘以 1000 作为刻度，以度（符号以数字右上角标“0”）表示，其刻度范围为 15～45。使用时把测得的读数按上述关系可换算为相对密度值。乳稠计按其标度方法不同分为两种：一种是按 20/4 标定的，另一种是按 15/15 标定的。两者的关系是：后者读数是前者读数加 2，即

$$d_{15}^{15} = d_4^{20} + 0.002$$

使用乳稠计时，若测定温度不是标准温度，应将读数校正为标准温度下的读数。对于 20/4 乳稠计，在 10～25℃范围内，温度每升高 1℃，乳稠计读数平均下降 0.2，即相当于相对密度值平均减小 0.0002。故当乳温高于标准温度 20℃时，每高一度应在得出的乳稠计读数上加 0.2，乳温低于 20℃时，每低 1℃应减去 0.2。

【例 6-1】　16℃时 20/4 乳稠计读数为 31，换算为 20℃应为

$$31-(20-16)\times 0.2 = 31-0.8 = 30.2$$

即牛乳的相对密度 $d_4^{20} = 1.0302$，

而 $d_{15}^{15} = 1.0302 + 0.002 = 1.0322$。

【例 6-2】　25℃时 20/4 乳稠计读数为 29.8，换算为 20℃应为

$$29.8-(25-20)\times 0.2 = 29.8+1.0 = 30.8$$

即牛乳的相对密度 $d_4^{20} = 1.0308$，

而 $d_{15}^{15} = 1.0308 + 0.002 = 1.0328$。

若用 15℃/15℃乳稠计，其温度校正可查牛乳相对密度换算表（见附表 6）。

【例 6-3】　18℃时用 15℃/15℃乳稠计，测得读数为 30.6，查表换算为 15℃为 30.0，即牛乳相对密度

$$d_{15}^{15} = 1.0300$$

（4）波美计：波美计是以波美度（以°Bé 表示）来表示液体浓度大小。按标度方法的不同分为多种类型，常用的波美计的刻度方法是以 20℃ 为标准，在蒸馏水中为0°Bé；在 15％氯化钠溶液中 15°Bé；在纯硫酸（相对密度为 1.8427）中为 66°Bé；其余刻度等分。

波美计分为轻表和重表两种，分别用于测定相对密度小于 1 的和相对密度大于 1 的液体。波美度与相对密度之间存在下列关系：

轻表：$°Bé = \frac{145}{d_{20}^{20}} - 145$　　或 $d_{20}^{20} = \frac{145}{145 + °Bé}$

重表：$°Bé = 145 - \frac{145}{d_{20}^{20}}$　　或 $d_{20}^{20} = \frac{145}{145 - °Bé}$

（5）密度计测定方法：将混合均匀的被测样液沿筒壁徐徐注入适当容积的清洁量筒中，注意避免起泡沫。将密度计洗净擦干，缓缓放入样液中，待其静止后，再轻轻按下少许，然后待其自然上升，静止并无气泡冒出后，从水平位置读取与液平面相交处的刻

度值，即为试样的相对密度。同时用温度计测量样液的温度，如测得温度不是标准温度，应对测得值加以校正。

（6）说明：该法操作简便迅速，但准确性差，需要样液量多，且不适用于极易挥发的样品。

操作时应注意不要让密度计接触量筒的壁及底部，待侧液中不得有气泡。

读数时应以密度计与液体形成的弯月面的下缘为准。若液体颜色较深，不易看清弯月面下缘时，则以弯月面上缘为准。

6.2　折　光　法

通过测量物质的折光率来鉴别物质组成，确定物质的纯度、浓度及判断物质的品质的分析方法称为折光法。

6.2.1　基本概念

1. 反射现象与反射定律

一束光线照射在两种介质的分界面上时，要改变它的传播方向，但仍在原介质上传播，这种现象叫光的反射，见图 6-3。光的反射遵守以下定律：

（1）入射线、反射线和法线总是在同一平面内，入射线和反射线分居于法线的两侧。

（2）入射角等于反射角。

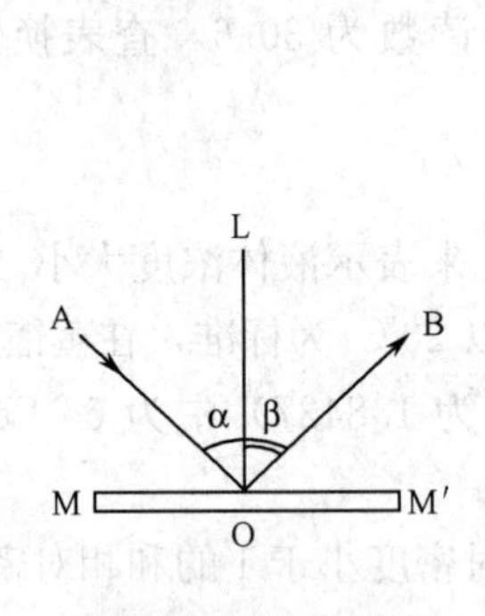

图 6-3　光的反射

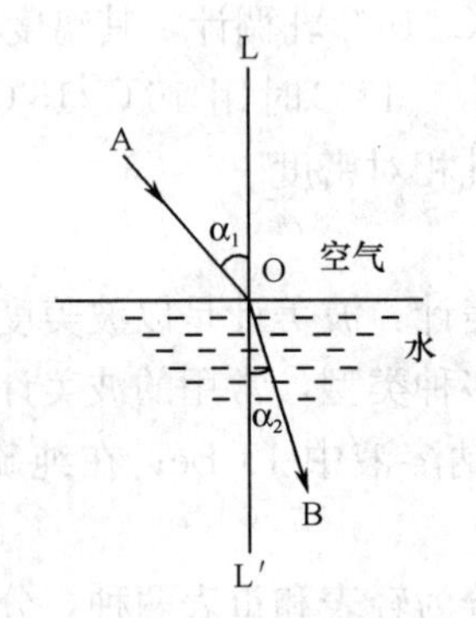

图 6-4　光的折射

2. 光的折射现象与折射定律

光线从一种介质（如空气）射到另一种介质（如水）时，除了一部分光线反射回第一种介质外，另一部分进入第二种介质中并改变它的传播方向，这种现象叫光的折射，见图 6-4。光的折射遵守以下定律：

（1）入射线、法线和折射线在同一平面内，入射线和折射线分居法线的两侧。

（2）无论入射角怎样改变，入射角正弦与折射角正弦之比，恒等于光在两种介质中的传播速度之比。

即
$$\frac{\sin\alpha_1}{\sin\alpha_2}=\frac{\nu_1}{\nu_2}$$

式中　α_1——光在第一种介质中的传播速度；

α_2——光在第二种介质中的传播速度。

将上式左边的分子和分母各乘以光在真空中的传播速度 c，经变换后得

$$\frac{c}{\nu_1}\sin\alpha_1=\frac{c}{\nu_2}\sin\alpha_2$$

光在真空中的速度 c 和在介质中的速度 v 之比，叫做介质的绝对折射率（简称折射率，折光率），以 n 表示，即

$$n=\frac{c}{\nu}\quad 显然\ n_1=\frac{c}{\nu_1}\quad n_2=\frac{c}{\nu_2}$$

式中 n_1 和 n_2 分别为第一介质和第二介质的绝对折射率。故折射定律可表示为

$$\frac{\sin\alpha_1}{\sin\alpha_2}=\frac{n_2}{n_1}$$

3. 全反射与临界角

两种介质相比较，光在其中传播速度较大的叫光疏介质，其折射率较小；反之叫光密介质，其折射率较大。当光线从光疏介质进入光密介质（如光从空气进入水中，或从样液射入棱镜中）时，因 $n_1<n_2$，由折射定律可知折射角 α_2 恒小于入射角 α_1，即折射线靠近法线；反之当光线从光密介质进入光疏介质（如从棱镜射入样液）时，因 $n_1>n_2$，折射角恒大于入射角，即折射线偏离法线。在后一种情况下如逐渐增大入射角，折射线会进一步偏离法线，当入射角增大到某一角度，如图 6-5 中 4 的位置时，其折射线 4/恰好与 OM 重合，此时折射线不再进入光疏介质而是沿两介质的接界面 OM 平行射出，这种现象称为全反射。发生全反射的入射角称为临界角。

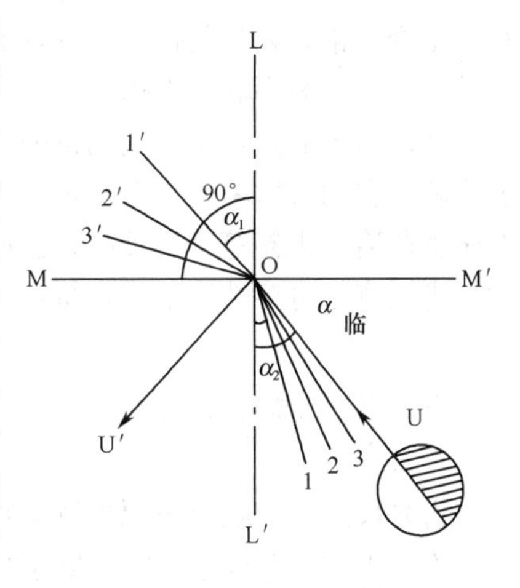

图 6-5　光的全反射

若光线从 $1'\sim4'$ 范围内反向射入（即由样液射向棱镜，从 MO 位置射入的光线经折射后占有 OU 的位置，其他光线折射后都在 OU 的左面。结果 OU 左面明亮，右面完全黑暗，形成明显的黑白分界。利用这一现象，通过实验可测出临界角。

因为发生全反射时折射角等于 90°，所以

$$\frac{n_2}{n_1}=\frac{\sin\alpha_1}{\sin\alpha_2}=\frac{\sin90}{\sin\alpha_{临}}$$

即 $n_1=n_2\sin\alpha_{临}$

式中 n_2 为棱镜的折射率，是已知的。因此，只要测得了临界角 $\alpha_{临}$ 就可求出被测样液的折射率 n_1。

6.2.2　测定折射率的意义

折射率是物质的一种物理性质。它是食品生产中常用的工艺控制指标，通过测定液态食品的折射率，可以鉴别食品的组成，确定食品的浓度，判断食品的纯净程度及品质。

蔗糖溶液的折射率随浓度增大而升高，通过测定折射率可以确定糖液的浓度及饮料、糖水罐头等食品的糖度，还可以测定以糖为主要成分的果汁、蜂蜜等食品的可溶性固形物的含量。

各种油脂具有其一定的脂肪酸构成，每种脂肪酸均有其特定的折射率。含碳原子数目相同时，不饱和脂肪酸的折射率比饱和脂肪酸的折射率大得多；不饱和脂肪酸分子质量越大，折射率也越大；酸度高的油脂折射率低。因此测定折射率可以鉴别油脂的组成和品质。

正常情况下，某些液态食品的折射率有一定的范围，如正常牛乳乳清的折射率在正1.34199～1.34275之间，当这些液态食品因掺杂、浓度改变或品种改变等原因而引起食品的品质发生了变化时，折射率常常会发生变化。所以测定折射率可以初步判断某些食品是否正常。如牛乳掺水，其乳清折射率降低，故测定牛乳乳清的折射率即可了解乳糖的含量，判断牛乳是否掺水。

必须指出的是：折光法测得的只是可溶性固形物含量，因为固体粒子不能在折光仪上反映出它的折射率。含有不溶性固形物的样品，不能用折光法直接测出总固形物。但对于番茄酱、果酱等个别食品，已通过实验编制了总固形物与可溶性固形物关系表，先用折光法测定可溶性固形物含量，即可查出总固形物的含量。

6.2.3　常用的折光仪

折光仪是利用临界角原理测定物质折射率的仪器，大多数的折光仪是直接读取折射率，不必由临界角间接计算。除了折射率的刻度尺外，通常还有一个直接表示出折射率相当于可溶性固形物百分数的刻度尺，使用很方便。其种类很多，食品工业中最常用的是阿贝折光仪和手提式折光仪。

1. 折光仪的结构及原理

阿贝折光仪的结构如图6-6所示。其光学系统由观测系统和读数系统两部分组成。见图6-7。

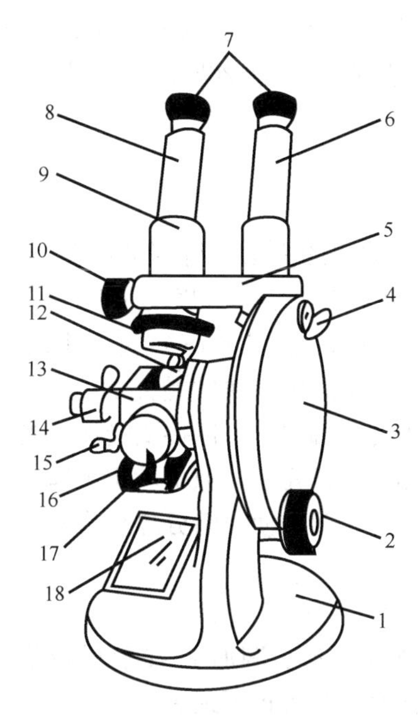

图 6-6　阿贝折光仪

1. 底座；2. 棱镜调节旋钮；3. 圆盘组（内有刻度板）；4. 小反光镜；5. 支架；6. 读数镜筒；7. 目镜；8. 观察镜筒；9. 分界线调节螺丝；10. 消色调节旋钮；11. 色散刻度尺；12. 棱镜锁紧扳手；13. 棱镜组；14. 温度计插座；15. 恒温器接头；16. 保护罩；17. 主轴；18. 反光镜

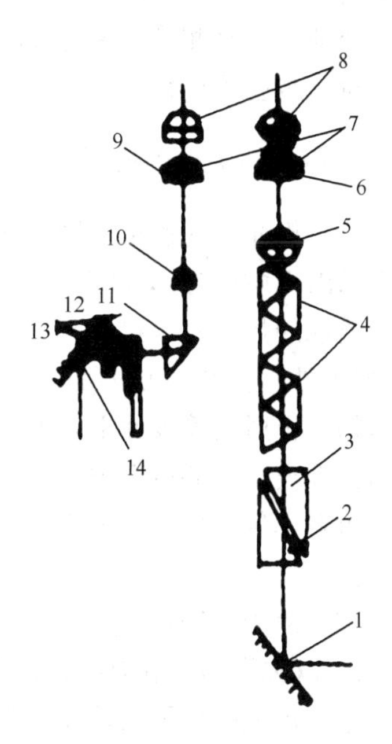

图 6-7　阿贝折光仪的光学系统

观测系统（图 6-7）：光线由反光镜 1 反射，经进光棱镜 2、折射棱镜 3 及其间的样液薄层折射后射出。再经色散补偿器 4 消除由折射棱镜及被测样品所产生的色散，然后由物镜 5 将明暗分界线成像于分划板 6 上，经目镜 7、8 放大后成像于观测者眼中。

读数系统：光线由小反光镜 14 反射，经毛玻璃 13 射到刻度盘 12 上，经转向棱镜 11 及物镜 10 将刻度成像于分划板 9 上，通过目镜 7、8 放大后成像观测者眼中。当旋动旋钮 2 时，使棱镜摆动，视野内明暗分界线通过十字交叉点，表示光线从棱镜入射角达到了临界角。当测定样液浓度不同时，折射率也不同，故临界角的数值亦有不同。在读数镜筒中即可读取折射率 n，或糖液浓度，或固形物的含量。

2. 影响折射率测定的因素

（1）光波长的影响。物质的折射率因光的波长而异，波长较长，折射率较小；波长较短，折射率较大。测定时光源通常为白光。当白光经过棱镜和样液发生折射时，因各色光的波长不同，折射程度也不同，折射后分解成为多种色光，这种现象称为色散。光的色散会使视野明暗分界线不清，产生测定误差。

为了消除色散，在阿贝折光仪观测镜筒的下端安装了色散补偿器。

（2）温度的影响。溶液的折射率随温度而改变，温度升高折射率减小；温度降低折射率增大，折光仪上的刻度是在标准温度20℃下刻制的，所以最好在20℃下测定折射率。否则，应对测定结果进行温度校正（附表7）。超过20℃时，加上校正数；低于20℃时，减去校正数。

3. 阿贝折光仪的使用方法

（1）折光仪的校正。通常用测定蒸馏水折射率的方法进行校准，在20℃下折光仪应表示出折射率为1.33299或可溶性固形物为0。若校正时温度不是20℃应查出该温度下蒸馏水的折射率再进行核准。对于高刻度值部分。用具有一定折射率的标准玻璃块（仪器附件）校准。方法是：打开进光棱镜，在校准玻璃块的抛光面上滴一滴溴化萘，将其粘在折射棱镜表面上，使标准玻璃块抛光的一端向下，以接受光线。测得的折射率应与标准玻璃块的折射率一致。校准时若有偏差，可先使读数指示于蒸馏水或标准玻璃块的折射率值，再调节分界线调节螺丝（图6-6中9），使明暗分界线恰好通过十字线交叉点。

（2）使用方法。

① 以脱脂棉球蘸取酒精擦净棱镜表面，挥干乙醇。滴加1～2滴样液于下面棱镜上面中央。迅速闭合两块棱镜，调节反光镜，使两镜筒内视野最亮。

② 由目镜观察，转动棱镜旋钮，使视野出现明暗两部分。

③ 旋转色散补偿器旋钮，使视野中只有黑白两色。

④ 旋转棱镜旋钮，使明暗分界线在十字线交叉点。

⑤ 从读数镜筒中读取折射率或重量百分浓度。

⑥ 测定样液温度。

⑦ 打开棱镜，用水、乙醇或乙醚擦净棱镜表面及其他各机件。在测定水溶性样品后，用脱脂棉吸水洗净，若为油类样品，须用乙醇或乙醚、二甲苯等擦拭。

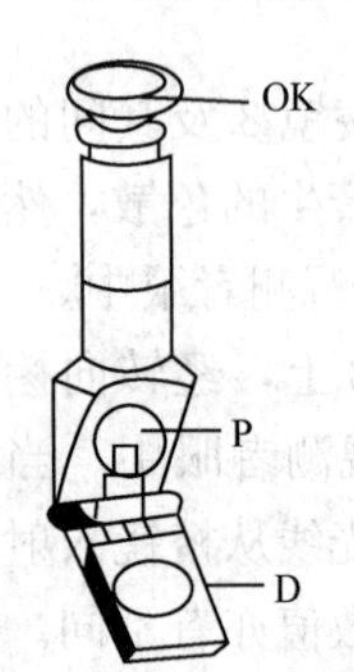

图6-8　手提折光计

4. 手提式折光仪简介

手提式折光仪的结构如图6-8所示，它由一个棱镜（P）、一个盖板（D）及一个观测镜筒（OK）组成，利用反射光测定。其光学原理与阿贝折光仪相同。该仪器操作简单，便于携带，常用于生产现场检验。使用时打开棱镜盖板D，用擦镜纸仔细将折光棱镜P擦净，取一滴待测糖液置于棱镜P上，将溶液均布于棱镜表面，合上盖板D，将光窗对准光源，调节目镜视度圈OK，使现场内分划线清晰可见，视场中明暗分界线相应读数即为溶液中糖的质量分数。手提折光计的测定范围通常为0～90%，其刻度标准温度为20℃，若测量时在非标准温度下，则需进行温度校正。

6.3　旋　光　法

应用旋光仪测量旋光性物质的旋光度以测定其含量的分析方法叫旋光法。

1. 自然光与偏振光

光是一种电磁波，即光波的振动方向与其前进方向互相垂直。自然光有无数个与光的前进方向互相垂直的光波振动面。若光线前进的方向指向我们，则与之互相垂直的光波振动平面可表示为如图 6-9（a），图中箭头表示光波振动的方向。若使自然光通过尼科尔棱镜，由于振动面与尼科尔棱镜的光轴平行的光波才能通过尼科尔棱镜，所以通过尼科尔棱镜的光，只有一个与光的前进方向互相垂直的光波振动面，如图 6-9（b）。这种仅在一个平面上振动的光叫偏振光。

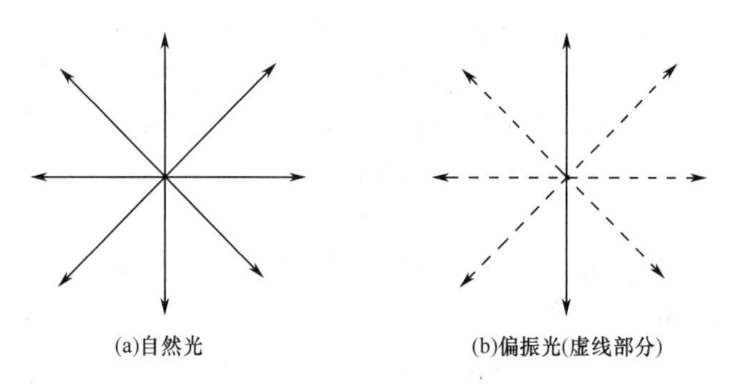

图 6-9　自然光与偏振光

2. 偏振光的产生

通常用以下两种方法产生偏振光：尼科尔棱镜或偏振片。

把一块方解石的菱形六面体末端的表面磨光，使镜角等于 68°，将之对角切成两半，把切面磨成光学平面后，再用加拿大树胶黏起来，便成为一个尼科尔棱镜（图 6-10）。由于方解石的光学特性，当自然光 L 射入棱镜中时，发生双折射，产生两道振动面互相垂直的平面偏振光。其中 MO 称为寻常光线，MP 称为非常光线。方解石对它们的折射率不同，对寻常光线的折射率是 1.658；对非常光线的折射率是 1.486。加拿大树胶对两种光线的折射率都是 1.55。寻常光线由方解石到加拿大树胶是由光密介质到光疏介质，因其入射角（76°25′）大于临界角（69°12′），发生全反射而被涂黑的侧面吸收。非常光线由方解石到加拿大树胶是由光疏介质到光密介质，必将发生折射通过加拿大树胶，由棱镜的另一端面射出，从而产生了平面偏振光。

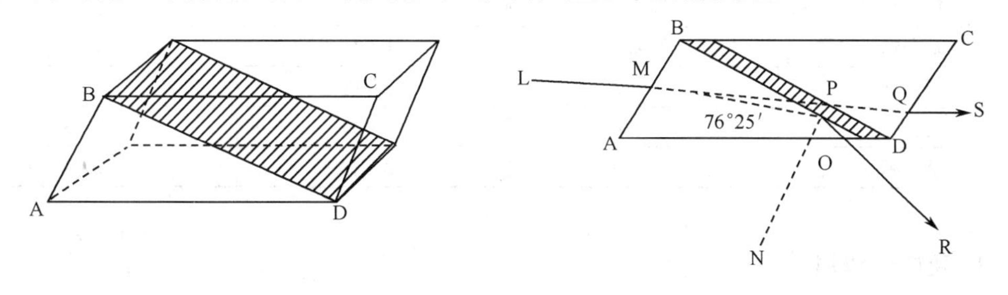

图 6-10　尼科尔棱镜示意图

利用偏振片也能产生偏振光。它是利用某些双折射晶体（如电气石）的二色性，即可选择性吸收寻常光线，而让非常光线通过的特性，把自然光变成偏振光。

3. 旋光度与比旋光度

分子结构中有不对称碳原子，能把偏振光的偏振面旋转一定角度的物质称为光学活性物质。许多食品成分都具有光学活性，如单糖、低聚糖、淀粉以及大多数的氨基酸和羟酸等。其中能把偏振光的振动平面向右旋转的，称为“具有右旋性”，以（+）号表示；反之，称为“具有左旋性”，以（-）号表示。

偏振光通过光学活性物质的溶液时，其振动平面所旋转的角度叫做该物质溶液的旋光度，以 α 表示。旋光度的大小与光源的波长、温度、旋光性物质的种类、溶液的浓度及液层的厚度有关。对于特定的光学活性物质，在光源波长和温度一定的情况下，其旋光度 α 与溶液的浓度 c 和液层的厚度 L 成正比。

即
$$\alpha = KcL$$

当旋光性物质的浓度为 1g/mL，液层厚度为 1dm 时所测得的旋光度称为比旋光度，以 $[\alpha]_\lambda^t$ 表示。由上式可知：

$$[\alpha]_\lambda^t = K \times 1 \times 1 = K$$

即
$$[\alpha]_\lambda^t = \frac{\alpha}{Lc}$$

式中　$[\alpha]_\lambda^t$——比旋光度，(°)；

t——温度，℃；

λ——光源波长，nm；

α——旋光度，度；

L——液层厚度或旋光管长度，dm；

c——溶液浓度，g/mL。

比旋光度与光的波长及测定温度有关。通常规定用钠光 D 线（波长 589.3nm）在 20℃时测定，在此条件下，比旋光度用 $[\alpha]_D^{20}$ 表示。主要糖类的比旋光度见表 6-2。

因在一定条件下比旋光度 $[\alpha]_\lambda^t$ 是已知的，L 为一定，故测得了旋光度就可计算出旋光质溶液中的浓度 c。

表 6-2　糖类的比旋光度

糖　类	$[\alpha]_D^{20}$	糖　类	$[\alpha]_D^{20}$
葡萄糖	+52.5	乳　糖	+53.3
果　糖	-92.5	麦芽糖	+138.5
转化糖	-20.0	糊　精	+194.8
蔗　糖	+66.5	淀　粉	+196.4

4. 变旋光作用

具有光学活性的还原糖类（如葡萄糖、果糖、乳糖、麦芽糖等）在溶解之后，其旋光度起初迅速变化，然后渐渐变得较缓慢，最后达到恒定值，这种现象称为变旋光作用。这是由于有的糖存在两种异构体，即α型和β型，它们的比旋光度不同。这两种环型结构及中间的开链结构在构成一个平衡体系过程中，即显示出变旋光作用。因此，在用旋光法测定蜂蜜、商品葡萄糖等含有还原糖的样品时，样品配成溶液后，宜放置过夜再测定。若需立即测定，可将中性溶液（pH7）加热至沸，或加几滴氨水后再稀释定容；若溶液已经稀释定容，则可加入碳酸钠干粉至石蕊试纸刚显碱性。在碱性溶液中，变旋光作用迅速，很快达到平衡。但微碱性溶液不宜放置过久，温度也不可太高，以免破坏果糖。

5. 检糖计

检糖计专用于糖类的测定。故刻度数值直接表示为蔗糖的百分含量（mg/L），其测定原理与旋光计相同。在结构上有以下特点（图6-11）。

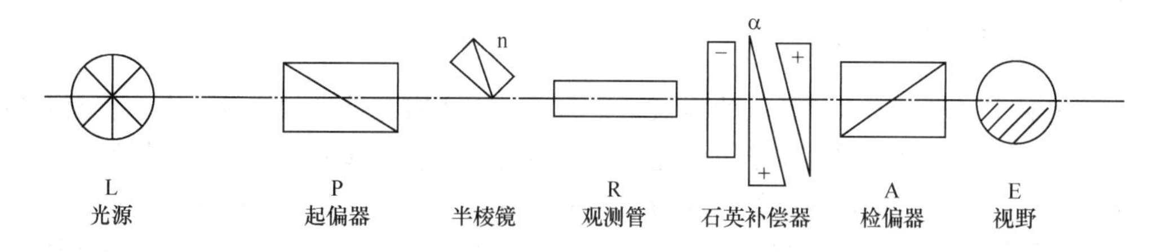

图6-11　检糖计的基本光学元件

起偏器、半棱镜和检偏器都是固定不动的，三者的光轴之间所成的角度与半影式旋光计在零点时的情况相同。在检偏器前装有一个石英补偿器，它由一块左旋石英板和两块右旋石英楔组成，两边的石英片固定，中间的可上下移动，且与刻度尺相联系。移动中间的石英楔可调节右旋石英的总厚度。当右旋石英的厚度与左旋石英的厚度相等时，整个石英补偿器对偏振光无影响，偏振光进行情况与半影式旋光计在零点时的情况完全一样，视野两半圆的明暗程度相同，此为检糖计的零点。在零点的情况下，若在光路中放入左（或右）旋性糖液，则视野两半圆明暗程度会不同。这时可移动中间石英楔以增加（或减小）右旋石英的厚度，使整个补偿器为右（或左）旋，便可补偿糖液的旋光度，使视野两半圆明暗程度又变相同。根据中间石英楔移动的距离，在刻度尺上就反映出了糖液的旋光度。

检糖计的另一个特点是以白日光作为光源。这是利用石英和糖液对偏振白光的旋光色散程度相近这一性质。偏振白光通过左（或右）旋性糖液发生旋光色散后，再通过右（或左）旋性石英补偿器时又发生程度相近但方向相反的旋光色散。这样又产生了原来的偏振白光，尚存的轻微色散采用滤光片即可消除。所以检糖计可以采用白日光作光源。

检糖计读数尺的刻度是以糖度表示的。最常用的是国际糖度尺，以°S表示。其标定方法是：在20℃时，把26.000g纯蔗糖配成100mL的糖液，用200mm观测管以波长λ=589.4400nm的钠黄光为光源测得的读数定为100°S。1°S相当于100mL糖液中含有0.26g蔗糖。读数为x°S，表示100mL糖液中含有0.26xg蔗糖。

检糖计与旋光计的读数之间换算关系为

$$1°S = 0.34626°;1° = 2.888°S$$

6.4 压力测定法

在某些瓶装或罐装食品中，容器内气体的分压常常是产品的重要质量指标。如罐头生产中，要求罐头要有一定的真空度，即罐内气体分压与罐外气压差应小于零，为负压。这是罐头产品必须具备的一个质量指标，而且对于不同罐型、不同的内容物、不同的工艺条件，要求达到的真空度不同。瓶装含气饮料，如碳酸饮料、啤酒等，其 CO_2 含量是产品的一个重要理化指标。

这类检测通常采用压力测定的简单仪表，如真空计或压力计对容器内的气体分压进行检测。

1. 罐头真空度的测定

测定罐头真空度通常用罐头真空表。它是一种下头带有针尖的圆盘状表，表面上刻有真空度数字，静止时指针指向零。表的基部是一带有尖锐针头的空心管，空心管与表身连接部分有金属套保护，下面一段由厚橡皮座包裹。测定时，使针尖刺入盖内，罐内分压与大气压差使表内隔膜移动，从而连带表面针头转动，即可读出真空度。表基部的橡皮座起密封作用，防止外界空气侵入（图 6-12）。

图 6-12 罐头真空度的测定

2. 碳酸饮料中 CO_2 的测定

将碳酸饮料样品瓶（罐）用测压器上的针头刺入盖内，旋开排气阀，待指针回复零位后，关闭排气阀，将样品瓶（罐）往复剧烈振摇 40s，待压力稳定后，记下压力表读数。旋开排气阀，随即打开瓶盖，用温度计测量容器内饮料的温度（图 6-13）。

根据测得的压力和温度，查碳酸气吸收系数表（附表 8），即可得到 CO_2 含气量的体积倍数。

3. 啤酒泡持性的测定

泡沫是啤酒的重要特征之一，啤酒也是唯一以泡沫作为主要质量指标的酒类。

1）原理

用目视法测定啤酒泡沫消失的速度，以 s 表示。

2）仪器

（1）秒表。

（2）泡持杯：杯高 120mm，内径 60mm，壁厚 2mm，无色透明玻璃杯。

3）实验步骤

将泡持杯置于铁架台底座上，固定铁环于距杯口 3cm 处。开启瓶盖，立即置瓶

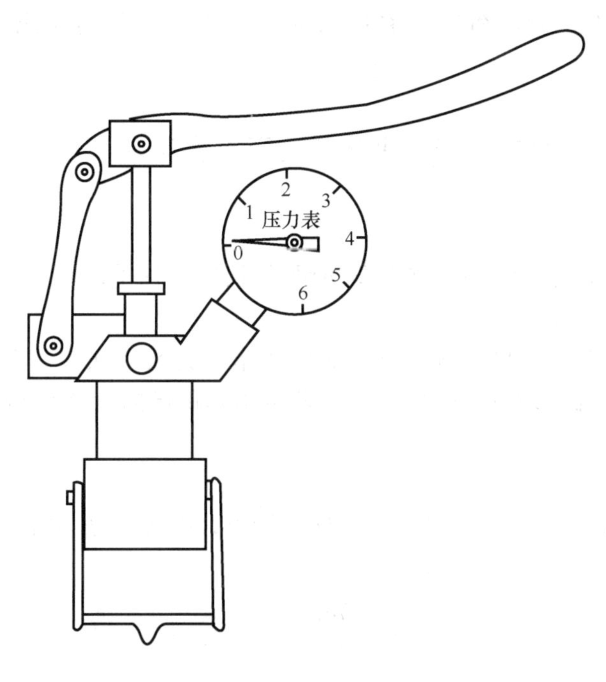

图 6-13　饮料中 CO_2 压力测定器

（罐）口于铁环上，沿杯中心线，以均匀流速将酒样注入杯中，直至泡沫高度与杯口相齐时止（满杯时间宜控制在 4～8s 内）。同时按秒表计时，观察泡沫升起的情况，记录泡沫的形态（包括色泽及细腻程度）和泡沫挂杯情况。记录泡沫从满杯至消失（露出 0.05cm^2 酒面）的时间。

测定时严禁有空气流动现象，测定前样品应避免振摇。所得结果表示为整数。

6.5　固态食品的比体积

固态食品如固体饮料、麦乳精、豆浆晶、面包、饼干、冰淇淋等，其表观的体积与质量之间关系，即比体积是其很重要的一项物理指标。

比体积是指单位质量的固态食品所具有的体积（mL/100 g 或 mL/g）。还有与此相关的类似指标，如固体饮料的颗粒度（%）、饼干的块数（块/kg）、冰淇淋的膨胀率（%）等。这些指标都将直接影响产品的感官质量，也是其生产工艺过程质量控制的重要参数。

麦乳精的比体积反映了其颗粒的密度，也影响其溶解度。比体积过小，密度大，体积达不到要求，而比体积过大，密度小，质量达不到要求，严重影响其外观质量。面包比体积过小，内部组织不均匀，风味不好，比体积过大，体积膨胀过分，内部组织粗糙、面包质量减少。冰淇淋的膨胀率，是在生产过程中的冷冻阶段形成的。混合物料在强烈搅拌下迅速冷却，水分成为微细的冰结晶，而大量混入的空气以极微小的气泡均布于物料中，使之体积大增，从而赋予冰淇淋良好的组织状态及口感。

固态食品比体积的测定都较为简单，下面将介绍常见固态食品比体积及其相关指标的测定。

6.5.1 固体饮料（含麦乳精）比体积及颗粒度测定

1. 比体积测定

称取颗料饮料 100g±0.1g，倒入 250rnL 量筒中。抹平后记下固体的体积（mL），即为固体饮料的比体积。

根据 GB5009.50—1985，固体饮料比体积指标为真空法≥195mL/100g，喷雾法≥160mL/100g。根据 GB7107—1986，麦乳精比体积指标为≥220mL/100g。

2. 颗粒度测定

称取颗料饮料 100g ±0.1g 于 40 目标准筛上，圆周运动 50 次，将未过筛的样称量。按下式计算：

$$\omega = \frac{m_1}{m_2} \times 100\%$$

式中 ω——颗粒度，%；

m_1——未过筛被测样品质量，g；

m_2——被测样品总质量，g。

6.5.2 面包比容测定（面包比体积测定）

面包比容测定仪如图 6-14 所示。测定方法如下：

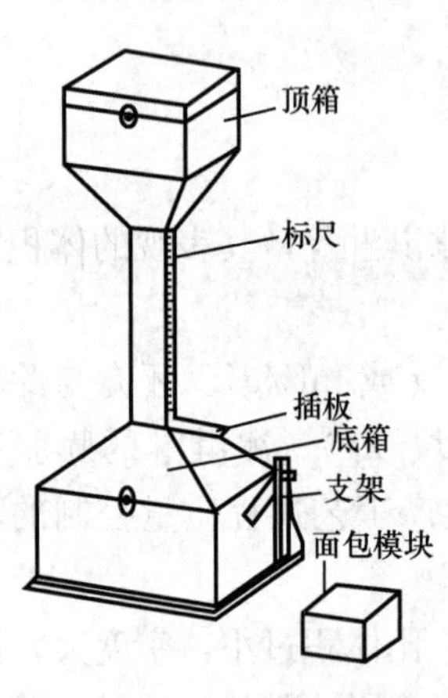

图 6-14 面包比体积测定仪

(1) 将待测面包称量（精确至 0.1g）。

(2) 选择适当体积的面包模块（与待测面包体积相仿），放入体积仪底箱中，盖好，从体积仪顶端放入填充物至标尺零线。盖好顶盖后反复颠倒几次，消除死角空隙，调整填充物加入量到标尺零线。

(3) 取出面包模块，放入待测面包。拉开插板使填充物自然落下。在标尺上读出填充物的刻度 V_1。

(4) 取出面包，再读出标尺上填充物刻度 V_2。

按下式计算：

$$x = \frac{V_1 - V_2}{m}$$

式中 x——面包的比容，mL/g；

V_1——放入面包、标尺上填充物刻度，mL；

V_2——取出面包、标尺上填充物刻度，mL；

m——面包质量，g。

根据 GB/T 20981—2007 面包比容≤7.0 mL/g。

若无体积测定仪也可用一个具有一定容积的容器进行测量。将容器用小颗粒填充剂（如小米或菜籽）填满、摇实，用直尺刮平。将填充剂倒入量筒量出体积 V_1。取一代表性面包，称重后放入容器内，加入填充剂，填满、摇实，用直尺刮平。取出面包，将填充剂倒入量筒量出体积 V_2。从二次体积差即可得面包体积。

$$比容 = 面包体积 / 面包质量$$

二次测定数值，允许误差不超过 0.1mL/g ，取其平均数为测定结果。

6.5.3　冰淇淋膨胀率的测定

利用乙醚试剂消泡的原理，将一定体积的冰淇淋试样解冻后消泡，测出冰淇淋中所包含的空气的体积，从而计算出冰淇淋的膨胀率。

（1）准确量取一定体积的冰淇淋样品，放入插在 250mL 的容量瓶内的玻璃漏斗中，缓慢加入 200mL40～50℃的蒸馏水，将冰淇淋全部移入容量瓶中，在温水浴 45℃±5℃中保温，待泡沫消除后冷却。

（2）用吸管吸取 2mL 乙醚，注入容量瓶中，去除溶液中的泡沫。然后以滴定管滴加蒸馏水于容量瓶中直至刻度为止，记录滴加蒸馏水的体积。

加入乙醚体积和从滴定管滴加的蒸馏水的体积之和，相当于冰淇淋试样中的空气量。

（3）按下式计算：

$$膨胀率(\%) = \frac{V_1 + V_2}{V - (V_1 + V_2)} \times 100\%$$

式中　V——冰淇淋试样的体积；

　　V_1——加入乙醚的体积；

　　V_2——滴加蒸馏水的体积。

根据 SB/T 10013—2008，冰淇淋膨胀率指标为 10%～140%。

思考题

1. 相对密度的测定在食品分析与检验中有什么意义？如何用密度瓶测定溶液的相对密度？

2. 密度计有哪些类型？各有什么用途？如何正确使用密度计？

3. 说明折光法在食品分析中的应用，如何使用折光计？

4. 说明旋光法在食品分析中的应用。

5. 如何测定汽水的含气量？

6. 什么是固态食品的比体积？如何进行比体积及其相关指标的测定？

7. 解释以下概念：折光率、波美度、酒精度、糖锤度、麦乳精的比体积、冰淇淋的膨胀率。

第7章　食品的一般成分分析

食品是人类维持生命不可缺少的重要物质，是供给人体生命活动所需要的能量，参与构成人体组织和调节人体内部各种生理过程的原料。因此，一切食品必须含有人体所需的营养成分，这是评价食品质量好坏的首要条件。

虽然食品的种类繁多，但从营养成分来看，构成食品的常量营养成分主要有脂肪、碳水化合物、蛋白质与氨基酸、水分和灰分，此外，还有一些含量很低而对营养起着重要作用的微量成分，如各种维生素和维持生命所必需的矿物元素等。不同的食品所含营养成分的种类和含量各不相同，能够同时提供各种营养成分的天然食品较少，人们必须根据人体对营养的要求，进行食品的合理搭配，以获得较全面的营养。为此必须对各种食品的营养成分进行分析，以评价其营养价值，为人类合理地选择食品提供参考。此外，在食品工业生产中，通过对食品物料（原材料、辅助材料、半成品和成品）的主要营养成分及其含量的分析检测，可以保证生产质量优良的产品；同时，可以帮助生产部门开发新的食品资源，试制新的优质产品，探索新技术和新工艺等。另外，在流通领域中，对食品质量进行监督和管理，维护消费者的合法权益，也离不开营养成分的分析。所以食品的一般成分分析是食品检测的重要内容。

7.1　水分的测定

水是维持动、植物和人类生存必不可少的物质之一。除谷物和豆类等的种子类食品（一般水分在12%～16%）以外，作为食品的许多动、植物一般含有60%～90%水分，有的甚至更高，水是许多食品组成成分中数量最多的组分。如蔬菜含水分85%～97%、水果80%～90%、鱼类67%～81%、蛋类73%～75%、乳类87%～89%、猪肉43%～59%，即使是干态食品，也含有少量水分，如面粉12%～14%、饼干2.5%～4.5%。

食品中水分含量的测定常是食品分析的重要项目之一。不同种类的食品，水分含量差别很大，控制食品的水分含量，关系到食品组织形态的保持，食品中水分与其他组分的平衡关系的维持，以及食品在一定时期内的品质稳定性等各个方面。例如，新鲜面包的水分含量若低于28%～30%，其外观形态干瘪，失去光泽；脱水蔬菜的非酶褐变可随水分含量的增加而增加；乳粉水分含量控制在2.5%～3.0%以内，可抑制微生物生长繁殖，延长保存期。此外，各种生产原料中水分含量高低，对于它们的品质和保存，进行成本核算，实行工艺监督，提高工厂的经济效益等均具有重大意义。

在食品中，水不仅以游离水（指存在于动植物细胞外各种毛细血管和腔体中的自由水）状态存在，而且常常是以结合水和化合水的形式存在。结合水是指形成食品胶体状态的结合水，如蛋白质、淀粉的水合作用和膨润吸收的水分及糖、盐等形成结晶的结晶水；化合水是指物质分子结构中与其他物质化合生成新的化合物的水，如碳水化合物中的水。前一种形式存在的水，易于分离，而后两种形态存在的水，不易分离。如果不加限制地长时间加热干燥，必然使食物变质，影响分析结果。所以要在一定的温度、一定的时间和规定的操作条件下进行测定，方能得到满意的结果。测定食品中水分含量的方法有直接干燥法、减压燥法、蒸馏法、卡尔·费休法、红外线干燥法、化学干燥法和微波干燥法等。

7.1.1　直接干燥法

1. 实验原理

在一定的温度下，食品中的水分受热以后产生的蒸汽压高于在电热干燥箱中的分压，使食品中的水分蒸发出来，同时，由于不断的加热和排走水蒸气，从而达到完全干燥的目的。食品在加热前后的质量差即为水分含量。

食品中的水分一般是指在100℃左右直接干燥的情况下，所失去物质的总量。

2. 仪器和试剂

1）试剂

（1）6mol/LHCl：量取100mL HCl加水稀释至200mL。

（2）6mol/LNaOH溶液：称取24g NaOH加水溶解并稀释至100mL。

（3）海沙：取经水洗去泥土的海沙或河沙，先用6mol/LHCl煮沸0.5h，用水洗至中性，再用6mol/LNaOH溶液煮沸0.5h，用水洗至中性，经105℃烘干备用。

2）仪器

（1）电热恒温干燥箱。

（2）有盖扁形铝制或玻璃制称量瓶：内径60～70mm，高35mm以下。

（3）蒸发皿。

（4）水浴锅。

3. 样品制备

样品的制备方法常以食品种类及存在状态的不同而异。

（1）固态样品。取有代表性的样品至少200g，用研钵磨碎、研细，混合均匀，置于密闭玻璃容器内；不易捣碎、研细的样品，用切碎机切成细粒，置于密闭玻璃容器内保存。在磨碎过程中，要防止样品中水分含量变化。一般水分含量在14%以下时称为安全水分，即在实验室条件下进行粉碎过筛等处理，水分含量一般不会发生变化，但动作要迅速。

（2）粉状样品。取有代表性的样品至少200g（如粉粒较大也应用研钵磨碎、研细），混合均匀，置于密闭玻璃容器内。

（3）糊状样品。取有代表性的样品至少200g，混合均匀，置于密闭玻璃容器内。

（4）固液体样品。按固、液体比例，取有代表性的样品至少200g，用组织捣碎机捣碎，混合均匀，置于密闭玻璃容器内。

(5) 肉制品。去除不可食部分，取具有代表性的样品至少 200g，用绞肉机至少绞 2 次，混合均匀，置于密闭玻璃容器内。

4. 操作步骤

(1) 固体样品：取洁净的铝皿或扁形玻璃称量瓶，置于 95～105℃干燥箱中，瓶盖斜支于瓶边，加热 0.5～1.0h，取出盖好，置于干燥器内冷却 0.5h，称量，并重复干燥至恒重。称取已磨细或切碎样品 2.00～10.00g 于该称量瓶，试样厚度约为 5mm，加盖，精密称量。然后开盖置于干燥箱内，瓶盖斜支瓶边，置于 95～105℃干燥 2～4h，盖好取出，放入干燥器冷却 0.5h，称量。再放入干燥箱干燥 1h，置干燥器中冷却 0.5h，称量。重复此操作，直至前后两次质量差不超过 2mg 为恒重。

(2) 半固体和液体样品：取洁净的蒸发皿，内加 10.0g 经处理过的海沙及一根小玻璃棒，于 95～105℃干燥箱中干燥 0.5～1.0h，置于干燥器中冷却 0.5h，称量，重复操作至恒重。精密称取 5～10g 样品于该蒸发皿，用小玻棒将样品和海沙搅匀，放热水浴锅上不时搅拌蒸至近干，取下擦去皿底水滴，置于 95～105℃干燥箱内干燥 4h，盖好取出，放入干燥器中冷却 0.5h，称量。再放入 95～105℃干燥箱内干燥 1h，盖好取出，置干燥器内冷却 0.5h 后称量。重复此操作至恒重。前后两次质量差不超过 2mg 即为恒重。

5. 结果计算

$$水分=\frac{m_1-m_2}{m_1-m_0}\times 100\%$$

式中 m_0——称量瓶或蒸发皿加海沙及玻棒质量，g；

m_1——干燥前样品和称量瓶或样品和蒸发皿、海沙及小玻棒质量，g；

m_2——干燥后样品和称量瓶或样品和蒸发皿、海沙及小玻棒质量，g。

6. 操作条件选择

操作条件选择主要包括：称样数量、称量皿规格、干燥设备及干燥条件等的选择。

(1) 称样数量。测定时称样数量一般控制在其干燥后的残留物质量在 1.5～3g 为宜。对于水分含量较低的固态、浓稠态食品，将称样数量控制在 3～5g，而对于果汁、牛乳等液态食品，通常每份样量控制在 15～20g 为宜。

(2) 称量皿规格。称量皿分为玻璃称量皿和铝质称量皿两种。前者能耐酸碱，不受样品性质的限制，故常用于干燥法。铝质称量皿质量轻，导热性强，但对酸性食品不适宜，常用于减压干燥法。称量皿规格的选择，以样品置于其中平铺开后厚度不超过皿高的 1/3 为宜。

(3) 干燥设备。电热烘箱有各种形式，一般使用强力循环通风式，其风量较大，烘干大量试样时效率高，但质轻试样有时会飞散，若仅作测定水分含量用，最好采用风量可调节的烘箱。当风量减小时，烘箱上隔板 1/3～1/2 面积的温度能保持在规定温度上 1℃的范围内，即符合测定使用要求。温度计通常处于离上隔板 3cm 的中心处，为保证测定温度较恒定，并减少取出过程中因吸湿而产生的误差，一批测定的称量皿最好为8～12个，并排列在隔板的较中心部位。

（4）干燥条件。温度一般控制在95～105℃，对热稳定的谷物等，可提高到120～130℃范围内进行干燥；对含还原糖较多的食品应先用低温（50～60℃）干燥0.5h，然后再用100～105℃干燥。干燥时间的确定有两种方法，一种是干燥到恒重，另一种是规定一定的干燥时间。前者基本能保证水分蒸发完全；后者则以测定对象的不同而规定不同的干燥时间。比较而言，后者的准确度不如前者，故一般均采用恒重法，只有那些对水分测定结果准确度要求不高的样品，如各种饲料中水分含量的测定，可采用第二种方法进行。

7. 说明及注意事项

（1）此法为GB/T5009.3—2003中第一法，本法以样品在蒸发前后的失量来计算水分含量，故适用于在95～105℃范围内，不含或含其他挥发性物质甚微的各种食品。主要包括谷类及其制品、豆制品、水产品、乳制品、肉制品及卤菜制品等。

（2）在测定过程中，称量皿从烘箱中取出后，应迅速放入干燥器中进行冷却，否则，不易达到恒重。

（3）干燥器内一般用硅胶作干燥剂，硅胶吸湿后效能会减低，故当硅胶蓝色减退或变红时，需及时换出，吸湿后的硅胶可置135℃左右烘2～3h，使其再生后再用，硅胶若吸附油脂等后，去湿能力也会大大减低。

（4）糖浆、甜炼乳等浓稠液体，一般要加水稀释，稀释液的固形物含量应控制在20%～30%。

（5）浓稠态样品直接加热干燥，其表面易结硬壳焦化，使内部水分蒸发受阻，故在测定前，需加入精制海沙或无水硫酸钠，搅拌均匀，以防食品结块，同时增大受热与蒸发面积，加速水分蒸发，缩短分析时间。

（6）对于水分含量在16%以上的样品，通常还可采用二步干燥法进行测定。即首先将样品称出总质量后，在自然条件下风干15～20h，使其达到安全水分标准（即与大气湿度大致平衡），再准确称重，然后再将风干样品粉碎、过筛、混匀，储于洁净干燥的磨口瓶中备用。

（7）果糖含量较高的样品，如水果制品、蜂蜜等，在高温下（>70℃）长时间加热，其果糖上发生氧化分解作用而导致明显误差。故宜采用减压干燥法测定水分含量。

（8）含有较多氨基酸、蛋白质及羰基化合物的样品，长时间加热则会发生碳氢反应，析出水分而导致误差。对此类样品宜采用其他方法测定水分含量。

（9）在水分测定中，恒重的标准一般定为1～3mg，依食品种类和测定要求而定。

（10）本法测得的水分还包括微量的芳香油、醇、有机酸等挥发性成分。对于含挥发性组分较多的样品，如香料油、低醇饮料等宜采用蒸馏法测定水分含量。

（11）测定水分后的样品，可供测脂肪、灰分含量用。

（12）本方法最低检出量为0.002g，取样量为2g，方法检出限为0.10g/100g；同一样品的两次测定值之差，每100g样品不得超过0.2g。

7.1.2　减压干燥法

1. 实验原理

利用在低压下水的沸点降低的原理，将试样磨碎、混匀后，在减压低温（60℃±5℃）的真空干燥箱内加热至恒重，加热前后的质量差即为水分含量。

本方法适用于胶状样品、高温下易热分解的样品和含水分多的样品。如糕点、食糖、糖果、巧克力、味精、麦乳精及高脂肪食品等的水分含量测定。

2. 仪器和试剂

1）仪器

真空干燥箱。其他同直接干燥法。

（1）分析天平。感量 0.1mg。

（2）组织捣碎机。

（3）研钵。玻璃或瓷质。

（4）绞肉机。箅孔径不超过 4mm。

（5）铝皿。具盖，内径 75～80mm，高 30～35mm。

（6）真空干燥箱及减压加热装置　温控（60～110℃）±2℃。

（7）干燥器。

2）样品制备

粉末和结晶试样直接称取，硬糖果经乳钵粉碎，软糖用刀片切碎，混匀备用。

3. 操作步骤

称取充分混匀的试样 2～10g，精确至 0.0001g，置于已知恒重的铝皿中，放入真空干燥箱内（皿盖斜放在皿边）。将干燥箱连接真空泵，打开真空泵，抽出干燥箱内空气至所需压力（一般为 40～53kPa），同时加热升温至 60℃±5℃。关闭真空泵上的活塞，停止抽气，使干燥箱内保持一定的温度和真空度。4h 后打开活塞，使空气经干燥装置缓缓进入干燥箱内，待干燥箱内压力恢复到常压时，再打开干燥箱，取出铝皿（取出前先盖好盖），放入干燥器中冷却至室温（约 0.5h），称量。再将铝皿（带盖）置于真空干燥箱内。按上述温度和真空度加热 1h，加盖取出，于干燥器内冷却 0.5h，称量。重复以上操作至恒重。

4. 结果计算

同直接干燥法。

5. 说明及注意事项

（1）此法为 GB/T5009.3—2003 中第二法，本方法适用含糖、味精等易分解和脂肪含量高的样品中水分含量的测定。由于采取较低的加热温度，可防止含糖高的试样在高温下脱水炭化；可防止含脂肪高的试样中的脂肪在高温下氧化；也可防止含高温易分解成分的试样在高温下氧化分解而影响测定结果。

(2) 真空干燥箱内各部位温度要求均匀一致，若干燥时间短时，更应严格控制。

(3) 第一次使用的铝皿要反复烘干 2 次，每次置于调节到规定温度的干燥箱内干燥 1～2h，然后移至干燥器内冷却 45min，称重（精确到 0.1mg）。第二次以后使用时，通常可采用前一次的恒重值。试样为谷粒时，如小心使用可重复使用 20～30 次，而其质量值不变。

(4) 减压干燥时，自干燥箱内部压力降至规定真空度时起计算烘干时间。恒重一般以减量不超过 0.5mg 时为标准，但对受热后易分解的样品则可以不超过 1～3mg 的减量值为恒重标准。

7.1.3　蒸馏法

1. 实验原理

基于两种互不相溶的液体二元体系的沸点低于各组分的沸点这一事实，在试样中加入与水互不相溶的有机溶剂（如甲苯或二甲苯等），将食品中的水分与甲苯或二甲苯共沸蒸出，冷凝并收集馏液，由于密度不同，馏出液在接收管中分层，根据馏出液中水的体积，即可计算出样品中水分含量。

2. 仪器和试剂

1) 仪器

水分测定仪如图 7-1 所示。

2) 试剂

甲苯或二甲苯（分析纯）用前先加水饱和，振摇数分钟，分去水层，进行蒸馏，弃之最初蒸馏液，收集澄清透明的馏出液备用。

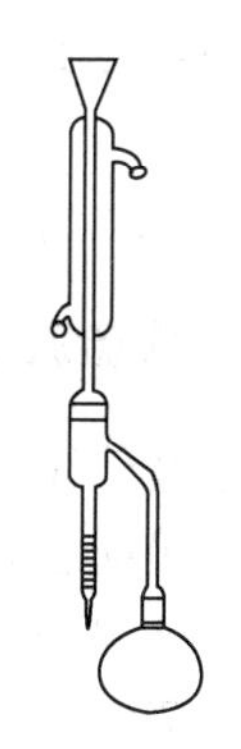

图 7-1　蒸馏式水分测定仪

3. 操作步骤

(1) 水分测定器的清洗。水分测定器每次使用前必须用重铬酸钾-硫酸洗涤液充分洗涤，用水反复冲洗干净之后烘干。

(2) 加热慢慢蒸馏，使每 1s 约蒸出 2 滴馏出液。当水分大部分蒸出后，加速蒸馏约每 1s 4 滴，当水分全部蒸出，接收管内水的体积不再增加时，从冷凝管顶端注入甲苯（或二甲苯），将附着在冷凝管壁的水滴冲洗下来，如仍发现冷凝管壁或接收管上部附有水滴，可用附有小橡皮头的铜丝擦下，再蒸馏片刻直至接收管上部及冷凝管壁无水滴附着为止。接收管水平面保持 10min 不变为蒸馏终点，读取接收管水层的容积。

4. 结果计算

$$x=\frac{V}{m}\times 100\%$$

式中　x——样品中水分含量，mL/100g（或按水的20℃密度0.99820g/mL计算质量）；

V——接收管内水的体积，mL；

m——样品的质量，g。

5. 说明及注意事项

（1）样品用量：一般谷类、豆类约20g，鱼、肉、蛋、乳制品约5～10g，蔬菜、水果约5g。

（2）对不同的食品，可以使用不同的有机溶剂进行蒸馏。一般大多数香辛料使用甲苯作蒸馏剂，其沸点为110.7℃；对于在高温易分解样品，则用苯作蒸馏溶剂（纯苯沸点80.2℃，水苯其沸点则为69.25℃），但蒸馏的时间需延长；测定奶酪的含水量时用正戊醇-二甲苯（129～134℃）1∶1混合溶剂；己烷用于测定辣椒类、葱类、大蒜和其他含有大量糖的香辛料的水分含量。

（3）一般加热时要用石棉网，加热温度不宜太高，温度太高时冷凝管上端水气难以全部回收。如果样品含糖量高，用油浴加热较好。蒸馏时间一般为2～3h。样品不同蒸馏时间各异。

（4）样品为粉状或半流体时，先将瓶底铺满干净海沙，再加入样品和蒸馏剂。

（5）所用甲苯必须无水，可将甲苯经过氯化钙或无水硫酸钠吸水，过滤蒸馏，弃取最初馏液，收集澄清透明溶液即为无水甲苯。

（6）为了尽量避免水分接收管和冷凝管壁附着水滴，仪器必须洗涤干净。

7.1.4　红外线干燥法

1. 实验原理

以红外线灯管作为热源，利用红外线的辐射热加热试样，高效快速地使水分蒸发，根据干燥前后失量即可求出样品水分含量。

红外线干燥法是一种水分快速测定方法，但比较起来，其精密度较差，对作为简易法用于测定2～3份样品的大致水分，或快速检验在一定允许偏差范围内的样品水分含量。一般测定一份试样需10～30min（依样品种类不同而异），所以，当试样份数较多时，效率反而降低。

2. 仪器

红外线水分测定仪有多种型号，在此介绍一种直读式简易红外线水分测定仪，此仪器由红外线灯和架盘天平两部分组成。如图7-2所示。

3. 操作步骤

准确称取适量（3～5g）试样在样品皿上摊平，在砝码盘上添加与被测试样质量完全相等的砝码使达到平衡状态。调节红外灯管的高度及其电压（能使得试样在10～15min内干燥完全为宜），开启电源，进行照射，使样品的水分蒸发，此时样品的质量

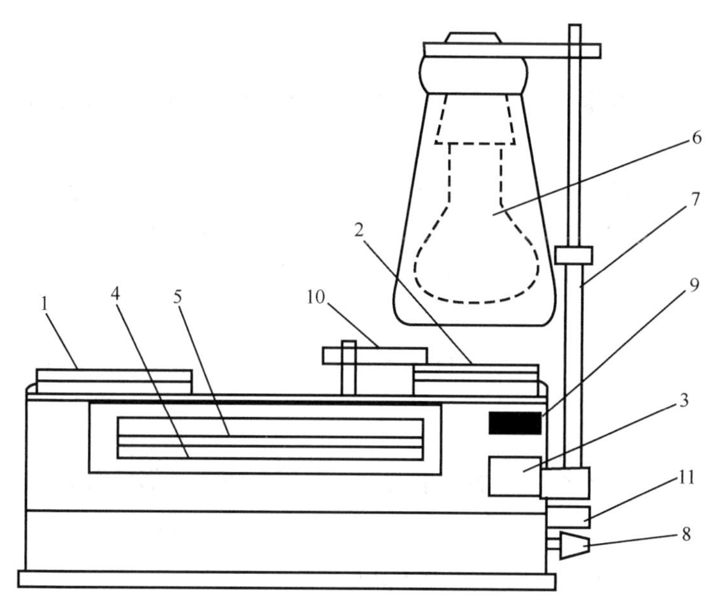

图 7-2　简易红外水分测定仪

1. 砝码盘；2. 试样皿；3. 平衡指针；4. 水分指针；5. 水分刻度；6. 红外线灯管；7. 灯管支架；8. 调查节水分指针的旋钮；9. 平衡刻度盘；10. 温度计；11. 调节温度的旋钮

则逐步减轻，相应地刻度板的平衡指针不断向上移动，随着照射时间的延长，指针的偏移越来越大，为使平衡指针回到刻度板零点位置，可移动装有重锤的水分指针，直至平衡指针恰好又回到刻度板零位，此时水分指针的读数即为所测样品的水分含量。

4. 说明及注意事项

（1）市售红外线水分测定仪有多种形式。但基本上都是先规定测得结果与标准法（如烘箱干燥法）测得结果相同的测定条件后再使用。即使备有数台同一型号的仪器，也需通过测定已知水分含量的标准样进行校正。更换灯管后，也要进行校正。

（2）试样可直接放入试样皿中，也可将其先放在铝箔上称重，再连同铝箔一起放在试样皿上。黏性、糊状的样品放在铝箔上摊平即可。

（3）调节灯管高度时，开始要低，中途再升高；调节灯管电压则开始要高，随后再降低。这样既可防止试样分解，又能缩短干燥时间。

7.1.5　卡尔·费休法

卡尔·费休（Karl Fischer）法，简称费休法或滴定法，是碘量法在非水滴定中的一种应用，对于测定水分最为专一，也是测定水分最为准确的化学方法，1977 年首次通过为 AOAC 方法。

1. 实验原理

卡尔·费休法的基本原理是基于有定量的水参加的 I_2 和 SO_2 的氧化还原反应：

$$I_2+SO_2+2H_2O \longrightarrow H_2SO_4+2HI$$

上述反应是可逆的。当硫酸浓度达 0.05%以上时，即能发生逆反应，要使反应顺利地向右进行，需要加入适当的碱性物质以中和反应过程中生成的硫酸。经实验证明，采用吡啶（C_5H_5N）作溶剂可满足此要求，此时反应进行如下。

$$\underset{\text{碘吡啶}}{C_5H_5N\cdot I_2}+\underset{\text{亚硫酸吡啶}}{C_5H_5N\cdot SO_2}+C_5H_5N+H_2O \longrightarrow \underset{\text{氢碘酸吡啶}}{2C_5H_5N\begin{matrix}\diagup H\\ \diagdown I\end{matrix}}+\underset{\text{硫酸吡啶}}{C_5H_5N\begin{matrix}\diagup SO_2\\ \diagdown O\end{matrix}}$$

生成的硫酸吡啶很不稳定，能与水发生副反应，消耗一部分水而干扰测定。

$$C_5H_5N\begin{matrix}\diagup SO_2\\ \diagdown O\end{matrix}+H_2O \longrightarrow C_5H_5N\begin{matrix}\diagup H\\ \diagdown SO_4H\end{matrix}$$

若有甲醇存在，则硫酸可生成稳定的甲基硫酸氢吡啶。

$$C_5H_5N\begin{matrix}\diagup SO_2\\ \diagdown O\end{matrix}+CH_3OH \longrightarrow C_5H_5N\begin{matrix}\diagup H\\ \diagdown SO_4\cdot CH_3\end{matrix}$$

于是促使测定水的滴定反应得以定量完成。

由此可见，滴定操作所用的滴定剂是碘（I_2）、二氧化硫（SO_2）、吡啶（C_5H_5N）及甲醇（CH_3OH）按一定比例组成的混合溶液，此溶液称为卡尔·费休试剂。

卡尔·费休法的滴定总反应式可写为

$$(I_2+SO_2+3C_5H_5N+CH_3OH)+H_2O \longrightarrow 2C_5H_5N\cdot HI+C_5H_5N\cdot HSO_4CH_3$$

从上式可以看到，1mol 水需要与 1mol 碘、1mol 二氧化硫和 3mol 吡啶及 1mol 甲醇反应而产生 2mol 氢碘酸吡啶和 1mol 甲基硫酸氢吡啶（实际操作中各试剂用量摩尔比为 $I_2:SO_2:C_5H_5N=1:1:3$）。

通常用纯水作为基准物标定卡尔·费休试剂，以碘为自身指示剂。

滴定操作中可用两种方法确定终点：一种是当用卡尔·费休试剂滴定样品达到化学计量点时，再过量 1 滴，卡尔·费休试剂中的游离碘即会使体系呈现浅黄或微弱的黄棕色，据此即作为终点而停止滴定，此法适用于含有 1%以上水分的样品，由其产生的终点误差不大；另一种方法为双指示电极安培滴定法，也叫永停滴定法，其原理是将两枚相似的微铂电极插在被滴样品溶液中，给两电极间施加 10～25mV 电压，在开始滴定直至化学计量点前，因体系中只存留碘化物而无游离碘，电极间的极化作用使外电路中无电流通过（即微安表指针始终不动），而当过量 1 滴卡尔·费休试剂滴入体系后，由于游离碘的出现使体系变为去极化，则溶液开始导电，外路有电流通过，微安表指针偏转至一定刻度并稳定不变，即为终点，此法更适宜于测定深色样品及含微量、痕量水分的样品。

卡尔·费休法广泛地应用于各种液体、固体及一些气体样品中微量水分含量的测定，均能得到满意的结果。在很多场合，此法也常被作为痕量水分［低至 mg/kg（1mg/kg＝1mg/kg）级］的标准分析方法。在食品分析中，采用适当的预防措施后，此法能用于含水量从 1mg/kg 到接近 100％的样品的测定，已应用于面粉、砂糖、人造奶油、可可粉、糖蜜、茶叶、乳粉、炼乳及香料等食品中的水分测定，结果的准确度优于直接干燥法，也是测定脂肪和油品中痕量水分的理想方法。

2. 仪器和试剂

1）仪器

卡尔·费休滴定装置：自动或半自动的，配有搅拌器。

2）试剂

（1）无水甲醇。要求其含水量在 0.05％以下。量取甲醇约 200mL，置干燥圆底烧瓶中，加光洁镁条（或镁屑）15g 与碘 0.5g，接上冷凝装置，冷凝管的顶端和接受器支管上要装上无水氯化钙干燥管，以防空气中水的污染。加热回流至金属镁开始转变为白色絮状的甲醇镁，再加入甲醇 800mL，继续回流至镁条溶解。分馏，用干燥的抽滤瓶做接受器，收集 64～65℃馏分备用。

（2）无水吡啶。要求其含水量在 0.1％以下，吸取吡啶 200mL，置干燥的蒸馏瓶中，加 40mL 苯，加热蒸馏，收集 110～116℃馏分备用。

（3）碘。将固体碘置硫酸干燥器内干燥 48h 以上。

（4）无水硫酸钠。

（5）硫酸。

（6）二氧化硫。采用钢瓶装的二氧化硫或用硫酸分解亚硫酸钠而制得。

（7）5A 分子筛。

（8）水-甲醇标准溶液。每毫升含 1mg 水，准确吸取 1mL 水注入预先干燥 1000mL 容量瓶中，用无水甲醇稀释至刻度，摇匀备用。

（9）卡尔·费休试剂。称取 85g 碘于干燥的 1L 具塞的棕色玻璃试剂瓶中，加入 670mL 无水甲醇，盖上瓶塞，摇动至碘全部溶解后，加入 270mL 吡啶混匀，然后置于冰水浴中冷却，通入干燥的二氧化硫气体 60～70g，通气完毕后塞上瓶塞，放置暗处至少 24h 后使用。

卡尔·费休试剂的标定。预先加入 50mL 无水甲醇于水分测定仪的反应器中，接通仪器电源，启动电磁搅拌器，先用卡尔·费休试剂滴入甲醇中使其尚残留的痕量水分与试剂作用达到计量点，即为微安表的一定刻度值（45μA 或 48μA），并保持 1min 内不变（不记录卡尔·费休试剂的消耗量）。然后用 10μL 的微量注射器从反应器的加料口（橡皮塞住）缓缓注入 10μL 的蒸馏水（相当于 0.01g 水，可先用天平称量校正，亦可用减量法滴瓶称取 0.01g 水于反应器中），此时微安表指针偏向左边接近零点，用卡尔·费休试剂滴定至原定终点，记录卡尔·费休试剂消耗量。

卡尔·费休试剂对水的滴定度 T（mg/mL）按下式计算：

$$T=\frac{m\times 1000}{V}$$

式中　m——水的质量，g；

V——滴定消耗卡尔·费休试剂的体积，mL。

3. 操作步骤

对于固体样品，如糖果等必须事先粉碎均匀，视各种样品含水量不同，一般每份被测样品中含水 20～40mg 为宜。准确称取 0.3～0.5 样品置于称样瓶中。

在水分测定仪的反应器中加入 50mL 无水甲醇，使其完全淹没电极，并用卡尔·费休试剂滴定 50mL 甲醇中的痕量水分，滴定至微安表指针的偏转程度与标定卡尔·费休试剂操作中的偏转情况相当，并保持 1min 不变时（不记录试剂用量），打开加料口迅速将称好的试样加入反应器中，立即塞上橡皮塞，开动电磁搅拌器使试样中的水分完全被甲醇所萃取，用卡尔·费休试剂滴定至原设定的终点并保持 1min 不变，记录试剂的用量（mL）。

4. 结果计算

$$水分（\%）=\frac{T\times V}{m\times 1000}\times 100=\frac{T\times V}{10\times m}$$

式中　T——卡尔·费休试剂对水的滴定度，mg/mL；

V——滴定所消耗的卡尔·费休试剂体积，mL；

m——样品的质量，g。

5. 说明及注意事项

（1）本方法为测定食品中微量水分的方法。如果食品中含有氧化剂、还原剂、碱性氧化物、氢氧化物、碳酸盐、硼酸等，都会与卡尔·费休试剂所含的组分起反应，干扰测定。

（2）固体样品细度以 40 目为宜。最好用破碎机处理而不用研磨机，以防水分损失，另外粉碎样品时保证其含水量均匀也是获得准确分析结果的关键。

（3）5A 分子筛供装入干燥塔或干燥管中干燥氮气或空气使用。

（4）无水甲醇及无水吡啶宜加入无水硫酸钠保存。

（5）试验表明，卡尔·费休法测定糖果样品的水分等于烘箱干燥法测定的水分加上干燥法烘过的样品再用卡尔·费休法测定的残留水分，由此说明卡尔·费休法不仅可测得样品中的自由水，而且可测出其结合水，即此法所得结果能更客观地反映出样品总水分含量。

7.1.6　化学干燥法

化学干燥法就是将某种对于水蒸气具有强烈吸附作用的化学药品与含水样品同装入

一个干燥容器（如普通玻璃干燥器或真空干燥器）中，通过等温扩散及吸附作用而使样品达到干燥恒重，然后根据干燥前后样品的失量即可计算出其水分含量。

本法一般在室温进行，需要较长的时间，如数天、数周甚至数月时间。用于干燥（吸收水蒸气）的化学药品叫干燥剂，主要包括五氧化二磷、氧化钡、高氯酸镁、氢氧化钾（熔融）、氧化铝、硅胶、硫酸（100%）、氧化镁、氢氧化钠（熔融）、氧化钙、无水氯化钙、硫酸（95%）等，它们的干燥效率依次降低，鉴于价格等原因，虽然 1975 年 AOAC 已推荐前三种为最实用的干燥剂，但常用的则为浓硫酸、固体氢氧化钠、硅胶、活性氧化铝、无水氯化钙等。该法适宜于对热不稳定及含有易挥发组分的样品（如茶叶、香料等）中的水分含量测定。

7.1.7　快速微波干燥法

微波法测定水分含量始于 1956 年，最初应用于建材，以后推广至造纸、食品、化肥、煤炭、纤维、石化等部门的各种粉末状、颗粒状、片状及黏稠状的样品中水分含量测定，此法为 AOAC 法，1985 年通过，现已广泛应用于工业过程的在线分析，且通过采用微波桥路及谐振腔等方法可测定 mg/kg 级的水分。市场上可买到微波水分测定仪直接用于食品的水分分析。

1. 实验原理

微波是指频率范围为 10^3～3×10^5MHz（波长为 0.1～30cm）的电磁波。当微波通过含水样品时，因微波能把水分从样品中驱除而引起样品质量的损耗，在干燥前和干燥后用电子天平读数来测定失量，并且用数字百分读数的微处理机将失量换算成水分含是。

2. 仪器

微波水分分析仪仪器最低检出量为 0.2mg 水分。水分/固体范围为 0.1%～99.9%，读数精度 0.01%，包括自动配衡的电子天平，微波干燥系统和数字微处理机。

3. 样品制备

（1）奶酪。将块状样品切成条状，通过食品切碎机 3 次：也可将样品放在食品切碎机内捣碎；或切割成很细，再充分混匀。对于含奶油的松软白奶酪或类似奶酪，在低于 15℃取 300～600g，放入高速均质器的杯子中，按得到均质混合物的最少时间进行均质。最终温度不应超过 25℃。这需要经常停顿均质器，并用小勺将奶酪舀回到搅刀之中再开启均质器。

（2）肉和肉制品。为了防止制备样品时和随后的操作中样品水分的损失，样品不能太少。磨碎的样品要保存在带盖、不漏气、不漏水的容器中。分析用样品的制备如下。

① 新鲜肉、干肉、腿肉和熏肉等。尽可能剔去所有骨头，迅速通过食品切碎机 3 次（切碎机出口板的孔径≤3mm）。一定要将切碎的样品充分混匀。

② 罐装肉。将罐内所有的内容物按（1）的方法通过食品切碎机或斩拌机。

③ 香肠从肠衣中取出内容物，按（1）的方法通过食品切碎机或斩拌机。

（3）番茄制品。番茄汁取 4g；番茄浓汤（固形物为 10%～15%）取 2g；番茄酱（固形物达 30%以上）用水按下列方法之一进行 1＋1 稀释，在微型杯搅拌机中搅拌，在密闭瓶中振摇，用橡胶刮铲搅混后，取 2g 稀释样。

4. 操作步骤

将带有玻璃纤维垫和聚四氯乙烯的平皿置于微波炉内部的称量器上，去皮重后调至零点。将 10.00g 样品均匀涂布于平皿的表面，在聚四氟乙烯圈上盖以玻璃纸，将平皿放在微波炉膛内的称量台上。关上炉门，将定时器定在 2.25min，电源定在 74%单位。启动检测器，当仪器停止后，直接读取样品水分的百分含量。

定期地按样品分析要求进行校正，当一些样品所得值超过 2 倍标准偏差时，才有必要进行调整，调整时间和电源使之保持相应的值。

5. 说明及注意事项

（1）本法是近年发展的新技术，适用于奶酪、肉及肉制品、番茄制品等食品中水分含量的测定。

（2）对于不同品种的食品，时间设定与能量比率均有不同：奶酪食品，电源能量定为 74%单位，定时器定在 2.25min；肉及肉制品，电源微波能量定于 80%～100%单位，定时为 3～5min；加工番茄制品，电源微波能量定于 100%单位，定时为 4min。

（3）对于某些不同种类的食品，需要附加调整系数来取得准确的结果数据。例如，熟香肠、混合肉馅、腌、熏、烤等方法加工处理过的熟肉，系数为 0.05%。

7.1.8　红外吸收光谱法

红外线一般指波长 0.75～1000μm 的光，红外波段范围又可进一步分为三部分：

（1）近红外区，0.75～2.5μm。

（2）中红外区，2.5～25μm。

（3）远红外区，25～1000μm。

其中，中红外区是研究、应用最多的区域，水分子对三个区域的光波均具有选择吸收作用。

红外光谱法是根据水分对某一波长的红外光的吸收强度与其在样品中含量存在一定的关系的事实建立起来的一种水分测定方法。

日本、美国和加拿大等国已将近红外吸收光谱法应用于谷物、咖啡、可可、核桃、花生、肉制品（如肉馅、腊肉、火腿等）、巧克力浆、牛乳、马铃薯等样品的水分测定；中红外光谱法则已被用于面粉、脱脂乳粉及面包中的水分测定，其测定结果与卡尔·费休法、近红外光谱法及减压干燥法一致；远红外光谱法可测出样品中大约 0.05%水分含量。总之，红外光谱法准确、快速、方便，存在深远的研究和广阔的应用前景。

测定食品中水分的方法还有：气相色谱法、声波和超声波法、直流和交流电导率法、介电容量法、核磁共振波谱法等。

7.2　灰分的测定

食品中除含有大量有机物质外，还含有较丰富的无机成分。食品经高温灼烧，有机成分挥发逸散，而无机成分（主要是无机盐和氧化物）则残留下来，这些残留物（主要是食品中的矿物盐或无机盐类）称为灰分。灰分是标示食品中无机成分总量的一项指标。

从数量和组成上看，食品的灰分与食品中原来存在的无机成分并不完全相同。食品在灰化时，某些易挥发元素，如氯、碘、铅等，会挥发散失，磷、硫等也能以含氧酸的形式挥发散失，使这些无机成分减少；另一方面，某些金属氧化物会吸收有机物分解产生的二氧化碳而形成碳酸盐，又使无机成分增多。因此，灰分并不能准确地表示食品中原来的无机成分的总量。通常把食品经高温灼烧后的残留物称为粗灰分。

食品的灰分除总灰分（即粗灰分）外，按其溶解性还可分为水溶性灰分、水不溶性灰分和酸不溶性灰分。其中水溶性灰分反映的是可溶性的钾、钠、钙、镁等的氧化物和盐类的含量。水不溶性灰分反映的是污染的泥沙和铁、铝等氧化物及碱土金属的碱式磷酸盐的含量。酸不溶性灰分反映的是污染的泥沙和食品中原来存在的微量氧化硅的含量。

测定灰分具有十分重要的意义。不同的食品，因所用原料、加工方法及测定条件不同，各种灰分的组成和含量也不相同。如果灰分含量超过了正常范围，说明食品中使用了不合乎卫生标准的原料或食品添加剂，或食品在加工、储运过程中受到污染，因此测定灰分可以判断食品受污染的程度。此外，灰分还可以评价食品的加工精度和食品的品质。例如：在面粉加工中，常以总灰分评价面粉等级，面粉的加工精度越高，灰分含量越低，标准粉为 0.6%～0.9%，全麦粉为 1.2%～2%。总灰分含量还可说明果胶、明胶等胶质品的胶胨性能；水溶性灰分含量可反映果酱、果冻等制品中果汁的含量。总之，灰分是某些食品重要的质量控制指标，是食品成分全分析的项目之一。

7.2.1　总灰分的测定

1. 实验原理

一定量的样品经炭化后放入高温炉内灼烧，其中的有机物质被氧化分解，以二氧化碳、氮的氧化物及水等形式逸出，而无机物质则以硫酸盐、磷酸盐、碳酸盐、氯化物等无机盐和金属氧化物的形式残留下来，这些残留物即为灰分。称量残留物的质量即可计算出样品中总灰分的含量。

2. 仪器和试剂

1）仪器

（1）马弗炉。

(2) 坩埚。

(3) 坩埚钳。

(4) 干燥器。

(5) 分析天平。

2) 试剂

(1) 1∶4 盐酸溶液。

(2) 0.5%三氯化铁溶液和等量蓝墨水的混合液。

(3) 6mol/L 硝酸。

(4) 36%过氧化氢。

(5) 辛醇或纯植物油。

3. 操作步骤

(1) 瓷坩埚的准备。将坩埚用 1∶4 的盐酸煮 1～2h，洗净晾干后，用三氯化铁与蓝墨水的混合液在坩埚外壁及盖上编号；然后置于规定温度（550℃± 25℃）的马弗炉中，灼烧 0.5h，冷却至 200℃以下后取出，放入干燥器中冷却至室温，精密称量，并重复灼烧至恒重（前后两次称量相差不超过 0.5mg）。

(2) 样品预处理。

① 果汁、牛乳等液体试样。准确称取适量试样于已知质量的瓷坩埚（或蒸发皿）中，置于水浴上蒸发至近干，再进行炭化。这类样品若直接炭化，液体沸腾，易造成溅失。

② 果蔬、动物组织等含水分较多的试样。先制备成均匀的试样，再准确称取适量试样于已知质量坩埚中，置烘箱中干燥，再进行炭化。也可取测定水分后的干燥试样直接进行炭化。

③ 谷物、豆类等水分含量较少的固体试样。先粉碎成均匀的试样，取适量试样于已知质量的坩埚中再进行炭化。

④ 富含脂肪的样品。把试样制备均匀，准确称取一定量试样，先提取脂肪，再将残留物移入已知质量的坩埚中，进行炭化。

(3) 炭化。试样经上述处理后，半盖坩埚盖，小心加热使试样在通气情况下逐渐炭化，直至无黑烟产生。对特别容易膨胀的试样（如含糖多的食品），可先于试样上加数滴辛醇或纯植物油，再进行灰化。

(4) 灰化。炭化后，把坩埚移入已达规定温度（550℃±25℃）的马弗炉炉口处，稍停留片刻，再慢慢移入炉膛内，将坩埚盖斜倚在坩埚口，关闭炉门，灼烧一定时间（通常 4h 左右，视样品种类、性状而异），至灰中无炭粒存在。冷却至 200℃以下，取出移入干燥器中冷却至室温，准确称重。重复灼烧、冷却、称重，直至达到恒重。

4. 结果计算

$$\text{灰分}(\%)=\frac{m_1-m_2}{m_3-m_2}$$

式中　m_1——坩埚和灰分的质量，g；

m_2——坩埚的质量，g；

m_3——坩埚和样品的质量，g。

5. 测定条件的选择

(1) 取样量。取样量应根据试样的种类和性状来决定。食品的灰分与其他成分相比，含量较少，例如，谷物及豆类为1%～4%，蔬菜为0.5%～2%，水果为0.5%～1%，鲜鱼、贝为1%～5%，而精糖只有0.01%。所以取样时应考虑称量误差，以灼烧后得到的灰分量为10～100mg来决定取样量。

(2) 灰化容器。坩埚是测定灰分常用的灰化容器。其中最常用的是素烧瓷坩埚，它具有耐高温、耐酸、价格低廉等优点；但耐碱性差，灰化碱性食品（如水果、蔬菜、豆类等）时，瓷坩埚内壁的釉层会被部分溶解，造成坩埚吸留现象，多次使用往往难以得到恒重，在这种情况下宜使用新的瓷坩埚，或使用铂坩埚。铂坩埚具有耐高温、耐碱、导热性好、吸湿性小等优点，但价格昂贵，约为黄金的9倍，故使用时应特别注意其性能和使用规则。个别情况下也可使用蒸发皿。

灰化容器的大小要根据试样的性状来选用，需要前处理的液态样品、加热易膨胀的样品及灰分含量低、取样量较大的样品，需选用稍大些的坩埚，或选用蒸发皿；但灰化容器过大会使称量误差增大。

(3) 灰化温度。灰化温度的高低对灰分测定结果影响很大，各种食品中无机成分的组成、性质及含量各不相同，灰化温度也应有所不同。一般鱼类及海产品、酒、谷类及其制品、乳制品（奶油除外）＜550℃；水果、果蔬及其制品、糖及其制品、肉及肉制品＜525℃；奶油＜500℃；个别样品（如谷类饲料）可以达到600℃。灰化温度过高，将引起钾、钠、氯等元素的挥发损失，而且磷酸盐也会熔融，将炭粒包藏起来，使炭粒无法氧化；灰化温度过低，则灰化速度慢、时间长，不易灰化完全。因此，必须根据食品的种类和性状兼顾各方面因素，选择合适的灰化温度，在保证灰化完全的前提下，尽可能减少无机成分的挥发损失和缩短灰化时间。此外，加热的速度也不可太快，以防急剧干馏时灼热物的局部产生大量气体而使微粒飞失——爆燃。

(4) 灰化时间。一般不规定灰化时间，以样品灼烧至灰分呈白色或浅灰色，无炭粒存在并达到恒重为止。灰化至达到恒重的时间因试样不同而异，一般需2～5h。对有些样品，即使灰分完全，残灰也不一定呈白色或浅灰色，如铁含量高的食品，残灰呈褐色；锰、铜含量高的食品，残灰呈蓝绿色。有时即使灰的表面呈白色，内部仍残留有炭块。所以应根据样品的组成、性状注意观察残灰的颜色，正确判断灰化程度。也有例外，如对谷物饲料和茎秆饲料，则有灰化时间的规定，即在600℃灰化2h。

(5) 加速灰化的方法。对于含磷较多的谷物及其制品，磷酸过剩于阳离子，随灰化的进行，磷酸将以磷酸二氢钾、磷酸二氢钠等形式存在，在比较低的温度下会熔融而包住炭粒，难以完全灰化，即使灰化相当长时间也达不到恒重。对这类难灰化的样品，可采用下述方法来加速灰化。

① 改变操作方法，样品经初步灼烧后，取出坩埚，冷却，沿坩埚边缘慢慢加入少

量去离子水，使其中的水溶性盐类溶解，被包住的炭粒暴露出来；然后在水浴上蒸干，置于120～130℃烘箱中充分干燥（充分去除水分，以防再灰化时，因加热使残灰飞散，造成损失），再灼烧到恒重。

② 经初步灼烧后，将坩埚取出、放冷，沿容器边缘加入几滴硝酸或双氧水，蒸干后再灼烧至恒重，利用硝酸或双氧水的氧化作用来加速炭粒的灰化。也可以加入10%碳酸铵等疏松剂，在灼烧时分解为气体逸出，使灰分呈松散状态，促进未灰化的炭粒灰化。这些物质经灼烧后完全分解，不增加残灰的质量。

③ 加入乙酸镁、硝酸镁等灰化助剂，这类镁盐随着灰化的进行而分解，与过剩的磷酸结合，残灰不会发生熔融而呈松散状态，避免炭粒被包裹，可大大缩短灰化时间。此法应做空白试验。以校正加入的镁盐灼烧后分解产生氧化镁（MgO）的量。

6. 说明及注意事项

（1）试样经预处理后，在放入高温炉灼烧前要先进行炭化处理，样品炭化时要注意热源强度，防止在灼烧时，因高温引起试样中的水分急剧蒸发，使试样飞溅；防止糖、蛋白质、淀粉等易发泡膨胀的物质在高温下发泡膨胀而溢出坩埚；不经炭化而直接灰化，炭粒易被包住，灰化不完全。

（2）把坩埚放入马弗炉或从炉中取出时，要放在炉口停留片刻，使坩埚预热或冷却，防止因温度剧变而使坩埚破裂。

（3）灼烧后的坩埚应冷却到200℃以下再移入干燥器中，否则因热的对流作用，易造成残灰飞散，且冷却速度慢，冷却后干燥器内形成较大真空，盖子不易打开。从干燥器内取出坩埚时，因内部成真空，开盖恢复常压时，应该使空气缓缓流入，以防残灰飞散。

（4）如液体样品量过多，可分次在同一坩埚中蒸干，在测定蔬菜、水果这一类含水量高的样品时，应预先测定这些样品的水分，再将其干燥物继续加热灼烧，测定其灰分含量。

（5）灰化后所得残渣可留作Ca、P、Fe等无机成分的分析。

（6）用过的坩埚经初步洗刷后，可用粗盐酸或废盐酸浸泡10～20min，再用水冲刷干净。

（7）近年来炭化时常采用红外灯。

（8）加速灰化时，一定要沿坩埚壁加去离子水，不可直接将水洒在残灰上，以防残灰飞扬，造成损失和测定误差。

7.2.2 水溶性灰分和水不溶性灰分的测定

向测定总灰分所得残留物中加入25mL去离子水，加热至沸腾，用无灰滤纸过滤，用25mL热的去离子水分多次洗涤坩埚、滤纸及残渣，将残渣连同滤纸移回原坩埚中，在水浴上蒸干，放入干燥箱中干燥，再进行灼烧、冷却、称重，直至恒重。按下式计算水溶性灰分和水不溶性灰分含量。

$$水不溶性灰分(\%) = \frac{m_1 - m_2}{m_3 - m_2}$$

式中　m_1——坩埚和不溶性灰分的质量，g；

m_2——坩埚的质量，g；

m_3——坩埚和样品的质量，g。

其他符号意义同总灰分的测定。

水溶性灰分（%）＝总灰分计（%）－水不溶性灰分（%）

7.2.3　酸不溶性灰分的测定

向总灰分或水不溶性灰分中加入 25mL 0.1mol/L 盐酸，以下操作同水溶性灰分的测定。

按下式计算酸不溶性灰分含量。

$$酸不溶性灰分(\%) = \frac{m_1 - m_2}{m_3 - m_2}$$

式中　m_1——坩埚和酸不溶性灰分的质量，g；

m_2——坩埚的质量，g；

m_3——坩埚和样品的质量，g。

其他符号意义同总灰分测定相同。

7.3　酸度的测定

食品中酸的种类很多，可分为有机酸和无机酸两类，但主要是有机酸，而无机酸含量很少。通常有机酸部分呈游离状态、部分呈酸式盐状态存在于食品中，而无机酸呈中性盐化合态存在于食品中。

食品中常见的有机酸有柠檬酸、苹果酸、酒石酸、草酸、乳酸及醋酸等、这些有机酸有的是食品所固有的，如果蔬及其制品中的有机酸；有的是在食品加工中人为加入的，如汽水中的有机酸；有的是在生产、加工、储藏过程中产生的，如酸奶、食醋中的有机酸。有机酸在食品中的分布是极不均衡的，果蔬中所含有机酸种类较多，不同果蔬中所含的有机酸种类亦不同，见表 7-1。

表 7-1　果蔬中主要有机酸种类

果蔬	有机酸的种类	果蔬	有机酸的种类
苹果	苹果酸、少量柠檬酸	甜瓜	柠檬酸
梨	苹果酸、果心部分有柠檬酸	菠菜	草酸、柠檬酸、苹果酸
樱桃	苹果酸	笋	草酸、酒石酸、乳酸、柠檬酸
梅	柠檬酸、苹果酸、草酸	莴苣	苹果酸、柠檬酸、草酸
柠檬	柠檬酸、苹果酸	桃	苹果酸、柠檬酸、奎宁酸

续表

果蔬	有机酸的种类	果蔬	有机酸的种类
葡萄	酒石酸、苹果酸	番茄	柠檬酸、苹果酸
杏	苹果酸、柠檬酸	甘蓝	柠檬酸、苹果酸、草酸
温州蜜橘	柠檬酸、苹果酸	芦笋	柠檬酸、苹果酸
菠萝	柠檬酸、苹果酸、酒石酸	甘薯	草酸

食品中的酸不仅作为酸味成分，而已在食品的加工、储运及品质管理等方面被认为是重要的成分，测定食品中的酸度具有十分重要的意义。

(1) 有机酸影响食品的色、香、味及其稳定性。

果蔬中所含色素的色调，与其酸度密切相关，在一些变色反应中，酸是起很重要作用的成分。如叶绿素在酸性下会变成黄褐色的脱镁叶绿素；花色素于不同酸度下，颜色亦不相同。果实及其制品的口味取决于糖、酸的种类、含量及其比例，酸度降低则甜味增加，各种水果及其制品上是因其适宜的酸味和甜味使之具有各自独特的风味。同时水果中适量的挥发酸含量也会带给其特定的香气。另外，食品中有机酸含量高，则其 pH 低，而 pH 的高低，对食品的稳定性有一定的影响。降低 pH，能减弱微生物的抗热性和抑制其生长；所以 pH 是果蔬罐头杀菌条件的主要依据；在水果加工中，控制介质 pH 还可抑制水果褐变；有机酸能与 Fe、Sn 等金属反应，加快设备和容器的腐蚀作用，影响制品的风味和色泽；有机酸可以提高维生素 C 的稳定性，防止其氧化。

(2) 食品中有机酸的种类和含量是判断其质量好坏的一个重要指标。

挥发酸的种类是判断某些制品腐败的标准，如某些发酵制品中有甲酸积累，则说明已发生细菌性腐败；挥发酸的含量也是某些制品质量好坏的指标，如水果发酵制品中含有 0.1%以上的醋酸，则说明制品腐败；牛乳及乳制品中乳酸过高时，亦说明其已由乳酸菌发酵而产生腐败。新鲜的油脂常是中性的，不含游离脂肪酸。但油脂在存放过程中，本身含的解脂酶会分解油脂而产生游离脂肪酸，使油脂酸败，故测定油脂酸度（以酸价表示）可判断其新鲜程度。有效酸度也是判断食品质量的指标，如新鲜肉的 pH 位为 5.7～6.2。如 pH>6.7，说明肉已变质。

(3) 利用有机酸的含量与糖的含量之比，可判断某些果蔬的成熟。

有机酸在果蔬中的含量，因其成熟度及生长条件不同而异，一般随成熟度的提高，有机酸含量下降，而糖含量增加，糖酸比增大。故测定酸度可判断某些果蔬的成熟度，对于确定果蔬收获期及加工工艺条件很有意义。

食品中的酸度，可分为总酸度（滴定酸度）、有效酸度（pH）和挥发酸。总酸度是指食品中所有酸性成分的总量，包括已离解的酸的浓度和未离解的酸的浓度，其大小可借标准碱液进行滴定，并以样品中主要代表酸的百分含量表示。有效酸度，则是指样品中呈游离状态的 H^+ 的浓度，常用 pH 表示，大小可借酸度计（pH 计）进行测定。挥发酸则是指食品中易挥发的部分有机酸，像乙酸、甲酸等其大小可通过蒸馏法分离，再借标准碱液测定。

7.3.1　食品中总酸度的测定

1. 实验原理

食品中的有机弱酸在用标准碱液滴定时，被中和成盐类，用酚酞作指示剂，当滴定至终点（pH8.2，指示剂显红色）时，根据滴定时消耗的标准碱液的体积，可计算出样品中的总酸量，其反应式为

$$RCOOH + NaOH \longrightarrow RCOONa + H_2O$$

2. 试剂

（1）0.1000mol/L NaOH 标准滴定溶液。

配制：称取氢氧化钠 110g，溶于 100mL 无二氧化碳的水中，摇匀，注入聚乙烯容器中，密闭放置至溶液清亮。取上层清液 5.4mL，用无二氧化碳的水稀释至 1000mL，摇匀。

标定：精密称取 0.75g 预先于 105～110℃烘箱中干燥至恒重的基准邻苯二甲酸氢钾，加无二氧化碳的水 50mL，振摇使其溶解，加二滴酚酞指示剂，用配制的 NaOH 标准溶液滴定至溶液呈微红色 30s 不褪色，同时做空白试验。

计算：

$$c = \frac{m \times 1000}{(V - V_0) \times 204.22}$$

式中　c——氢氧化钠标准溶液的摩尔浓度，mol/L；

m——基准试剂邻苯二甲酸氢钾的质量，g；

V——标定时所耗用氢氧化钠标准溶液的体积，mL；

V_0——空白试验所耗用氢氧化钠标准溶液的体积，mL；

204.22——邻苯二甲酸氢钾的摩尔质量，g/mol。

（2）1%酚酞乙醇溶液：称取酚酞 1g 溶解于 100mL 95%乙醇中。

3. 操作步骤

（1）样品制备。

① 液体样品。

不含二氧化碳的样品：充分混合均匀，备用。

含二氧化碳的样品：至少取 200g 样品于 500mL 烧杯中，置于电炉上，边搅拌边加热至微沸腾，保持 2min，称量，用煮沸过的水补充至煮沸前的质量，置于密闭玻璃容器内，备用。

② 固体样品。取有代表性的样品至少 200g 置于研钵或组织捣碎机中，加入与样品等量的煮沸过水，用研钵或组织捣碎机捣碎，混匀，置于密闭玻璃容器内，备用。

③ 固、液体样品。按样品的固、液比例至少取 200g 置于研钵或组织捣碎机中捣碎，混匀，置于密闭玻璃容器内，备用。

④ 总酸含量≤4g/kg 的试样。将上述制备的试样直接用快速滤纸过滤，收集滤液测定。

⑤ 总酸含量>4g/kg 的试样。称取 10～20g 已制备的试样，精确至 0.001g，置于 100mL 烧杯中，用约 80℃煮沸过的水将烧杯中的内容物转移到 250mL 容量瓶中（总体积约 150mL）。置于沸水浴中煮沸 30min，取出，冷却，用煮沸过的水定容至 250mL，过滤，收集滤液备用。

（2）滴定。准确吸取上法制备滤液 25～50mL 于 250mL 锥形瓶中，加 40～60mL 及 0.2mL 酚酞指示剂，用 0.1mol/LNaOH 标准滴定溶液（如样品中酸度较低，可用 0.01mol/LNaOH 标准滴定溶液）滴定至微红色 30s 不褪色。记录消耗 NaOH 标准滴定溶液的体积数 V_1。同时用水代替是试液做空白试验，记录消耗 NaOH 标准滴定溶液的体积数 V_2。

4. 结果计算

$$\text{总酸度(g/kg)}=\frac{c\times(V_1-V_2)\times K\times F}{m}\times 1000$$

式中　c——NaOH 标准滴定溶液的浓度，mol/L；

V_1——样品试液滴定消耗 NaOH 标准滴定溶液的体积，mL；

V_2——空白滴定消耗 NaOH 标准滴定溶液的体积，mL；

m——样品质量，g；

F——试液的稀释倍数；

K——换算为主要酸的系数，即 1mmol 氢氧化钠相当于主要酸的系数。

因食品中含有多种有机酸，总酸度测定结果通常以样品中含量最多的那种酸表示。一般分析葡萄及其制品时用酒石酸表示，其 $K=0.075$；分析柑橘类果实及其制品时，用柠檬酸表示，$K=0.064$；分析苹果、核果类果实及其制品时，用苹果酸表示，$K=0.067$；分析乳品、肉类、水产品及其制品时，用乳酸表示，$K=0.090$；分析酒类、调味品时，用乙酸表示，$K=0.060$。

5. 说明及注意事项

（1）样品浸渍、稀释用之蒸馏水中不能含有 CO_2，因为 CO_2 溶于水中成为酸性的 H_2CO_3 形式，影响滴定终点时酚酞颜色变化。无 CO_2 蒸馏水的制备方法为：将蒸馏水煮沸 20min 后用碱石灰保护冷却；或将蒸馏水在使用前煮沸 15min 并迅速冷却备用，必要时须经碱液抽真空处理。

样品中 CO_2 对测定亦有干扰，故对含有 CO_2 饮料、酒类等样品，在测定之前须除去 CO_2。

（2）样品浸渍、稀释之用水量应根据样品中总酸含量来慎重选择，为使误差不超过允许范围，一般要求滴定时消耗的 0.1mol/LNaOH 溶液不得少于 5mL，最好在 10～15mL。

（3）由于食品中有机酸均为弱酸，在用强碱（NaOH）滴定时，其滴定终点偏碱

(pH8.2左右)。故可选用酚酞作终点指示剂。

(4) 若样液有颜色(如带色果汁等),则在滴定前用与样液同体积的不含CO_2蒸馏水稀释之或采用试验滴定法,即对有色样液,用适量无CO_2蒸馏水稀释,并按100mL样液加入0.3mL酚酞比例加入酚酞指示剂,用标准NaOH溶液滴定近终点时,取此溶液2～3mL移入盛有20mL无CO_2蒸馏水中(此时,样液颜色相当浅,易观察酚酞的颜色),若试验表明还没达到终点,将特别稀释的样液倒回原样液中,继续滴定直至终点出现为止。用这种在小烧杯中特别稀释的方法。能观察几滴0.1mol/L NaOH液所产生的酚酞颜色差别。

若样液颜色过深或浑浊则宜用电位滴定法。

(5) 各类食品的酸度多以主要酸表示,但有些食品(如乳品、面包等)亦可用中和100g(mL)样品所需0.1mol/L(乳品)或1mol/L(面包)NaOH标准滴定溶液的毫升数表示,符号为°T。新鲜牛乳的酸度为16～18°T。面包的酸度一般为3～9°T。

7.3.2 挥发酸的测定

挥发酸是食品中含低碳链的直链脂肪酸,主要是醋酸和痕量的甲酸、丁酸等,不包括可用水蒸气蒸馏的乳酸、琥珀酸、山梨酸以及CO_2和SO_2等。正常生产的食品中,其挥发酸的含量较稳定,若在生产中使用了不合格的原料,或违反正常的工艺操作,则会由于糖的发酵而使挥发酸含量增加,降低了食品的品质。因此,挥发酸的含量是某些食品的一项质量控制指标。

总挥发酸可用直接法或间接法测定。直接法是通过水蒸气蒸馏或溶剂萃取把挥发酸分离出来,然后用标准碱滴定;间接法是将挥发酸蒸发排除后。用标准碱滴定不挥发酸,最后从总酸度中减去不挥发酸即为挥发酸含量。前者操作方便,较常用,适用于挥发酸含量较高的样品、若蒸馏液有所损失或被污染,或样品中挥发酸含量较少,宜用后者。下面介绍水蒸气蒸馏法。

1. 实验原理

样品经处理后,加入适量磷酸使结合态的挥发酸游离出来,用水蒸气蒸馏分离出总挥发酸,经冷凝收集后,以酚酞作指示剂,用标准碱液滴定,根据滴定时消耗的碱液的体积,可计算出样品中总挥发酸的含量。

本法适用于各类饮料、果蔬及其制品(如发酵制品、酒等)中挥发酸含量的测定。

2. 仪器和试剂

1) 仪器

水蒸气蒸馏装置(图7-3)。

2) 试剂

(1) 0.1mol/LNaOH标准溶液。

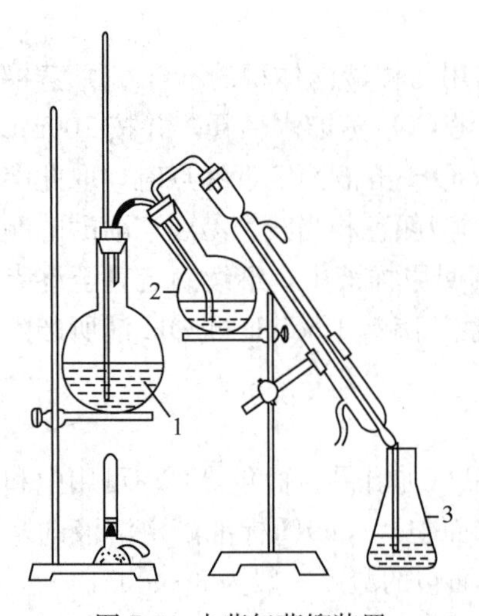

图 7-3　水蒸气蒸馏装置

1. 蒸汽发生器；2. 样品瓶；3. 接受瓶

（2）1%酚酞乙醇溶液。

（3）10%磷酸溶液。

3. 操作步骤

（1）蒸馏。准确称取样品 2～3g，用 50mL 煮沸过的蒸馏水洗入 250mL 蒸馏烧瓶中，加 1mL 10%的磷酸，如图连接蒸馏装置。加热蒸馏至馏出液约 300mL 为止。相同条件下做一空白试验。

（2）滴定。将馏出液加热至 60～65℃（不可超过），加 3 滴酚酞指示剂，用 0.1mol/LNaOH 标准溶液滴定到溶液呈微红色 30s 不褪色即为终点。

4. 结果计算

食品中总挥发酸通常以醋酸的重量百分数表示，计算公式为

$$x=\frac{(V_1-V_2)\times c}{m}\times 0.06\times 100\%$$

式中　x——挥发酸的质量百分数（以醋酸计），%；

m——样品质量或体积，g 或 mL；

V_1——样液滴定消耗标准 NaOH 的体积，mL；

V_2——空白滴定消耗标准 NaOH 的体积，mL；

c——标准 NaOH 溶液的浓度，mol/L；

0.06——换算为醋酸的系数，即 1mmol 氢氧化钠相当于醋酸的克数。

5. 说明及注意事项

（1）在蒸馏前应先将水蒸气发生瓶中的水煮沸 10min，或在其中加 2 滴酚酞指示剂并滴加 NaOH 使其呈浅红色，以排除其中 CO_2 并用蒸汽冲洗整个蒸馏装置。

（2）溶液中总挥发酸包括游离挥发酸和结合态挥发酸，由于在蒸汽蒸馏时游离挥发酸易蒸馏出，而结合态挥发酸则不易挥发出，给测定带来误差，故测定样液中总挥发酸含量时，须加少许 H_3PO_3 使结合态挥发酸游离出，便于蒸馏。

（3）在整个蒸馏过程中，应注意蒸馏瓶内液面保持恒定，否则，影响测定结果。另要注意蒸馏装置的各个连接处应密封良好以防泄漏造成挥发酸损失。

（4）滴定前必须将蒸馏液加热到 60～65℃，使其终点明显，加速滴定反应缩短滴定时间，减少溶液与空气接触机会，以提高测定的精度。

（5）测定食品中各种挥发酸含量，还可采用纸色谱法和气相色谱法。

7.3.3　有效酸度（pH）的测定

在食品酸度测定中，有效酸度（pH）的测定往往比测定总酸度更具有实际意义，

更能说明问题。pH是溶液中H^+活度（近似认为浓度）的负对数，其大小说明了食品介质的酸碱性。

pH的测定方法有多种，如电位法、比色法及化学法等，常用的方法是电位法与比色法。化学法是利用蔗糖转化速度、重氮基醋酸乙酯或乙缩醛的分解速度来求出pH，操作要求严格，时间长，现不多用。比色法是利用不同的酸碱指示剂来显示pH，此法简便、快速，但结果不甚准确，仅能粗略地测定各类样液的pH。电位法又称pH计法，其准确度较高，操作简便，不受试样本身颜色的影响，普遍应用于食品行业。下面仅对电位法做一介绍。

1. 实验原理

以玻璃电极为指示电极，饱和甘汞电极为参比电极，插入待测样液中组成原电池，该电池电动势大小与溶液pH有直线关系：

$$E=E^{\circ}-0.0591\text{pH}\ (25℃)$$

即在25℃时，每相差一个pH单位就产生59.1mV的电池电动势，利用酸度计测量电池电动势并直接以pH表示，故可从酸度计表头上读出样品溶液的pH。

本方法适用于各类饮料、果蔬及其制品，以及肉、蛋类等食品中pH的测定。测定值可准确到0.01pH单位。

2. 仪器和试剂

1）仪器

（1）酸度计。

（2）复合电极。

2）试剂

pH标准缓冲溶液。目前市场有各种浓度的pH标准缓冲试剂供应，按要求的方法直接配制即可，也可按以下方法配制。

（1）pH1.68（20℃）标准缓冲溶液。将12.61g$KHC_2O_4 \cdot H_2C_2O_4 \cdot 2H_2O$转移到1L的容量瓶中，用无$CO_2$蒸馏水溶解并稀释到刻度，充分混合。每2个月重新配制。

（2）pH4.00（20℃）标准缓冲溶液。称取10.12g于110℃干燥2h并已冷却的邻苯二甲酸氢钾，用无CO_2蒸馏水溶解并稀释到1L。

（3）pH6.88（20℃）标准缓冲溶液。称取于110～130℃下干燥2h并已冷却的$KH_2PO_4$3.387g和$Na_2HPO_4$3.533g用无CO_2蒸馏水溶解并稀释到1L。

（4）pH9.22（20℃）标准缓冲溶液。称取3.80g硼砂，用无CO_2蒸馏水溶解并稀释到1L。

3. 操作步骤

（1）样品处理。

①一般液体样品（如牛乳、不含CO_2的果汁、酒等样品）：摇匀后可直接取样测定。

② 含 CO_2 的液体样品（如碳酸饮料、啤酒等）：同“总酸度测定”方法排除 CO_2 后再测定。

③ 果蔬样品：将果蔬样品榨汁后，取其汁液直接进行 pH 测定。对于果蔬干制品，可取适量样品，并加数倍的无 CO_2 蒸馏水，于水浴上加热 30min，再捣碎、过滤，取滤液测定。

④ 肉类制品：称取 10g 已除去油脂并捣碎的样品于 250mL 锥形瓶中，加入 100mL 无 CO_2 蒸馏水，浸泡 15min，并随时摇动，过滤后取滤液测定。

⑤ 鱼类等水产品：称取 10g 切碎样品，加无 CO_2 蒸馏水 100mL，浸泡 30min（随时摇动），过滤后取滤液测定。

⑥ 皮蛋等蛋制品：取皮蛋数个，洗净利壳，按皮蛋：水为 2：1 的比例加入无 CO_2 蒸馏水，于组织捣碎机中捣成匀浆、再称取 15g 匀浆（相当于 10g 样品），加无 CO_2 蒸馏水至 150mL，搅匀，纱布过滤后取滤液测定。

⑦ 罐头制品（液固混合样品）：先将样品沥汁液，取浆汁液测定；或将液固混合捣碎成浆状后，取浆状物测定。若有油脂，则应先分离出油脂。

（2）酸度计的校正。

① 开启酸度计电源，插入复合电极或玻璃及参比电极，按“pH/mV”按钮，预热 30min，使仪器进入 pH 测量状态。

② 按“温度”按钮，使显示为溶液温度值，然后按“确认”键，仪器确定溶液温度后回到 pH 测量状态。

③ 把用蒸馏水洗过的电极插入 pH6.86 的标准缓冲溶液中，待读数稳定后按“定位”键使读数为该溶液当时温度下的 pH，然后按“确认”键，仪器进入 pH 测量状态，pH 指示灯停止闪烁。

④ 把蒸馏水清洗过的电极插入 pH4.00 的标准缓冲溶液中，待读数稳定后按“斜率”键使读数为该溶液当时温度下的 pH，然后按“确认”键，仪器进入 pH 测量状态，pH 指示灯停止闪烁，标定完成。

（3）样液的测定。

① 用无 CO_2 蒸馏水淋洗电极，并用滤纸吸干，再用待测样液冲洗电极。

② 用温度计测出被测溶液的温度，按“温度”键，使仪器显示为被测溶液温度值，然后按“确认”键。

③ 把电极插入被测溶液中，用玻璃棒搅拌溶液，使溶液均匀后读出该溶液的 pH。测定完毕，将电极清洗干净。

4. 说明及注意事项

（1）复合电极每次使用时，应检查电极参比液高度，应超过蓝色壳体与白色电极帽的分界处，以确保电极最佳测试性能。（电极参比液为 3mol/L 氯化钾溶液）。

（2）复合电极使用前，应取下电极测量端的保护套，再将保护套装回至测量端，如此反复 2～3 次，以确保电极盐桥畅通。电极浸入标准溶液或被测溶液中时，应捏住电极快速搅拌数次，以使敏感玻璃及盐桥周围充满溶液。

（3）电极在进行校正和测量时，其加液口应处于开启状态，使用完毕应关闭。

（4）为获得准确的测量结果，电极的校正和测量时均应使用酸度计的温度补偿功能。

（5）校正及被测溶液的高度均应浸没电极测量端13mm以上。

（6）电极使用完毕，应及时清洗干净。

（7）如果在标定过程中操作失误或按键按错而使仪器测量不正常，可关闭电源，然后按住“确认”键后再开启电源，使仪器恢复初始状态，然后重新标定。

（8）经标定后，“定位”键及“斜率”键不能再按，如果触动此键，此时仪器pH指示灯闪烁，不要按“确认”键而是按“pH/mV”键，使仪器重新进入pH测量即可，而无须再进行标定。

（9）标定的缓冲溶液第一次采用pH6.86的溶液，第二次用接近被测溶液pH的缓冲液，被测溶液为酸性时选pH4.00的缓冲液，碱性时选pH9.18的缓冲液。

7.4 脂类的测定

脂肪是食品中重要的营养成分之一。脂肪可为人体提供必需脂肪酸；脂肪是一种富含热能营养素，是人体热能的主要来源，每克脂肪在体内可提供37.62kJ（9kcal）热能，比碳水化合物和蛋白质高1倍以上；脂肪还是脂溶性维生素的良好溶剂，有助于脂溶性维生素的吸收；脂肪与蛋白质结合生成的脂蛋白，在调节人体生理机能和完成体内生化反应方面都起着十分重要的作用。

食品中的脂类主要包括脂肪（甘油三酸酯）和一些类脂，如脂肪酸、磷脂、糖脂、固醇等，大多数动物性食品及某些植物性食品（如种子、果实、果仁等）都还有天然脂肪。各种食品含脂量各不相同，其中植物性或动物性油脂中脂肪含量最高，而水果蔬菜中脂肪含量很低。

在食品加工过程中，物料的含脂量对产品的风味、组织结构、品质、外观、口感等都有直接的影响。蔬菜本身的脂肪含量较低，在生产蔬菜罐头时，添加适量的脂肪可以改善产品的风味；脂肪含量特别是卵磷脂等组分，对于面包之类焙烤食品的柔软度、体积及其结构都有影响。因此，对含脂肪食品的含脂量都有一定的规定，是食品质量管理中的一项重要指标。测定食品的脂肪含量，可以用来评价食品的品质，衡量食品的营养价值，而且对实行工艺监督，生产过程的质量管理，研究食品的储藏方式是否恰当等方面都有重要的意义。

食品中脂肪的存在形式有游离态的，如动物性脂肪及植物性油脂；也有结合态的，如天然存在的磷脂、糖脂、脂蛋白及某些加工食品（如焙烤食品及麦乳精等）中的脂肪，与蛋白质或碳水化合物等成分形成结合态。对大多数食品来说，游离态脂肪是主要的，结合态脂肪含量较少。

7.4.1 索氏抽提法

1. 实验原理

经前处理的样品用无水乙醚或石油醚等溶剂回流抽提后，样品中的脂肪进入溶剂中，回收溶剂后所得到的残留物，即为脂肪（或粗脂肪）。

一般食品用有机溶剂抽提，蒸去有机溶剂后所得的主要是游离脂肪，此外，还含有部分磷脂、色素、树脂、蜡状物、挥发油、糖脂等物质，所以用索氏抽提法测得的脂肪，也称粗脂肪。

此法适用于脂类含量较高，结合态的脂类含量较少，能烘干磨细，不易吸湿结块的食品样品，如肉制品、豆制品、坚果制品、谷物油炸制品、中西式糕点等的脂肪含量的分析检测。食品中的游离脂肪一般都能直接被乙醚、石油醚等有机溶剂抽提，而结合态脂肪不能直接被乙醚、石油醚提取，需在一定条件下进行水解等处理，使之转变为游离脂肪后方能提取，故索氏提取法测得的只是游离态脂肪，而结合态脂肪测不出来。

此法是经典方法，对大多数样品结果比较可靠，但费时间，溶剂用量大，且需专门的索氏抽提器。

2. 仪器和试剂

1）仪器

（1）索氏抽提器（图 7-4）。

（2）电热鼓风干燥箱。温控 103℃±2℃。

（3）分析天平。感量 0.1mg。

2）试剂

（1）无水乙醚。分析纯，不含过氧化物。

（2）石油醚。沸程 30～60℃。

（3）精制海沙。

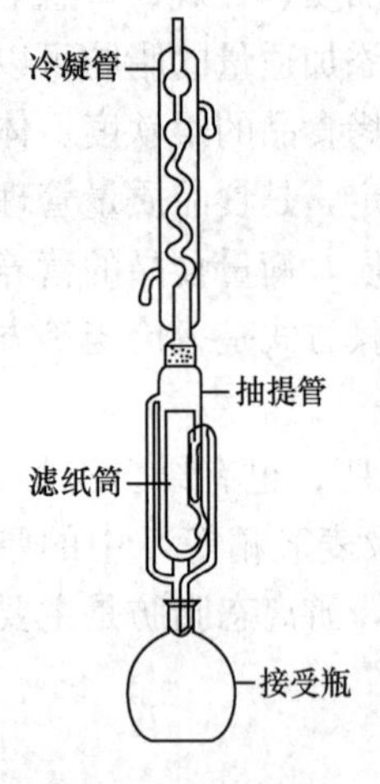

图 7-4 索氏脂肪抽提器

3. 操作步骤

（1）样品制备。

固体样品：精密称取干燥并研细的样品 2.00～5.00g，必要时拌以海沙，全部移入滤纸筒内。

半固体或液体样品：称取 5.00～10.0g 于蒸发皿中，加入海沙约 20g，于沸水浴上蒸干后，再于 100℃±5℃烘干、研细，全部移入滤纸筒内，蒸发皿及黏附有样品的玻璃棒均用沾有乙醚的脱脂棉擦净，将棉花一同放进滤纸筒内。

（2）索氏抽提器的清洗。将索氏提取器各部位充分洗涤并用蒸馏水清洗后烘干。接收瓶在 100℃±5℃的电热鼓风干燥箱内干燥至恒重（前后两次称量差不超过 0.002g）。

(3) 抽提。将干燥后盛有试样的滤纸筒放入索氏提取筒内，连接已干燥至恒重的接收瓶，由冷凝管上方注入乙醚或石油醚，至虹吸管高度以上。待提取液流净后，再加提取液至虹吸管高度的1/3处，直至加量为底瓶的2/3体积，连接回流冷凝管。将底瓶浸没在水浴中加热，使乙醚或石油醚不断回流提取（6～8次/h）。同时，用一小块脱脂棉轻轻塞入冷凝管上口。

提取时间视试样中粗脂肪含量而定：一般样品提取6～12h，坚果制品提取约16h。提取结束时，用毛玻璃板接取一滴提取液，如无油斑则表明提取完毕。

(4) 回收溶剂、烘干、称重。提取完毕后，取下接收瓶，回收提取液，待接收瓶中乙醚剩1～2mL时，在水浴上蒸干并除尽残余的提取液。用脱脂滤纸擦净底瓶外部，在100℃±5℃的干燥箱内干燥2h取出，置于干燥器内冷却至室温，称量。重复干燥0.5h，冷却，称量，直至前后2次称量差不超过0.002g即为恒重。以最小称量为准。

4. 结果计算

$$\text{脂肪}(\%)=\frac{m_2-m_1}{m}\times 100\%$$

式中　m_1——接收瓶的质量，g；

m_2——接收瓶和粗脂肪的质量，g；

m——试样的质量，g。

5. 说明及注意事项

(1) 样品必须干燥无水，并且要研细，样品含水分会影响有机溶剂的提取效果，而且有机溶剂会吸收样品中的水分造成非脂成分溶出。装样品的滤纸筒一定要严密，不能往外漏样品，但也不要包得太紧，以影响溶剂渗透。样品放入滤纸筒时高度不要超过回流弯管，否则超过弯管的样品中的脂肪不能提尽，造成误差。

(2) 对含多量糖及糊精的样品，要先以冷水使糖及糊精溶解，经过滤除去，将残渣连同滤纸一起烘干，再一起放入抽提管中。

(3) 测定脂类大多采用低沸点的有机溶剂萃取的方法。常用的溶剂乙醚和石油醚的沸点较低，易燃，在操作时，应注意防火。切忌直接用明火加热，应该用电热套、电水浴等加热。使用烘箱燥前应去除全部残余的乙醚，因乙醚稍有残留，放入烘箱时，有发生爆炸的危险。

(4) 用溶剂提取食品中的脂类时，要根据食品种类、性状及所选取的分析方法，在测定之前对样品进行预处理时需将样品粉碎、切碎、碾磨等；有时需将样品烘干，易结块样品可加入4～6倍量的海沙；有的样品含水量较高，可加入适量的无水硫酸钠，使样品成粒状。以上处理的目的都是为了增加样品的表面积，减小样品含水量。使有机溶剂更有效地提取脂类。

(5) 通常乙醚可含约2%的水，但抽提用的乙醚要求无水，同时不含醇类和过氧化物，并要求其中挥发残渣含量低。因水和醇可导致水溶性物质溶解，如水溶性盐类、糖类等，使得测定结果偏高。过氧化物会导致脂肪氧化，在烘干时也有引起爆炸的危险。

石油醚溶解脂肪的能力比乙醚弱些，但吸收水分比乙醚少，没有乙醚易燃，使用时允许样品含有微量水分，这两种溶液只能直接提取游离的脂肪。对于结合态脂类，必须预先用酸或碱破坏脂类和非脂成分的结合后才能提取。因二者各有特点，故常常混合使用。对于水产品、家禽、蛋制品等食品脂肪的提取，可采用对脂蛋白和磷脂有较高提取效率的氯仿-甲醇提取剂。

(6) 过氧化物的检查方法。取6mL乙醚，加2mL 10%碘化钾溶液，用力振摇，放置1min后，若出现黄色，则证明有过氧化物存在，应另选乙醚或处理后再用。

(7) 在抽提时，冷凝管上端最好连接一个氯化钙干燥管，这样，可防止空气中水分进入，也可避免乙醚挥发在空气中，如无此装置可塞一团干燥的脱脂棉球。

(8) 抽提是否完全，可凭经验，也可用滤纸或毛玻璃检查，由抽提管下口滴下的乙醚滴在滤纸或毛玻璃上，挥发后不留下油迹表明已抽提完全，若留下油迹说明抽提不完全。

(9) 反复加热会因脂类氧化而增重。质量增加时，以增重前的质量作为恒重。

7.4.2 酸水解法

1. 实验原理

将试样与盐酸溶液一同加热进行水解，使结合或包藏在组织里的脂肪游离出来，再用乙醚或石油醚提取脂肪，蒸发回收溶剂，干燥后称量，提取物的质量即为脂肪含量(游离及结合脂肪的总量)。

本法适用于各类食品中脂肪的分析检测，特别是加工后的混合食品及容易吸湿、结块、不易烘干的食品，不能采用索氏提取法时，用此法效果较好。但鱼类、贝类和蛋品中含有较多的磷脂，与盐酸溶液一起加热时，磷脂几乎完全分解为脂肪酸和碱，致使测定值偏低，故本法不宜用于测定含有大量磷脂的食品；此法也不适于含糖高的食品，因糖类遇强酸易炭化而影响测定结果。

2. 仪器和试剂

1) 仪器

100mL具塞刻度量筒。

2) 试剂

(1) 95%乙醇。

(2) 乙醚(不含过氧化物)。

(3) 石油醚(30～60℃沸程)。

3. 操作步骤

(1) 样品处理。

① 固体样品。称取约2.00g，置于50mL大试管内，加8mL水，混匀后再加10mL盐酸。

② 液体样品。称取 10.00g 置于 50mL 大试管内，加 10mL 盐酸。

(2) 将试管放入 70～80℃水浴中，每 5～10min 用玻璃棒搅拌一次，至样品脂肪游离消化完全为止，约需 40～50min。

(3) 取出试管，加入 10mL 乙醇，混合；冷却后将混合物移入 100mL 具塞量筒中，以 25mL 乙醚分次洗试管，并倒入量筒中，待乙醚全部倒入量筒后，加塞振摇 1min，小心开塞，放出气体，再塞好，静置 12min，小心开塞，用石油醚-乙醇等量混合液冲洗塞及筒口附着的脂肪。静置 10～20min，待上部液体清澈，吸出上清液于已恒重的锥形瓶内，再加 15mL 乙醚于具塞量筒内，振摇，静置后，仍将上层乙醚吸出，放入原锥形瓶内。

(4) 将锥形瓶于水浴上蒸干后，置 100℃±5℃烘箱中干燥 2h，取出放入干燥器内冷却 30min 后称量。并重复以上操作至恒重。

4. 结果计算

$$\text{脂肪}(\%)=\frac{m_2-m_1}{m}\times 100$$

式中　m_2——锥形瓶和脂类质量；

m_1——空锥形瓶的质量；

m——试样的质量，g。

5. 说明及注意事项

(1) 测定的样品须充分磨细，液体样品需充分混合均匀，以便消化完全至无块状炭粒，否则结合性脂肪不能完全游离，致使结果偏低，同时用有机溶剂提取时也往往易乳化。

(2) 水解时应防止大量水分损失，使酸浓度升高。

(3) 水解后加入乙醇可使蛋白质沉淀，降低表面张力，促进脂肪球聚合，同时溶解一些碳水化合物、有机酸等。后面用乙醚提取脂肪时，因乙醇可溶于乙酸，故需加入石油醚，降低乙醇在醚中的溶解度，使乙醇溶解物残留在水层，并使分层清晰。

(4) 挥干溶剂后，残留物中若有黑色焦油状杂质，是分解物与水一同混入所致，会使测定值增大，造成误差，可用等量的乙酸及石油醚溶解后过滤，再次进行挥干溶剂的操作。

7.4.3　罗斯-哥特里氏（Rose-Gottlieb）法

1. 实验原理

利用氨-乙醇溶液破坏乳的胶体性状及脂肪球膜，使非脂成分溶解于氨-乙醇溶液中，而脂肪游离出来，再用乙醚-石油醚提取出脂肪，蒸馏去除溶剂后，残留物即为乳脂肪。

本法适用于各种液状乳（生乳、加工乳、部分脱脂乳、脱脂乳等）、炼乳、奶粉、奶油及冰淇淋等能在碱性溶液中溶解的乳制品，也适用于豆乳或加水呈乳状的食品。

本法为国际标准化组织（ISO），联合国粮农组织/世界卫生组织（FAO/WHO）等采用，为乳及乳制品脂肪定量的国际标准法。

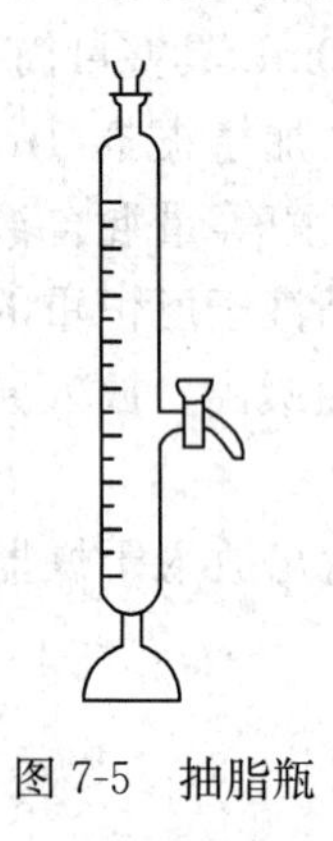

图 7-5 抽脂瓶

2. 仪器和试剂

1）仪器

抽脂瓶，如图 7-5 所示。

2）试剂

(1) 25%氨水。

(2) 95%乙醇。

(3) 乙醚（不含过氧化物）。

(4) 石油醚（沸程 30～60℃）。

3. 操作步骤

(1) 取一定量样品（牛奶吸取 10.00mL；乳粉精密称取约 1.00g），用 10mL 60℃水，分数次溶解于抽脂瓶中，加入 1.25mL 氨水，充分混匀，置 60℃水浴中加热 5min，再振摇 2min，加入 10mL 乙醇，充分摇匀，于冷水中冷却。

(2) 向抽脂瓶中加入 25mL 乙醚，振摇 0.5min，加入 25mL 石油醚，再振摇 0.5min，静置 30min，待上层液澄清时，读取醚层体积，放出一定体积醚层于已恒重的烧瓶中。

(3) 蒸馏回收乙醇和石油醚，挥干残余醚后，放入 100℃±5℃烘箱中干燥 1.5h，取出放入干燥器中冷却至室温后称重，重复操作直至恒重。

4. 结果计算

$$\text{脂肪}(\%)=\frac{m_2-m_1}{m}\times\frac{V}{V_1}$$

式中 m_2——烧瓶和脂肪质量，g；

m_1——烧瓶质量，g；

m——样品质量，g（或 mL/相对密度）；

V——读取醚层总体积，mL；

V_1——放出醚层体积，mL。

5. 说明及注意事项

(1) 乳类脂肪虽然也属游离脂肪，但因脂肪球被乳中酪蛋白钙盐包裹，又处于高度分散的胶体分散系中，故不能直接被乙醚、石油醚提取，需预先用氨水处理，故此法也称为碱性乙醚提取法。加氨水后，要充分混匀，否则会影响下步醚对脂肪的提取。

(2) 也可用容积 100mL 的具塞量筒代替抽脂瓶使用，待分层后读数，用移液管吸出一定量醚层。

（3）加入氨水的作用使乳中酪蛋白钙盐变成可溶解的盐；加入乙醇的作用是沉淀蛋白质以防止乳化，并溶解醇溶性物质，使其留在水中避免进入醚层，影响结果。

（4）加入石油醚的作用是降低乙醚极性，使乙醚与水不混溶，只抽提出脂肪，并可使分层清晰。

（5）对已结块的乳粉，用本法测定脂肪，其结果往往偏低。

7.4.4　巴布科克法和盖勃氏法

1. 实验原理

用浓硫酸溶解乳中的乳糖和蛋白质等非脂成分，同时，乳中的酪蛋白钙盐在硫酸的作用下转变成可溶性的重硫酸酪蛋白，使包裹脂肪球的膜被软化破坏，脂肪游离出来，再利用加热离心方法，使脂肪完全迅速分离，直接读取脂肪层的数值，便可知被测乳的含脂率。

这两种方法都是测定乳脂的标准方法，适用于鲜乳及乳制品脂肪的测定。对含糖多的乳品（如甜炼乳、加糖乳粉等），采用此方法时糖易焦化，使结果误差较大，故不适宜。此法操作简便，迅速。此法也叫湿法提取，样品不需要事先烘干。对大多数样品来说测定精度可满足要求，但不如质量法准确。

2. 仪器和试剂

1）仪器

（1）巴布科克氏乳脂瓶。颈部刻度有 0～0.8%、0～10.0%两种，最小刻度值为 0.1%，如图 7-6 所示。

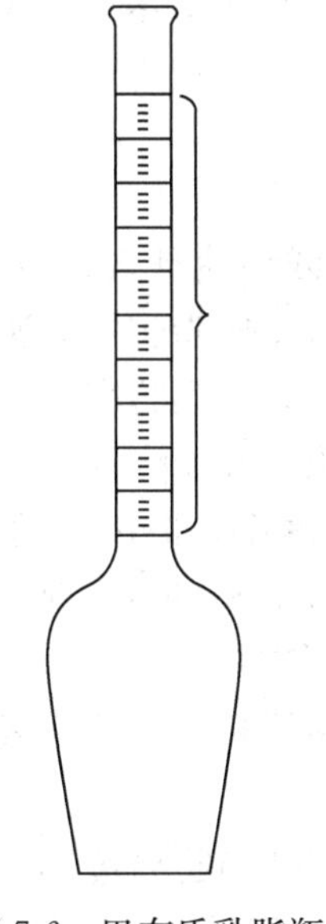

图 7-6　巴布氏乳脂瓶

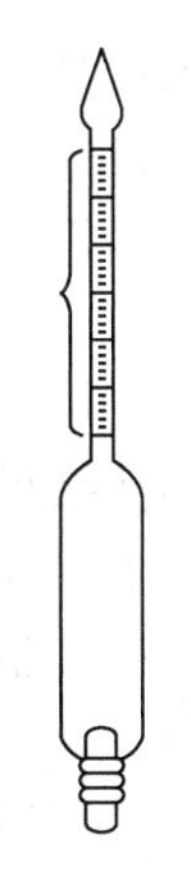

图 7-7　盖勃氏乳汁计

（2）盖勃氏乳脂计及盖勃氏离心机。颈部刻度为0～8.0%，最小刻度为0.1%，如图7-7所示。

（3）标准移乳管（17.6mL，11mL）。

2）试剂

（1）硫酸。相对密度1.820～1.825。

（2）异戊醇。沸程128～132℃。

3. 操作步骤

（1）巴布科克法。以标准移乳管吸取17.6mL均匀鲜乳，置于巴布科克氏乳脂瓶中，沿瓶颈壁缓缓注入17.5mL浓硫酸，手持瓶颈回旋，使液体充分混合成均匀液，无凝块并呈均匀的棕色。

将乳脂瓶放入离心机，以约1000r/min的速度离心5min，取出加入80℃以上的热水，直至液面达瓶颈基部，再置离心机中离心2min，取出后再加入80℃以上的热水，至液面接近瓶颈刻度标线约4%处，再置离心机中离心2min。

取出后将乳脂瓶置于55～60℃水浴中，待脂肪柱稳定，取出拭干，读取脂肪柱最高点与最低点所占的格数，即为样品含脂肪的百分数。

（2）盖勃氏法。在乳脂计中加入10mL硫酸（颈口勿沾湿硫酸），沿管壁缓缓地加入混匀的牛乳11mL，使样品和硫酸不要混合；然后加1mL异成醇，用橡皮塞塞紧，用布包裹瓶口（以防冲出酸液溅蚀衣服）；将瓶口向外向下用力振摇使之成为均匀液，无块粒存在，呈均匀棕色液体。瓶口向下静置数分钟后，置于65～70℃水浴中放5min，取出擦干，调节橡皮塞使脂肪柱在乳脂计的刻度内。放入离心机，以800～1000r/min的转速离心5min，取出乳脂计，再置65～70℃水浴中（注意水浴水面应高于乳脂计脂肪层），5min后取出立即读数，脂肪层上下弯月形下缘数字之差，即为脂肪的质量分数。

4. 说明及注意事项

（1）硫酸的浓度要严格遵守规定的要求，如过浓会使乳炭化成黑色溶液而影响读数；过稀则不能使酪蛋白完全溶解，会使测定值偏低或使脂肪层浑浊。硫酸除可破坏脂肪球膜，使脂肪游离出来外，还可增加液体相对密度，使脂肪容易浮出。

（2）盖勃氏法中所用戊醇的作用是促使脂肪析出，并能降低脂肪球的表面张力，以利于形成连续的脂肪层。1mL异戊醇应能完全溶于酸中，但由于质量不纯，可能有部分析出掺入到油层，而使结果偏高。因此在使用未知规格的异戊醇之前，应先做试验。其方法如下：将硫酸、水（代替牛乳）及异成醇按测定样品时的数量注入乳脂计中，振摇后静置24h澄清，如在乳脂计的上部狭长部分无油层析出，认为适用，否则表明异戊醇质量不佳，不能采用。

（3）加热（65～70℃水浴中）和离心的目的是促使脂肪离析。

（4）巴布科克法中采用17.6mL标准吸管取样，实际上注入巴氏瓶中的样品只有17.5mL，牛乳的相对密度为1.03，故样品质量为17.5×1.03=18g。巴氏瓶颈的刻度

(0～10%)共10个大格，每大格容积为0.2mL，在60℃左右，脂肪的平均相对密度为0.9，故当整个刻度部分充满脂肪时，其脂肪质量为0.2×10×0.9=1.8g。18g样品中含有1.8g脂肪，即瓶颈全部刻度表示为脂肪含量10%，每一大格代表1%的脂肪。故瓶颈刻度读数即为样品中脂肪百分含量。

(5) 盖勃氏法所用移乳管为11mL，实际注入的样品为10.9mL，样品的质量为11.25，乳脂计刻度部分(0～8%)的容积为1mL，当充满脂肪时，脂肪的质量为0.9g，11.25g样品中含有0.9g脂肪，故全部刻度表示为脂肪含量0.9÷11.25×100=8%，刻度数即为脂肪百分含量。

(6) 罗斯-哥特里氏法、巴布科克法和盖勃氏法都是测定乳脂肪的标准分析方法。根据对比研究表明，前者的准确度较后两者高，后两者中巴布科克法的准确度比盖勃法的稍高些，两者差异显著。

7.4.5　牛奶脂肪测定仪简介

以上介绍了几种牛奶脂肪的一般测定方法。目前，测定牛奶脂肪比较先进的方法是自动化仪器分析法。这类分析仪器在国内比较少，只有个别乳品厂和科研单位有。如丹麦福斯电器公司生产的MTM (milko tester minor) 型乳脂快速测定仪。它专用于检测牛奶的脂肪含量。测定范围为0～13%，测定速度快，每小时可测80～100个样，测定结果数字显示。这种仪器带有配套的稀释剂。据资料介绍、稀释剂是由EDTA(乙二胺四乙酸二钠)、氢氧化钠、表面活性剂和消泡剂组成。它是利用比浊法分析测定脂肪含量，其原理如下：用螯合剂破坏牛奶中悬浮的酪蛋白胶束，使其溶解，使悬浮物中只有脂肪球，用均质机将脂肪球大小调整均匀(2μm以下)，再稀释达到能够应用朗伯-比尔定律测定的浓度范围，因而可以和通常的光吸收分析一样测定脂肪的浓度。

另一类是牛乳成分综合分析仪、它是利用红外线分光分析同时测定牛乳中的脂肪、蛋白质、乳糖及固体成分(或水分)。各种成分的归属波长(及官能团)分别是，脂肪为5.723μm(脂肪的酯键中的羰基)、蛋白质为6.465μm(蛋白质的肽健)、乳糖为9.610μm(乳糖中的羟基)。根据与标准重量法的关系，经过实验得到的系数加上由红外线法求得的脂肪、蛋白质、乳糖的含量，即为总固体成分量。

7.5　碳水化合物的测定

碳水化合物是由碳、氢、氧三种元素组成的一大类化合物，统称为糖类。它提供人体生命活动所需热能的60%～70%，同时，它也是构成机体的一种重要物质，并参与细胞的许多生命过程。

碳水化合物在各种食品原料，特别是植物性原料中分布十分广泛，它也是食品工业的主要原料和辅助材料，是大多数食品的主要成分之一。在不同食品中，碳水化合物的存在形式和含量各不相同，它包括单糖、双糖和多糖。单糖是糖的最基本组成单位，食品中的单糖主要有葡萄糖、果糖和半乳糖，它们都是含有6个碳原子的多羟基醛或多羟基酮. 分别称为已醛糖（葡萄糖、半乳精）和已酮糖（果糖），此外还有核糖、阿拉伯糖、木糖等戊醛糖。双糖是 2 个分子的单糖缩合而成的糖，主要的有蔗糖、乳糖和麦芽糖。蔗糖由 1 分子葡萄糖和 1 分子半乳糖缩合而成，普遍存在于具有光合作用的植物中，是食品工业中最重要的甜味物质。乳糖由 1 分子葡萄糖和 1 分子半乳糖缩合而成，存在于哺乳动物的乳汁中。麦芽糖由 2 分子葡萄糖缩合而成，游离的麦芽糖在自然界并不存在，通常由淀粉水解产生。由很多单糖缩合而成的高分子化合物，称为多糖，如淀粉、纤维素、果胶等。淀粉广泛存在于谷类、豆类及薯类中；纤维素集中于谷类的谷糠和果蔬的表皮中。果胶存在于各类植物的果实中。在这些碳水化合物中，人体能消化利用的是单糖、双糖和多糖中的淀粉，称为有效碳水化合物；多糖中的纤维素、半纤维素、果胶等由于不能被人体消化利用，称为无效碳水化合物。但这些无效碳水化合物能促进肠道蠕动，改善消化系统机能，对维持人体健康有重要作用，是人们膳食中不可缺少的成分。

在食品加工工艺中，糖类对改变食品的形态、组织结构、物化性质以及色、香、味等感官指标起着十分重要的作用。如食品加工中常需要控制一定量的糖酸比；糖果中糖的组成及比例直接关系到其风味和质量；糖的焦糖化作用及羰基反应既可使食品获得诱人的色泽与风味，又能引起食品的褐变，必须根据工艺需要加以控制。食品中糖类含量也标志着它的营养价值的高低，是某些食品的主要质量指标。因此，分析检测食品中碳水化合物的含量，在食品工业中具有十分重要的意义。糖类的测定是食品的主要分析项目之一。

测定食品中糖类的方法很多，常用的有物理法、化学法、色谱法和酶法等。物理法只能用于某些特定的样品，如利用旋光法测定糖液的浓度，番茄酱中固形物的含量等。化学法是应用最广泛的常规分析法，它包括还原糖法（斐林氏法、高锰酸钾法、铁氰化钾法等）、碘量法、缩合反应法等，食品中还原糖、蔗糖、总糖的测定多采用化学法。但此法测定的多是糖的总量，不能确定糖的种类及每种糖的含量。利用色谱法可以对样品中的各种糖分进行分离和定量。较早的方法有纸色谱法和薄层色谱法，目前利用气相色谱法和高效液相色谱法分离和定量食品中的游离糖已有较可靠的分析方法，但未作为常规分析法。

7.5.1　还原糖的测定

还原糖是指具有还原性的糖类。在糖类中，葡萄糖、果糖、乳糖和麦芽糖分子中含有游离的醛基和游离的酮基，因而是还原糖；其他双糖（如蔗糖）、三糖乃至多糖（如糊精、淀粉等），其本身虽然不具还原性，但可以通过水解而生成相应的还原性单糖，通过测定水解液的还原糖含量就可以求得样品中相应糖类的含量。因此，还原糖的测定是一般糖类定量的基础。

1. 直接滴定法

1）实验原理

将一定量的碱性酒石酸铜甲液、乙液等量混合，立即生成天蓝色的氢氧化铜沉淀，这种沉淀很快与酒石酸钾钠反应，生成深蓝色的可溶性酒石酸钾钠铜配合物。在加热条件下，以次甲基蓝作为指示剂，用除蛋白质后的样品溶液进行滴定，样品溶液中的还原糖与酒石酸钾钠铜反应，生成红色的氧化亚铜沉淀，待二价铜全部被还原后，稍过量的还原糖把次甲基蓝还原为其隐色体，溶液的蓝色消失，即为滴定终点。根据样品溶液消耗量可计算还原糖含量。

以葡萄糖为例，各步反应为

(1) $CuSO_4 + 2NaOH = 2Cu(OH)_2\downarrow + Na_2SO_4$

(2)

$$Cu(OH_2) + \begin{matrix} COOK \\ | \\ CHOH \\ | \\ CHOH \\ | \\ COONa \end{matrix} = \begin{matrix} COOK \\ | \\ CHO \\ | \\ CHO \\ | \\ COONa \end{matrix} >Cu + 2H_2O$$

(3)

$$\begin{matrix} CHO \\ | \\ (CHOH)_4 \\ | \\ CH_2OH \end{matrix} + 6 \begin{matrix} COOK \\ | \\ CHO \\ | \\ CHO \\ | \\ COONa \end{matrix} >Cu + 6H_2O = \begin{matrix} CHO \\ | \\ (CHOH)_3 \\ | \\ CH_2OH \end{matrix} + 6 \begin{matrix} COOK \\ | \\ CHOH \\ | \\ CHOH \\ | \\ COONa \end{matrix} + 3Cu_2O\downarrow + H_2CO_3$$

(4)

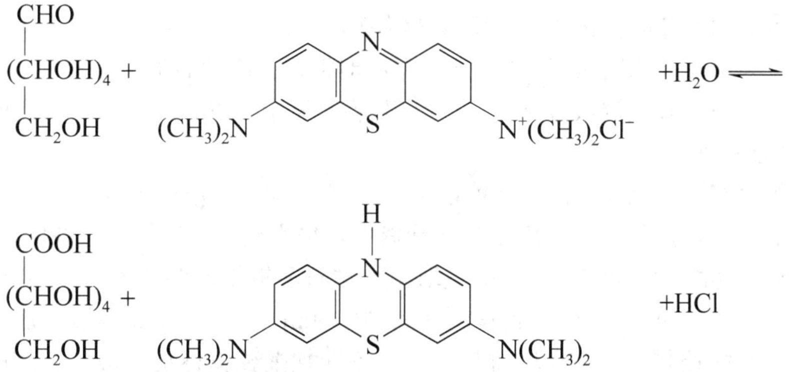

$$\begin{matrix} CHO \\ | \\ (CHOH)_4 \\ | \\ CH_2OH \end{matrix} + \text{[次甲基蓝：} (CH_3)_2N\text{—吩噻嗪环(N, S)—}N^+(CH_3)_2Cl^-\text{]} + H_2O \rightleftharpoons$$

$$\begin{matrix} COOH \\ | \\ (CHOH)_4 \\ | \\ CH_2OH \end{matrix} + \text{[隐色体：} (CH_3)_2N\text{—吩噻嗪环(N—H, S)—}N(CH_3)_2\text{]} + HCl$$

从上述反应式可知，1mol 葡萄糖可以将 6molCu^{2+} 还原为 Cu^{+}，实际上两者之间的反应并非那么简单。实验结果表明，1mol 葡萄糖只能还原 5mol 多点的 Cu^{2+}，且随反应条件而变化。因此，不能简单地根据化学反应式直接计算出还原糖含量，而是用已知浓度的葡萄糖标准溶液标定方法，或利用通过实验编制出的还原糖检索表来计算。

本法又称快速法，它是在蓝-爱农容量法基础上发展起来的，其特点是试剂用量少，操作和计算都比较简便、快速，滴定终点明显。适用于各类食品中还原糖的测定。但在分析测定酱油、深色果汁等样品时，因色素干扰，滴定终点常常模糊不清，影响准确性。

2）试剂

(1) 碱性酒石酸铜甲液。称取 15g 硫酸铜（$CuSO_4 \cdot 5H_2O$）及 0.05g 次甲基蓝，溶水中并稀释至 1000mL。

(2) 碱性酒石酸铜乙液。称取 50g 酒石酸钾钠及 75g 氢氧化钠，溶于水中，再加

4g 亚铁氰化钾，完全溶解后，用水稀释至 1000mL，储存于橡皮塞玻璃瓶中。

(3) 乙酸锌溶液（219g/L）。称取 21.9g 乙酸锌，加 3mL 冰乙酸，加水溶解并稀释到 100mL。

(4) 亚铁氰化钾溶液（106g/L）。称取 10.6g 亚铁氰化钾，加 3mL 冰乙酸，加水溶解并稀释到 100mL。

(5) 葡萄糖标准溶液（1mg/mL）。精密称取 1g（精确至 0.0001g）经过 98～100℃干燥至恒重的葡萄糖，加水溶后移入 1000mL 容量瓶中，加入 5mL 盐酸（防止微生物生长），用水稀释到 1000mL。

3) 操作步骤

(1) 样品处理。

① 乳类、乳制品及含蛋白质的冷食类。称取约 2.50～5.00g 固体样品（液体样品称取 5.00～25.00g），置于 250mL 容量瓶中，加 50mL 水，摇匀后慢慢加入 5mL 乙酸锌和 5mL 亚铁氰化钾溶液，加水至刻度，混匀，沉淀，静置 30min，用干燥滤纸过滤，弃去初滤液，滤液备用。

② 含酒精饮料。称取 100g（精确至 0.01g ）样品，置于蒸发皿中，用 1mol/L 氢氧化钠溶液中和至中性，在水浴上蒸发至原体积的 1/4 后，移入 250mL 容量瓶中，以下按①中"慢慢加入 5mL 乙酸锌"起依法操作。

③ 含多量淀粉的食品。称取 10～20g（精确至 0.01g ）样品，置于 250mL 容量瓶中，加 200mL 水，于 45℃水浴中加热 1h，并时时振摇。冷却后加水至刻度，混匀，静置，沉淀，吸取 200mL 上清液置于另一 250mL 容量瓶中，以下按①中"慢慢加入 5mL 乙酸锌"起依法操作。

④ 汽水等含有二氧化碳的饮料。称取 100g（精确至 0.01g ）样品，置于蒸发皿中，在水浴上除去二氧化碳后，移入 250mL 容量瓶中，加水至刻度混匀后，备用。

(2) 标定碱性酒石酸铜溶液。准确吸取碱性酒石酸铜甲液和乙液各 5mL 于锥形瓶中，加水 10mL，加玻璃珠 2 粒，从滴定管滴加约 9mL 葡萄糖标准溶液，加热使其在 2min 内沸腾（严格控制），趁沸以 1 滴/2s 的速度滴加葡萄糖标准溶液，滴定时始终保持溶液呈沸腾状态，直至溶液蓝色刚好褪去为终点。

记录消耗葡萄糖标准溶液的总体积。同时平行操作 3 份，取其平均值，按下式计算。

$$F = c \cdot V$$

式中 F——10mL 碱性酒石酸铜溶液（甲液、乙液各 5mL）相当于还原糖的质量，mg；

c——葡萄糖标准溶液的浓度，mg/mL；

V——标定时平均消耗葡萄糖标准溶液的总体积，mL。

(3) 样品溶液预测。吸取碱性酒石酸铜甲液及乙液各 5mL，置于锥形瓶中，加水 10mL，加玻璃珠 2 粒，加热使其在 2min 内达到沸腾状态，保持沸腾以先快后慢的速度从滴定管中滴加样品溶液，滴定时要始终保持溶液呈沸腾状态。待溶液蓝色变浅时，以 1 滴/2s 速度滴定，直至溶液蓝色刚好褪去为终点。记录样品溶液消耗的体积。

（4）样品溶液测定。吸取碱性酒石酸铜甲液及乙液各 5mL，置于锥形瓶中，加玻璃珠 2 粒，从滴定管中加入比预测时样品溶液消耗总体积少 1mL 的样品溶液，加热使其在 2min 内达到沸腾状态，趁沸以 1 滴/2s 的速度继续滴加样品溶液，直至蓝色刚好褪去即为终点。记录消耗样品溶液的总体积。同法平行操作 3 份，取其平均值。

4）结果计算

$$\text{还原糖(以葡萄糖计 \%)} = \frac{F}{m \times \frac{V}{250} \times 1000} \times 100$$

式中　m——样品质量，g；

F——10mL 碱性酒石酸铜溶液相当于葡萄糖（以葡萄糖汁）的质量，mg；

V——测定时平均消耗样品溶液的体积，mL；

250——样品溶液的总体积，mL。

5）说明及注意事项

（1）此法所用的氧化剂碱性酒石酸铜的氧化能力较强，醛糖和酮糖都能被氧化，所以测得的是总还原糖量。还原糖的标准溶液除葡萄糖标准溶液之外，也可以是果糖、乳糖和转化糖的标准溶液。

（2）本法是根据经过标定的一定量的碱性酒石酸铜溶液（ Cu^{2+} 量一定）消耗的样品溶液量来计算样品溶液中还原糖的含量，反应体系中 Cu^{2+} 的含量是定量的基础，所以在样品处理时，不能使用铜盐作为澄清剂，以免样品溶液中引入 Cu^{2+}，得到错误的结果。

（3）次甲基蓝本身也是一种氧化剂，其氧化型为蓝色，还原型为无色；但在测定条件下，它的氧化能力比 Cu^{2+} 弱，故还原糖先与 Cu^{2+} 反应，Cu^{2+} 完全反应后，稍微过量一点的还原糖则将次甲基蓝指示剂还原，使之由蓝色变为无色，指示滴定终点。

（4）为消除氧化亚铜沉淀对滴定终点观察的干扰，在碱性酒石酸铜乙液中加入少量亚铁氰化钾，使之与 Cu_2O 生成可溶性的无色配合物，而不再析出红色沉淀，其反应为

$$Cu_2O + KFe(CN)_6 + H_2O = K_2Cu_2Fe(CN)_6 + 2KOH$$

（5）碱性酒石酸铜甲液和乙液应分别储存，用时才混合，否则酒石酸钾钠铜配合物长期在碱性条件下会慢慢分解析出氧化亚铜沉淀，使试剂有效浓度降低。

（6）滴定时要保持沸腾状态，使上升蒸汽阻止空气侵入滴定反应体系中。一方面，加热可以加快还原糖与 Cu^{2+} 的反应速度；另一方面，次甲基蓝的变色反应是可逆的，还原型次甲基蓝遇到空气中的氧时又会被氧化为其氧化型，再变为蓝色。此外，氧化亚铜也极不稳定，容易与空气中的氧结合而被氧化，从而增加还原糖的消耗量。

（7）样品溶液预测的目的。一是本法对样品溶液中还原糖浓度有一定要求（0.1%左右），测定时样品溶液的消耗体积应与标定葡萄糖标准溶液时消耗的体积相近，通过预测可了解样品溶液浓度是否合适，浓度过大或过小均应加以调整，使预测时消耗样品溶液量在 10mL 左右；二是通过预测可知样品溶液的大概消耗量，以便在正式测定时，预先加入比实际用量少 1mL 左右的样品溶液，只留下 1mL 左右样品溶液继续滴定时滴入，以保证在短时间内完成续滴定工作，提高测定的准确度。

（8）当样液中还原糖浓度过高时，应适当稀释后再进行正式测定，使每次滴定消耗样液的体积控制在与标定碱性酒石酸铜溶液时所消耗的还原糖标准溶液的体积相近，约10mL左右。当浓度过低时则采取直接加入10mL样品溶液，免去加水10mL，再用还原糖标准溶液滴定至终点，记录消耗的体积与标定时消耗的还原糖标准溶液体积之差相当于10mL中所含还原糖的量。

（9）此法中影响测定结果的主要操作因素是反应液碱度、热源强度、煮沸时间和滴定速度。反应液的碱度直接影响 Cu^{2+} 与还原糖反应的速度、反应进行的程度及测定结果。在一定范围内，溶液碱度越高，Cu^{2+} 的还原越快。因此，必须严格控制反应液的体积，标定和测定时消耗的体积应接近，使反应体系碱度一致。热源温度应控制在使反应液在2min内达到沸腾状态，且所有测定均应保持一致。否则加热至沸腾所需时间不同，引起蒸发量不同，使反应液碱度发生变化，从而引入误差。沸腾时间和滴定速度对结果影响也较大，一般沸腾时间短，消耗还原糖液多，反之，消耗还原糖液少；滴定速度过快，消耗还原糖量多，反之，消耗还原糖量少。因此，测定时应严格控制上述滴定操作条件，应力求一致。平行试验样品溶液的消耗量相差不应超过0.1mL。滴定时，先将所需体积的绝大部分先加入到碱性酒石酸铜试剂中，使其充分反应，仅留1mL左右由滴定方式加入，而不是全部由滴定方式加入，其目的是使绝大多数样品溶液与碱性酒石酸铜在完全相同的条件下反应，减少因滴定操作带来的误差，提高测定精度。

2. 高锰酸钾滴定法

1）实验原理

将一定量的样品溶液与过量的碱性酒石酸铜溶液反应，还原糖将 Cu^{2+} 还原为氧化亚铜，过滤后，得到氧化亚铜沉淀；向氧化亚铜沉淀中加入过量的酸性硫酸铁溶液，氧化亚铜被氧化溶解，而三价铁盐则被定量地还原为亚铁盐；再用高锰酸钾标准溶液滴定所生成的亚铁盐，根据高锰酸钾溶液消耗量可计算出氧化亚铜的量，再从检索表中查出与氧化亚铜量相当的还原糖量，即可计算出样品中还原糖含量。

本法适用于各类食品中还原糖的测定，有色样品溶液也不受限制。此方法的准确度高，重现性好，准确度和重现性都优于上述的直接滴定法；但操作复杂、费时，计算测定结果时，需使用特制的高锰酸钾法糖类检索表。

说明：糖类检索表就是后面讲的“查附表5相当于氧化亚铜质量的葡萄糖、果糖、乳糖、转化糖质量表，再计算样品中还原糖的含量。”

反应式为

$$CuSO_2 + 2NaOH \longrightarrow Cu(OH)_2\downarrow + Na_2SO_4$$

$$\begin{array}{l} COONa \\ | \\ CHOH \\ | \\ CHOH \\ | \\ CHOK \end{array} + Cu(OH)_2 \longrightarrow \begin{array}{l} COONa \\ | \\ CHO \diagdown \\ | \qquad\quad Cu \\ CHO \diagup \\ | \\ COOK \end{array} + 2H_2O$$

$$\begin{array}{l}COONa\\ |\\ CHO\\ |\quad\backslash\\ |\quad\ \ Cu\\ |\quad/\\ CHO\\ |\\ COOK\end{array} + \underset{\text{还原糖}}{R\cdot CHO} + 2H_2O \longrightarrow \begin{array}{l}COONa\\ |\\ CHOH\\ |\\ CHOH\\ |\\ COOK\end{array} + R\cdot COOH + Cu_2O\downarrow$$

$$Cu_2O + Fe_2(SO_4)_3 + H_2SO_4 \longrightarrow 2CuSO_4 + 2FeSO_4 + H_2O$$

$$10FeSO_4 + 2KMnO_4 + 8H_2SO_4 \longrightarrow 5Fe_2(SO_4)_3 + 2MnSO_4 + K_2SO_4 + 8H_2O$$

2）试剂

（1）碱性酒石酸铜甲液。称取 34.639g 硫酸铜（$CuSO_4 \cdot 5H_2O$），加适量水溶解，加入 0.5mL 硫酸，再加水稀释至 500 mL，用精制石棉过滤。

（2）碱性酒石酸铜乙液。称取 173g 酒石酸钾钠和 50g 氢氧化钠，加适量水溶解并稀释到 500mL，用精制石棉过滤，储存于橡胶塞玻璃瓶中。

（3）精制石棉。取石棉，先用 3mol/L 盐酸浸泡 2～3d，用水洗净，再用 400g/L 氢氧化钠浸泡 2～3d，倾去溶液，再用碱性酒石酸铜乙液浸泡数小时，用水洗净。再以 3mol/L 盐酸浸泡数小时，用水洗至不呈酸性。加水振荡，使之成为微细的浆状软纤维，用水浸泡并储存于玻璃瓶中，即可用于填充古氏坩埚用。

（4）高锰酸钾标准溶液[$c_{1/5KMnO_4}$ = 0.1000mol/L]。

配制：称取 3.3g 高锰酸钾溶于 10～50mL 水中，缓缓煮沸 15min，冷却后于暗处放置 2 周，用垂融漏斗过滤，保存于棕色瓶中。

标定：精确称取 105～110℃干燥至恒重的基准草酸钠约 0.25g，溶于 100mL 硫酸溶液（8+92）中，用配制的高锰酸钾溶液滴定，接近终点时加热至约 65℃，继续滴至溶液呈粉红色 30s 不褪为止。同时做空白试验。

计算：

$$c_{1/5KMnO_4} = \frac{m \times 1000}{(V_1 - V_2) \times 66.999}$$

式中　c——高锰酸钾标准滴定溶液的浓度，mol/L；

m——草酸钠的质量，g；

V_1——标定时消耗高锰酸钾溶液体积，mL；

V_2——空白消耗高锰酸钾溶液体积，mL；

66.999——草酸钠的摩尔质量，g/mol。

（5）氢氧化钠溶液（40g/L）。称取 4g 氢氧化钠，加水溶解并稀释至 100mL。

（6）硫酸铁溶液（50g/L）。称取 50g 硫酸铁，加入 200mL 水溶解后，慢慢加入 100mL 硫酸，冷却后加水稀释至 1000mL。

（7）3mol/L 盐酸溶液。取 30mL 盐酸，加水稀释至 120mL。

（8）25mL 古氏坩埚或 G_4 垂熔坩埚。

（9）真空泵或水泵。

3）操作步骤

（1）样品处理。

① 乳类、乳制品及含蛋白质的冷食类。称取约 2.50～5.00g 固体样品（称取 25.00～50.00g 液体样品），置于 250mL 容量瓶中，加 50mL 水，摇匀后加 10mL 碱性酒石酸铜甲液和 4mL 40g/L 的氢氧化钠溶液，加水至刻度，混匀。静置 30min，用干燥滤纸过滤，弃之初滤液，滤液供分析检测用。

② 含酒精饮料。吸称取 100g 样品，置于蒸发皿中，用 40g/L 氢氧化钠溶液中和至中性，在水浴上蒸发至原体积的 1/4 后，移入 250mL 容量瓶中，加 50mL 水，混匀，以下按①自“加 10mL 碱性酒石酸铜甲液”起依法操作。

③ 含多量淀粉的食品。称取 10～20g 样品，置于 250mL 容量瓶中，加 200mL 水，在 45℃水浴中加热 1h，并时时振摇。冷后加水至刻度，混匀，静置。吸取 200mL 上清液于另一 250mL 容量瓶中，以下按①自“加 10mL 碱性酒石酸铜甲液”起依法操作。

④ 汽水等含有二氧化碳的饮料。吸取 100g 样品，置于蒸发皿中，在水浴上除去二氧化碳后，移入 250mL 容量瓶中，并用水洗涤蒸发皿，洗液并入容量瓶中，加水至刻度，混匀后，备用。

（2）测定。吸取 50mL 处理后的样品溶液于 400mL 烧杯中，加碱性酒石酸铜甲液、乙液各 25mL，于烧杯上盖一表面皿，置电炉上加热，使其在 4min 内沸腾，再准确沸腾 2min，趁热用铺好石棉的古氏坩埚或 G_4 垂熔坩埚抽滤，并用 60℃热水洗涤烧杯及沉淀，至洗液不呈碱性反应为止。

将坩埚放回原 400mL 烧杯中，加 25mL 硫酸铁溶液及 25mL 水，用玻璃棒搅拌使氧化亚铜完全溶解，以高锰酸钾标准溶液滴定至微红色为终点。记录高锰酸钾标准溶液消耗量。

同时吸取 50mL 水代替样品溶液，按上述方法做试剂空白试验。记录空白试验消耗高锰酸钾溶液的量。

4）结果计算

（1）根据滴定所消耗 $KMnO_4$ 标准溶液的体积，计算相当于样品中还原糖的氧化亚铜量。

$$x = (V - V_0) \times c \times 71.54$$

式中　x——样品中还原糖质量相当于氧化亚铜的质量，mg；

V——测定用样品溶液消耗高锰酸钾标准溶液的体积，mL；

V_0——试剂空白消耗高锰酸钾标准溶液的体积，mL；

c——高锰酸钾标准溶液的浓度，mol/L；

71.54——1mL 高锰酸钾标准溶液［$c_{1/5KMnO_4} = 1.000$mol/L］相当于氧化亚铜的质量，mg。

（2）根据上式中计算所得的氧化亚铜质量，查附表 5 相当于氧化亚铜质量的葡萄糖、果糖、乳糖、转化糖质量表，再计算样品中还原糖的含量。

$$\omega = \frac{A}{m \times \frac{V_2}{V_1} \times 1000} \times 100\%$$

式中　ω——样品中还原糖的含量，g/100g；

A——查表得的还原糖质量，mg；

m——样品质量（体积），g（mL）；

V_2——测定用样品处理液的体积，mL；

V_1——样品处理后的总体积，mL。

5）说明及注意事项

（1）此法又称贝尔德蓝（Bertrand）法。还原糖能在碱性溶液中将 Cu^{2+} 还原为棕红色的氧化亚铜沉淀，而糖本身被氧化为相应的羧酸。这是还原糖定量分析和检测的基础。

（2）此法以高锰酸钾滴定反应过程中产生的定量的硫酸亚铁为结果计算的依据，因此，在样品处理时，不能用乙酸锌和亚铁氰化钾作为糖液的澄清剂，以免引入 Fe^{2+} 造成误差。

（3）测定必须严格按规定的操作条件进行，必须使加热至沸腾时间及保持沸腾时间严格保持一致。即必须控制好热源强度，保证在4min内加热至沸，并使每次测定的沸腾时间保持一致，否则误差较大。实验时可先取50mL水，碱性酒石酸铜甲液、乙液各25mL，调整热源强度，使其在4min内加热至沸，维持热源强度不变，再正式测定。

（4）此法所用碱性酒石酸铜溶液是过量的，即保证把所有的还原糖全部氧化后，还有过剩的 Cu^{2+} 存在，所以，煮沸后的反应液应呈蓝色。如不呈蓝色，说明样品溶液含糖浓度过高，应调整样品溶液浓度。

（5）此法测定食品中的还原糖测定结果准确性较好，但操作烦琐费时，并且在过滤及洗涤氧化亚铜沉淀的整个过程中，应使沉淀始终在液面以下，避免氧化亚铜暴露于空气中而被氧化，同时，严格掌握操作条件。

3. 葡萄糖氧化酶-比色法（GB/T 16285—2008）

1）实验原理

葡萄糖氧化酶（GOD）在有氧条件下，催化β-D-葡萄糖（葡萄糖水溶液状态）氧化，生成D-葡萄糖酸-δ-内酯和过氧化氢。受过氧化物酶（POD）催化，过氧化氢与4-氨基安替比林和苯酚生成红色醌亚胺。在波长505nm处测定醌亚胺的吸光度，可计算出食品中葡萄糖的含量。

$$C_6H_{12}O_6 + O_2 \xrightarrow{GOD} C_6H_{10}O_6 + H_2O_2$$

$$H_2O_2 + C_6H_5OH + C_{11}H_{13}N_3O \xrightarrow{POD} C_6H_5NO + H_2O$$

2）仪器和试剂

（1）仪器。

① 恒温水浴锅。

② 可见光分光光度计。

（2）试剂。

① 组合试剂盒。

1 号瓶：内含 0.2mol/L 磷酸盐缓冲溶液（pH7）100mL，其中 4-氨基安替比林为 0.00154mol/L。

2 号瓶：内含 0.022mol/L 苯酚溶液 100mL。

3 号瓶：内含葡萄糖氧化酶 400U（活力单位）、过氧化物酶 1000U（活力单位）。

1 号、2 号、3 号瓶须在 4℃左右保存。

② 酶试剂溶液。将 1 号瓶和 2 号瓶的物质充分混合均匀，再将 3 号瓶的物质溶解其中，轻轻摇动（勿剧烈摇动），使葡萄糖氧化酶和过氧化物酶完全溶解。此溶液须在 4℃左右保存，有效期 1 个月。

③ 0.085mol/L 亚铁氰化钾溶液。称取 3.7g 亚铁氰化钾 [$K_4Fe(CN)_6 \cdot 3H_2O$]，溶于 100mL 重蒸馏水中，摇匀。

④ 0.25mol/L 硫酸锌溶液。称取 7.7g 硫酸锌（$ZnSO_4 \cdot 7H_2O$），溶于 100 mL 重蒸馏水中，摇匀。

⑤ 0.1mol/L 氢氧化钠溶液。称取 4g 氢氧化钠，溶于 1000mL 重蒸馏水中，摇匀。

⑥ 葡萄糖标准溶液。称取经 100℃±2℃烘烤 2h 的葡萄糖 1.0000g，溶于重蒸馏水中，定容至 100mL，摇匀。将此溶液用重蒸馏水稀释 $V_{2.0} \rightarrow V_{100}$，即为 200μg/mL 葡萄糖标准溶液。

3）操作步骤

（1）试液的制备。

① 不含蛋白质的试样。用 100mL 烧杯称取试样 1～10g（精确至 0.001g），加少量重蒸馏水，转移到 250mL 容量瓶中，稀释至刻度。摇匀后用快速滤纸过滤。弃去最初滤液 30mL，即为试液。（试液中葡萄糖含量＞ 300μg/mL 时，应适当增加定容体积）。

② 含蛋白质的试样。用 100mL 烧杯称取试样 1～10g（精确至 0.001g），加少量重蒸馏水，转移到 250mL 容量瓶中，加入 0.085mol/L 亚铁氰化钾溶液 5mL、0.25mol/L 硫酸锌溶液 5mL 和 0.1mol/L 氢氧化钠溶液 10mL，用重蒸馏水定容至刻度。摇匀后用快速滤纸过滤。弃去最初滤液 30mL，即为试液。（试液中葡萄糖含量＞ 300μg/mL 时，应适当增加定容体积。）

（2）标准曲线的绘制。用微量移液管取 0、0.20、0.40、0.60、0.80、1.00mL 葡萄糖标准溶液，分别置于 10mL 比色管中，各加入 3mL 酶试剂溶液，摇匀，在 36℃±1℃的水浴锅中恒温 40min。冷却至室温，用重蒸馏水定容至 10mL，摇匀。用 1cm 比色皿，以葡萄糖标准溶液含量为 0 的试剂溶液调整分光光度计的零点，在波长 505nm 处，测定各比色管中溶液的吸光度。

以葡萄糖含量为纵坐标，吸光度为横坐标，绘制标准曲线。

（3）试液吸光度的测定。用微量移液管吸取 0.5～5.00mL 试液（依试液中葡萄糖的含量而定），置于 10mL 比色管中。加入 3mL 酶试剂溶液，摇匀，在 36℃±1℃的水浴锅中恒温 40min。冷却至室温，用重蒸馏水定容至 10mL，摇匀。用 1cm 比色皿，以等量试液调整分光光度计的零点，在波长 505mm 处，测定比色管中溶液的吸光度。

测出试液吸光度后，在标准曲线上查出对应的葡萄糖含量。

4）结果计算

$$葡萄糖(\%)=\frac{c}{m\times\frac{V_2}{V_1}}\times\frac{1}{1000\times1000}\times100$$

式中　c——标准曲线上查出的试液中葡萄糖含量，μg；

m——试样的质量，g；

V_1——试液的定容体积，mL；

V_2——测定时吸取试液的体积，mL。

5）说明及注意事项

（1）本方法为仲裁法，由于本方法中使用的葡萄糖氧化酶（GOD）具有专一性，只能催化葡萄糖水溶液中的在β-D-葡萄糖起反应（被氧化），因此测定结果是真实值。

（2）本方法对所使用的各种酶类的活力有严格的技术要求。

① 葡萄糖氧化酶酶活力≥20U/mg。

② 过氧化物酶酶活力≥50U/mg。

③ 要求葡萄糖氧化酶和过氧化物酶中不得含有纤维素酶、淀粉葡萄糖苷酶、β-果糖苷酶、半乳糖苷酶和过氧化氢酶。

酶活力的实验方法如下：用移液管吸取0.50mL葡萄糖标准溶液，置于10mL比色管中，加入100μg可溶性淀粉、100μg纤维二糖（生化试剂）、100μg乳糖和100μg蔗糖，再加入3mL酶试剂溶液。摇匀，在36℃±1℃的水浴锅中恒温40min。冷却至室温，用重蒸馏水定容至40mL，摇匀。用1cm比色皿，以葡萄糖标准溶液含量为0的试剂溶液调整分光光度计的零点，在波长505nm处，测定比色管中溶液的吸光度。

测定吸光度以后，在标准曲线上查出对应的葡萄糖含量，按下式计算葡萄糖的回收率：

$$F=\frac{c}{0.5\times200}\times100$$

式中　F——葡萄糖的回收率，%；

c——葡萄糖含量的实测值，μg。

若测得葡萄糖的回收率在95%～105%范围内，则判定葡萄糖氧化酶和过氧化物酶符合要求。

说明：由于方法误差的影响，回收率测得值有可能超过100%。只要不超过误差范围，此结果属于正确结果。

4. 其他方法简介

1）碘量法

（1）实验原理。样品经处理后，取一定量样液于碘量瓶中，加入一定量过量的碘液和过量的氢氧化钠溶液，样液中的醛糖在碱性条件下被碘氧化为醛糖酸钠。

由于反应液中碘和氢氧化钠都是过量的，两者作用生成次碘酸钠残留在反应液中，当加入盐酸使反应液呈酸性时，析出碘：

$$I_2+2NaOH=\!=\!=NaIO+NaI+H_2O$$

$$NaIO + NaI + 2HCl = I_2 + NaCl + H_2O$$

用硫代硫酸钠标准溶液滴定析出的碘，则可计算出氧化醛糖消耗的碘量，从而计算出样液中醛糖的含量。

在一定范围内，上述反应是完全按化学反应式定量进行的，因此，可以利用化学反应式进行定量计算，而不用经验检索表。从反应式可计算出 1mmol 碘相当于葡萄糖 180mg；麦芽糖 342mg；乳糖 360mg。

本法用于醛糖和酮糖共存时单独测定醛糖。适用于各类食品，如硬糖、异构糖、果汁等样品中葡萄糖的测定。

（2）说明与讨论。

① 碘量法自 1981 年创始以来，已经历了多次改良，主要是在碱性试剂的选择、反应体系的碱度、反应温度等方面进行了改进。其目的：一是防止酮糖氧化，降低共存的酮糖的影响；二是使碱性条件下醛糖与碘的反应完全按当量反应式进行，以便于计算。例如，用弱碱性的碳酸钠代替氢氧化钠，以降低反应体系的碱度，在 20℃恒温条件下反应。实践证明，在此条件下有 2 倍量的果糖共存时，对葡萄糖的测定的影响也很小。

② 样品中含有乙醇、丙酮等成分时，因为它们也会消耗碘，影响测定，故应除去。

③ 碘量法分常量法和微量法，主要差别在于测定时样液用量、试剂浓度及用量不同。常量法用样液量 20～25mL，样液含醛糖 0.02%～0.45%；微量法用样液量 5mL.检出量为 0.25～1mg。

④ 此法配合直接滴定法，也可用于葡萄糖和果糖共存时果糖的测定。先用碘的碱性溶液把葡萄糖氧化，过量的碘用硫代硫酸钠溶液滴定除去，然后再用直接滴定法测定果糖的含量。

2）蓝-爱农（Lane-Eynon）法

蓝-爱农法是国际上常用的定量糖的方法，许多国家和国际组织把此法定为测定还原糖的标准分析方法。我国虽然没把此法定为标准分析方法，而是把其改良法——快速直接滴定法定为标准分析方法，但此法仍广泛应用于科研、生产中糖的定量。

（1）实验原理同直接滴定法。

（2）试剂。

① 费林试剂（碱性酒石酸铜）甲液。同高锰酸钾滴定法。

② 费林试剂乙液。同高锰酸钾滴定法。

③ 其他试剂同直接滴定法。

（3）操作方法。

① 样液预测。吸取费林试剂甲、乙液各 5.00mL 于 250mL 锥形瓶中，从滴定管中加入样液约 15mL，把锥形瓶放在石棉网上加热使其在 2min 内至沸，维持沸腾 2min，加入 3 滴次甲基蓝（如蓝色立即消失，说明糖液浓度太高，可适当增大稀释倍数后再预测），继续滴加样液（滴加速度控制在使糖液维持沸腾状态）至溶液蓝色刚好褪去为止。记录样液消耗总量（包括预先放入的 15mL 样液）。

② 样液的测定。吸取费林试剂甲、乙液各 5.00mL 于 250mL 锥形瓶中，从滴定管加入样液，其量比预测时所消耗的样液总量少 0.5～1mL。加热锥形瓶使之在 2min 内

至沸，维持沸腾2min，加入3滴次甲基蓝指示剂，再以1滴/2s的速度继续滴加样液，直至蓝色褪去为终点。续滴工作应控制在1min内完成。记录样液消耗量。

（4）按下式计算：

$$还原糖(\%)=\frac{F}{m\times\frac{V_1}{V}\times 100}\times 100$$

式中　V_1——滴定时消耗样液量，mL；

V——样液总量，mL；

m——样品质量，g；

F——还原糖因数，即10mL费林试剂（甲、乙液各5mL）相当的还原糖量，mg。

7.5.2　蔗糖的测定

在食品生产过程中，测定蔗糖的含量可以判断食品加工原料的成熟度，鉴别白糖、蜂蜜等食品原料的品质，以及控制糖果、果脯、加糖乳制品等产品的质量指标。

蔗糖是葡萄糖和果糖组成的双糖，没有还原性，但在一定条件下，蔗糖可水解为具有还原性的葡萄糖和果糖。因此，可以用测定还原糖的方法测定蔗糖含量。对于浓度较高蔗糖液，其相对密度、折光率、旋光度等物理常数与蔗糖浓度都有一定关系，故可用前面的物理检验法测定蔗糖的含量。本节介绍还原糖法及酶-比色法。

1. 盐酸水解法

1）实验原理

试样经除去蛋白质后，用盐酸进行水解，使蔗糖转化为还原糖，再还原糖测定方法分别测定水解前后样品液中还原糖含量，两者之差即为由蔗糖水解产生的还原糖量，再乘以一个换算系数即为蔗糖含量。

2）试剂

（1）（1+1）盐酸溶液。

（2）甲基红指示剂。称取0.1g甲基红，用60%乙醇溶解并定容到100mL。

（3）20%氢氧化钠溶液。

其他试剂同还原糖的测定中直接滴定法。

3）操作步骤

取一定量样品，按直接滴定法或高锰酸钾滴定法中的样品处理方法处理。吸取处理后的样品溶液2份各50mL，分别放入100mL容量瓶中，一份加入5mL（1+1）盐酸溶液，置68～70℃水浴中加热15min，取出迅速冷却至室温，加2滴甲基红指示剂，用20%NaOH溶液中和至中性，加水至刻度，混匀。另一份直接用水稀释到100mL。

然后按直接滴定法或高锰酸钾滴定法测定还原糖（转化糖）含量。

4）结果计算

试样中还原糖的含量为

$$还原糖(\%)=\frac{F}{\frac{m}{250}\times\frac{50}{100}\times V\times 100}\times 100$$

式中 F——10mL 酒石酸钾钠铜溶液相当于葡萄糖的质量，mg；

V——测定时平均消耗样液的体积，mL；

m——样品质量，g。

以葡萄糖为标准溶液时，按下式计算试样中蔗糖的含量：

$$x=(r_2-r_1)\times 0.95$$

式中 x——试样中蔗糖的含量，g/100g；

r_2——水解处理后还原糖的含量，g/100g；

r_1——不经水解处理还原糖含量，g/100g；

0.95——还原糖换算为蔗糖的系数。

5）说明及注意事项

（1）在此法规定的水解条件下，蔗糖可完全水解，而其他双糖和淀粉等的水解作用很小，可忽略不计。

（2）在此法中，水解条件必须严格控制。为防止果糖分解，样品溶液体积，酸的浓度及用量、水解温度和水解时间都不能随意改动，到达规定时间后应迅速冷却。

（3）根据蔗糖的水解反应方程式：

$$\underset{\substack{蔗糖\\342}}{C_{12}H_{22}O_{11}}+H_2O=\!=\!=\underset{\substack{葡萄糖\\180}}{C_6H_{13}0_6}+\underset{\substack{果糖\\180}}{C_6H_12O_6}$$

蔗糖的相对分子质量为 342，水解后生成 2 分子单糖，其相对分子质量之和为 360。

$$\frac{342}{360}=0.95$$

即 1g 转化糖相当于 0.95g 的蔗糖量。

（4）此法是国家标准 GB/T 5009.8—2008 中的第二法，第一法为高效液相色谱法，即试样经处理后，用高效液相色谱氨基柱分离，用示差折光检测器检测，根据蔗糖的折光指数与浓度成正比，外标单点法定量。

2. 酶比色法

1）实验原理

在 β-果糖苷酶（β-FS）催化下，蔗糖被酶解为葡萄糖和果糖。葡萄糖氧化酶（GOD）在有氧条件下，催化 β-D-葡萄糖（葡萄糖水溶液状态）氧化，生成 D-葡萄糖酸-6-内酯和过氧化氢。受过氧化物酶（POD）催化，过氧化氢与 4-氨基安替比林和苯酚生成红色醌亚胺。在波长 505nm 处测定醌亚胺的吸光度，计算食品中蔗糖的含量。

$$C_{12}H_{22}O_{11}+H_2O\xrightarrow{\beta FS}C_6H_{12}O_6(G)+C_6H_{12}O_6(F)$$

$$C_6H_{12}O_6(G)+O\xrightarrow{GOD}C_6H_{10}O_6+H_2O_2$$

$$H_2O_2+C_6H_5OH+C_{11}H_{13}N_3O\xrightarrow{POD}C_6H_5NO+H_2O$$

2）仪器和试剂

（1）仪器。

实验室常规仪器及各项设备如下。

① 分析筛。

② 组织捣碎机。

③ 恒温水浴锅。

④ 可见光分光光度计。

（2）试剂。

① 组合试剂。

1 号瓶：内含 β-果糖苷酶 400U（活力单位）、柠檬酸、柠檬酸三钠。

2 号瓶：内含 0.2mol/L 磷酸盐缓冲液（pH7.0）200mL，其中含 4-氨基安替比林 0.00154mol/L。

3 号瓶：内含 0.022mol/L 苯酚溶液 200mL。

4 号瓶：内含葡萄糖氧化酶 800U（活力单位）、过氧化物酶 2000U（活力单位）。

1 号、2 号、3 号、4 号瓶须在 4℃左右保存。

② 酶试剂溶液。

a. 将 1 号瓶中的物质用重蒸馏水溶解，使其体积为 66mL，轻轻摇动（勿剧烈摇动），使酶完全溶解。此溶液即为 β-果糖苷酶试剂，其中柠檬酸（缓冲溶液）浓度为 0.1mol/L，pH4.6。在 4℃左右保存，有效期 1 个月。

b. 将 2 号瓶与 3 号瓶中的溶液充分混合。

c. 将 4 号瓶中的酶溶解在上述混合液中，轻轻摇动（勿剧烈摇动），使酶完全溶解，即为葡萄糖氧化酶-过氧化物酶试剂溶液。在 4℃左右保存，有效期 1 个月。

③ 0.85mol/L 亚铁氰化钾溶液。称取 3.7g 亚铁氰化钾（分析纯），溶于 100mL 重蒸馏水中，摇匀。

④ 0.25mol/L 硫酸锌溶液。称取 7.7g 硫酸锌（$ZnSO_4 \cdot 7H_2O$，分析纯），溶于 100mL 重蒸馏水中，摇匀。

⑤ 0.1mol/L 氢氧化钠溶液。

⑥ 蔗糖标准溶液。称取经 100℃±2℃烘烤 2h 的蔗糖 0.4000g，溶于重蒸馏水中，定容至 100mL，摇匀。将此溶液用重蒸馏水稀释 $V_{10} \rightarrow V_{100}$，即为 400μg/mL 蔗糖标准溶液。

3）操作步骤

（1）试液的制备。同葡萄糖氧化酶比色法中样液的制备。

（2）标准曲线的绘制。用微量移液管取 0、0.20、0.40、0.60、0.80、1.00mL 蔗糖标准溶液，分别置于 10mL 比色管中，各加入 1mLβ-果糖苷酶试剂溶液，摇匀，在 36℃±1℃的水浴锅中恒温 20min。取出后加入 3mL 葡萄糖氧化酶-过氧化物酶试剂溶液，在 36℃±1℃的水浴锅中恒温 40min，冷却至室温，用重蒸馏水定容至 10mL，摇匀。用 1cm 比色皿，以蔗糖标准溶液含量为 0 的试剂溶液调整分光光度计的零点，在波长 505nm 处，测定各比色管中溶液的吸光度。

以蔗糖含量为纵坐标，吸光度为横坐标，绘制标准曲线。

(3) 试液吸光度的测定。用微量移液管吸取 0.20～5.00mL 试液（依试液中蔗糖的含量而定），置于 10mL 比色管中。加入 1mLβ-果糖苷酶试剂溶液，摇匀，在 36℃±1℃的水浴锅中恒温 20min。取出后加入 3mL 葡萄糖氧化酶-过氧化物酶试剂溶液，在 36℃±1℃的水浴锅中恒温 40min。冷却至室温，用重蒸馏水定容至 10mL，摇匀。用 1cm 比色皿，以等量试液调整分光光度计的零点，在波长 505mm 处，测定比色管中溶液的吸光度。

测出试液吸光度后，在标准曲线上查出对应的蔗糖含量。

4）结果计算

$$蔗糖(\%)=\frac{c}{m\times\frac{V_2}{V_1}}\times\frac{1}{1000\times1000}\times100$$

式中　c——在标准曲线上查出的试液中蔗糖含量，μg；

m——试样的质量，g；

V_1——试液的定容体积，mL；

V_2——测定时吸取试液的体积，mL。

计算结果精确至小数点后第二位。

5）说明及注意事项

(1) 本方法采用酶分解蔗糖，由于酶解法具有高度的专一性（β-果糖苷酶只能催化蔗糖转化为葡萄糖和果糖），灵敏度高，操作简便，因此测定结果准确。

(2) 本方法对 β-果糖苷酶、葡萄糖氧化酶、过氧化物酶有严格的技术要求。其中，酶活力要求如下：β-果糖苷酶活力（U/mg）≥100，葡萄糖氧化酶酶活力（U/mg）≥20，过氧化物酶酶活力（U/mg）≥50；同时，各种酶都不得含有纤维素酶、淀粉葡萄糖苷酶、半乳糖苷酶和过氧化氢酶。

酶活力的实验方法和判定规则如下。

用微量移液管吸取 0.50mL 蔗糖标准溶液，置于 10mL 比色管中，加入 100μg 乳糖、100μg 可溶性淀粉和 100μg 纤维二糖（生化纯），再加入 1.0mLβ-果糖苷酶溶液。以下按 4 (3) 步骤操作。测定吸光度后，在标准曲线上查出对应的蔗糖含量，按下式计算蔗糖的回收率：

$$x=\frac{c}{0.5\times400}\times100$$

式中　x——蔗糖的回收率，%；

c——蔗糖的实测值，μg。

测得蔗糖的回收率，如在 95%～105%范围内，则判定 β-果糖苷酶、葡萄糖氧化酶和过氧化物酶符合技术要求。

7.5.3　总糖的测定

食品中的总糖通常是指具有还原性的糖（葡萄糖、果糖、乳糖、麦芽糖等）和在测定条件下能水解为还原性单糖的蔗糖的总量。作为食品生产中的常规分析项目，总糖反映的是食品中可溶性单糖和低聚糖的总量，其含量高低对产品的色、香、味、组织形态、营养价值、成本等有一定影响。麦乳精、糕点、果蔬罐头、饮料等许多食品的质量指标中部有总糖这一项。总糖的测定通常以还原糖的测定方法为基础。

1. 直接滴定法

1）实验原理

样品经处理除去蛋白质等杂质后，加入盐酸，在加热条件下使蔗糖水解为还原性单糖，以直接滴定法测定水解后样品中的还原糖总量。

2）试剂

同蔗糖的测定。

3）操作步骤

（1）样品处理：同直接滴定法测定还原糖。

（2）测定：按测定蔗糖的方法水解样品，再按直接滴定法测定还原糖含量。

4）结果计算

$$总糖(以转化糖计,\%)=\frac{F}{m\times\frac{50}{V_1}\times\frac{V_2}{100}\times1000}\times100$$

式中　F——10mL碱性酒石酸铜溶液相当的转化糖质量，mg；

V_1——样品处理液总体积，mL；

V_2——测定时消耗样品水解液体积，mL；

m——样品质量，g。

5）说明及注意事项

（1）总糖测定结果一般以转化糖或葡萄糖计，要根据产品的质量指标要求而定。如用转化糖表示，应该用标准转化糖溶液标定碱性酒石酸铜溶液；如用葡萄糖表示，则应该用标准葡萄糖溶液标定碱性酒石酸铜溶液。

（2）这里所讲的总糖不包括营养学上总糖中的淀粉，因为在测定条件下，淀粉的水解作用很微弱。

2. 蒽酮比色法

1）原理

单糖类遇浓硫酸时，脱水生成糠醛衍生物，后者可与蒽酮缩合成蓝绿色的化合物，当糖的量在20～200mg范围内时，其呈色强度与溶液中糖的含量成正比，故可比色定量。

2）试剂

（1）10～100mg/mL葡萄糖系列标准溶液。称取1.000g葡萄糖，用水定容到1000mL，从中吸取1、2、4、6、8、10mL分别移入100mL容量瓶中，用水定容，即得

10、20、40、60、80、100mg/mL 葡萄糖系列标准溶液。

（2）0.1%蒽酮溶液。称取 0.1g 蒽酮和 1.0g 硫脲，溶于 100mL 72%硫酸中，储存于棕色瓶中，于 0～4℃下存放。

3）操作步骤

（1）吸取系列标准溶液、样品溶液（含糖 20～80mg/mL）和蒸馏水各 2mL，分别放入 8 只具塞比色管中，沿管壁各加入蒽酮试剂 10mL，立即摇匀。

（2）放入沸水浴中准确加热 10min，取出，迅速冷却至室温，在暗处放置 10min，用 1cm 比色杯，以零管调仪器零点，在 620nm 波长下测定吸光度，绘制标准曲线。

（3）根据样品溶液的吸光度查标准曲线，得出糖含量。

4）结果计算

$$总糖(以葡萄糖计,\%) = c \times 稀释倍数 \times 10^{-4}$$

式中　c——从标准曲线查得的糖浓度，mg/mL；

10^{-4}——将 mg/mL 换算为%的系数。

5）说明及注意事项

（1）该法是微量法，适合于含微量碳水化合物的样品，具有灵敏度高、试剂用量少等优点。

（2）该法有几种不同的操作步骤，主要差别在于蒽酮试剂中硫酸的含量（66%～95%）、取样液量（1～5mL）、蒽酮试剂用量（5～20mL）、沸水浴中反应时间（6～15min）和显色时间（10～30min）。这几个操作条件之间是有联系的，不能随意改变其中任何一个，否则将影响分析结果。

（3）反应液中硫酸的含量高达 60%以上，在此酸度条件下，于沸水浴中加热，样品中的双糖、淀粉等会发生水解，再与蒽酮发生显色反应。因此测定结果是样品溶液中单糖、双糖和淀粉的总量。

（4）硫脲是作为稳定剂添加的，原因是蒽酮试剂不稳定，易被氧化变为褐色。一般蒽酮试剂应当天配制，在冷暗处可保存 48h。

（5）此法要求样品溶液必须清澈透明，加热后不应有蛋白质沉淀，如样品溶液色泽较深，可用活性炭脱色。

7.5.4　淀粉的测定

淀粉是一种多糖。它广泛存在于植物的根、茎、叶、种子等组织中，是人类食物的重要组成部分，也是供给人体热能的主要来源。淀粉是由葡萄糖以不同形式聚合而成的，有直链淀粉和支链淀粉两种。由于两种淀粉分子的结构不同，性质上也有一定差异。不同来源的淀粉，所含直链淀粉和支链淀粉的比例是不同的，因而也具有不同的性质和用途。直链淀粉不溶于冷水，可溶于热水；支链淀粉常压下不溶于水，只有在加热并加压时才能溶解于水。两种淀粉均不溶于 30%以上的乙醇溶液，均可在酸或酶的作用下水解最终生成葡萄糖，淀粉水溶液具有右旋性。

食品中的淀粉，或来自原料，或是生产过程中为改变食品的物理性状作为添加剂而加入的。如在糖果制造中作为填充剂；在雪糕等冷饮食品中作为稳定剂；在午餐肉、香肠等肉类罐头中作为增稠剂，以增加制品的结着性和持水性；在面包、饼干、糕点生产中用来调结面筋浓度和胀润度，使面团具有适合于工艺操作的物理性质等。淀粉含量作为某些食品主要的质量指标，是食品生产管理中常做的分析检测项目。

淀粉的测定方法有很多，都是根据淀粉的理化性质而建立的。常用的方法有：根据淀粉在酸或酶的作用下水解为葡萄糖，通过测定还原糖进行定量的酸水解法和酶水解法；根据淀粉具有旋光性而建立的旋光法；根据淀粉不溶于乙醇的性质建立的酸化酒精沉淀法。分别介绍如下。

1. 酶水解法

1）实验原理

样品经除去脂肪及可溶性糖类后，其中淀粉用淀粉酶水解成小分子糖再用盐酸将双糖水解成单糖，然后进行还原糖测定并折算成淀粉。

2）试剂

（1）乙醚。

（2）85%乙醇。

（3）5g/L淀粉酶溶液：称取淀粉酶0.5g，加100mL水溶解，临用时现配；也可以加数滴甲苯或三氯甲烷（防长霉），储存于4℃冰箱中。

（4）碘溶液：称取3.6g碘化钾溶于20mL水中，加入1.3g碘，溶解后加水稀释至100mL。

（5）其余试剂同蔗糖测定的酸水解法。

3）操作方法

（1）样品处理：称取2～5g样品（精确至0.001g），置于铺有折叠滤纸的漏斗内，先用50mL乙醚分5次洗涤去脂肪，再用约150mL 85%的乙醇分次洗去可溶性糖类。用50mL水将残渣移至250mL烧杯中，并用50mL水洗滤纸及漏斗，洗液并入烧杯内。

（2）酶水解：将烧杯置沸水浴上加热15min，使淀粉糊化，放冷至60℃以下，加入20mL淀粉酶溶液，在55～60℃保温1h，并不断搅拌。取一滴此液加一滴碘液，应不呈蓝色，若呈蓝色，需再进行糊化，冷却至60℃以下，再加20mL淀粉酶溶液继续保温，直至酶解液加碘液后不再呈蓝色为止。加热至沸使酶失活，冷却后移入250mL容量瓶中，加水定容。混匀后过滤，弃初滤液，滤液备用。

（3）酸水解：取50mL上述滤液于250mL锥形瓶中，加5mL盐酸（1+1），装上回流装置，在沸水中回流1h，冷却后加2滴甲基红指示剂，用200g/L氢氧化钠溶液中和至中性。把溶液移入100mL容量瓶中，洗涤锥形瓶，洗液并入容量瓶中，加水定容，摇匀备用。

（4）测定：按直接滴定法测定还原糖，同时取50mL水及与样品处理时相同量的淀粉酶溶液，按同一方法做试剂空白试验。

4）结果计算

$$x=\frac{F\times\left(\frac{1}{V_2}-\frac{1}{V_1}\right)}{\frac{m}{250}\times\frac{50}{100}\times1000}\times0.9\times100$$

式中 x——淀粉含量，%；

m——样品质量，g；

F——10mL碱性酒石酸铜溶液相当于葡萄糖的质量，mg；

V_2——测定用样品水解液体积，mL；

V_1——测定用空白处理液体积，mL；

0.9——还原糖换算成淀粉的系数。

5）说明及注意事项

（1）淀粉酶有严格的选择性，测定不受其他多糖的干扰，适合于其他多糖含量高的样品。结果准确可靠，但操作复杂费时。

（2）淀粉酶使用前，应先确定其活力及水解时加入量。

（3）脂肪会妨碍酶对淀粉的作用及可溶性糖的去除，故应用乙醚除掉。若样品脂肪含量少，可省去加乙醚处理。

（4）淀粉的水解反应：

$$\underset{162}{(C_6H_{10}O_5)_n}+nH_2O=\!=\!=n\underset{180}{(C_6H_{12}O_6)}$$

把葡萄糖含量折算为淀粉的换算系数为162/180=0.9。

2. 酸水解法

1）实验原理

样品经乙醚除去脂肪、乙醇除去可溶性糖类后，用酸水解淀粉为葡萄糖，按还原糖测定方法测定还原糖含量，再折算为淀粉含量。

此法适用于淀粉含量较高，而半纤维素和多缩戊糖等其他多糖含量较少的样品。对富含半纤维素、多缩戊糖及果胶质的样品，因水解时它们也被水解为木糖、阿拉伯糖等还原糖，使测定结果偏高。该法操作简单、应用广泛，但选择性和准确性不及酶法。

2）试剂

（1）乙醚。

（2）85%乙醇。

（3）200g/L乙酸铅溶液。

（4）00g/L硫酸钠溶液。

（5）40%氢氧化钠溶液。

其余试剂同测定蔗糖的酸水解法。

3）操作步骤

（1）样品处理。粮食、豆类、糕点、饼干、糕干粉、代乳粉等较干燥、易研细的样品称取2～5g（精确至0.001g）磨碎、过40目筛的样品，置于铺有慢速滤纸的漏斗中，用 50mL 乙醚分 3 次洗去样品中的脂肪，再用 150mL 85％乙醇分数次洗涤残渣以除去可溶性糖类。滤干乙醇溶液，用 100mL 水把漏斗中残渣全部转移至 250mL 锥形瓶中。

蔬菜、水果、粉皮、凉粉等水分较多，不易研细、分散的样品先按 1∶1 加水在组织捣碎机中捣成匀浆。称取 5～10g（精确至 0.001g）匀浆于 250mL 锥形瓶中，加 50mL 乙醚振荡提取脂肪，用滤纸过滤除去乙醚，再用 30mL 乙醚分二次洗涤滤纸上残渣，然后以 150mL 85％乙醇分数次洗涤残渣，以除去可溶性糖类。以 100mL 水把残渣转移到 250mL 锥形中。

（2）水解。于上述 250mL 锥形瓶中加入 30mL 盐酸（1＋1），装上冷凝管，置沸水浴中回流 2h。回流完毕，立即用流动水冷却。待样品水解液冷却后，加入 2 滴甲基红，先用 40％氢氧化钠调到黄色，再用盐酸（1＋1）调到刚好变为红色。若水解液颜色较深，可用精密 pH 试纸测试，使样品水解液的 pH 约为 7。然后加入 20mL 乙酸铅溶液(200g/L)，摇匀后放置 10min，以沉淀蛋白质、果胶等杂质。再加入 20mL 硫酸钠溶液(100g/L)，以除去过多的铅，摇匀后用水转移至 500mL 容量瓶中，加水定容，过滤，弃去初滤液，收集滤液供测定用。

另取 100mL 水和 30mL 盐酸（1＋1）于锥形瓶中，按上述方法做空白试验。

（3）样品测定。按还原糖测定法中的直接滴定法进行。

4）结果计算

$$\text{淀粉}(\%)=\frac{F\times 500\times\left[\left(\frac{1}{V}\right)\right]-\left[\left(\frac{1}{V_0}\right)\right]}{m\times 1000}\times 0.9\times 100$$

式中　F——10mL 碱性酒石酸铜相当的葡萄糖量，mg；

V——滴定时样品水解液消耗量，mL；

V_0——滴定时空白溶液消耗量，mL。

其他同上（1）。

5）说明及注意事项

（1）样品含脂肪时，会妨碍乙醇溶液对可溶性糖类的提取，所以要用乙醚除去。脂肪含量较低时，可省去乙醚脱脂肪步骤。

（2）盐酸水解淀粉的专一性较差，它可同时将样品中的半纤维素水解，生成一些还原物质，引起还原糖测定的正误差，因而对含有半纤维素高的食品如食物壳皮、高粱、糖等，不宜采用此法。

（3）样品中加入乙醇溶液后，混合液中乙醇的含量应在 80％以上，以防止糊精随可溶性糖类一起被洗掉。如要求测定结果不包括糊精，则用 10％乙醇洗涤。

（4）因水解时间较长，应采用回流装置，并且要使回流装置的冷凝管长一些，以保证水解过程中盐酸不会挥发，保持一定的浓度。

（5）水解条件要严格控制。加热时间要适当，既要保证淀粉水解完全，又要避免加热时间过长，因为加热时间过长，葡萄糖会形成糠醛聚合体，失去还原性，影响测定结果的准确性。对于水解时取样量、所用酸的浓度及加入量、水解时间等条件，各方法规定有所不同。常见的水解方法还有：混合液中盐酸的含量达 1%，100℃水解 4h；混合液中盐酸含量达 2%，100℃水解 2.5h。在本法的测定条件下，混合液中盐酸的含量为 5%。

7.5.5　纤维素的测定

纤维是指食用植物细胞壁中的碳水化合物和其他物质的复合物。它广泛存在于各种植物体内，尤其在谷类、豆类、水果、蔬菜中含量较高，其组成十分复杂，且随食品的来源、种类而变化。目前，还没有明确的科学的定义。早在 19 世纪 60 年代，德国的科学家首次提出了"粗纤维"的概念，用来表示食品中不能被稀酸、稀碱所溶解，不能为人体所消化利用的物质，它仅包括食品中部分纤维素、半纤维素、木质素及少量含氮物质，不能代表食品中纤维的全部内容。到了近代，在研究和评价食品的消化率和品质时，从营养学的观点，提出了食物纤维（膳食纤维）的概念。它是指食品中不能被人体消化酶所消化的多糖类和木质素的总和。它包括纤维素、半纤维素、戊聚糖、木质素、果胶、树胶等，至于是否应包括作为添加剂添加的某些多糖（羧甲基纤维素、藻酸丙二醇等）还无定论。食物纤维比粗纤维更能客观、准确地反映食物的可利用率，因此有逐渐取代粗纤维指标的趋势。

纤维实际人类膳食中不可缺少的重要物质之一，在维持人类健康、预防疾病方面有着独特的作用。人类每天要从食品中摄入一定量（8～12g）纤维才能维持人体正常的生理代谢功能。为保证纤维的正常摄入，一些国家强调增加纤维含量高的谷物、果蔬制品的摄食，同时还开发了许多强化纤维的配方食品。在食品生产和食品开发中，常需要测定纤维的含量，它也是食品成分全分析项目之一，对于食品品质管理和营养价值的评定具有重要意义。

1. 粗纤维的测定（GB/T 5009.10—2003）

1）实验原理

在热的稀硫酸作用下，样品中的糖、淀粉、果胶质和半纤维素经水解而除去，再用碱处理使蛋白质溶解、脂肪皂化而除去，所得的残渣即为粗纤维。如其中含有无机物质，可经灰化后扣除。

该法操作简便、迅速，适用于各类食品，是应用最广泛的经典分析法。但该法测定结果粗糙、重现性差。由于酸碱处理时纤维成分会发生不同程度的降解，使测得值与纤维的实际含量差别很大，这是此法的最大缺点。

2）仪器和试剂

(1) 仪器

① G2 垂融坩埚或 G2 垂融漏斗。

② 石棉。石棉用 50g/L 的氢氧化钠溶液浸泡，在水浴上回流 8h 以上，再用热水充分洗涤。然后用（1+4）盐酸在沸水浴上回流 8h 以上，再用热水充分洗涤，干燥。在 600～700℃中灼烧后，加水使呈悬浮物，储存于具塞玻璃瓶中。

（2）试剂。

① 1.25%硫酸溶液。

② 氢氧化钾溶液（12.5g/L）。

③ 氢氧化钠溶液（50g/L）。

3）操作步骤

（1）取样。

① 干燥样品。如粮食、豆类等，经磨碎过24目筛，称取均匀的样品5.0g，置于500mL锥形瓶中。

② 含水分较高的样品。如蔬菜、水果、薯类等，先加水打浆，记录样品质量和加水量，称取相当于5.0g干燥样品的量，置于500mL锥形瓶中。

（2）酸处理。于锥形瓶中加入200mL煮沸的1.25%硫酸溶液，装上回流装置，加热使之微沸，回流30min，每隔5min摇动锥形瓶一次，以充分混合瓶内物质。取下锥形瓶，立即用亚麻布过滤，用热水洗涤至洗液不呈酸性（以甲基红为指示剂）。

（3）碱处理。用200mL煮沸的氢氧化钾溶液（12.5g/L）将亚麻布上的存留物洗入原锥形瓶中，加热至微沸，回流30min。取下锥形瓶，立即用亚麻布过滤，以沸水洗涤2～3次至洗液不呈碱性（以酚酞为指示剂）。

（4）干燥。用水把亚麻布上的残留物洗入100mL烧杯中，然后转移到已干燥至恒重的G2垂融坩埚或G2垂融漏斗中，抽滤，用热水充分洗涤后，抽干，再依次用乙醇、乙酸洗涤一次，以除去单宁、色素及残余的脂肪等物质。将坩埚和内容物在105℃烘箱中烘干至称重。

（5）灰化。如样品中含有较多的不溶性杂质，可将样品移入石棉坩埚，烘干称重后，再移入550℃高温炉中灼烧至恒重，使含碳的物质全部灰化；取出，置于干燥器内，冷却至室温后称重，灼烧前后的质量之差即为粗纤维的量。

4）结果计算

$$粗纤维(\%)=\frac{m_1}{m}\times 100$$

式中 m_1——残余物的质量（或经高温灼烧后损失的质量），g；

m——样品的质量，g。

5）说明及注意事项

（1）样品中脂肪含量高于1%时，应先用石油醚脱脂，然后再测定，如脱脂不足，结果将偏高。

（2）样品应尽量磨碎，以使消化完全；但如果粒度过细则会造成过滤困难。

（3）酸、碱消化时，如产生大量泡沫，可加入2滴硅油或辛醇消泡。

（4）本方法中，加热回流时间、沸腾的状态及过滤时间等因素将对测入结果产生影响。沸腾不能过于剧烈，在防止样品脱离液体，附于液面以上的瓶壁上。过滤时间不能太长，一般不超过10min，否则应适量减少称样量。

（5）用亚麻布过滤时，由于其孔径不稳定．结果出入较大，最好采用200目尼龙筛绢过滤，既耐较高温度，孔径又稳定，本身不吸收水分，洗残渣也较容易。

(6) 测定粗纤维的方法还有容量法。样品经 2%盐酸溶液回流，除去可溶性糖类、淀粉、果胶等物质，残渣用 80%硫酸溶液溶解，使纤维成分水解为还原糖（主要是葡萄糖），然后按还原糖测定方法测定，再折算为纤维含量。该法操作复杂，一般很少采用。

2. 不溶性膳食纤维的测定（GB/T 5009.88—2008）

1）实验原理

样品经热的中性洗涤剂浸煮后，残渣用热蒸馏水充分洗涤，样品中的糖、游离淀粉、蛋白质、果胶等物质被溶解除去，然后加入 α-淀粉酶溶液以分解结合态淀粉，再用蒸馏水、丙酮洗涤，以除去残存的脂肪、色素等，残渣经烘干，即为不溶性膳食纤维（中性洗涤纤维）。

本法适用于谷物及其制品、饲料、果蔬等样品，对于蛋白质、淀粉含量高的样品，易形成大量泡沫，黏度大，过滤困难，使此法应用受到限制。本法设备简单、操作容易、准确度高、重现性好。所测结果包括食品中全部的纤维素、半纤维素、木质素、角质和二氧化硅等，最接近于食品中膳食纤维的真实含量，但不包括水溶性非消化性多糖，这是此法的最大缺点。

2）仪器和试剂

(1) 仪器。

① 耐热玻璃棉。

② 提取装置。由带冷凝器的 300mL 锥形瓶和可将 100mL 水在 5～10min 内由 25℃升温到沸腾的可调电热板组成。

③ 坩埚式耐酸玻璃滤器。容量 60mL，滤板平均孔径 40～90μm。

④ 抽滤装置。

⑤ 烘箱。110～130℃。

⑥ 恒温箱。37℃±2℃。

(2) 试剂。

① 中性洗涤剂溶液。将 18.61gEDTA 二钠盐和 6.81g 四硼酸钠，置于烧杯中，加约 150mL 水，加热使之溶解；将 30g 月桂基硫酸钠和 10mL 乙二醇独乙醚溶于约 700mL 热水中，合并上述两种溶液；再将 4.56g 无水磷酸氢二钠溶于 150mL 热水中，并入上述溶液中，用磷酸调节上述混合液至 pH6.9～7.1，最后加水至 1000mL，此液使用期间如有沉淀生成，需在使用前加热到 60℃，使沉淀溶解。

② 石油醚。沸程 30～60℃。

③ α-淀粉酶溶液（25g/L）。用 38.7mL 0.1mol/L 的磷酸氢二钠和 61.3mL 0.1mol/L的磷酸二氢钠配制成 pH7 的磷酸盐缓冲溶液。称取 2.5gα-淀粉酶，溶于 100mL 上述缓冲溶液中，离心、过滤，滤过的酶液备用。

④ 丙酮。

⑤ 无水亚硫酸钠。

⑥ 甲苯。

3）操作步骤

（1）样品处理。

粮食样品。用水洗3次，置于60℃烘箱中烘干，磨碎，过20～30目筛（1mm），储于塑料瓶内，放一小包樟脑精，盖紧瓶塞保存，备用。

蔬菜及其他植物性食品。取其可食部分，用水冲洗3次后，用纱布吸去水滴，切碎，取混合均匀的样品于60℃烘干，称重，磨碎，过20～30目筛，备用。

（2）样品测定。精确称取1.00g样品，置高型无嘴烧杯中，如样品脂肪含量超过10%，需先除去脂肪，即按每克样品用石油醚提取3次，每次10mL，加10mL中性洗涤剂溶液，再加0.5g无水亚硫酸钠。电炉加热，使之在5～10min内沸腾，移至电热板上，从微沸开始计时，准确微沸1h。

在耐酸玻璃滤器中铺1～3g玻璃棉，移至110℃烘箱内干燥4h，取出，放入干燥器内冷却至室温，称重，得m_1（准确至小数点后4位）。

将煮沸后的样品趁热倒入滤器，用水泵抽滤；用500mL的热水分3～5次洗涤烧杯及滤器，抽滤至干，洗净滤器下部的液体和泡沫，塞上玻璃塞。

于滤器中加入α-淀粉酶溶液，液面需覆盖纤维，用细针挤压掉其中的气泡，加几滴甲苯（防腐），上盖表玻皿，置于37℃±2℃恒温箱中过夜。取出滤器，取下底部的塞子，抽去酶液，并用300mL热水分次洗去残留酶液，用碘液检查是否有淀粉残留，如有残留，继续加酶水解，如淀粉已除尽，抽干，再以25mL丙酮洗涤2次。

将滤器置于110℃烘箱中干燥4h。取出移入干燥器冷却至室温，称重、得m_2（准确至小数点后4位）。

4）结果计算

$$x = \frac{m_2 - m_1}{m} \times 100$$

式中　x——样品中不溶性膳食纤维的含量，g/100g；

m_2——滤器加玻璃棉及样品中纤维的质量，g；

m_1——滤器加玻璃棉的质量，g；

m——样品质量，g。

5）说明及注意事项

（1）不溶性膳食纤维包括了样品中全部的纤维素、半纤维素、木质素、角质，由于食品中可溶性膳食纤维（来源于水果的果胶、某些豆类种子中的豆胶、海藻的藻胶、某些植物的黏性物质等可溶于水，称为水溶性膳食纤维）含量较少，所以中性洗涤纤维接近于食品中膳食纤维的真实含量。

（2）样品粒度对分析结果影响较大，颗粒过粗时结果偏高，而过细时又易造成滤板孔眼堵塞，使过滤无法进行。一般采用20～30目为宜，过滤困难时，可加入助剂。

（3）测定结果中包含灰分，可灰化后扣除。

7.5.6　果胶物质的测定

果胶物质是一种植物胶，存在于果蔬类植物中，是不同程度甲酯化和中和的半

乳糖醛酸以 α-1,4-糖苷键形成的高分子聚合物。果胶在食品工业中应用较广：如利用果胶水溶液在适当条件下可以形成凝胶的特性，生产果酱、果冻及高级糖果等食品；利用果胶具有增稠、稳定、乳化等功能，可以解决饮料的分层、防止沉淀、改善风味等。

测定果胶物质的方法有重量法、咔唑比色法、果胶酸钙滴定法、蒸馏滴定法等，较常用的为前两种，现分别介绍如下。

1. 称量法

1）实验原理

样品经 70%乙醇处理，使其中的果胶物质沉淀，再依次用乙醇、乙酸洗涤沉淀，除去可溶性糖类、脂肪、色素等物质；残渣分别用酸或用水提取总果胶或水溶性果胶。提取出来的果胶经皂化生成果胶酸钠，再经醋酸酸化使之生成果胶酸，加入钙盐则生成果胶酸钙沉淀，烘干后称重，换算成果胶的质量。

此法适用于各类食品，方法稳定可靠，但操作较烦琐、费时。另外，果胶酸钙沉淀中易夹杂其他胶态物质，使本法选择性较差。

2）仪器和试剂

（1）仪器。

① 布氏滤斗。

② G2 垂融坩埚。

③ 抽滤瓶。

④ 真空泵。

（2）试剂。

① 乙醇（分析纯）。

② 乙醚。

③ 0.05mol/L 盐酸溶液。

④ 0.1mol/L 氢氧化钠。

⑤ 1mol/L 乙酸。取 58.3mL 冰乙酸，用水定容到 100mL。

⑥ 1mol/L 氯化钙溶液。称取 110.99g 无水氯化钙，用水定容到 500mL。

3）操作步骤

（1）样品处理。

① 新鲜样品。称取试样 30～50g，用小刀切成薄片，置于预先放有 99%乙醇的 500mL 锥形瓶中，装上回流冷凝器，在水浴上沸腾回流 15min 后，冷却，用布氏漏斗过滤，残渣于研钵中一边慢慢磨碎，一边滴加 70%的热乙醇，冷却后再过滤，反复操作至滤液不呈糖的反应（用苯酚-硫酸法检验）为止。残渣用 99%乙醇洗涤脱水，再用乙醚洗涤以除去脂类和色素，风干乙醚。

② 干燥样品。研细，使之通过 60 目筛，称取 5～10g 样品于烧杯中。加入热的 70%乙醇，充分搅拌以提取糖类，过滤。反复操作至滤液不呈糖的反应。残渣用 99%乙醇洗涤，再用乙醚洗涤，风干乙醚。

（2）提取果胶。

① 水溶性果胶提取。用 150mL 水将上述漏斗中残渣移入 250mL 烧杯中，加热至沸并保持沸腾 1h。随时补足蒸发的水分，冷却后移入 250mL 容量瓶中，加水定容，摇匀，过滤，弃之初滤液，收集滤液即得水溶性果胶提取液。

② 总果胶的提取。用 150mL 加热至沸的 0.05mol/L 盐酸溶液把漏斗中残渣移入 250mL 锥形瓶中，装上冷凝器，于沸水浴中加热回流 1h，冷却后移入 250mL 容量瓶中，加甲基红指示剂 2 滴，加 0.5mol/L 氢氧化钠中和后，用水定容，摇匀，过滤，收集滤液即得总果胶提取液。

（3）样品测定。取 25mL 提取液（能生成果胶酸钙 25mg 左右）于 500mL 烧杯中，加入 0.1mol/L 氢氧化钠溶液 100mL，充分搅拌，放置 0.5h，再加入 1mol/L 乙酸 50mL，放置 5min，边搅拌边缓缓加入 1mol/L 氯化钙溶液 25mL，放置 1h（陈化），加热煮沸 5min，趁热用烘干至恒重的滤纸（或 G2 垂融坩埚）过滤，再用热水洗涤至无氯离子（用 1%硝酸溶液检验）为止。滤渣连同滤纸一同放入称量瓶中，置 103℃±2℃的烘箱中（G2 垂融坩埚可直接放入）干燥至恒重。

4）结果计算

$$果胶物质(以果胶酸计,\%)=\frac{(m_1-m_2)\times 0.9233}{m\times\frac{25}{250}}\times 100$$

式中　m_1——果胶酸钙和滤纸或垂融坩埚的质量，g；

m_2——滤纸或垂融柑祸的质量，g；

m——样品的质量，g；

25——测定时吸取果胶提取液的体积，mL；

250——果胶提取液的总体积，mL；

0.9233——由果胶酸钙换算为果胶酸的系数。果胶酸钙的实验式定为$C_{17}H_{22}O_{11}Ca$，其中钙含量约为 7.67%，果胶酸含量约为 92.33%。

5）说明及注意事项

（1）将切片浸入乙醇中，是为了钝化酶的活性。因为新鲜试样若直接研磨，由于其中的果胶分解酶的作用，会导致果胶迅速分解，故需钝化果胶分解酶。

（2）糖分的苯酚-硫酸检验法：取检液 1mL，置于试管中，加入 1mL 5%苯酚水溶液，再加入 5mL 硫酸，混匀，如溶液呈褐色，证明检液中含有糖分。

（3）加入氯化钙溶液时，应边搅拌边缓缓滴加，以减小过饱和度，并可避免溶液局部过浓。

（4）采用热过滤和热水洗涤沉淀是为了降低溶液的黏度，加快过滤和洗涤速度，并增大杂质的溶解度，使其易被洗去。

2. 咔唑比色法

1）实验原理

果胶经水解可生成半乳糖醛酸，半乳糖醛酸在强酸中可与咔唑试剂发生缩合反应，生成紫红色化合物，该紫红色化合物的呈色强度与半乳糖醛酸含量成正比。故可通过测定吸光度对果胶含量进行定量。

此法适用于各类食品的果胶含量的测定。具有操作简便、快速，准确度高，重现性好等优点。

2）仪器和试剂

（1）仪器。分光光度计。

（2）试剂。

① 乙醇。

② 乙醚。

③ 0.05mol/L 盐酸溶液。

④ 0.15%咔唑乙醇溶液。称取化学纯咔唑 0.150g，溶解于精制乙醇中并定容到 100mL，咔唑溶解缓慢，需加以搅拌。（精制乙醇：取无水乙醇或 95%乙醇 1000mL，加入锌粉 4g，（1+1）硫酸 4mL，在水浴中回流 10h，用全玻璃仪器蒸馏，馏出液每 1000mL 加锌粉和氢氧化钾各 4g，重新蒸馏一次）。

⑤ 半乳糖醛酸标准溶液。称取半乳糖醛酸 100mg，溶于蒸馏水并定容到 100mL，用此液配制一组浓度为 10～70μg/mL 的半乳糖醛酸标准溶液。

⑥ 硫酸（优级纯）。

3）测定步骤

（1）样品处理。同称量法。

（2）果胶的提取。同称量法。

（3）标准工作曲线的制作。取 8 支 50mL 比色管，各加入 12mL 浓硫酸。置冰水浴中，边冷却边缓缓依次加入浓度为 0、10、20、30、40、50、60、70μg/mL 的半乳糖醛酸标准溶液 2mL，充分混合后，再置冰水浴中冷却。然后在沸水浴中准确加热 10min，用流动水迅速冷却到室温，各加入 0.15%咔唑试剂 1mL 充分混合，置室温下放置 30min，以半乳糖醛酸含量为 0 的半乳糖醛酸标准溶液为空白，在 530nm 波长下测定吸光度。以半乳糖醛酸含量为纵坐标，吸光度为横坐标，绘制标准工作曲线。

（4）样品提取液的测定。取果胶提取液（水溶性果胶提取液或总果胶提取液），用水稀释到适当浓度（含半乳糖醛酸 10～70μg/mL）。取 2mL 稀释液于 50mL 比色管中，以下按制作标准曲线的方法操作，测定吸光度。从标准曲线上查出半乳糖醛酸浓度（μg/mL）。

4）结果计算

$$\text{果胶物质(以半乳糖醛酸计,\%)} = \frac{c \times V \times K}{m \times 10^6} \times 100$$

式中 c——从标准曲线上查得的半乳糖醛酸浓度，μg/mL；

V——果胶提取液总体积，mL；

K——提取液稀释倍数；

m——样品质量，g。

5）说明及注意事项

（1）本法的测定结果以半乳糖醛酸表示，因不同来源的果胶中半乳糖醛酸的含量不同，如甜橙为77.7%，柠檬为94.2%，柑橘为96%，苹果为72%～75%。若把结果换算为果胶的含量，可按上述关系计算换算系数。

（2）糖分存在对咔唑的呈色反应影响较大，使结果偏高，故样品处理时应充分洗涤去除糖分。

（3）硫酸浓度对咔唑的呈色反应也影响较大，故在测定样液和制作样液标准曲线时，应使用相同规格、同批号的浓硫酸，以保证浓度一致。

（4）硫酸与半乳糖醛酸混合液在加热条件下可形成与咔唑试剂反应所必需的中间化合物，此化合物在加热10min后即以形成，在测定条件下显色迅速、稳定，可满足分析要求。

7.6　蛋白质、氨基酸的测定

蛋白质是生命的物质基础，是构成人体及动植物细胞组织的重要成分之一。人体新生组织的形成、酸碱平衡和水平衡的维持、遗传信息的传递、物质的代谢及转运都与蛋白质有关。人及动物只能从食品中得到蛋白质及其分解物，来构成自身的蛋白质，故蛋白质是人体重要的营养物质，也是食品中重要的营养指标。测定食品中蛋白质的含量，对于评价食品的营养价值、合理开发利用食品资源、提高产品质量、优化食品配方、指导经济核算及生产过程控制均具有极其重要的意义。

测定蛋白质的方法可分为两大类：一类是利用蛋白质的共性，即含氮量、肽键和折射率等测定蛋白质含量。另一类是利用蛋白质中特定氨基酸残基、酸性或碱性基团以及芳香基团等测定蛋白质含量。但因食品种类繁多，食品中蛋白质含量各异，特别是其他成分，如碳水化合物、脂肪和维生素等干扰成分很多，因此蛋白质含量测定最常用的方法是凯氏定氮法，它是测定总有机氮的最准确和操作较简便的方法之一，在国内外普遍应用。该法是通过测出样品中的总氮量再乘以相应的蛋白质系数而求出蛋白质含量的，由于样品中含有少量非蛋白质含氮化合物，故此法的结果称为粗蛋白质含量。此外，双缩脲法、染料结合法等也常用于蛋白质含量的测定，由于方法简便快速，故多用于生产单位质量控制分析。

近年来，凯氏定氮法经不断的研究改进，使其在应用范围、分析结果的准确度、仪器装置及分析操作的速度等方面均取得了新的进步。另外，国外采用红外分析仪，利用波长在0.75～3μm范围内的近红外线具有被食品中蛋白质组分吸收及反射的特性，依据红外线的反射强度与食品中蛋白质含量之间存在的函数关系而建立了近红外光谱快速定量方法。

7.6.1　凯氏定氮法（GB/T 5009.5—2003）

1）实验原理

样品、浓硫酸和催化剂一同加热消化，使蛋白质分解，其中碳和氢被氧化为二氧化碳和水逸出，而样品中的有机氮转化为氨，并与硫酸结合成硫酸铵。然后加碱蒸馏，使氨逸出，用硼酸溶液吸收后，再以标准盐酸溶液滴定。根据消耗的标准酸液的体积可计算蛋白质的含量。

（1）样品消化。消化反应方程式表示为

$$2NH_2(CH_2)_2COOH + 13H_2SO_4 \longrightarrow (NH_4)_2SO_4 + 6CO_2 + 12SO_2 + 16H_2O$$

浓硫酸既可使有机物脱水后被炭化为碳、氢、氮；又能将有机物转化为二氧化碳，而硫酸则被还原成二氧化硫：

$$2H_2SO_4 + C \longrightarrow CO_2 + SO_2 + H_2O$$

二氧化硫使氮还原为氨，本身则被氧化为三氧化硫，氨随之与硫酸作用生成硫酸铵留在酸性溶液中：

$$H_2SO_4 + 2NH_3 \longrightarrow (NH_4)_2SO_4$$

（2）蒸馏。在消化完全的样品溶液中加入氢氧化钠溶液使呈碱性，加热蒸馏，释放出氨气，反应方程式为

$$(NH_4)_2SO_4 + 2NaOH \longrightarrow 2NH_3 + Na_2SO_4 + 2H_2O$$

（3）吸收与滴定。加热蒸馏所放出的氨，可用硼酸溶液进行吸收，待吸收完全后，再用盐酸标准溶液滴定，因硼酸呈微弱酸性（$K=5.8\times10^{-10}$），用酸滴定不影响指示剂的变色，但它有吸收氨的作用，吸收及滴定反应方程式为

$$2NH_3 + 4H_3BO_3 \longrightarrow (NH_4)_2B_4O_7 + 5H_2O$$

$$(NH_4)_2B_4O_7 + 5H_2O + 2HCl \longrightarrow 2NH_4Cl + 4H_3BO_3$$

蒸馏释放出来的氨，也可以采用硫酸或盐酸标准溶液吸收，然后再用氢氧化钠标准溶液返滴定吸收液中过剩的硫酸或盐酸．从而计算总氮量。

2）仪器和试剂

（1）仪器。实验室常规仪器及各项设备如下：

① 凯氏烧瓶。500mL。

② 可调式电炉。

③ 蒸汽蒸馏装置见图 7-8 和图 7-9。

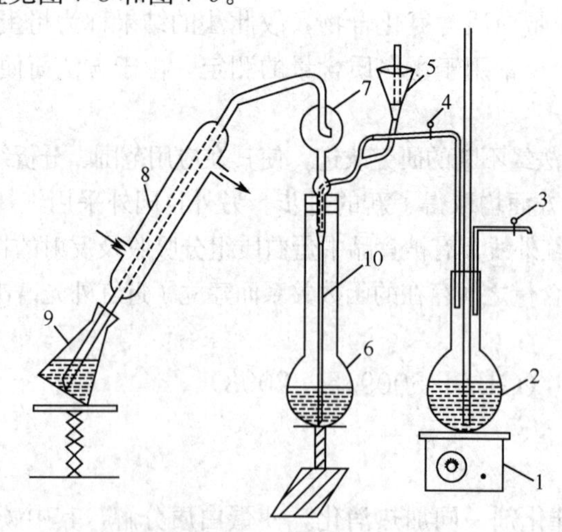

图 7-8　常量蒸馏装置

1. 电炉；2. 蒸汽发生瓶；3. 大气夹；4. 螺旋夹；5. 加碱漏斗；
6. 凯氏烧瓶；7. 氮素球；8. 冷凝管；9. 接收瓶；10. 塑料管

（2）试剂。

① 硫酸铜（$CuSO_4 \cdot 5HO_2$）。

② 硫酸钾。

③ 浓硫酸。

④ 40%氢氧化钠溶液。

⑤ 4%硼酸溶液。

⑥ 0.1mol/L 盐酸标准滴定溶液。

⑦ 95%乙醇。

⑧ 甲基红-次甲基蓝混合指示液。将次甲基蓝（乙醇溶液 1g/L）与甲基红（乙醇溶液 1g/L）按 1＋2 体积比混合。

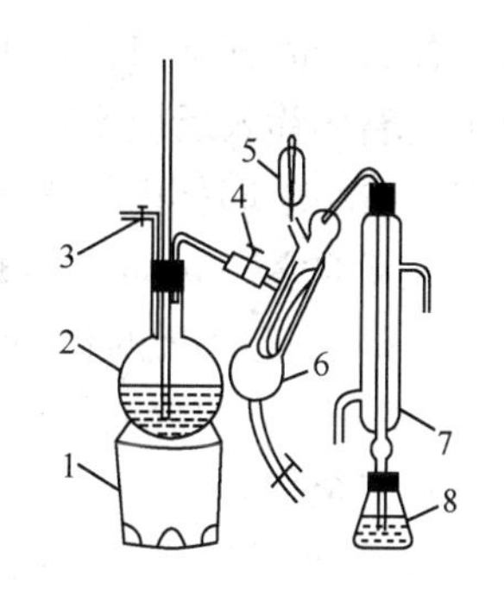

图 7-9 微量蒸馏装置

1. 电炉；2. 蒸汽发生器；3. 大气夹；4. 螺旋夹；5. 小玻璃杯；6. 反应室；7. 冷淋管；8. 接收瓶

3）操作步骤

（1）样品消化。准确称取固体样品 0.5～5g（半固体样品 2～5g，液体样品 10～20mL），小心移入干燥洁净的凯氏烧瓶中，然后依次加入硫酸铜 0.4g、硫酸钾 10g 和浓硫酸 20mL 及数粒玻璃珠。轻轻摇匀后，按图 7-10 安装消化装置。将凯氏烧瓶斜放（45°）在电炉上，缓慢加热（在通风橱内进行，若无通风橱，可于瓶口倒插入一个口径适宜的干燥管，用胶管与水力真空管连接，利用水力抽除消化过程所产生的烟气）。待内容物全部炭化，泡沫停止后加大火力，保持液面微沸。当溶液呈蓝绿色透明时，继续加热 0.5～1h。取下凯氏烧瓶冷却至 40℃，缓慢加入适量水，摇匀。冷却至室温。

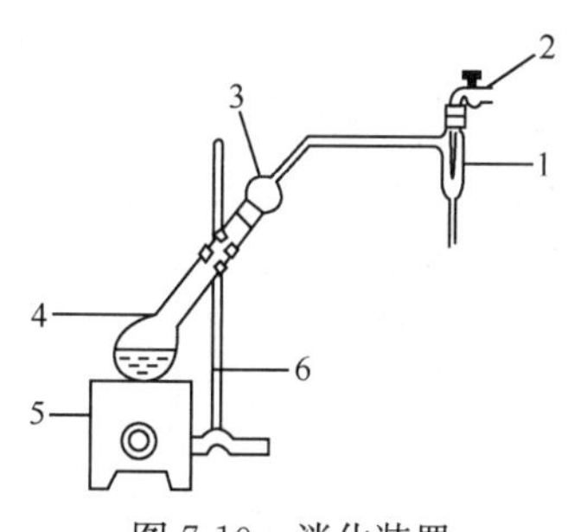

图 7-10 消化装置

1. 水抽瓶；2. 水龙头；3. 凯氏球；4. 凯氏烧瓶；5. 电炉；6. 铁夹台

（2）蒸馏、吸收。

① 常量蒸馏。按图 7-8 装好蒸馏装置。向接收瓶内加入 10mL 4%硼酸溶液及 4～5 滴甲基红—次甲基蓝混合指示液。将接收瓶置于蒸馏装置的冷凝管下口，使冷凝管下口浸入硼酸溶液中。将盛有消化液的凯氏烧瓶连接在氮素球下，塑料管下端浸入消化液中。放松夹子，沿漏斗向凯氏烧瓶中缓慢加入 70～80mL 40%氢氧化钠溶液，摇动凯氏瓶，至瓶内溶液变为深蓝色，或产生黑色沉淀，再加入 100mL 蒸馏水（从漏斗中加入），夹紧夹子。通入蒸汽，蒸馏 30min（始终保持液面沸腾）。至氨全部蒸出（约 250mL 蒸馏液）。降低接收瓶的位置，使冷凝管口离开液面，继续蒸馏 1～3min。（用表面皿接几滴馏出液，以奈氏试剂检查，如无红棕色物生成，表示蒸馏完毕）。停止加热，用少量水冲洗冷凝管管口，洗液并入接收瓶内，取下接收瓶，用 0.1000mol/L 的盐酸标准溶液滴定至终点，同时做一试剂空白（除不加样品外，从消化开始完全相同），记录空白滴定消耗盐酸标准溶液体积。

② 微量蒸馏。按图 7-9 安装好定氮蒸馏装置。于水蒸气发生瓶中装水至 2/3 容积处，加甲基橙指示剂数滴及硫酸数毫升，以保持水呈酸性，加热煮沸水蒸气发生瓶中的水。将消化好并冷却至室温的消化溶液全部转移到 100mL 容量瓶中，用蒸馏水定容至刻度，摇匀。向接收瓶内加入 10mL 4%硼酸溶液和 1 滴混合指示剂。将接收瓶置于蒸

馏装置的冷凝管下口，使下口浸入硼酸溶液中。取10mL±0.5mL稀释定容后的试液，沿小玻璃杯移入反应室，并用少量蒸馏水冲洗小玻璃杯，一并移入反应室。塞紧棒状玻璃塞，向小玻璃杯内加入约10mL 40%氢氧化钠溶液。提起玻璃塞，使氢氧化钠溶液缓慢流入反应室，立即塞紧玻璃塞，并在小玻璃杯中加水使之密封。通入蒸汽，蒸馏5min。降低接收瓶的位置，冲洗冷凝管管口，洗液并入接收瓶内。取下接收瓶，用0.01000mol/L的盐酸标准溶液滴定至终点，同时做一试剂空白（除不加样品外，从消化开始完全相同），记录空白滴定消耗盐酸标准溶液体积。

4）结果计算（计算结果精确到小数点后第二位）

常量蒸馏按下式计算：

$$x=\frac{(V-V_0)\times 0.014\times c}{m}\times F\times 100$$

微量蒸馏按下式计算：

$$x=\frac{(V-V_0)\times 0.014\times c}{m\times \frac{10}{100}}\times F\times 100$$

式中 x——食品中蛋白质含量，%；

V——滴定试样时消耗盐酸标准滴定溶液的体积，mL；

V_0——空白试验时消耗盐酸标准滴定溶液的体积，mL；

c——盐酸标准滴定溶液的物质的量浓度；

0.014——氮的毫摩尔质量，g/mmol；

m——试样的质量，g；

F——氮换算为蛋白质的系数。按表7-2换算。

表7-2 不同种类食品的蛋白质换算系数

食品的种类	F	食品的种类	F	食品的种类	F
小麦	5.83	花生	5.46	芝麻、葵花子、南瓜子	5.4
小麦粉及其制品	5.7	大豆及其制品	5.71	栗子、胡桃	5.3
大麦、燕麦、黑麦	5.83	畜禽肉及其制品	6.25	其他食品	6.25
米	5.95	乳及乳制品	6.38	—	—

5）说明及注意事项

（1）所用试剂溶液应用无氨蒸馏水配制。

（2）在消化反应中，为加速蛋白质的分解，缩短消化时间，常加入下列物质。

① 硫酸钾。加入硫酸钾可以提高溶液的沸点而加快有机物分解，它与硫酸作用生成硫酸氢钾可提高反应温度，一般纯硫酸的沸点在340℃左右，而添加硫酸钾后，可使温度提高至400℃以上，原因主要在于随着消化过程中硫酸不断地被分解，水分不断逸出而使硫酸钾浓度增大，故沸点升高，其反应式为

$$K_2SO_4+H_2SO_4\longrightarrow 2KHSO_4$$

$$2KHSO_4\longrightarrow K_2SO_4+SO_2+H_2O$$

但硫酸钾加入量不能太大，否则消化体系温度过高，又会引起已生成的铵盐发生热分解放出氨而造成损失。

$$(NH_4)_2SO_4 \rightarrow NH_3 + (NH_4)HSO$$

除硫酸钾外，也可以加入硫酸钠、氯化钾等盐类来提高沸点，但效果不如硫酸钾。

② 硫酸铜。硫酸铜起催化剂的作用。凯氏定氮法中可用的催化剂种类很多，除硫酸铜外，还有氧化汞、汞、硒粉、二氧化钛等，但考虑到效果、价格及环境污染等多种因素，应用最广泛的是硫酸铜，使用时常加入少量过氧化氢、次氯酸钾等作为氧化剂以加速有机物氧化，硫酸铜的作用机理如下所示：

$$2CuSO_4 \longrightarrow CuSO_4 + SO_2 + O$$

$$C + CuSO_4 \longrightarrow Cu_2SO_4 + SO_2 + CO_2$$

$$Cu_2SO_4 + 2H_2SO_4 \longrightarrow 2CuSO_4 + H_2O + SO_2$$

此反应不断进行，待有机物全部被消化完后，不再有硫酸亚铜（褐色）生成，溶液呈现清澈的蓝绿色。故硫酸铜除起催化剂的作用外，还可指示消化终点的到达，以及下一步蒸馏时作为碱性反应的指示剂。若取样量较大，如试样超过 5g，可按每克试样 5mL 的比例增加硫酸用量。

(3) 消化时不要用强火，应保持缓和沸腾，以免黏附在凯氏瓶内壁上的含氯化合物在无硫酸存在的情况下未消化完全而造成氮损失。另外，消化过程中应注意不时转动凯氏烧瓶，以便利用冷凝酸液将附在瓶壁上的固体残渣洗下，促进其消化完全。

(4) 样品中若含脂肪或糖较多时，消化过程中易产生大量泡沫，为防止泡沫溢出瓶外，在开始消化时应用小火加热，并时时摇动；或者加入少量辛醇或液体石蜡或硅油消泡剂，并同时注意控制热源强度。

(5) 当样品消化液不易澄清透明时，可将凯氏烧瓶冷却，加入 30%过氧化氢 2～3mL 后继续加热消化。

(6) 一般消化至呈透明后，继续消化 30min 即可，但对于含有特别难以氨化的氮化合物的样品，如含赖氨酸、组氨酸、色氨酸、酪氨酸或脯氨酸等时，需适当延长消化时间。有机物如分解完全，消化液呈蓝色或浅绿色，但含铁量多时，呈较深绿色。

(7) 蒸馏时，蒸馏装置不能漏气，蒸汽发生要均匀充足，蒸馏过程中不得停火断气，否则将发生倒吸。另外，蒸馏前，加碱要足量，操作要迅速；漏斗应采用水封措施，以免氨由此逸出损失。蒸馏前若加碱量不足，消化液呈蓝色不生成氢氧化铜沉淀，此时需再增加氢氧化钠用量。蒸馏完毕后，应先将冷凝管下端提高液面清洗管口，再蒸 1min 后关掉热源，否则可能造成吸收液倒吸。

(8) 硼酸吸收液的温度不应超过 40℃，否则对氨的吸收作用减弱而造成损失，此时可置于冷水浴中。

(9) 混合指示剂在碱性溶液中呈绿色，在中性溶液中呈灰色，在酸性溶液中呈红色。

(10) 食品中的含氮化合物大都以蛋白质为主体，所以检验食品中蛋白质时，往往只限于测定总氮量，然后乘以蛋白质换算系数，即可得到蛋白质含量。凯氏法可用于所有动、植物食品的蛋白质含量测定，但因样品中常含有核酸、生物碱、含氮类脂以及含氮色素等非蛋白质的含氮化合物，故结果称为粗蛋白质含量。

7.6.2 蛋白质快速测定法

凯氏定氮法是各种测定蛋白质含量方法的基础，经过人们长期的应用和不断的改进，具有应用范围广、灵敏度较高、回收率好等优点。但其操作费时，如遇到高脂肪、高蛋白质的样品消化需 5h 以上，且在操作中易产生大量有害气体污染工作环境，影响操作人员健康。

为了满足生产单位对工艺过程的快速分析，尽量减少环境污染和操作省时，因此陆续创立了快速测定蛋白质的方法，如分光光度法、双缩脲法、紫外分光光度法、染料结合法、水杨酸比色法、折光法、旋光法及近红外光谱法，现将前五种方法分别介绍如下。

1. 分光光度法（A_{400}）

1）实验原理

食品与硫酸、催化剂一起加热消化使蛋白质分解，分解的氨与硫酸结合生成硫酸铵。然后在 pH4.8 的乙酸钠-乙酸缓冲溶液中，铵与乙酰丙酮和甲醛反应生成黄色的 3,5-二乙酰-2,6-二甲基-1,4-二氢化吡啶化合物，在波长 400nm 处测定吸光度，与标准系列比较定量，结果乘以换算系数，即蛋白质含量。

此法不仅能满足对工艺过程的快速控制分析，而且具有环境污染少、操作简便省时等特点。

2）仪器和试剂

（1）仪器。

① 分光光度计。

② 恒温水浴锅。

（2）试剂。

① 氢氧化钠溶液（300g/L）。

② 对硝基苯酚指示剂（1g/L）。称取 0.1g 对硝基苯酚指示剂溶于 20mL95%乙醇中，加水溶解后稀释至 500mL。

③ 乙酸溶液（1mol/L）。量取 5.8mL 冰乙酸，加水稀释至 100mL。

④ 乙酸钠溶液（1mol/L）。称取 41g 无水乙酸钠或 68g 乙酸钠（$CH_3COONa \cdot 3H_2O$），加水溶解并稀释至 500mL。

⑤ 乙酸钠-乙酸缓冲溶液（pH4.8）。量取 60mL 乙酸钠溶液（1mol/L）与 40mL 乙酸溶液（1mol/L）混合。

⑥ 氨氮标准溶液（0.1g/L）。称取经 105℃干燥 2h 的硫酸铵 0.4720g，置于小烧杯中，用水溶解移入 100mL 容量瓶中，用水稀释至刻度，摇匀。此溶液每毫升相当于 1.0mg 氨氮标准溶液。使用时用水配制成每毫升相当于 100μg 含氮量的标准溶液。

3）操作步骤

（1）样品消化同微量凯氏定氮法。

（2）试样溶液的制备。精密吸取 2～5mL 样品消化液或试剂空白消化液于 50～100mL 容量瓶中，加 1～2 滴对硝基苯酚指示剂（1g/L）至溶液无色，用水稀释至刻度。

（3）标准曲线的绘制。准确吸取氨氮标准使用液 0、0.05、0.1、0.2、0.4、0.6、0.8、1.0mL，分别置于 10mL 比色管中，分别加入 4mL 乙酸钠-乙酸缓冲溶液(pH4.8)、4mL 显色剂，加水至刻度，摇匀后再在 100℃水浴中加热 15 min。取出用水冷却至室温，用 1cm 比色皿，以零管为参比，在分光光度计上于 400nm 波长处测量吸光度，测得各标准液的吸光度后绘制标准曲线。

（4）样品测定。准确吸取 0.5～2.0mL 上述试样制备液和同量试剂空白液于 10mL 比色管中，以下按标准曲线的绘制中自“加入 4mL 乙酸钠-乙酸缓冲溶液（pH4.8）”起依法操作，样液的吸光度与标准曲线比较定量或代入标准回归方程求出含量。

4）结果计算

$$x = \frac{c - c_0}{m \times \frac{V_2}{V_1} \times \frac{V_4}{V_3} \times 1000 \times 1000} \times 100 \times F$$

式中 x——试样中蛋白质含量，g/100g 或 g/100mL；

c——从标准曲线上查得的样液的含氮量，μg；

c_0——从标准曲线上查得的试剂空白液的含氮量，μg；

V_1——试样消化液的定容体积，mL；

V_2——试样制备取消化液的体积，mL；

V_3——试样制备液的定容体积，mL；

V_4——测定用试样溶液的体积，mL；

m——样品的质量，g；

F——蛋白质系数。

2. 双缩脲法

1）实验原理

当脲被小心地加热至 150～160℃时，可由 2 分子间脱去 1 个氨分子而生成二缩脲(也叫双缩脲)，反应式为

$$H_2NCONH_2 + H—NH—CO—NH_3 \xrightarrow{150\sim160℃} H_2NCONHCONH_2 + NH_3$$

双缩脲与碱及少量硫酸铜溶液作用生成紫红色的配合物（此反应称为双缩脲反应），由于蛋白质分子中含有肽键（—CO—NH—），与双缩脲结构相似，故也能呈现此反应而生成紫红色配合物，在一定条件下其颜色深浅与蛋白质含量成正比，据此可用吸收光度法来测定蛋白质含量，该配合物的最大吸收波长为 560nm。

本法灵敏度较低．但操作简单快速，故在生物化学领域中测定蛋白质含量时常用此法。本法亦适用于豆类、油料、米谷等作物种子及肉类等样品测定。

2）仪器和试剂

（1）仪器。

① 分光光度计。

② 离心机。

（2）试剂。

① 碱性硫酸铜溶液。

a. 以甘油为稳定剂。将 10mL10mol/L 氢氧化钾和 3.0mL 甘油加到 937mL 蒸馏水，剧烈搅拌（否则将生成氢氧化铜沉淀），同时慢慢加入 40mL 14%硫酸铜溶液。

b. 以酒石酸钾钠作稳定剂。将 10mL 10mol/L 氢氧化钾和 20mL 25%酒石酸钾钠溶液加到 930mL 蒸馏水中，剧烈搅拌（否则将生成氢氧化铜沉淀），同时慢慢加入 40mL 4%硫酸铜溶液。

② 四氯化碳。

3）操作步骤

（1）标准曲线的绘制。以采用凯氏定氮法测出蛋白质含量的样品作为标准蛋白质样品。按蛋白质含量 40、50、60、70、80、90、100、110mg 分别称取混合均匀的标准蛋白质样于 8 支 50mL 纳氏比色管中，然后各加入 1mL 四氯化碳，再用碱性硫酸铜溶液（a 或 b）准确稀释至 50mL，振摇 10min，静置 1h，取上层清液离心 5min（2000r/min），取离心分离后的透明液于比色皿中，在 560nm 波长下以蒸馏水作参比液，调节仪器零点并测定各溶液的吸光度 A，以蛋白质的含量为横坐标，吸光度 A 为纵坐标绘制标准曲线。

（2）样品的测定。准确称取样品适量（即使得蛋白质含量在 40～110mg）于 50mL 纳氏比色管中，加 1mL 四氯化碳，按上述步骤显色后，在相同条件下测其吸光度 A。用测得的 A 值在标准曲线上即可查得蛋白质毫克数，进而由此求得蛋白质含量。

4）结果计算

$$蛋白质(mg/100g) = \frac{m_1 \times 100}{m}$$

式中 m_1——由标准曲线上查得的蛋白质含量，mg；

m——样品质量，g。

5）说明及注意事项

（1）蛋白质的种类不同，对发色程度的影响不大。

（2）标准曲线做完整之后，无须每次再做标准曲线。

（3）含脂肪高的样品应预先用醚抽出弃去。

（4）样品中有不溶性成分存在时，会给比色测定带来困难，此时可预先将蛋白质抽出后再进行测定。

（5）当肽链中含有脯氨酸时，若有多量糖类共存，则显色不好，会使测定值偏低。

3. 紫外分光光度法

1）实验原理

蛋白质及其降解产物（脲、胨、肽和氨基酸）的芳香环残基 $\left[\begin{array}{c} \quad\quad R \\ \quad\quad | \\ -NH-CH-CO- \end{array}\right]$ 在紫外区内对一定波长的光具有选择吸收作用。在波长（280nm）下，光吸收程度与蛋白质浓度（3～8mg/mL）呈直线关系，因此，通过测定蛋白质溶液的吸光度，并参照事先用凯氏定氮法测定蛋白质含量的标准样所做的标准曲线，即可求出样品蛋白质含量。

本法操作简便迅速，常用于生物化学研究工作；但由于许多非蛋白质成分在紫外光区也有吸收作用，加之光散射作用的于扰，故在食品分析领域中的应用并不广泛，最早用于测定牛乳的蛋白质含量，也可用于测定小麦面粉、糕点、豆类、蛋黄及肉制品中的蛋白质含量。

2）仪器和试剂

（1）仪器。

① 紫外分光光度计。

② 离心机。

（2）试剂。

① 0.1mol/L 柠檬酸水溶液。

② 8mol/L 尿素的 2mol/L 氢氧化钠溶液。

③ 95%乙醇。

④ 无水乙醚。

3）操作步骤

（1）标准曲线的绘制。准确称取样品 2.00g，置于 50mL 烧杯中，加入 0.1mol/L 柠檬酸溶液 30mL，不断搅拌 10min，使其充分溶解，用四层纱布过滤于玻璃离心管中，以 3000～5000r/min 的速度离心 5～10min，倾出上清液。分别吸取 0.5、1.0、1.5、2.0、2.5、3.0mL 于 10mL 容量瓶中，各加入 8mol/L 脲的氢氧化钠溶液，定容至标线，充分振摇 2min，若浑浊，再次离心直至透明为止。将透明液置于比色皿中，于紫外分光光度计 280nm 波长处以 8mol/L 脲的氢氧化钠溶液作参比液，测定各溶液的吸光度 A。

以事先用凯氏定氮法测得的样品中蛋白质的含量为横坐标，上述吸光度 A 为纵坐标，绘制标准曲线。

（2）样品的测定。准确称取试样 1.00g，如前处理，吸取的每毫升样品溶液中含有大约 3～8mg 的蛋白质。按标准曲线绘制的操作条件测定其吸光度，从标准曲线中查出蛋白质的含量。

4）结果计算

$$蛋白质(mg/100g)=\frac{m_1\times 100}{m}$$

式中　m_1——由标准曲线上查得的蛋白质含量，mg；

m——测定样品溶液所相当于样品的质量，mg。

5）说明及注意事项

（1）测定牛乳样品时的操作为：准确吸取混合均匀的样品 0.2mL，置于 25mL 纳氏比色管中，用 95%～97%的冰乙酸稀释至标线，摇匀，以 95%～97%冰乙酸为参比液，用 1cm 比色皿于 280nm 处测定吸光度，并用标准曲线法确定样品蛋白质含量（标准曲线以采用凯氏定氮法已测出蛋白质含量的牛乳标准样绘制）。

（2）测定糕点时，应将表皮的颜色去掉。

（3）温度对蛋白质水解有影响，操作温度应控制在 20～30℃。

4. 染料结合法

1）实验原理

在特定的条件下，蛋白质可与某些染料（如胺黑 10B 或酸性橙 12 等）定量结合而生成沉淀，用分光光度计测定沉淀反应完成后剩余的染料量可计算出反应消耗的染料量，进而求得样品中蛋白质含量。本法适用于牛乳、冰淇淋、酪乳、巧克力饮料、脱脂乳粉等食品。

2）仪器和试剂

（1）仪器。

① 分光光度计。

② 组织捣碎机。

③ 离心机。

（2）试剂。

① 柠檬酸溶液。称取柠檬酸（含 1 分子结晶水）20.14g，用水稀释至 1000mL，加入 1.0mL 丙酸（防腐），摇匀后 pH 应为 2.2。

② 胺黑 10B 染料溶液。准确称取胺黑 10B 染料 1.066g，用 pH2.2 的柠檬酸溶液定容至 1000mL，摇匀，取出 1mL，用水稀释至 250mL，以水为参比液，用 1cm 比色皿于 615nm 波长处测定吸光度为 0.320；否则用染料柠檬酸溶液或水进行调节。

3）操作步骤

（1）样品处理。用组织捣碎机将样品粉碎，准确称取一定量（蛋白质含量在 370～430mg），作标样用时称 4 份（2 份凯氏定氮法、2 份染料结合法）、如样品脂肪含量高，用乙醚提取脂肪弃去，然后再做试验。

（2）染料结合。将脱脂肪后样品全部放入组织捣碎机中. 准确加入吸光度为 0.320 的染料溶液 200mL，缓慢搅拌 4min。

（3）过滤离心。将已结合后的样品溶液用铺有玻璃棉的布氏漏斗自然过滤，静置 20min，取上清液 4mL，用水定容至 100mL，摇匀，取出部分溶液离心 5min（2000r/min）。

（4）比色。取离心后的澄清透明溶液，用 1cm 比色皿，以蒸馏水为参比液于 615nm 波长处测定吸光度。

（5）标准曲线的绘制。用凯氏定氮法测出上述 2 份平行样品的总氮量，进而计算出用于染料结合法测定的每份平行样的蛋白质含量，以比色测定得到的吸光度（实质是由沉淀反应后剩余的染料所产生的吸光度）为纵坐标（注意数值最好按从上到下吸光度增大的顺序标出)，以相对蛋白质含量为横坐标绘图，即得标准曲线。

该标准曲线供分析同类样品蛋白质含量使用。

(6) 测样。完全按照上述 (1) ～ (4) 步骤进行，根据测出的吸光度在标准曲线上查得蛋白质含量即可。

4) 说明及注意事项

(1) 取样要均匀。

(2) 绘制完整的标准曲线可供同类样品长期使用，而不需要每次测样时都做标准曲线。

(3) 在样品溶解性能不好时，也可用此法测定。

(4) 本法具有较高的经验性，故操作步骤必须标准化。

(5) 本法所用染料还包括橙黄6和溴酚蓝等。

5. 水杨酸比色法

1) 实验原理

样品中的蛋白质经硫酸消化而转化成铵盐溶液后，在一定的酸度和温度条件下可与水杨酸钠和次氯酸钠作用生成蓝色的化合物，可以在波长660nm处比色测定，求出样品含氮量，进而可计算出蛋白质含量。

2) 仪器和试剂

(1) 仪器。

① 分光光度计。

② 恒温水浴锅。

(2) 试剂。

① 氮标准溶液。称取经110℃干燥2h的硫酸铵0.4719g，置于小烧杯中，用水溶解移入100mL容量瓶中，用水稀释至刻度，摇匀。此溶液每毫升相当于1.0mg氮标准溶液。使用时用水配制成每毫升相当于2.50μg含氮量的标准溶液。

② 空白酸溶液。称取0.50g蔗糖，加入15mL浓硫酸及5g催化剂(其中含硫酸铜1份和无水硫酸钠9份，二者研细混匀备用)，与样品一样处理消化后移入250mL容量瓶中，加水至标线。临用前吸取此液10mL，加水至100mL，摇匀作为工作液。

③ 磷酸盐缓冲溶液。称取7.1g磷酸氢二钠、38g磷酸三钠和20g酒石酸钾钠，加入400mL水溶解后过滤，另称取35g氢氧化钠溶于100mL水中，冷至室温，缓慢地边搅拌边加入磷酸盐溶液中，用水稀释至1000mL备用。

④ 水杨酸钠溶液。称取25g水杨酸钠和0.15g亚硝基铁氰化钠溶于200mL水中，过滤，用水稀释至500mL。

⑤ 次氯酸钠溶液。吸取试剂安替福民(次氯酸钠，Sodium hypochlorite)溶液4mL，用水稀释至1L，摇匀备用。

3) 操作步骤

(1) 标准曲线的绘制。准确吸取每毫升相当于氮含量2.5μg的标准溶液0、1.0、2.0、3.0、4.0、5.0mL，分别置于25mL比色管中，分别加入2mL空白酸工作液、5mL磷酸盐缓冲溶液，并分别加水至15mL，再加入5ml水杨酸钠溶液，移入37℃的恒温水浴中加热 15min 后，逐瓶加入 2.5mL 次氯酸钠溶液，摇匀后再在恒温水浴中加热 15 min，取出加水至标线，在分光光度计上于 660nm 波长处进行比色测定，测得各标准液的吸光度后绘制标准曲线。

(2) 样品处理。准确称取 0.20～1.00g 样品（视含氮量而定，小麦及饲料称取样品 0.5g 左右），置于凯氏定氮瓶中，加入 15mL 浓硫酸、0.5g 硫酸铜及 4.5g 无水硫酸钠，置电炉上小火加热至沸腾后，加大火力进行消化。待瓶内溶液澄清呈暗绿色时，不断地摇动瓶子，使瓶壁黏附的残渣溶下消化。待溶液完全澄清后取出冷却，加水移至 250mL 容量瓶中用水稀释至标线。

(3) 样品测定。准确吸取上述消化好的样液 10mL 于 100mL 容量瓶中，并用水稀释至标线。准确吸取 2mL 于 25mL 容量瓶中（或比色管中），加入 5mL 磷酸盐缓冲溶液，以下操作手续按标准曲线绘制的步骤进行，并以试剂空白为参比液测定样液的吸光度，从标准曲线上查出其含氮量。

4) 结果计算

$$含氮量(\%) = \frac{cK}{m \times 1000 \times 1000} \times 100$$

$$蛋白质(\%) = 总氮量(\%) \times F$$

式中　c——从标准曲线上查得的样液的含氮量，μg；

K——样品溶液的稀释倍数；

m——样品的质量，g；

F——蛋白质系数。

5) 说明及注意事项

(1) 样品消化完全应当天进行测定，结果重现性好。

(2) 温度对显色影响较大，故应严格控制反应温度。

(3) 对谷物及饲料等样品测定证明，此法结果与凯氏定氮法基本一致。

7.6.3　氨基酸的测定

蛋白质可以被酶、酸或碱水解，其水解的中间产物为朊、胨、肽等，最终产物为氨基酸。氨基酸含量一直是许多调味品和保健食品的质量指标之一。鉴于食品中氨基酸成分的复杂性，在一般的常规检验中多测定样品中的氨基酸总量，通常采用酸碱滴定法来完成。还可以通过薄层色谱法、气相色谱法、液相色谱法对氨基酸进行测定、分离、鉴别，近年世界上已出现多种氨基酸自动分析仪，可以快速、准确地测出各类氨基酸含量。下面主要介绍常用的氨基酸测定方法甲醛值法和茚三酮比色法。

1. 甲醛值法

1) 实验原理

氨基酸含有羧基和氨基，利用氨基酸的两性作用，加入甲醛固定氨基的碱性羧基显示出酸性，用氢氧化钠标准溶液滴定后进行定量，以酸度计测定终点。

2）仪器和试剂

（1）仪器。

① 酸度计。

② 磁力搅拌器。

③ 10mL 微量滴定管。

（2）试剂。

① 36%甲醛溶液。

② 0.050mol/L NaOH 标准溶液。

3）操作步骤

准确吸取试样溶液 5.0mL 置于 100mL 容量瓶中，加水至刻度，混匀后吸取 20.0mL 置于 200mL 烧杯中，加水 60mL，开动磁力搅拌器，用 0.05mol/L NaOH 标准溶液滴定至酸度计指示 pH8.2，记录用去氢氧化钠标准溶液的毫升数（按总酸计算公式，可以算出酱油的总酸含量）。

向上述溶液中准确加入甲醛溶液 10.0mL，混匀，继续用 0.05mol/L NaOH 标准溶液滴定至 pH9.2，记录用去氢氧化钠标准溶液的毫升数，供计算氨基酸态氮含量用。

试剂空白试验：取水 80mL，先用 0.05mol/L NaOH 标准溶液滴定至 pH8.2（记录用去氢氧化钠标准溶液的毫升数，此为测总酸的试剂空白试验）。再加入 10mL 甲醛溶液，继续用 0.05mol/L NaOH 标准溶液滴定至酸度计指示 pH9.2。第二次所用氢氧化钠标准溶液毫升数为测定氨基酸态氮的试剂空白试验。

4）结果计算

$$\rho = \frac{(V_1 - V_2) \times c \times 0.014}{5 \times \left(\frac{V_3}{100}\right)} \times 100$$

式中　ρ——样液中氨基液态氮的含量，g/100mL；

V_1——测定用的样品稀释液加入甲醛后消耗氢氧化钠标准溶液的体积，mL；

V_2——试剂空白试验加入甲醛后消耗氢氧化钠标准溶液的体积，mL；

V_3——样品稀释液取用量，mL；

c——NaOH 标准溶液的浓度，mol/L。

5）说明及注意事项

（1）本法准确快速，可用于各类样品游离氨基酸含量的测定。

（2）对于混浊和色深的样液可不经处理而直接测定。

（3）试样中如含有铵盐会影响氨基酸态氮的测定，可使氨基酸态氮测定结果偏高。因此要同时测定铵盐，将氨基酸态氮的结果减去铵盐的结果比较准确。

2. 茚三酮比色法

1）实验原理

氨基酸在碱性溶液中能与茚三酮作用，生成蓝紫色化合物（除脯氨酸外均有此反应），该颜色与氨基酸的含量成正比，其最大吸收波长为 570nm，因此可用分光光度法测定。

2）仪器和试剂

（1）仪器。

① 可见分光光度计。

② 电热恒温水浴锅（100℃±0.5℃）。

③ 25mL 容量瓶或比色管。

（2）试剂。

① 20g/L 茚三酮溶液。称取茚三酮 1g 于盛有 35mL 热水的烧杯中使其溶解，加入 40mg 氯化亚锡（$SnCl_2 \cdot H_2O$），搅拌过滤（作防腐剂），滤液置冷暗处过夜，加水至 50mL，摇匀备用。

② pH8.04 磷酸缓冲溶液。准确称取磷酸二氢钾（KH_2PO_4）4.5350g 于烧杯中，用少量蒸馏水溶解后，定量转入 500mL 容量瓶中，用水稀释至标线，摇匀备用。

准确称取磷酸氢二钠（Na_2HPO_4）11.9380g 于烧杯中，用少量蒸馏水溶解后，定量转入 500mL 容量瓶中，用水稀释至标线，摇匀备用。

取上述配好的磷酸二氢钾溶液 10.0mL 与 190mL 磷酸氢二钠溶液混合均匀，即为 pH8.04 的磷酸缓冲溶液。

③ 氨基酸标准溶液。准确称取干燥的氨基酸（如异亮氨酸）0.2000g 于烧杯中，用少量水溶解后，定量转入 100mL 容量瓶中，用水稀释至标线，摇匀。准确吸取此液 10.0mL 于 100mL 容量瓶中，加水至标线，摇匀。此为 200μg/mL 氨基酸标准溶液。

3）操作步骤

（1）标准曲线绘制。准确吸取 200μg/mL 的氨基酸标准溶液 0、0.5、1.0、1.5、2.0、2.5、3.0mL（相当于 0、100、200、300、400、500、600μg 氨基酸），分别置于 25mL 容量瓶或比色管中，各加水补充至容积为 4.0mL，然后加入茚三酮和磷酸缓冲溶液各 1mL，混合均匀，于水浴上加热 15min，取出迅速冷却至室温，加水至标线，摇匀。静置 15min 后，在 570nm 波长下，以试剂空白为参比液测定其余各溶液的吸光度 A。以氨基酸的质量（μg）为横坐标，吸光度 A 为纵坐标，绘制标准曲线。

（2）样品的测定。吸取澄清的样品溶液 1～4mL，按标准曲线制作步骤，在相同条件下测定吸光度 A，用测得的 A 在标准曲线上即可查得对应的氨基酸的质量（mg）。

4）结果计算

$$x=\frac{m_1}{m\times 1000}\times 100$$

式中　x——氨基酸含量，μg /100g；

m_1——从标准曲线上查得的氨基酸的质量，μg；

m——测定的样品溶液相当于样品的质量，g。

5）说明及注意事项

（1）通常采用的样品处理方法：准确称取粉碎样品 5～10g 或吸取液体样品 5～10mL，置于烧杯中，加入 50mL 蒸馏水和 5g 左右活性炭，加热煮沸、过滤，用 30～40mL 热水洗涤活性炭，收集滤液于 100mL 容量瓶中，加水至标线，摇匀待测。

（2）茚三酮受阳光、空气、温度、湿度等影响而被氧化呈淡红色或深红色，使用前须进行纯化，方法为：取 10g 茚三酮溶于 40mL 热水中，加入 1g 活性炭，摇动 1min，静置 30min，过滤。将滤液放入冰箱中过夜，即出现蓝色结晶，过滤，用 2mL 冷水洗涤结晶，置干燥器中干燥，装瓶备用。

7.7　维生素的测定

维生素是维持人体正常生命活动所必需的一类天然有机化合物。其种类很多，目前已确认的有 30 多种，其中被认为对维持人体健康和促进发育及至关重要的有 20 余种，虽然不能供给机体热能，也不是构成组织的基本原料，需要量极少，但是作为辅酶其参与调节代谢过程，缺乏任何一种维生素都会导致相应的疾病。它们在人体中不能合成，需要经常从食物中摄取。

食品中各种维生素的含量主要取决于食品的品种，此外，还与食品的工艺及储存等条件有关，许多维生素对光、热、氧、pH 敏感，因而加工条件不合理或储存不当都会造成维生素的损失。测定食品中维生素的含量，在评价食品的营养价值；开发和利用富含维生素的食品资源；指导人们合理调整膳食结构；防止维生素缺乏；研究维生素在食品加工、储存等过程中的稳定性；指导人们制定合理的工艺条件及储存条件、最大限度地保留各种维生素；防止因摄入过多而引起维生素中毒等方面具有十分重要的意义和作用。

根据维生素的溶解特性，习惯上将其分为两大类，即脂溶性维生素和水溶性维生素。本节将对维生素中，人体比较容易缺乏而在营养上比较重要的维生素 A、维生素 D、维生素 E、维生素 B_1、维生素 B_2、维生素 C 的分析方法做一介绍。

维生素含量的方法有化学法、仪器法、微生物法等。微生物法是基于某种微生物生长需要特定的维生素，方法特异性强、灵敏度高、不需要特殊仪器，样品不需经特殊处理，但只能测定水溶性维生素。化学法主要包括比色法、滴定法，具有简便、快速、不需要特殊仪器等优点，但对样品处理要求高，干扰因素多。仪器法中色谱法、荧光法、紫外法等是多种维生素的标准分析方法，它们灵敏、快速，有较好的选择性，特别是 HPLC 可用于大多数维生素的测定，并且在某些条件下可同时分析几种维生素，但分析费用较高。

7.7.1　脂溶性维生素的测定

脂溶性维生素是指与类脂物一起存在于食物中的维生素 A、维生素 D 和维生素 E。脂溶性维生素具有以下理化性质：

(1) 脂溶性维生素不溶于水，易溶于脂肪、乙醇、丙酮、氯仿、乙醚、苯等有机溶剂。

(2) 维生素 A、维生素 D 对酸不稳定，维生素 E 对酸稳定。维生素 A、维生素 D 对碱稳定，维生素 E 对碱不稳定，但在抗氧化剂存在下或惰性气体保护下，也能经受碱的煮沸。

(3) 维生素A、维生素D、维生素E耐热性好，能经受煮沸，维生素A因分子中有双链，易被氧化，光、热促进其氧化，维生素D性质稳定，不易被氧化，维生素E在空气中能慢慢被氧化，光、热、碱能促进其氧化作用。

测定脂溶性维生素时，通常先用皂化法处理样品，水洗去除类脂物。然后用有机溶剂提取脂溶性维生素（不皂化物），浓缩后溶于适当的溶剂后测定。在皂化和浓缩时，为防止维生素的氧化分解，常加入抗氧化剂（如焦性没食子酸、维生素C等）。对于某些液体样品或脂肪含量低的样品，可以先用有机溶剂抽出脂类，然后再进行皂化处理；对于维生素A、维生素D、维生素E共存的样品，或杂质含量高的样品，在皂化提取后，还需进行层析分离。分析操作一般要在避光条件下进行。

1. 维生素A和维生素E的测定——高效液相色谱法

1）实验原理

样品中的维生素A及维生素E经皂化提取处理后，将其从不可皂化部分提取至有机溶剂中。用高效液相色谱法C_{18}反相柱将维生素A和维生素E分离，经紫外检测器检测，并用内标法定量测定。

2）仪器和试剂

(1) 仪器。

① 高压液相色谱仪带紫外分光检测器。

② 旋转蒸发器。

③ 高速离心机。

④ 小离心管：具塑料盖1.5～3.0mL塑料离心管（与高速离心机配套）。

⑤ 高纯氮气。

⑥ 恒温水浴锅。

⑦ 紫外分光光度计。

(2) 试剂。

① 无水乙醚。不含有过氧化物。

过氧化物检查方法：用5mL乙醚加1mL 10%碘化钾溶液，振摇1min，如有过氧化物则放出游离碘，水层呈黄色或加4滴0.5%淀粉液，水层呈蓝色。该乙醚需处理后使用。

去除过氧化物的方法：重蒸乙醚时，瓶中放入纯铁丝或铁末少许。弃去10%初馏液和10%残留液。

② 无水乙醇。不得含有醛类物质。

检查方法：取2mL银氨溶液于试管中，加入少量乙醇，摇匀，再加入10%氢氧化钠溶液，加热，放置冷却后，若有银镜反应则表示乙醇中有醛。

脱醛方法：取2g硝酸银溶于少量水中。取4g氢氧化钠溶于温乙醇中。将两者倾入1L乙醇中，振摇后，放置暗处2d（不时摇动，促进反应），经过滤，置蒸馏瓶中蒸馏，弃去初蒸出的50mL。当乙醇中含醛较多时，硝酸银用量适当增加。

③ 无水硫酸钠。

④ 甲醇。重蒸后使用。

⑤ 重蒸水。水中加少量高锰酸钾，临用前蒸馏。

⑥ 10%抗坏血酸溶液（kg/L)：临用前配制。

⑦ 1+1氢氧化钾溶液取50g氢氧化钾，溶于50g水中，混匀。

⑧ 10%氢氧化钠溶液（kg/L)。

⑨ 5%硝酸银溶液（kg/L)。

⑩ 银氨溶液。加氨水至5%硝酸银溶液中，直至生成的沉淀重新溶解为止，再加10%氢氧化钠溶液数滴，如发生沉淀，再加氨水直至溶解。

⑪ 维生素A标准液。视黄醇（纯度85%）或视黄醇乙酸酯（纯度90%）经皂化处理后使用。用脱醛乙醇溶解维生素A标准品，使其浓度大约为1mL相当于1mg视黄醇。临用前用紫外分光光度法标定其准确浓度。

⑫ 维生素E标准液。α-生育酚（纯度95%），γ-生育酚（纯度95%），δ-生育酚（纯度95%）。用脱醛乙醇分别溶解以上三种维生素E标准品，使其浓度大约为1mL相当于1mg。临用前用紫外分光光度法分别标定此三种维生素E的准确浓度。

⑬ 内标溶液。称取苯并[e]芘（纯度98%），用脱醛乙醇配制成每1mL相当于10μg苯并[e]芘的内标溶液。

3）操作步骤

（1）样品处理。

① 皂化。称取1～10g样品（含维生素A约3μg，维生素E各异构体约为40μg）于皂化瓶中，加30mL无水乙醇，进行搅拌，直到颗粒物分散均匀为止。加5mL 10%抗坏血酸，苯并[e]芘标准液2.00mL，混匀。加10mL 1∶1氢氧化钾，混匀。于沸水浴上回流30min使皂化完全。皂化后立即放入冰水中冷却。

② 提取。将皂化后的样品移入分液漏斗中，用50mL水分2～3次洗皂化瓶，洗液并入分液漏斗中。用约100mL乙醚分2次洗皂化瓶及其残渣，乙醚液并入分液漏斗中。如有残渣，可将此液通过有少许脱脂棉的漏斗滤入分液漏斗。轻轻振摇分液漏斗2min，静置分层，弃去水层。

③ 洗涤。用约50mL水洗分液漏斗中的乙醚层，用pH试纸检验直至水层不显碱性（最初水洗轻摇，逐次振摇强度可增加)。

④ 浓缩。将乙醚提取液经过无水硫酸钠（约5g）滤入与旋转蒸发器配套的250～300mL球形蒸发瓶内，用约10mL乙醚冲洗分液漏斗及无水硫酸钠3次，并入蒸发瓶内，并将其接至旋转蒸发器上，于55℃水浴中减压蒸馏并回收乙醚，待瓶中剩下约2mL乙醚时，取下蒸发瓶，立即用氮气吹掉乙醚。立即加入2.00mL乙醇，充分混合，溶解提取物。

⑤ 将乙醇液移入一小塑料离心管中，离心5min（5000r/min)。上清液供色谱分析。如果样品中维生素含量过少，可用氮气将乙醇液吹干后，再用乙醇重新定容。并记下体积比。

（2）标准曲线的制备。

① 维生素A和维生素E标准浓度的标定方法。取维生素A和各维生素E标准液若干微升，分别稀释至3.00mL乙醇中，并分别按给定波长测定各维生素的吸光值。用比

吸光系数计算出该维生素的浓度。测定条件如表 7-3 所示。

表 7-3　维生素 A 和各维生素 E 标准液测定条件

标准	加入标准的量 $V/\mu L$	比吸光系数 $E_{cm}^{1\%}$	波长 λ/nm
视黄醇	10.00	1835	325
γ-生育酚	100.0	71	294
δ-生育酚	100.0	92.8	298
α-生育酚	100.0	91.2	298

浓度计算：

$$c_1=\frac{A}{E}\times\frac{1}{100}\times\frac{3.00}{V\times10^{-3}}$$

式中　c_1——维生素的浓度，g/mL；

A——维生素的平均紫外吸光值；

E——维生素 1%比吸光系数；

$\frac{3.00}{V\times10^{-3}}$——标准溶液的稀释倍数。

② 标准曲线的制备。本方法采用内标法定量。把一定量的维生素 A、γ-生育酚、α-生育酚、δ-生育酚及内标苯并［e］芘液混合均匀。选择合适灵敏度，使上述物质的各峰高约为满量程 70%，为高浓度点。高浓度的 1/2 为低浓度点（其内标苯并［e］芘的浓度值不变），用此二种浓度的混合标准进行色谱分析，结果见色谱图 7-11。维生素标准曲线绘制是以维生素峰面积与内标物峰面积之比为纵坐标，维生素浓度为横坐标绘制，或计算直线回归方程。如有微处理机装置，则按仪器说明用二点内标法进行定量。

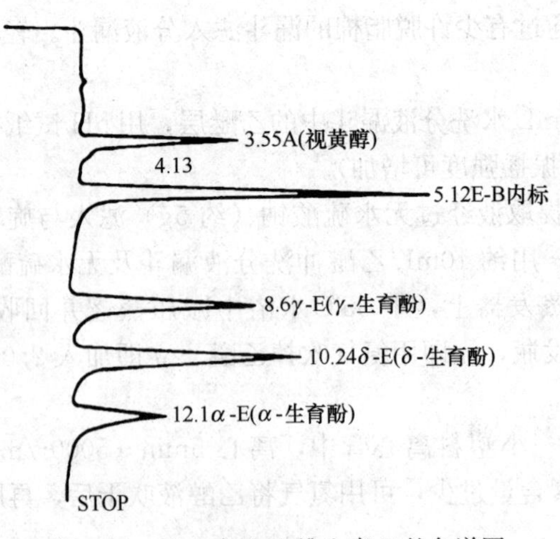

图 7-11　维生素 A 和维生素 E 的色谱图

③ 高效液相色谱分析。

色谱条件（推荐条件）：

预柱：ultrasphere ODS 10μm，4mm×4.5cm。

分析柱：ultrasphere ODS 5μm，4.6mm×25cm。

流动相：甲醇∶水＝98∶2。混匀。于临用前脱气。

紫外检测器波长：300nm。量程0.02。

进样量：20μL。

流速：1.7mL/min。

④ 样品测定。取样品浓缩液20μL，待绘制出色谱图及色谱参数后，再进行定性和定量。

定性：用标准物色谱峰的保留时间定性。

定量：根据色谱图求出某种维生素峰面积与内标物峰面积的比值，以此值在标准曲线上查到其含量。或用回归方程求出其含量。

4）结果计算

$$x = \frac{c}{m} \times V \times \frac{100}{1000}$$

式中　x——某种维生素的含量，mg/100g；

c——由标准曲线上查到某种维生素含量，μg/mL；

V——样品浓缩定容体积，mL；

m——样品质量，g。

5）说明及注意事项

（1）维生素极易被光破坏，实验操作应在微弱光线下进行，或使用棕色玻璃仪器。

（2）乙醚为溶剂的萃取体系，易发生乳化现象。在提取、洗涤操作中，不要用力过猛，若发生乳化，可加几滴乙醇破乳。

（3）本法是国家标准检验方法，适用于各种食物和饲料中维生素A和维生素E的同时测定。

（4）本法不能将β-生育酚γ-生育酚分开，所以γ-生育酚的色谱峰中含有β-生育酚。

2. 维生素A的测定——比色法

1）实验原理

在氯仿溶液中，维生素A与三氯化锑可相互作用，生成蓝色可溶性配合物，其颜色深浅与溶液中所含维生素A的含量成正比。该物质在620nm波长处有最大吸收峰，其吸光度与维生素A的含量在一定的范围内成正比，故可比色测定。

本法适用于维生素A含量较高的各种样品（含量高于5～10μg/g），对低含量样品，因受其他脂溶性物质的干扰，不易比色测定。该法的主要缺点是生成的蓝色配合物的稳定性差，比色测定必须在6s内完成，否则蓝色会迅速消退，将造成极大误差。

2）试剂

（1）无水硫酸钠。

（2）乙酸酐。

（3）乙醚。

(4) 无水乙醇。

(5) 三氯甲烷。不含分解物，否则会破坏维生素 A。

检查方法：三氯甲烷不稳定，放置后易受空气中氧的作用生成氯化氢，检查时，可取少量三氯甲烷置试管中，加水少许振摇，使氯化氢溶于水中，加几滴硝酸银溶液，若产生白色沉淀，则说明三氯甲烷中含有分解产物氯化氢。

处理方法：置三氯甲烷于分液漏斗中，加水洗涤数次，用无水硫酸钠或氯化钙脱水，然后蒸馏。

(6) 250g/L 三氯化锑-三氯甲烷溶液。将 25g 干燥的三氯化锑迅速投入装有 100mL 三氯甲烷的棕色试剂瓶中，振摇，使之溶解，再加入无水硫酸钠 10g。用时吸取上层清液。

(7) 1∶1 氢氧化钾溶液。

(8) 维生素 A 标准溶液：同高效液相色谱法。

3) 操作步骤

(1) 样品处理。因含有维生素 A 的样品，多为脂肪含量高的油脂或动物性食品，故必须首先除去脂肪，把维生素 A 从脂肪中分离出来。常规的去脂方法是采用皂化法和研磨法。

① 皂化法。适用于维生素 A 含量不高的样品，可减少脂溶性物质的干扰，但全部试验过程费时，且易导致维生素 A 的损失。

皂化。称取 0.5～5g 经组织捣碎机捣碎或充分混匀的样品于三角瓶中，加入 10mL 1∶1 氢氧化钾及 20～40mL 乙醇，在电热板上回流 30min。加入 10mL 水，稍稍振摇，若无浑浊现象，表示皂化完全。

提取。将皂化液移入分液漏斗，先用 30mL 水分两次冲洗皂化瓶，洗液并入分液漏斗。(如有渣子，可用脱脂棉滤入分液漏斗内)。再用 50mL 乙醚分 2 次冲洗皂化瓶，所有洗液并入分液漏斗，振摇 2min (注意放气)，提取不皂化部分。静止分层后，水层放入第二分液漏斗。皂化瓶再用 30mL 乙醚分 2 次冲洗，洗液倾入第一分液漏斗，振摇后静止分层，将水层放入第三分液漏斗，醚层并入第一分液漏斗。如此重复操作，直至醚层不再使三氯化锑-三氯甲烷溶液呈蓝色为止。

洗涤。在第一分液漏斗中加 30mL 水，轻轻振摇，静止片刻后，放入水层。再加入 15～20mL 0.5mol/L 的氢氧化钾溶液，轻轻振摇后，弃去下层碱液 (除去醚溶性酸皂)，继续用水洗涤，至水洗液不再使酚酞变红为止。醚液静置 10～20min 后，小心放掉析出的水。

浓缩。将醚层液经过无水硫酸钠滤入三角瓶中，再用约 25mL 乙醚冲洗分液漏斗和硫酸钠 2 次，洗液并入三角瓶内。用水浴蒸馏，回收乙醚。待瓶中剩约 5mL 乙醚时取下。减压抽干，立即准确加入一定量三氯甲烷 (约 5mL 左右)，使溶液中维生素 A 含量在适宜浓度范围内 (3～5μg)。

② 研磨法。适用于每克样品维生素 A 的含量＞5～10μg 样品的测定，如猪肝的分析。步骤简单、省时，结果准确。

研磨。精确称取 2～5g 样品，放入盛有 3～5 倍样品质量的无水硫酸钠研钵中，研磨至样品中水分完全被吸收，并均质化。

提取。小心地将全部均质化的样品移入带盖的三角瓶内，准确加入 50～100mL 乙醚。紧压盖子，用力振摇 2min，使样品中的维生素 A 全部溶于乙醚中；使溶液自行澄清（大约需 1～2h），或离心澄清（因乙醚易挥发，气温高时应在冷水浴中进行操作，装乙醇的试剂瓶也应事先放入冷水浴中）。

浓缩。取澄清提取乙醚液 2～5mL，放入比色管中，在 70～80℃水浴上抽气蒸干；然后立即加入 1mL 三氯甲烷溶解残渣。

（2）标准曲线的绘制。准确吸取维生素 A 标准溶液 0、0.1、0.2、0.3、0.4、0.5mL 于 6 个 10mL 容量瓶中，用三氯甲烷定容，得标准系列使用液。再取 6 个 3cm 比色管顺次移入标准系列使用液各 1mL，每个比色管中加乙酸酐 1 滴，制成标准比色列。于 620nm 波长处，以 10mL 三氯甲烷加 1 滴乙酸酐调节吸光度至零点；然后将标准比色系列按顺序移入光路前，迅速加入 9mL 三氯化锑-三氯甲烷溶液，于 6s 内测定吸光度（每支比色管都在临测前加入显色剂）。以维生素 A 含量为横坐标，以吸光度为纵坐标绘制曲线。

（3）样品测定。取 2 个 3cm 比色管，分别加入 1mL 三氯甲烷（样品空白液）和 1mL 样品溶液，各加 1 滴乙酸酐。其余步骤同标准曲线的制备。分别测定样品空白液和样品溶液的吸光度，从标准曲线中查出相应的维生素 A 含量。

4）结果计算

$$x=\frac{c-c_0}{m}\times V\times\frac{100}{1000}$$

式中　x——维生素 A 含量，mg/100g；

c——由标准曲线上查得样品溶液中维生素 A 的含量，μg/mL；

c_0——由标准曲线上查得样品空白液中维生素 A 的含量，μg/mL；

m——样品质量，g；

V——样品提取后加入三氯甲烷定容之体积，mL；

100——以每 100g 样品计。

5）说明及注意事项

（1）如按国际单位，1 国际单位＝0.3μg 维生素 A。

（2）所用氯仿中不应含有水分，因三氯化锑遇水会出现沉淀，干扰比色测定。故在每毫升氯仿中应加入乙酸酐 1 滴，以保证脱水。另外，由于三氯化锑遇水生成白色沉淀，因此用过的仪器要用稀盐酸浸泡后再清洗。

（3）由于三氯化锑与维生素 A 所产生的蓝色物质很不稳定，通常生成 6s 后便开始比色，因此要求反应在比色管中进行，产生蓝色后立即读取吸光度。

（4）如果样品中含 β-胡萝卜素（如奶粉、禽蛋等食品）干扰测定，可将浓缩蒸干的样品用正己烷溶解，以氧化铝为吸附剂，丙酮、乙烷混合液为洗脱剂进行柱层析。

（5）比色法除用三氯化锑作显色剂外，还可用三氟乙酸、三氯乙酸作显色剂。其中三氟乙酸没有遇水发生沉淀而使溶液混浊的缺点。

3. 胡萝卜素的测定——纸层析法

1）实验原理

以丙酮和石油醚提取食物中的胡萝卜素及其他植物色素；以石油醚为展开剂进行纸层析。胡萝卜素极性最小，移动速度最快，从而与其他色素分开。剪下含胡萝卜素的区带，洗脱后于450nm波长下进行比色测定。

2）仪器和试剂

（1）仪器。

① 玻璃层析缸。

② 分光光度计。

③ 旋转蒸发器，具150mL球形瓶。

④ 点样器或微量注射器。

⑤ 新华滤纸　定性、快速或中速101号。

⑥ 恒温水浴锅。

⑦ 皂化回流装置。

（2）试剂。

① 石油醚（沸程30～60℃）。

② 丙酮（分析纯）。

③ 丙酮-石油醚混合液：3∶7（体积比）。

④ 无水硫酸钠（分析纯）。

⑤ 5%硫酸钠溶液（kg/L）。

⑥ 1∶1氢氧化钾溶液（kg/L）。

⑦ 无水乙醇。同比色法测定维生素A试剂（4）。

⑧ β-胡萝卜素标准溶液。取5mg β-胡萝卜素标准品，溶于10mL三氯甲烷中，浓度约为500μg/mL，准确测其浓度。

标定：吸取标准溶液10.0μl，加正己烷3.00mL，混匀，用1cm厚比色杯，以正己烷为空白，在450nm波长下测定吸光度，平行测定3份，取平均值。

计算：

$$c = \frac{\overline{A}}{E} \times \frac{1}{1000} \times \frac{3.01}{0.01}$$

式中　c——胡萝卜素标准溶液浓度，mg/mL；

$\overline{A}$——平均吸光度；

E——β-胡萝卜素在正己烷溶液中，入射光波长450nm，比色杯厚度1cm，溶液浓度为1μg/mL的吸光系数，其值为0.2638；

1/1000——将mg/kg换成mg/mL；

3.01/0.01——测定过程中稀释倍数的换算。

⑨ β-胡萝卜素标准使用液：将已标定的标准液用石油醚准确稀释后，每毫升溶液相当50μg，避光保存于冰箱中。

3）操作步骤

（1）样品提取与洗涤。

① 粮食直接磨粉，蔬菜与其他植物性食品打成匀浆。取适量磨细或打成匀浆的样品（含胡萝卜素 20～80μg）置于 100mL 带塞的锥形瓶中，加入 20mL 丙酮、5mL 石油醚，振摇 1min，静置 5min，将提取液转入盛有 100mL 5%硫酸钠溶液的分液漏斗中，再于锥形瓶中加入 10mL 丙酮-石油醚混合溶液，振摇 1min，静置 5min，将提取液并入分液漏斗中。如此提取 2～3 次，直至提取液无色为止。将提取液静置分层，弃之下层水溶液，用 15mL 50g/L 的硫酸钠振摇洗涤数次，直至下层水溶液清亮为止。

② 植物油和高脂肪样品提取色素前需要进行皂化。取 1～10g 样品，加脱醛乙醇 30mL 再加氢氧化钾溶液 10mL，加热回流 30min，取出放入冰水中迅速冷却，皂化后的样品用石油醚提取，直至提取液无色为止；用水洗涤皂化后样品提取液至中性。

（2）浓缩与定容。将石油醚提取液通过无水硫酸钠（约 10g）滤入与旋转蒸发器配套的球形蒸发瓶内，用约 10mL 石油醚冲洗分液漏斗及无水硫酸钠层内的色素 3 次，洗液并入球形蒸发瓶内，接旋转蒸发器，于 55℃水浴中减压蒸馏回收石油醚。待瓶中剩下约 2mL 石油醚时，取下球形蒸发瓶，用氮气吹干，立即加入 2.0mL 石油醚定容，备展析用。

（3）纸层析。

① 点样。如图 7-12 在 18cm×30cm 的滤纸下端距底边 4cm 处做一基线，在基线上取 A、B、C、D 4 点。吸取 0.100～0.400mL 浓缩液（随胡萝卜素含量而定，估计吸光度在 0.1～0.7 之间），在 AB 两点之间和 CD 两点之间迅速来回进行带状点样，一次点完。

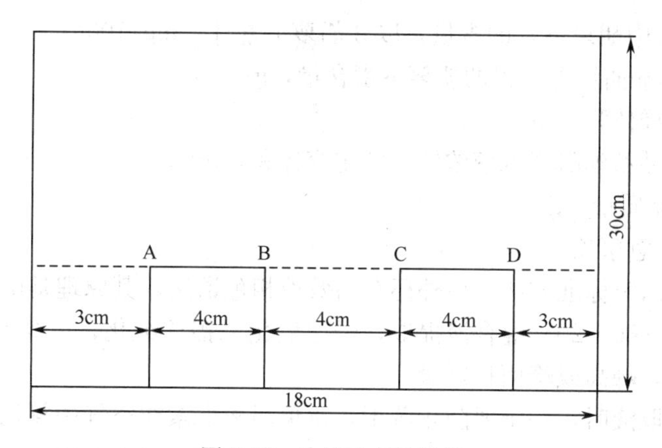

图 7-12　滤纸及点样规格

② 展开。待纸上所点样品溶液自然挥发至干后，将滤纸卷成圆筒状，将两边连接固定，基线处于纸筒底端，置于预先用石油醚饱和过的层析缸内，上行展开。

③ 洗脱。待胡萝卜素与其他色素完全分离后，取出滤纸，石油醚自然挥发至干。剪下位于展开剂前沿的胡萝卜素层析带，立即放入盛有石油醚的具塞试管中，用力振摇，使胡萝卜素完全溶入溶剂中。

（4）比色测定。用 1cm 比色杯，以石油醚调节零点，于 450mm 波长下测定吸光度，以其值从标准曲线上查出相应的胡萝卜素含量。

（5）标准曲线的绘制。取从胡萝卜素标准使用液（浓度为 50μg/mL）1.00、2.00、3.00、4.00、6.00、8.00mL 分别置于 100mL 具塞锥形瓶内，按样品测定步骤进行操作。点样体积为 0.1mL，标准曲线各点胡萝卜素含量依次为 2.50、5.00、7.50、10.00、15.00、20.00μg。为测定低含量样品，可在 0～2.50μg 之间加做几点，以胡萝卜素含量为横坐标，以吸光度为纵坐标绘制标准曲线（图 7-13）。

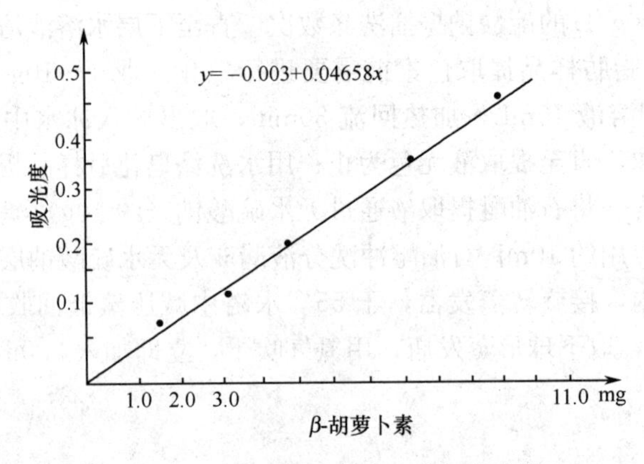

图 7-13　实测图例（胡萝卜素标准曲线）

4）结果计算

$$x = c \times \frac{V_2}{V_1} \times \frac{100}{m} \times \frac{1}{1000}$$

式中　x——样品中胡萝卜素的含量，以 β-胡萝卜素计，mg/100g；

c——在标准曲线上查得的胡萝卜素含量，g；

V_1——点样体积，mL；

V_2——样品石油醚提取液浓缩后的定容体积，mL；

m——样品质量，g。

5）说明及注意事项

（1）此法为国家标准方法，另外还有高效液相色谱法，其原理是试样中的胡萝卜素用石油醚＋丙酮（80＋20）混合液提取，经三氧化二铝柱纯化，以高效液相色谱测定，以保留时间定性，峰高或峰面积定量。

（2）浓缩提取液时，一定要防止蒸干，避免胡萝卜素在空气中氧化或因高温、紫外线直射等破坏。定容、点样、层析后剪样点等操作环节一定要迅速。

（3）层析分离也可采用氧化镁、氧化铝作为吸附剂进行柱层析，洗脱色素后进行比色，这样分离较好，但比纸层析费时、费事。

（4）没有新华中速滤纸时，也可用普通滤纸，但层析展开时，溶剂前沿距底部不得少于 20cm。

4. 维生素D的测定——三氯化锑比色法（AOAC方法）

1）实验原理

在三氯甲烷溶液中，维生素D与三氯化锑结合生成一种橙黄色化合物，呈色强度与维生素D的含量成正比。

2）试剂

（1）三氯化锑-三氯甲烷溶液。同比色法测维生素A试剂（6）。

（2）三氯化锑-三氯甲烷-乙酸氯溶液。在试剂（1）中加入为其体积3%的乙酰氯，摇匀。

（3）乙醚。同比色法测维生素A试剂（3）。

（4）乙醇。同比色法测维生素A试剂（4）。

（5）石油醚（沸程30～60℃）重蒸。

（6）维生素D标准溶液。称取0.25g维生素D，用三氯甲烷稀释至100mL，此液浓度为2.5mg/mL。临用时以三氯甲烷配制成0.025～2.5μg/mL的标准使用液。

（7）聚乙二醇（PEG）600。

（8）白色硅藻土：Celite 545（柱层析载体）。

（9）氨水。

（10）无水硫酸钠。

（11）0.5mol/L氢氧化钾溶液。

（12）中性氧化铝：层析用，100～200目。在550℃灰化炉中活化5.5h。降温至30℃左右，取出装瓶。冷却后，每100g氧化铝加入4mL水，用力振摇，使无块状，瓶口封紧储存于干燥器内，16h后使用。

3）操作步骤

（1）样品处理。皂化与提取同维生素A的测定。如果样品中有维生素A共存，可用以下方法进行分离纯化。

① 分离柱的制备。取一支内径为2.2cm，具有活塞和砂心板的玻璃层析柱。

第一层加入1～2g无水硫酸钠，铺平整。

第二层称取15g Celite置于250mL碘价瓶中，加入80mL石油醚，振摇2min。再加入10mL聚乙二醇600，剧烈振摇10min，使其黏合均匀，然后倾入层析柱内。

第三层加5g中性氧化铝。

第四层加入2～4g无水硫酸钠。

轻轻地转动层析柱，使第二层的高度保持在12cm左右。

② 纯化。先用30～50mL石油醚淋洗分离柱，然后将样品提取液倒入柱内，再用石油醚继续淋洗。弃去最初收集的10mL滤液，再用200mL容量瓶收集淋洗液至刻度。淋洗速度保持2～3mL/min。将淋洗液移入500mL分液漏斗中，每次加100～150mL水，洗涤3次（去除残留的聚乙二醇，以免与三氯化锑作用形成混浊物，影响比色）。

将上述石油醚层通过无水硫酸钠脱水后，置于浓缩器中减压浓缩至干或在水浴上用水泵减压抽干，立即加入5mL三氯甲烷溶解备用。

(2) 测定。

① 标准曲线的绘制。准确吸取维生素D标准使用液（浓度视样品中维生素D含量高低而定）0、1.0、2.0、3.0、4.0、5.0mL于10mL容量瓶中，用三氯甲烷定容。

取上述标准比色液各1mL于1cm比色杯中，立即加入三氯化锑-三氯甲烷-乙酸氯溶液3mL，在500nm波长下，于2min内测定吸光度。绘制标准曲线。

② 样品测定。吸取样品纯化液1mL于1cm比色杯中，以下操作同标准曲线的绘制。

4）结果计算

根据样品溶液的吸收值，从标准曲线上查出相应的含量，然后按下式计算：

$$维生素D(mg/100g)=\frac{c\times V}{m\times 1000}\times 100$$

式中 c——标准曲线上查得样品溶液中维生素D的含量，μg/mL；

V——样品提取后用三氯甲烷定容之体积，mL；

m——样品质量，g。

5）说明及注意事项

(1) 食品中维生素D的含量一般很低，而维生素A、维生素E、胆固醇、速甾醇等成分的含量往往都大大超过维生素D，严重干扰维生素D的测定，因此测定前必须经柱层析除去这些干扰成分。

(2) 操作时加入乙酰氯可以消除温度的影响，且可使灵敏度比仅用三氯化锑提高3倍。

(3) 如用国际单位表示，可按每1国际单位维生素D等于0.025μg维生素D进行换算。

(4) 此法不能区分维生素D_2和维生素D_3，测定值是两者的总和。

(5) 维生素D的测定方法还有高效液相色谱法和紫外分光光度法等。

7.7.2 水溶性维生素的测定

水溶性维生素B_1、维生素B_2和维生素C，广泛存在于动植物组织中，饮食来源充足。

水溶性维生素一般具有以下理化性质：

(1) 都易溶于水，而不溶于苯、乙醚、氯仿等大多数有机溶剂。

(2) 在酸性介质中稳定，即使加热也不破坏；但在碱性介质中不稳定，易于分解，特别在碱性条件下加热，可大部或全部破坏。

(3) 它们易受空气、光、热、酶、金属离子等影响，维生素B_2对光，特别是紫外线敏感，维生素C对O^{2-}、Cu^{2+}敏感，易被氧化。根据上述性质，测定水溶性维生素时，一般都在酸性溶液中进行前处理。维生素B_1、维生素B_2通常采用酸水解，或在经淀粉酶、木瓜蛋白酶等酶解作用，使结合态维生素游离出来，再将它们从食物中提取出来。维生素C通常采用草酸或草酸-醋酸直接提取。在一定浓度的酸性介质中，可以消除某些还原性杂质对维生素 C 的破坏。

1. 维生素 B_1 的测定——硫色素荧光法（GB/T 5009.84—2003）

1）实验原理

维生素 B_1 又名硫胺素，硫胺素在碱性铁氰化钾溶液中，能被氧化成硫色素，在紫外光照射下，硫色素产生蓝色荧光。在给定的条件下，以及没有其他荧光物质干扰时，此荧光的强度与溶液中硫胺素含量成正比。

如样品中所含杂质较多，应经过离子交换剂处理，使硫胺素与杂质分离，然后测定纯化液中硫胺素的含量。

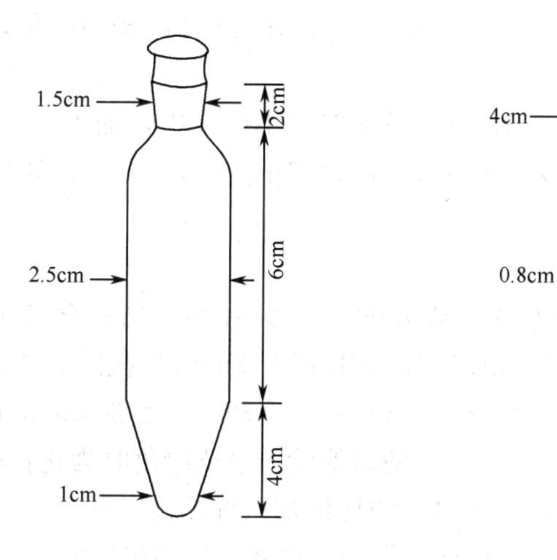

图 7-14　Maizel-Gerson 反应器

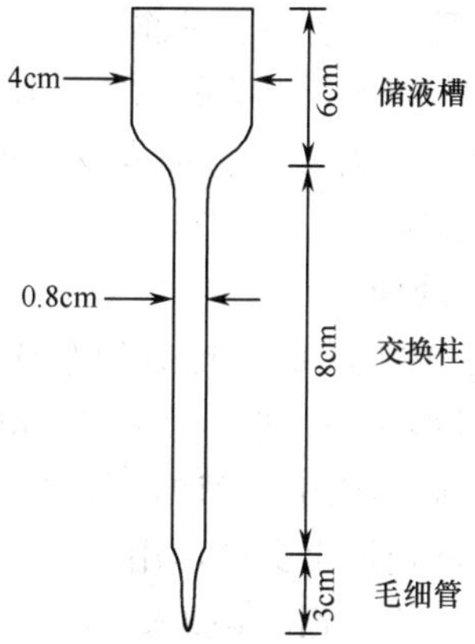

图 7-15　盐基交换管

2）仪器和试剂

(1）仪器。

① 荧光分光光度计。

② Maizel-Gerson 反应瓶，如图 7-14 所示。

③ 盐基交换管，如图 7-15 所示。

(2）试剂。

① 正丁醇（优级纯或重蒸馏的分析纯）。

② 无水硫酸钠（分析纯）。

③ 淀粉酶。

④ 0.01mol/L 盐酸。

⑤ 0.3mol/L 盐酸。

⑥ 2mol/L 乙酸钠溶液。164g 无水乙酸钠或 272g 含水乙酸钠溶于水中，并稀释至 1000mL。

⑦ 25％氯化钾溶液（kg/L）。

⑧ 25％酸性氯化钾溶液。将 8.5mL 浓盐酸用 25％氯化钾溶液稀释至 1000mL。

⑨ 15％氢氧化钠溶液（kg/L）。

⑩ 1%铁氰化钾溶液（kg/L 储于棕色瓶内）。

⑪ 碱性铁氰化钾溶液。取 4mL 1%铁氰化钾溶液，用 15%氢氧化钠溶液稀释至 60mL。临用时配，避光使用。

⑫ 3%乙酸溶液。

⑬ 活性人造浮石。取 40 目的人造浮石 100g，以 10 倍于其容积的 3%热乙酸搅洗 2 次，每次 10min，再用 5 倍于其容积的 25%热氯化钾搅洗 15min；然后再用 3%热乙酸搅 10min；最后用热蒸馏水洗至没有氯离子。于蒸馏水中保存。

⑭ 硫胺素标准溶液。准确称取 100mg 经氯化钙干燥 24h 的硫胺素，溶于 0.01mol/L酸中，并稀释至 1000mL。再用 0.01mol/L 盐酸稀释 10 倍。此溶液每毫升相当 10μg 硫胺素。在冰箱中避光可保存数月。临用时以水稀释 100 倍，配成浓度为 0.1μg/mL 的硫胺素标准使用液。

⑮ 0.04%溴甲酚绿溶液。取 0.1g 溴甲酚绿置于小研钵中，加入 1.4mL 0.1mol/L 氢氧化钠溶液研磨片刻，再加入少许水继续研磨至完全溶解，用水稀释成 250mL。

3）操作步骤

（1）试样处理。

① 水解。精确称取已打成匀浆或粉碎好的试样 5～20g（估计含硫胺素约为 10～30μg）置于锥形瓶中，加入 50～75mL 0.1mol/L 或 0.3mol/L 盐酸。瓶口用倒置小烧杯盖好后放入高压锅中加热水解，10^3kPa、30min。冷却后，滴加 2mol/L 乙酸钠调节溶液 pH，边滴边取出少许，用 0.04%溴甲酚绿检验，呈草绿色时为止，pH 为 4.5。

② 酶解。按每克试样加入 20mg 淀粉酶的比例加入淀粉酶，于 45～50℃温箱过夜保温（16h）。冷却至室温，定容至 100mL。混匀，过滤，即为提取液。

（2）净化。将少许脱脂棉铺在盐基交换管的交换柱底部，加水将棉纤维中气泡赶出；再加 1g 左右活性人造浮石使之达到交换柱的 1/3 高度，保持盐基交换管中液面始终高于活性人造浮石。用移液管加入提取液 20～80mL（使通过活性人造浮石的硫胺素总量约为 2～5μg）。加入约 10mL 热水冲洗交换柱，弃去洗液，如此重复一次。再加入 25%酸性氯化钾（温度为 90℃左右）20mL，收集此液于 25mL 刻度试管内，冷至室温，用 25%酸性氯化钾定容至 25mL，得试样净化液。

将 20mL 硫胺素标准使用液加入盐基交换管代替样品提取液，重复上述操作，得标准净化液。

（3）氧化。将 5mL 试样净化液分别加入 A（试样空白）、B（试样）两个 Maizel-Gerson 反应瓶。在避光暗环境中，A 瓶加 3mL 15%氢氧化钠溶液，振摇 15s 后加入 10mL 正丁醇；B 瓶加 3mL 碱性铁氰化钾溶液，振摇 15s 后也加入 10mL 正丁醇。同时用力振摇 2 个反应瓶，准确计时 15min。

用标准净化液代替试样净化液重复上述操作，得标准空白和标液。用黑布遮盖各反应瓶，静止分层后弃去下层碱性溶液，加 2～3g 无水硫酸钠使脱水。

（4）荧光强度的测定。在激发波长 365nm，发射波长 435nm，激发狭缝、发射狭缝各为 5nm 条件下，依次测定试样空白、标准空白、试样、标样的荧光强度。

4）结果计算

$$x=\frac{U-U_b}{S-S_b}\times\frac{c\times V}{m}\times\frac{V_1}{V_2}\times\frac{100}{1000}$$

式中　x——样品中硫胺素含量，mg/100g；

U——试样荧光强度；

U_b——试样空白荧光强度；

S——标准荧光强度；

S_b——标准空白荧光强度；

c——硫胺素标准使用液浓度，μg/mL；

V——用于净化的硫胺素标准使用液体积，mL；

V_1——试样水解后定容之体积，mL；

V_2——用于净化的试样提取液体积，mL；

m——试样质量，g；

100/1000——样品含量由μg/g换算成mg/100g的系数。

5）说明及注意事项

（1）本方法适用于各类食物中的硫胺素的测定，但不适用于有吸附硫胺素能力的物质和含有影响硫色素荧光物质的样品。

（2）一般食品中的硫胺素有游离型的，也有结合型的，即与淀粉、蛋白质等结合在一起的，故需用酸和酶水解，使结合型成为游离型，再采用此法测定。

（3）可在加入酸性氯化钾后停止实验，因为硫胺素在此溶液中比较稳定。

（4）样品与铁氰化钾溶液混合后，所呈现的黄色应至少保持15s，否则应再滴加铁氰化钾溶液1～2滴。因为样品中如含有还原性物质，而铁氰化钾用量不够时，硫胺素氧化不完全，给结果带来误差。但过多的铁氰化钾也会破坏硫色素，故铁氰化钾的用量应恰当控制。

（5）硫色素能溶于正丁醇，在正丁醇中比在水中稳定，故用正丁醇等提取硫色素。萃取时振摇不宜过猛，以免乳化，不易分层。

（6）紫外线破坏硫色素，所以硫色素形成后要迅速测定，并力求避光操作。

（7）盐基交换管下活塞要涂甘油一淀粉润滑剂润滑，而不能使用凡士林，因凡士林具有荧光。

（8）谷类物质不需酶分解，样品粉碎后用25％酸性氯化钾直接提取，氧化测定。

（9）氧化是操作的关键步骤，操作中应保持加试剂的速度一致。

2. 维生素C（抗坏血酸）的测定

维生素C是一种已糖醛基酸，有抗坏血病的作用，所以又称作抗坏血酸。新鲜的水果蔬菜，特别是枣、辣椒、苦瓜、猕猴桃、柑橘等食品中含量尤为丰富。

测定维生素C常用的方法有靛酚滴定法、苯肼比色法、荧光法和高效液相色谱法等，下面分别对前3种做以介绍。

1）荧光法（GB/T 5009.86—2003）

（1）实验原理。

样品中还原型抗坏血酸经活性炭氧化为脱氢抗坏血酸后，与邻苯二胺反应生成有荧光的喹喔啉。在一定条件下，喹喔啉之荧光强度与脱氢抗坏血酸浓度成正比，以此测定食物中抗坏血酸和脱氢抗坏血酸的总量。

当食物中含有丙酮酸时，也与邻苯二胺反应生成一种荧光物质，干扰测定。这时可加入硼酸。硼酸与脱氢抗坏血酸结合生成硼酸脱氢抗坏血酸螯合物，此螯合物不能与邻苯二胺反应生成荧光物质；而硼酸不与丙酮酸反应，丙酮酸仍可发生上述反应。因此，加入硼酸后测出的荧光值即为空白的荧光值。

（2）仪器和试剂。

① 仪器。

a. 荧光分光光度计或具有 350nm 及 430nm 波长的荧光计。

b. 组织捣碎机。

② 试剂。

a. 偏磷酸-乙酸溶液。取 15g 偏磷酸，加入 4mL 冰乙酸及 250mL 水，加温、搅拌至溶解。冷后加水稀释成 500mL。于 4℃冰箱可保存 7～10d。

b. 0.15mol/L 硫酸。将 10mL 硫酸，小心加入水中，稀释成 1200mL。

c. 偏磷酸-乙酸-硫酸溶液。以 0.15mol/L 硫酸作为稀释剂，其余同偏磷酸-乙酸溶液配制。

d. 50％乙酸钠溶液（kg/L）。

e. 硼酸-乙酸钠溶液。称取 3g 硼酸，溶于 100mL 50％乙酸钠溶液中。临用前配制。

f. 邻苯二胺溶液。称取 20mg 邻苯二胺，用水稀释至 100mL，临用前配制。

g. 抗坏血酸标准溶液（1mg/mL）（临用前配制）准确称取 50mg 抗坏血酸，用偏磷酸-乙酸溶液溶解并定容到 50mL。

h. 抗坏血酸标准使用液（10μg/mL）。取出 10mL 抗坏血酸标准液，用偏磷酸-乙酸溶液稀释至 100mL。定容前测 pH，如果 pH＞2.2，则用偏磷酸-乙酸-硫酸液稀释。

i. 0.4g/L 百里酚蓝指示剂。称取 0.4g 百里酚蓝，加入 0.02mol/L 氢氧化钠溶液约 10.75mL，在玻璃研钵内研磨至溶解，用水稀释成 250mL。

变色范围：pH＝1.2　红色。

pH＝2.8　黄色。

pH＞4　　蓝色。

j. 活性炭的活化。加 200g 炭粉于 1L 盐酸（1＋9）中，加热回流 1～2h，过滤，用水洗至滤液中无铁离子为止，置于 110～120℃烘箱中干燥，备用。

（3）测定步骤。

① 样品的提取。称 100g 鲜样，加 100g 偏磷酸-乙酸溶液倒入捣碎机内打成匀浆。取适量匀浆（含 1～2mg 抗坏血酸）于 100mL 容量瓶中，加 1 滴百里酚蓝指示剂，如呈红色，则用偏磷酸-乙酸溶液稀释；若呈黄色或蓝色，则用偏磷酸-乙酸-硫酸溶液稀

释，使其pH为1.2。混匀，过滤，滤液备用。

② 氧化处理。取样品滤液、标准使用液各100mL于2支200mL带盖三角瓶中，分别加入2g活性炭，用力振摇1min，过滤，弃去最初数毫升滤液，分别收集其余全部滤液，得样品氧化液和标准氧化液，待测定。

③ 制备试液、标液及其空白。各取10mL标准氧化液于2支100mL容量瓶中，分别标记"标准"、"标准空白"；各取10mL样品氧化液于2支100mL容量瓶中，分别标记"样品"、"样品空白"。

于"标准空白"及"样品空白"溶液中各加入5mL硼酸-乙酸钠溶液，摇动15min，用水稀释至刻度。在4℃冰箱中放置2～3h，取出备用。

于"样品"及"标准"溶液中各加入5mL 50%乙酸钠溶液，用水稀释至刻度，备用。

④ 制备标准系列。取上述"标准"溶液（抗坏血酸含量10mg/mL）0.5、1.0、1.5、2.0mL标准系列（取2份），分别置于10mL比色管中，加水补足2.0mL。

⑤ 荧光反应。取"标准空白"溶液、"样品空白"溶液及"样品"溶液各2mL，分别置于10mL比色管中。在暗室迅速向各管中加入5mL邻苯二胺溶液，振摇混合，在室温下反应35min，于激发波长338nm，发射波长420nm处测定荧光强度。以标准系列荧光强度减去标准空白荧光强度为纵坐标，对应的抗坏血酸含量（μm/mL）为横坐标，绘制标准曲线或进行相关计算。

（4）结果计算：

$$x=\frac{c\times V}{m}\times F\times\frac{100}{1000}$$

式中　x——样品中抗坏血酸及脱氢抗坏血酸总含量，mg/100g；

c——由标准曲线查得荧光反应用样液中维生素C的浓度，μg/mL；

V——荧光反应所用试样体积，mL；

m——样品质量，g；

F——荧光反应用样液的稀释倍数。

（5）说明及注意事项。

① 本方法适用于蔬菜、水果及其制品中总抗坏血酸的测定。

② 影响荧光强度的因素很多，各次测定条件很难完全再现，因此，标准曲线最好与样品同时做；若采用外标定点直接比较法定量，其结果与工作曲线法接近。同一实验室平行或重复测定结果相对偏差绝对值≤10%。

2）2,4-二硝基苯肼比色法（GB/T 5009.86—2003）

（1）实验原理。总抗坏血酸包括还原型、脱氢型和二酮古乐糖酸，样品中还原型抗坏血酸经活性炭氧化为脱氢抗坏血酸，然后与2,4-二硝基苯肼作用生成红色的脎。脎在浓硫酸的脱水作用下，可转变为橘红色的无水化合物——双-2,4-二硝基苯，在硫酸溶液中显色稳定，最大吸收波长为520nm，吸光度与总抗坏血酸含量成正比，故可进行比色测定。

(2) 仪器和试剂。

① 仪器。

a. 恒温箱：37℃±0.5℃。

b. 可见紫外分光光度计。

c. 组织捣碎机。

② 试剂。

a. 4.5mol/L 硫酸。小心地将 250mL 硫酸（相对密度 1.84）加入 700mL 水中，冷却后用水稀释至 I000mL。

b. (9+1) 硫酸。小心地将 900mL 硫酸（相对密度 1.84）加入 100mL 水中。

c. 2% 2,4-二硝基苯肼溶液。溶解 2g 2,4-二硝基苯肼于 100mL 4.5mol/L 硫酸中，过滤，于冰箱内保存。每次用前再过滤。

d. 2%草酸溶液（kg/L）。

e. 1%草酸溶液（kg/L）。

f. 2%硫脲溶液。溶解 10g 硫脲于 500mL 1%草酸溶液中。

g. 1%硫脲溶液。溶解 5g 硫脲于 500mL 1%草酸溶液中。

h. 1mol/L 盐酸溶液。取 100mL 盐酸，加入水中，用水稀释至 1200mL。

i. 抗坏血酸标准溶液。溶解 100mg 纯抗坏血酸于 100mL 1%草酸中，配成 1mg/mL 的抗坏血酸标准溶液。

j. 活性炭。将 100g 活性炭加到 750mL 1mol/L 盐酸中，加热回流 1～2h，过滤，用水洗涤数次，直至滤液中无铁离子（Fe^{3+}），然后置于 110℃烘箱中烘干。

检验铁离子方法：可利用普鲁士蓝反应即将 2%亚铁氰化钾与 1%盐酸等量混合后，滴入上述洗出滤液，如有铁离子则产生蓝色沉淀。

(3) 测定步骤。

① 样品的制备。

鲜样的制备。称 100g 鲜样加等量 1%草酸溶液，倒入捣碎机中打成匀浆，取 10～40g 匀浆（含 1～2mg 抗坏血酸）倒入 1000mL 容量瓶中。用 1%草酸溶液稀释至刻度，混匀。

干样的制备。称 1～4g 干样（含 1～2mg 抗坏血酸）放入研钵内，加入 1%草酸溶液磨成匀浆，倒入 100mL 容量瓶内，用 1%草酸溶液稀释至刻度，混匀。

将上述样液过滤，滤液备用。不易过滤的样品可用离心机沉淀后，倾出上清液，过滤，备用。

② 氧化处理。取 25mL 上述样品滤液，加入 2g 活性炭，振摇 1min，过滤，弃去最初数毫升滤液后，收集 10mL，加 2%硫脲 10mL，混匀，得“样品氧化液”。

③ 显色反应。取 3 支试管，每支试管各加入上述“样品氧化液”4mL。其中一支试管作空白，另 2 支试管中各加入 1.0mL 2%2,4-二硝基苯肼溶液，将 3 支试管加盖后放入 37℃±0.5℃恒温箱或水浴中准确保温 3h。取出后将试样管放入冰水中。空白管冷到室温，然后加入 2% 2,4-二硝基苯肼溶液，在室温下放置 10～15min 后也放入冰水中。”

④ 硫酸处理。当试管放入冰水中后．向每支试管中滴加 5mL（9＋1）硫酸溶液。边加边摇动试管，滴加时间至少需要 1min（防止液温升高而使部分有机物分解着色，影响空白值）。加入硫酸溶液后将试管自冰水中取出，在室温下准确放置 30min）立即比色。

⑤ 比色。用 1cm 比色杯，以空白液调零点，于 500nm 波长下测定吸光度。

⑥ 标准曲线的绘制。加 2g 活性炭于 50mL 标准溶液中，振摇 1min，过滤。取 10mL 滤液置于 500mL 容量瓶中，加 5.0g 硫脲，用 1％草酸溶液稀释至刻度，抗坏血酸浓度为 20μg/mL。取此溶液 5、10、20、25、40、50、60mL 分别放入 7 个 100mL 容量瓶中，用 10g/mL 硫脲溶液稀释至刻度，制成抗坏血酸浓度分别为 1、2、4、5、8、10、12μg/mL 的标准系列。按样品测定步骤进行显色反应，形成脎并比色。以吸光度为纵坐标，抗坏血酸浓度为横坐标绘制标准曲线。

（4）结果计算：

$$x=\frac{c\times V}{m}\times F\times\frac{100}{1000}$$

式中　x——样品中总抗坏血酸含量，mg/100g；

c——由标准曲线查得“样品氧化液”中总抗坏血酸的浓度，μg/mL；

V——试样用 1％草酸溶液定容的体积，mL；

m——样品质量，g；

F——样品氧化处理过程中的稀释倍数。

（5）说明及注意事项。

① 活性炭对抗坏血酸的氧化作用，是基于其表面吸附的氧进行界面反应，加入量过低，氧化不充分，测定结果偏低；加入量过高，对抗坏血酸有吸附作用，使结果也偏低。

② 全部操作过程应避光进行。

③ 试管从冰水中取出后，因糖类的存在造成显色不稳定，颜色会逐渐加深，30s 后影响将减小，故在加入硫酸后 30s 准时比色。

3）2,6-二氯靛酚滴定法

（1）实验原理。还原型抗坏血酸可以还原染料 2,6-二氯靛酚。该染料在酸性溶液中是粉红色（在中性或碱性溶液中呈蓝色），被还原后颜色消失；还原型抗坏血酸还原染料后，本身被氧化成脱氢抗坏血酸。在没有杂质干扰时，一定量的样品提取液还原标准染料液的量，与样品中抗坏血酸含量成正比。

（2）试剂。

① 1％草酸溶液（kg/L）。

② 2％草酸溶液（kg/L）同 2,4-二硝基苯肼法。

③ 抗坏血酸标准溶液。准确称取 20mg 抗坏血酸，溶于 1％草酸溶液，并稀释至 100mL，置冰箱中保存。用时取出 5mL，置于 50mL 容量瓶中，用 1％草酸溶液定容，配成 0.02mg/mL 的标准使用液。

标定。吸取标准使用液 5mL 于三角瓶中，加入 6％碘化钾溶液 0.5mL、1％淀粉溶液3滴，以0.001mol/L碘酸钾标准溶液滴定，终点为淡蓝色。

计算：

$$\rho = \frac{V_1}{V_2} \times 0.088$$

式中 c——抗坏血酸标准溶液的浓度，mg/mL；

ρ_1——滴定时消耗0.001mol/L碘酸钾标准溶液的体积，mL；

V_2——滴定时所取抗坏血酸的体积，mL；

0.088——1mL 0.001碘酸钾标准溶液相当于抗坏血酸的量，mg/mL。

④ 2,6-二氯靛酚溶液。称取2,6-二氯靛酚50mg，溶于200mL含有52mg碳酸氢钠的热水中，待冷，置于冰箱中过夜。次日过滤于250mL棕色容量瓶中，定容，在冰箱中保存。每周标定一次。

标定。取5mL已知浓度的抗坏血酸标准溶液，加入1%草酸溶液5ml，摇匀，用2,6-二氯靛酚溶液滴定至溶液呈粉红色，在15s不褪色为终点。

计算：

$$\rho = \frac{c \times V_1}{V_2}$$

式中 ρ——每毫升染料溶液相当于抗坏血酸的毫克数，mg/mL；

c——抗坏血酸的浓度，mg/mL；

V_1——抗坏血酸标准溶液的体积，mL；

V_2——消耗2,6-二氯靛酚的体积，mL。

⑤ 0.000167mol/L碘酸钾标准溶液。精确称取干燥的碘酸钾0.3567g，用水稀释至100mL，取出1mL，用水稀释至100mL，此溶液1mL相当于抗坏血酸0.088mg。

⑥ 1%淀粉溶液（kg/L）。

⑦ 6%碘化钾溶液（kg/L）。

（3）测定步骤。

① 提取。同2,4-二硝基苯肼比色法。

② 滴定。吸取5～10mL滤液，置于50mL三角瓶中，快速加入2,6-二氯靛酚溶液滴定，直到红色不能立即消失，而后再尽快地一滴一滴地加入（样品中可能存在其他还原性杂质，但一般杂质还原染料的速度均比抗坏血酸慢），以呈现的粉红色在15s内不消失为终点。同时做空白。

（4）结果计算：

$$x = \frac{(V - V_0) \times \rho}{m} \times 100\%$$

式中 x——样品中抗坏血酸含量，mg/100g；

ρ——1mL染料溶液相当于抗坏血酸标准溶液的量，mg/mL；

V——滴定样品溶液时消耗染料的体积，mL；

V_0——滴定空白时消耗染料的体积，mL；

m——滴定时所取滤液中含有样品的质量，g。

(5) 说明及注意事项。

① 所有试剂最好用重蒸馏水配制。

② 样品采取后，应浸泡在已知量的2%草酸溶液中，以防止维生素C氧化损失。测定时整个操作过程要迅速，防止抗坏血酸被氧化。

③ 若测动物性样品，须用10%三氯乙酸代替2%草酸溶液提取。

④ 若样品滤液颜色较深，影响滴定终点观察，可加入白陶土再过滤。白陶土使用前应测定回收率。

⑤ 若样品中含有Fe^{2+}、Cu^{2+}、Sn^{2+}、亚硫酸盐、硫代硫酸盐等还原性杂质时，会使结果偏高。有无这些干扰离子可用以下方法检验：

取样品提取液、偏磷酸-乙酸溶液各5mL混合均匀，加入0.05%亚甲蓝水溶液2滴。如亚甲蓝颜色在5～10s内消失，即证明有干扰物存在；此检验对Sn^{2+}无反应，可在另一份10mL的样品溶液中加入1∶3盐酸溶液10mL，加0.05%靛胭脂红水溶液5滴，若颜色在5～10s内消失，证明有亚锡或其他干扰性物质存在。为消除上述杂质带来的误差，可采取以下测定方法：取10mL提取液2份，各加入0.1mL 10%硫酸铜溶液，在110℃加热10min，冷却后用染料滴定。有铜存在时，抗坏血酸完全被破坏，从样品滴定值中扣除校正值，即得抗坏血酸含量。

思考题

1. 为什么将灼烧后的残留物称为粗灰分？粗灰分与无机盐含量之间有什么区别？

2. 对于难灰化的样品可采取什么措施加速灰化？

3. 样品在灰化之前为什么要经过炭化处理？

4. 说明直接灰化法测定灰分的操作要点。

5. 样品灰分测定中，如何确定灰化温度和灰化时间？

6. 说明干燥法测定水分的方法分类、原理及适用范围。

7. 说明蒸馏法测定水分的原理、原理及适用范围。

8. 什么是恒重？怎样进行恒重的操作？

9. 指出下列各种食品水分测定的方法及操作要点：

(1) 谷类食品，(2) 肉类食品，(3) 香料，(4) 果酱，(5) 淀粉糖浆，(6) 糖果，(7) 浓缩果汁，(8) 面包，(9) 饼干，(10) 水果，(11) 蔬菜，(12) 麦乳精，(13) 乳粉。

10. 简述食品中有机酸的种类及特点。对于颜色较深的样品，测定时如何排除干扰，以保证测定结果的准确度？

11. 食品中酸度的测定有什么意义？总酸度、有效酸度、挥发酸测定值之间有什么关系？

12. 什么叫有效酸度？在食品的pH测定中需要注意哪些问题？

13. 说明索氏抽提法的适用范围，测定时需要注意哪些问题？

14. 说明酸水解法的测定原理及适用范围。

15. 说明罗紫·哥特里法的测定原理及测定方法。

16. 了解巴布科克乳脂瓶的使用方法，为什么测定取样时规定使用 17.6mL 的吸管?

17. 脂肪测定中所用的抽提剂乙醚，为什么不能含过氧化物？如何检验过氧化物的存在？如何提纯乙醚?

18. 以下食品必须分别采用哪种方法测定脂肪含量？如何进行样品处理?

(1) 面包，(2) 蛋糕，(3) 炼乳，(4) 全脂乳粉，(5) 鲜鱼，(6) 午餐肉罐头，(7) 面粉，(8) 豆浆，(9) 麦乳精。

19. 说明还原糖测定的方法及原理。用直接滴定法测定还原糖为什么必须进行预测？如何提高测定结果的准确度?

20. 测定食品中还原糖含量时，为什么一定要在沸腾状态下进行?

21. 高锰酸钾法测定还原糖中的定量方法和直接滴定法有和不同?

22. 用酸水解法测定总糖为什么要严格控制水解条件?

23. 淀粉测定中，什么情况下采用酸水解法？什么情况下采用酶水解法？现需要测定木薯片、面包、面粉中淀粉含量，试说明其样品处理过程及应采用哪一种水解方法?

24. 凯氏定氮法中蒸馏前，为什么要加入氢氧化钠?

25. 什么用蒸馏后酸碱滴定法测得的食品中的蛋白质的结果称为粗蛋白?

26. 凯氏定氮法测定蛋白质，结果计算为什么要乘以蛋白质系数?

27. 在消化过程中，硫酸钾和硫酸铜起什么作用?

28. 说明双缩脲法测定蛋白质含量的原理?

29. 说明紫外分光光度法测定蛋白质含量的原理。

30. 说明三氯化锑比色法测定维生素 A 的原理，皂化、提取的目的及方法。

31. 简要说明维生素 D 的测定原理及方法。

32. 试比较维生素 C 三种测定方法的优缺点，及各自的适用范围。

第 8 章　食品添加剂的检测

食品添加剂是指为改善食品品质和色、香、味以及为防腐和加工工艺的需要而加入食品中的化学物质或天然物质。

目前，全世界发现的各类食品添加剂有 14000 多种，我国允许使用的食品添加剂有 1700 多种，其中包括食用香料和其他（不包括复合食品添加剂）。

食品添加剂按其来源不同，国际上通常将其分为三大类：一是天然提取物，如甜菜红、姜黄素、辣椒红素等；二是用发酵等方法制取的物质，如柠檬酸、红曲米和红曲色素等；三是纯化学合成物，如苯甲酸钠、山梨酸钾、苋菜红和胭脂红等。如按食品添加剂的功能、用途划分则可分为 22 大类：酸度调节剂、抗结剂、消泡剂、抗氧化剂、漂白剂、膨胀剂、胶姆糖基础剂、着色剂、护色剂、乳化剂、酶制剂、增味剂、面粉处理剂、被膜剂、水分保持剂、营养强化剂、防腐剂、稳定剂和凝固剂、甜味剂、增稠剂、食品香料和其他类添加剂。

食品添加剂是食品工业重要的基础原料，对食品的生产工艺、产品质量、安全卫生都起到至关重要的作用。但是违禁、滥用食品添加剂以及超范围、超标准使用添加剂，都会给食品质量、安全卫生以及消费者的健康带来巨大的损害。随着食品工业与添加剂工业的发展，食品添加剂的种类和数量也就越来越多，它们对人们健康的影响也就越来越大。加之随着毒理学研究方法的不断改进和发展，原来认为无害的食品添加剂，近年来又发现还可能存在慢性毒性、致癌作用、致畸作用及致突变作用等各种潜在的危害，因而更加不能忽视。所以，食品加工企业必须严格遵照执行食品添加剂的卫生标准，加强食品添加剂的卫生管理，规范、合理、安全地使用添加剂，保证食品质量，保证人民身体健康。而食品添品剂的分析与检测，则对食品的安全起到了很好的监督、保证和促进作用。

8.1　防腐剂的测定

防腐剂是指能防止食品腐败、变质，抑制食品中微生物繁殖，延长食品保存期的物质，它是人类使用最悠久、最广泛的食品添加剂。目前，我国允许使用的品种主要有苯甲酸及其钠盐、山梨酸及其钾盐、对羟基苯甲酸乙酯和丙酯、丙酸钠、丙酸钙、脱氢乙酸等。

8.1.1　山梨酸和苯甲酸的测定

苯甲酸及苯甲酸钠是目前我国使用的主要防腐剂之一。它属于酸型防腐剂，在酸性条件下防腐效果较好，特别适用于偏酸性食品（pH4.5～5）。我国《食品添加剂使用卫生标准》规定：苯甲酸及苯甲酸钠在碳酸饮料中的最大使用量为 0.2g/kg，低盐酱菜、酱菜、蜜饯、食醋、果酱（不包括罐头）、果汁饮料、塑料装浓缩果蔬汁中最大使用量为 2g/kg（以苯甲酸计）。

山梨酸是一种直链不饱和脂肪酸，可参与人体内的正常代谢，并被同化而产生 CO_2 和水，所以几乎对人体没有毒性。山梨酸与山梨酸钾是目前国际上公认的安全防腐剂，已被很多国家和地区广泛使用。

我国《食品添加剂使用卫生标准》规定：山梨酸及山梨酸钾用于肉、鱼、禽类制品时的最大使用限量为 0.075g/kg；水果、蔬菜及碳酸饮料为 0.2g/kg；胶原蛋白肠衣、低盐酱菜类、蜜饯、果汁饮料、果冻等为 0.5g/kg；果酒为 0.6g/kg；塑料桶装浓缩果蔬汁、软糖、鱼干制品、即食豆制品、糕点、面包、乳酸菌饮料等为 1.0g/kg。当山梨酸与山梨酸钾同时使用时，以山梨酸计，不得超过最大使用量。

1. 气相色谱法

1）实验原理

样品经酸化后，用乙醚提取山梨酸和苯甲酸，再用带氢火焰离子化检测器的气相色谱仪进行分离测定，然后与标准系列进行比较定量。

本法可同时用于山梨酸和苯甲酸的测定。

2）仪器和试剂

（1）仪器。气相色谱仪（具有氢火焰离子化检测器）。

（2）试剂。

① 乙醚：不含过量氧化物。

② 石油醚：沸程 30～60℃。

③ 盐酸。

④ 无水硫酸钠。

⑤ 盐酸（1∶1）：取 100mL 盐酸，加入稀释至 200mL。

⑥ 氯化钠的酸性溶液（40g/L）：于氯化钠溶液（40g/L）中加少量盐酸（1∶1），使之酸化。

⑦ 山梨酸和苯甲酸标准储备液：准确称取山梨酸和苯甲酸各 0.2000g，置于 100mL 容量瓶中，用石油醚-乙醚（3∶1）混合溶剂溶解后，稀释至刻度，1mL 此溶液相当于 200mg 山梨酸或苯甲酸。

⑧ 山梨酸和苯甲酸的标准使用液：吸取适量的山梨酸和苯甲酸的标准溶液，以石油醚-乙醚（3+1）混合溶剂稀释至每毫升相当于 50、100、150、200、250μg 山梨酸或苯甲酸。

3）操作步骤

（1）样品的处理：称取 2.50g 事先混合均匀的样品，置于 25mL 带塞量筒中，加 0.5mL 盐酸（1∶1）酸化，依次用 15mL 和 10mL 乙醚提取，每次振摇 1min 后，将上层乙醚提取液吸入另一个 25mL 带塞量筒中，合并乙醚提取液。用 3mL 氯化钠的酸性溶液（40g/L）洗涤 2 次，静置 15min，用滴管将乙醚层通过无水硫酸钠滤入 25mL 容量瓶中，加乙醚至刻度，混匀。准确吸取 5mL 乙醚提取液于 5mL 带塞刻度试管中，置于 40℃水浴上挥干，加入 2mL 石油醚-乙醚（3∶1）混合溶剂溶解残渣，备用。

（2）色谱参考条件。

① 色谱柱：玻璃柱，内径为 3mm，长为 2m，内装涂以 5%（质量分数）DEGS＋1%（质量分数）H_3PO_4 固体液的 60～80 目 ChromosoybWAW。

② 载气：载气为氮气，气流速度为 50mL/min（氮气、空气及氢气按各仪器型号不同，选择各自的最佳比例条件）。

③ 温度：进样品温度为 230℃，检测器温度为 230℃，柱温为 170℃。

（3）测定。

① 进样 2μL 标准系列中各浓度的标准使用液于气相色谱仪中，测得不同浓度的山梨酸和苯甲酸的峰高。以浓度为横坐标，以峰高值为纵坐标，绘制标准曲线。山梨酸和苯甲酸的标准色谱图如图 8-1 所示。

② 进样 2μL 样品溶液，测得峰高，然后与标准曲线比较定量。

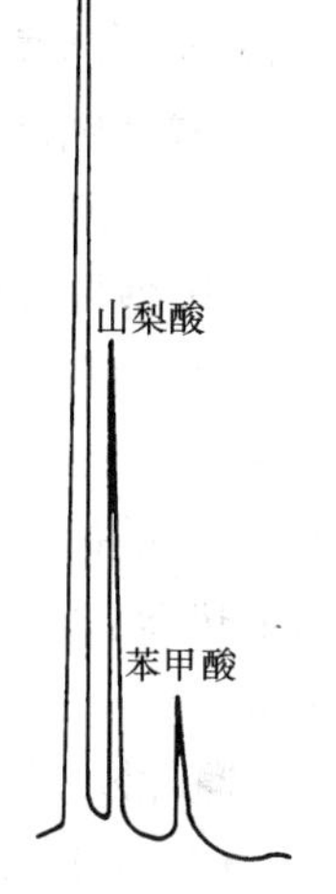

图 8-1　山梨酸和苯甲酸标准色谱图

4）结果计算

$$x=\frac{m_1\times 1000}{m_2\times\frac{5}{25}\times\frac{V_2}{V_1}\times 1000}$$

式中　x——样品中山梨酸或苯甲酸的含量，g/kg；

m_1——测定用样品溶液中山梨酸或苯甲酸的质量，μg；

V_1——加入石油醚-乙醚（3＋1）混合溶剂的体积，mL；

V_2——测定时进样的体积，μL；

m_2——样品的质量，g；

5——测定时吸取乙醚提取液的体积，mL；

25——样品乙醚提取液的总体符号，mL。

由测得苯甲酸的量乘以 1.18，即为样品中苯甲酸钠的含量。

2. 高效液相色谱法

1）实验原理

样品加温除去二氧化碳和乙醇，调 pH 至近中性，过滤后进高效液相色谱仪，经反相色谱分离后，根据保留时间和峰面积进行定性和定量。

本法可同时用于苯甲酸及山梨酸的测定。

2）仪器和试剂

（1）仪器。高效液相色谱仪（带紫外检测器）。

（2）试剂。方法中所用试剂，除另有规定外，均为分析纯试剂，水为蒸馏水或同等纯度水，溶液为水溶液。

① 甲醇：优级纯，经滤膜（0.5μm）过滤。

② 稀氨水溶液（1+1）：氨水加水等体积混合。

③ 乙酸铵溶液（0.02mol/L）：称取1.54g乙酸铵，加水至1000mL，溶解，经滤膜（0.45μm）过滤。

④ 碳酸氢钠溶液（20g/L）：称取2g碳酸氢钠（优级纯），加水至100mL，振摇溶解。

⑤ 苯甲酸标准储备溶液：准确称取0.1000g苯甲酸，加碳酸氢钠溶液（20g/L）5mL，加热溶解，移入100mL容量瓶中，加水定容至100mL，摇匀。此溶液每毫升含苯甲酸1mg。

⑥ 山梨酸标准储备溶液：准确称取0.1000g山梨酸，加碳酸氢钠溶液（20g/L）5mL，加热溶解，移入100mL容量瓶中，加水定容至100mL，摇匀。此溶液每毫升含山梨酸为1mg。

⑦ 苯甲酸、山梨酸标准混合使用溶液：吸取苯甲酸、山梨酸标准储备溶液各10.0mL，放入100mL容量瓶中，加水至刻度。此溶液含苯甲酸、山梨酸各0.1mg/mL。经滤膜（0.45μm）过滤。

3）操作步骤

（1）样品处理。

① 汽水：称取5.00～10.0g样品，放入小烧杯中，微温搅拌除去二氧化碳，用氨水（1+1）调pH约7。加水定容至10～20mL，经滤膜（0.45μm）过滤。

② 果汁类：称取5.00～10.0g样品，用氨水（1+1）调pH约7，加水定容至适当体积，离心沉淀，上清液经滤膜（0.45μm）过滤。

③ 配制酒类：称取10.0g样品，放入小烧杯中，水浴加热除去乙醇，用氨水（1+1）调pH约7，加水定容至适当体积，经滤膜（0.45μm）过滤。

（2）高效液相色谱分析参考条件。

① 色谱柱：YWG-C_{18} 4.6mm×150mm 5μm，或其他型号C_{18}柱。

② 流动相：甲醇+乙酸铵溶液（0.02mol/L）（5+95）。

③ 流速：1.0mL/min。

④ 进样量：10μL。

⑤ 检测器：紫外检测器，波长230nm，灵敏度0.2AUFS。

根据保留时间定性，外标峰面积法定量。

4）结果计算

$$x=\frac{m_1\times 1000}{m\times\frac{V_2}{V_1}\times 1000}$$

式中　x——样品中苯甲酸或山梨酸的含量，g/kg；

m_1——进样体积中苯甲酸或山梨酸的质量，mg；

V_2——进样体积，mL；

V_1——样品稀释液总体积，mL；

m——样品质量，g。

3. 酸碱滴定法测定苯甲酸及苯甲酸钠

1）实验原理

于试样中加入饱和氯化钠溶液，在碱性条件下进行萃取，分离出蛋白质、脂肪等，然后酸化，用乙醚提取试样中的苯甲酸，再将乙醚蒸去，溶于中性醚醇混合液中，最后以标准碱液滴定。

2）仪器和试剂

（1）仪器。

① 碱式滴定管。

② 300mL 烧杯。

③ 250mL 容量瓶。

④ 500mL 分液漏斗。

⑤ 水浴箱。

⑥ 吹风机。

⑦ 分析天平。

⑧ 锥形瓶。

（2）试剂。

① 纯乙醚。置乙醚于蒸馏瓶中，在水浴上蒸馏，收取 35℃部分的馏液。

② 盐酸（6mol/L）。

③ 氢氧化钠溶液（100g/L）。准确称取氢氧化钠 100g 于小烧杯中，先用少量蒸馏水溶解，再转移至 1000mL 容量瓶中，定容至刻度。

④ 氯化钠饱和溶液。

⑤ 纯氯化钠。

⑥ 95%中性乙醇。于 95%乙醇中加入数滴酚酞指示剂，以氢氧化钠溶液中和至微红色。

⑦ 中性醇醚混合液。将乙醚与乙醇按 1∶1 体积等量混合，以酚酞为指示剂，用氢氧化钠中和至微红色。

⑧ 酚酞指示剂（1%乙醇溶液）。溶解 1g 酚酞于 100mL 中性乙醇中。

⑨ 氢氧化钠标准溶液（0.05mol/L）。称取纯氢氧化钠约 3g，加入少量蒸馏水溶去表面部分，弃去这部分溶液，随即将剩余的氢氧化钠（约 2g）用经过煮沸后冷却的蒸馏水溶解并稀释至 1000mL，按下法标定其浓度。

氢氧化钠标准溶液的标定：将分析纯邻苯二甲酸氢钾于 120℃烘箱中烘约 1h 至恒重。冷却 25min，称取 0.4g（精确至 0.0001g）于锥形瓶中，加入 50mL 蒸馏水溶解后，加 2 滴酚酞指示剂，用上述氢氧化钠标溶液滴定至微红色 1min 不褪色为止。按下式计算氢氧化钠溶液的浓度。

$$c=\frac{m\times 1000}{V\times 204.2}$$

式中 c——氢氧化钠溶液的浓度，mol/L；

m——邻苯二甲酸氢钾的质量，g；

V——滴定时使用的氢氧化钠溶液的体积，mL；

204.2——邻苯二甲酸氢钾的摩尔质量，g/mol。

3）操作步骤

（1）样品的处理。

① 固体或半固体样品：称取经粉碎的样品 100g 置 500mL 容量瓶中，加入 300mL 蒸馏水，加入分析纯氯化钠至不溶解为止（使其饱和），然后用 100g/L 氢氧化钠溶液使其成碱性（石蕊试纸试验），摇匀，再加饱和氯化钠溶液至刻度，放置 2h（要不断振摇），过滤，弃去最初 10mL 滤液，收集滤液供测定用。

② 含酒精的样品：吸取 250mL 样品，加入 100g/L 氢氧化钠溶液使其成碱性，置水浴上蒸发至约 100mL 时，移入 250mL 容量瓶中，加入氯化钠 30g，振摇使其溶解，再加氯化钠饱和溶液至刻度，摇匀，放置 2h（要不断振摇），过滤，取滤液供测定用。

③ 含脂肪较多的样品：经上述方法制备后，于滤液中加入氢氧化钠溶液使成碱性，加入 20～50mL 乙醚提取，振摇 3min，静置分层，溶液供测定用。

（2）提取。吸取以上制备的样品滤液 100mL，移入 250mL 分液漏斗中，加 6mol/L 盐酸至酸性（石蕊试纸试验）。再加 3mL 盐酸（6mol/L），然后依次用 40、30、30mL 纯乙醚，用旋转方法小心提取。每次摇动不少于 5min。待静置分层后，将提取液移至另一个 250mL 分液漏斗中（3 次提取的乙醚层均放入这一分液漏斗中）。用蒸馏水洗涤乙醚提取液，每次 10mL，直至最后的洗液不呈酸性（石蕊试纸试验）为止。

将此乙醚提取液置于锥形瓶中，于 40～45℃水浴上回收乙醚。待乙醚只剩下少量时，停止回收，以风扇吹干剩余的乙醚。

（3）滴定。于提取液中加入 30mL 中性醇醚混合液，10mL 蒸馏水，酚酞指示剂 3 滴，以 0.05mol/L 氢氧化钠标准溶液滴至微红色为止。

4）结果计算

$$x_1=\frac{V\times c\times 144.1\times 2.5}{m\times 1000}$$

$$x_2=\frac{V\times c\times 122.1\times 2.5}{m\times 1000}$$

式中 x_1——样品中苯甲酸钠的含量，mg/kg；

x_2——样品中苯甲酸的含量，mg/kg；

V——滴定时所耗氢氧化钠标准溶液的体积，mL；

c——氢氧化钠标准溶液的浓度，mol/L；

m——样品的质量，g；

144.1——苯甲酸钠的摩尔质量，g/mol；

122.1——苯甲酸的摩尔质量，g/mol。

4. 硫代巴比妥酸比色法测定山梨酸及山梨酸钾

1）实验原理

利用自样品中提取出来的山梨酸及其盐类，在硫酸及重铬酸钾的氧化作用下产生丙二醛，丙二醛与硫代巴比妥酸作用产生红色化合物，其红色深浅与丙二醛浓度成正比，并于波长 530nm 处有最大吸收，符合比尔定律，故可用比色法测定，反应如下：

$$CH_3-CH{=}CH-CH{=}CH-COOH \xrightarrow[K_2Cr_2O_7]{O_2}$$

山梨酸

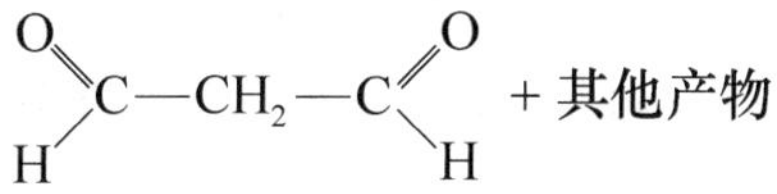

$$OHC-CH_2-CHO + \text{其他产物}$$

丙二醛

$$2\ \text{HS-(4,6-二羟基嘧啶-2-基)} + OHC-CH_2-CHO \xrightarrow{H^+}$$

$$\text{(红色化合物)} + 2H_2O$$

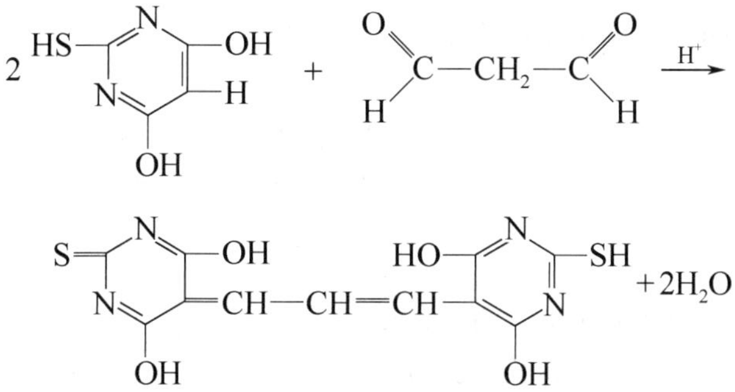

红色化合物

2）仪器和试剂

（1）仪器。

① 721 型分光光度计。

② 组织捣碎机。

③ 10mL 比色管。

（2）试剂。

① 硫代巴比妥酸溶液：准确称取 0.5g 硫代巴比妥酸于 100mL 容量瓶中，加 20mL 蒸馏水，然后再加入 10mL 氢氧化钠溶液（1mol/L），充分摇匀。使之完全溶解后再加入 11mL 盐酸（1mol/L），用水稀释至刻度。此溶液要在使用时新配制，最好在配制后不超过 6h 内使用。

② 重铬酸钾-硫酸混合液：以 0.1mol/L 重铬酸钾和 0.15mol/L 硫酸以 1∶1 的比例混合均匀配制备用。

③ 山梨酸钾标准溶液：准确称取 250mg 山梨酸钾于 250mL 容量瓶中，用蒸馏水溶解并稀释至刻度，使之成为 1mg/mL 的山梨酸钾标准溶液。

④ 山梨酸钾标准使用溶液：准确移取山梨酸钾标准溶液 25mL 于 250mL 容量瓶

中，稀释至刻度，充分摇匀，使之成为0.1mg/mL的山梨酸钾标准使用溶液。

3）操作步骤

（1）样品的处理。称取100g样品，加蒸馏水200mL，于组织捣碎机中捣成匀浆。称取此匀浆100g，加蒸馏水200mL继续捣碎1min，称取10g于250mL容量并中定容摇匀，过滤备用。

（2）山梨酸钾标准曲线的绘制。分别吸取0、2.0、4.0、6.0、8.0、10.0mL山梨酸钾标准使用溶液于200mL容量瓶中，以蒸馏水定容（分别相当于0、1.0、2.0、3.0、4.0、5.0μg/mL的山梨酸钾）。再分别吸取2.0mL于相应的10mL比色管中，加2.0mL重铬酸钾-硫酸溶液，于100℃水浴中加热7min，立即加入2.0mL硫代巴比妥酸溶液，继续加热10min，立即取出迅速用冷水冷却，在分光光度计上以530nm测定吸光度，并绘制标准曲线。

（3）样品的测定。吸取样品处理液2mL于10mL比色管中，按标准曲线绘制的操作程序，自“加2.0mL重铬酸钾-硫酸溶液”开始依次操作，在分光光计530nm处测定吸光度，从标准曲线中查出相应浓度。

4）结果计算

$$x_1 = \frac{A \times 250}{m \times 2}$$

$$x_2 = \frac{x_1}{1.34}$$

式中　x_1——样品中山梨酸钾的含量，g/kg；

x_2——样品中山梨酸的含量，g/kg；

A——试样液中含山梨酸钾的浓度，mg/mL；

m——称取匀浆相当于试样的质量，g；

2——用于比色时试样溶液的体积，mL；

250——样品处理液总体积，mL。

5. 紫外分光光度法测定山梨酸及山梨酸钾

1）实验原理

样品经氯仿（三氯甲烷）提取后，再加入碳酸氢钠，使山梨酸形成山梨酸钠而溶于水溶液中。纯净的山梨酸钠水溶液在254nm处有最大吸收，经紫外分光光度计测定其吸光度后即可测得其含量。

2）仪器和试剂

（1）仪器。

① 紫外分光光度计。

② 组织捣碎机。

（2）试剂。

① 三氯甲烷：以三氯甲烷体积50%的碳酸氢钠（0.5mol/L）提取2次，而后以无水硫酸钠干燥，过滤备用。

② 0.5mol/L 碳酸氢钠：称取 21g 碳酸氢钠于小烧杯中，加少量蒸馏水溶解，移至 500mL 容量瓶中加水定容至刻度。

③ 0.3mol/L 碳酸氢钠。

④ 山梨酸标准溶液：准确称取 250mg 山梨酸，用 0.3mol/L 的碳酸氢钠定容至 250mL。

⑤ 山梨酸标准使用液：准确吸取山梨酸标准溶液 25.00mL，用 0.3mol/L 的碳酸氢钠定容至 250mL，即为 100μg/mL 的标准使用液。

3）操作步骤

（1）样品的处理。称取 50.0g 样品，加 450mL 蒸馏水于组织捣碎机中，粉碎 5min，使成匀浆。称取 10.0g 此匀浆于 50mL 容量瓶中，并以水定容。移取 10mL 此溶液于 250mL 分液漏斗中，用 100mL 氯仿提取 1min。静置分层。将氯仿层分至 125mL 锥形瓶中，加入 5g 无水硫酸钠，振荡后静置。

（2）标准曲线的绘制。分别吸取山梨酸标准使用液 0、1.0、2.0、3.0、4.0、5.0mL 于 100mL 容量瓶中，用 0.3mol/L 碳酸氢钠定容（分别相当于 0、1.0、2.0、3.0、4.0、5.0μg/mL 的山梨酸）。于紫外分光光计中 254nm 处测定吸光度，以浓度为横坐标，以吸光度为纵坐标绘制标准曲线。

（3）样品的测定。移取样品氯仿提取液 50mL 于 125mL 分液漏斗中，用 25mL 碳酸氢钠（0.3mol/L）提取 1min。静置分层后，小心弃去氯仿层。将碳酸氢钠提取液于紫外分光光计中 254nm 处测定吸光度。从标准曲线上查出相应的山梨酸含量。

4）结果计算

$$x=\frac{m_1\times\frac{V_1}{V_3}}{m\times V_2}$$

式中 x——山梨酸的含量。g/kg；

m_1——试液中山梨酸的含量，mg/mL；

V_1——试样碳酸氢钠提取液总量，mL；

V_2——吸取试样氯仿提取液体积，mL；

V_3——试样氯仿提取液总体积，mL；

m——用于测定的试样水提取液相当于样品的质量，g。

8.1.2 过氧乙酸的测定

过氧乙酸又叫过醋酸，是过氧化氢、醋酸与微量硫酸的混合水溶液。过氧乙酸对细菌繁殖体、芽孢、真菌、病毒都具有高度杀灭效果，是一种广谱、高效、速效的杀菌防腐剂。

1）实验原理

在酸性条件下，过氧乙酸中含有的过氧化氢（H_2O_2）用高锰酸钾标准滴定溶液滴定，然后用间接碘量法测定过氧乙酸的含量。反应方程式为

$$2KMnO_4+3H_2SO_4+5H_2O_2=\!=\!=2MnSO_4+K_2SO_4+5O_2+8H_2O$$

$$2KI+2H_2SO_4+CH_3COOOH \xlongequal{} 2KHSO_4+CH_3COOH+H_2O+I_2$$

$$I_2+2Na_2S_2O_3 \xlongequal{} 2NaI+Na_2S_4O_6$$

2）仪器和试剂

（1）仪器。

① 250mL 碘量瓶。

② 50mL 棕色滴定管。

③ 分析天平。

（2）试剂。

① 硫酸溶液（1+9）。量取 1mL 硫酸与 9mL 水混合。

② 碘化钾溶液（100g/L）。

③ 硫酸锰溶液（100g/L）。

④ 钼酸铵溶液（30g/L）。

⑤ 高锰酸钾标准溶液 [$c_{1/5KMnO_4}$=0.1mol/L]。

⑥ 硫代硫酸钠标准滴定溶液 [$c_{Na_2S_2O_3}$=0.1mol/L]。

⑦ 淀粉指示液（10g/L）。

3）操作步骤

称取约 0.5g 试样（或称取相当于含过氧乙酸约 0.07g 的试样），精确至 0.0001g，置于预先盛有 50mL 水、5mL 硫酸溶液和 3 滴硫酸锰溶液并已冷却至 4℃的碘量瓶中，摇匀，用高锰酸钾标准溶液滴定至溶液呈稳定的浅粉色。随即加入 10mL 碘化钾溶液和 3 滴钼酸铵溶液，轻轻摇匀，于暗处放置 5～10min，用硫代硫酸钠标准滴定溶液滴定，接近终点时（溶液呈淡黄色）加入 1mL 淀粉指示液，继续滴定至蓝色消失，并保持 30s 不变为终点。记录消耗硫代硫酸钠标准滴定溶液的体积数。

4）结果计算

$$x=\frac{V\times c\times M}{m}\times 100$$

式中　x——过氧乙酸的质量分数，%；

V——消耗的硫代硫酸钠标准滴定溶液的体积，mL；

c——硫代硫酸钠标准滴定溶液浓度，mol/L；

m——试样的质量，g；

M——与 1.00mL 硫代硫酸钠标准滴定溶液（c=1.000mol/L）相当的过氧乙酸的摩尔质量，g/mol，（M=0.03803）；

取两次平行测定结果的算术平均值为测定结果，两次平行测定结果之差不得大于 0.3%。

8.1.3　对羟基苯甲酸酯类的测定

对羟基苯甲酸乙酯、对羟基苯甲酸丙酯和对羟基苯甲丁酯，又名尼泊金乙酯、尼泊金丙酯和尼泊金丁酯。三者均为苯甲酸的衍生物，分别是由对羟基苯甲酸与乙醇、丙醇和丁醇，以硫酸为触媒酯化而成的结晶性粉末。易溶于丙酮和乙醇，难溶于水，不易受 pH 影响，在 pH4～8 范围内防腐效果很好。

我国《食品添加剂使用卫生标准》(GB2760—2007) 规定：对羟基苯甲酸乙酯、丙酯和丁酯用于果蔬保鲜时的最大使用量（以对羟基苯甲酸计）为 0.012g/kg；食醋 0.10g/kg；碳酸饮料、蛋糕、蛋黄馅 0.20g/kg；果汁饮料、果酱（不包括罐头）、酱油等为 0.25g/kg；糕点馅为 0.5g/kg。

1. 高效液相色谱法

1）实验原理

样品中对羟基苯甲酸酯类，用乙腈提取，经过滤后进高效液相色谱仪进行测定，与标准比较，以保留时间定性，以峰高定量。

2）仪器和试剂

(1) 仪器。

① 组织捣碎机。

② 离心机。

③ 高效液相色谱仪（带紫外检测器）。

(2) 试剂。

① 乙腈。全玻蒸馏。

② 对羟基苯甲酸酯类的标准溶液：称取 50mg 相应的对羟基苯甲酸酯，溶于 100mL 容量瓶中，用乙腈稀释至刻度，混匀。分别吸取 1.0、2.0、3.0、4.0、5.0mL 上述溶液，置于 100mL 容量瓶中，用乙腈稀释至刻度。该系列标准溶液中每毫升分别含 5.0、10.0、15.0、20.0、25.0μg 的对羟基苯甲酸酯。

3）操作步骤

(1) 样品提取。称取约 20g 样品，粉碎。准确称取 2g 样品于 10mL 具塞离心管中，加入 5.0mL 乙腈，塞上塞子。振摇 30s 后，于 500r/min 离心 5min，将上清液转移至 25.0mL 容量瓶中，重复操作 3 次，用乙腈稀释至刻度。用 0.45μm 滤膜过滤，供色谱测定用。

(2) 高效液相色谱分析参考条件。

① 色谱柱：μ Bondapak C_{18} 30cm×4.6mm。

② 流速：1.4mL/min。

③ 检测波长：254nm。

(3) 测定方法。分别进样 10μL 对羟基苯甲酸酯标准系列中各浓度的标准溶液，以浓度为横坐标，峰高为纵坐标绘制标准曲线。

同时进样 10μL 样品溶液，与标准曲线比较定性、定量。

对羟基苯甲酸甲酯、丙酯的保留时间分别约为 4.2min 和

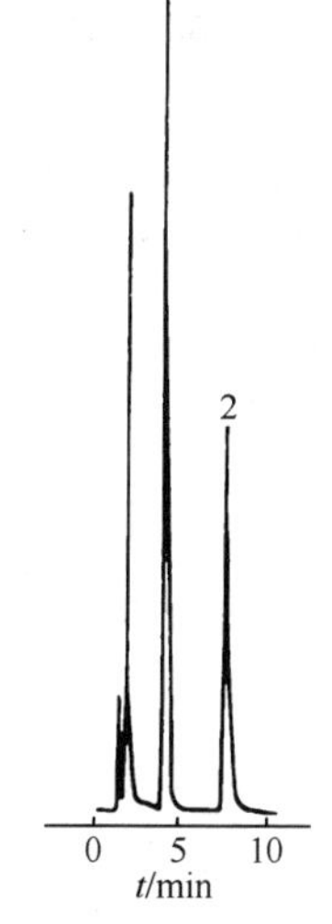

图 8-2　对羟基苯甲酸酯类标准色谱图
1. 对羟基苯甲酸甲酯；
2. 对羟基苯甲酸丙酯

7.6min，其标准色谱图如图 8-2 所示。

4）结果计算

$$x = \frac{m_1 \times 25}{m \times 1000}$$

式中　x——样品中对羟基苯甲酸酯类的含量，mg/g；

m_1——被测样品液中对羟基苯甲酸酯类的含量，μg/mL；

m——样品的质量，g；

25——样品溶液的体积，mL。

8.2　发色剂的测定

硝酸盐和亚硝酸盐是肉制品生产中最常使用的发色剂。在微生物作用下，硝酸盐还原为亚硝酸盐，亚硝酸盐在肌肉中乳酸的作用下生成亚硝酸，而亚硝酸极不稳定，可分解为亚硝基，并与肌肉组织中的肌红蛋白结合，生成鲜红色的亚硝基肌红蛋白，使肉制品呈现良好的色泽。但由于亚硝酸盐是致癌物质——亚硝胺的前体，因此在加工过程中常以抗坏血酸钠或异构抗坏血酸钠、烟酰胺等辅助发色，以降低肉制品中亚硝酸盐的使用量。

我国《食品添加使用卫生标准》（GB2760—2007）规定：亚硝酸盐用于腌制肉类、肉类罐头、肉制品时的最大使用量为 0.15g/kg，硝酸钠最大使用量为 0.5g/kg，残留量（以亚硝酸钠计）肉类罐头不得超过 0.05g/kg，肉制品不得超过 0.03g/kg。

8.2.1　亚硝酸盐的测定（盐酸萘乙二胺法）

1）实验原理

样品经沉淀蛋白质、除去脂肪后，在弱酸性条件下，亚硝酸盐与对氨基苯磺酸（$H_2N—C_6H_4—SO_3H$）重氮化，产生重氮盐，此重氮盐再与偶合试剂（盐酸萘乙二胺）偶合形成紫红色染料，其最大吸收波长为 550nm，测定其吸光度后，可与标准比较定量。

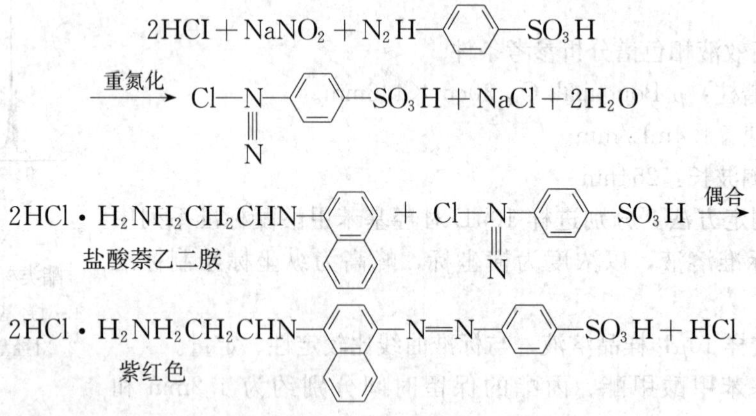

$$2HCl + NaNO_2 + N_2H—C_6H_4—SO_3H$$

$$\xrightarrow{\text{重氮化}} Cl—N(\equiv N)—C_6H_4—SO_3H + NaCl + 2H_2O$$

$$2HCl \cdot H_2NH_2CH_2CHN—C_{10}H_7 + Cl—N(\equiv N)—C_6H_4—SO_3H \xrightarrow{\text{偶合}}$$

盐酸萘乙二胺

$$2HCl \cdot H_2NH_2CH_2CHN—C_{10}H_6—N=N—C_6H_4—SO_3H + HCl$$

紫红色

2）仪器和试剂

（1）仪器。

① 小型绞肉机。

② 分光光度计。

③ 水浴锅。

（2）试剂。

① 10.6%亚铁氰化钾溶液。称取106g亚铁氰化钾，溶于水，定容至1000mL。

② 22%乙酸锌溶液。称取220g乙酸锌，加30mL冰醋酸溶解，用蒸馏水定容至1000mL。

③ 饱和硼砂溶液。称取5g硼酸钠溶于100mL热水中，冷却后备用备用。

④ 0.4%对氨基苯磺酸溶液。称取0.4g对氨基苯磺酸溶于100mL 20%盐酸中，此溶液临用时现配。

⑤ 0.2%盐酸萘乙二胺溶液。称取0.2g盐酸萘乙二胺，以水定容至100mL，此溶液临用时现配。

⑥ 氢氧化铝乳液。溶解125g硫酸铝于1000mL重蒸水中，使氢氧化铝全部沉淀（溶液呈微碱性）。用蒸馏水反复洗涤，真空抽滤，直至洗液分别用氯化钡、硝酸银溶液检验不发生浑浊为止。取下沉淀物，加适量重蒸水使呈稀糨糊状，捣匀备用。

⑦ 亚硝酸钠标准液。精密称取0.1000g亚硝酸钠，用重蒸水溶解并定容至500mL。此液含200μg/mL亚硝酸钠。

⑧ 亚硝酸钠标准使用液。吸取标准液25.00mL于1000mL容量瓶中，用重蒸水定容。此液含5μg/mL亚硝酸钠。临用时配制。

3）操作步骤

（1）样品处理。准确称取5.0g经绞碎混匀的样品（液体样品可取10～20g），置于50mL烧杯中，加12.5mL硼砂饱和溶液，搅拌均匀，以70℃的水300mL将样品洗入500mL容量瓶中，于沸水浴中加热15min，取出后冷却至室温，然后一面转动，一面加入5mL亚铁氰化钾溶液，再5mL乙酸锌溶液，以沉淀蛋白质。加水至刻度，摇匀，放置0.5h，除去上层脂肪，清液用滤纸过滤，弃去初滤液30mL，滤液备用。

有些肉制品有颜色，其样品经处理、沉淀蛋白质、除去脂肪并过滤后，60mL于100mL容量瓶中，加氢氧化铝乳液至刻度，过滤，滤液应无色透明。

（2）亚硝酸钠含量的测定。

① 亚硝酸钠标准曲线的制备。吸取0、0.20、0.40、0.60、0.80、1.00、1.50、2.00、2.50mL亚硝酸钠标准使用液（相当于0、1、2、3、4、5、7.5、10、12.5μg亚硝酸钠），分别置于50mL比色管中。加入2.0mL 0.4%对氨基苯磺酸溶液，混匀，静置3～5min后各加入1.0mL 0.2%盐酸萘乙二胺溶液，加水至刻度，混匀，静置15min，用2cm比色杯，以零管调零，于分光光度计538nm波长处测定吸光度，绘制标准曲线。

② 样品测定。吸取40mL样品处理液于50mL比色管中，按标准曲线绘制同样操作，于538nm处测定吸光度，从标准曲线上查出样品液含亚硝酸盐含量。

4）结果计算

$$\text{亚硝酸盐(mg/kg)} = \frac{m_1 \times V_1 \times 1000}{m \times V_2 \times 1000}$$

式中　m_1——比色用样液中含亚硝酸盐的量，μg；

m——样品质量，g；

V_1——样品处理液总体积，mL；

V_2——比色时取样品处理液体积，mL。

5）说明及注意事项

（1）亚硝酸盐容易氧化为硝酸盐，样品处理时，加热的温度和时间均要控制。配制标准溶液的固体亚硝酸钠可长期保存在硅胶干燥器中，若有必要，可在80℃烘去水分后称重。配制的标准储备液不宜久储。

（2）亚硫酸盐干扰测定，可在重氮反应前加入2mL 50g/L甲醛溶液，便与亚硝酸盐生成稳定的甲醛加成物，消除其干扰。

（3）亚铁氰化钾和乙酸锌作为蛋白质沉淀剂，利用产生的亚铁氰化锌与蛋白质共沉淀；也可用硫酸锌溶液作为蛋白质沉淀剂使用。

8.2.2　硝酸盐的测定

1）实验原理

样品经沉淀蛋白质、除去脂肪后，将样品提取液通过镉柱，使其中的硝酸根离子还原成亚硝酸根离子。在酸性条件下，亚硝酸根与对氨基苯磺酸重氮化后，再与盐酸萘乙二胺偶合形成红色染料，经比色测得亚硝酸盐总量，从还原前后亚硝酸盐量即可求得硝酸盐的含量。

2）仪器和试剂

（1）仪器。

① 镉柱。

a. 海绵状镉粉的制备。投入足够的锌皮或锌棒于500mL200g/L的硫酸镉溶液中，经3～4h，当溶液中的镉全部被锌置换后，用玻璃棒轻轻刮下，取出残余锌皮，使镉沉底，倾去上层清液，以蒸馏水用倾斜法洗涤，然后移入组织捣碎机中，加500mL水。捣碎约2s，用水将金属细粒洗至标准筛上，取20～40目之间的部分。置试剂瓶中，用水封盖保存，备用。

b. 镉柱装填。如图8-3所示。用蒸馏水装满镉柱玻璃管，并装入2cm高的玻璃棉作垫。将玻璃棉压向柱底，并将其中所包含的空气全部排出，在轻轻敲击下加入海绵状镉至8～10cm高，上面用1cm高的玻璃棉覆盖，上置一储液漏斗，末端穿过橡皮塞与镉柱玻璃管紧密连接。

如无上述镉柱玻璃管，也可用25mL酸式滴定管代用。

当镉柱填装好后，先用25mL盐酸（0.1mol/L）洗涤，再以蒸馏水洗2次，每次25mL，镉柱不用时用水封盖，随时都要保持水平面在镉层之上，不得使镉层夹有气泡。

镉柱每次使用完毕后，应先以 25mL 盐酸（0.1mol/L）洗涤，再以水洗 2 次，每次 25mL，最后用水覆盖镉柱。

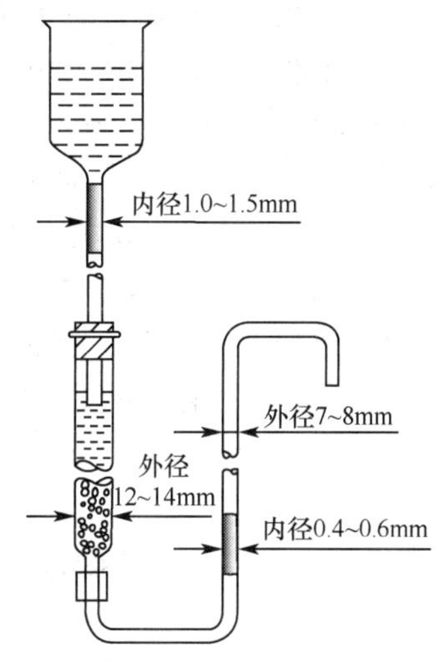

图 8-3　镉柱装置示意图

② 其他同亚硝酸盐的测定。

（2）试剂。

① 氨缓冲溶液（pH9.6～9.7）：量取 20mL 盐酸加 50mL 蒸馏水，混匀后加 50mL 氨水，用水定容至 1000mL。

② 稀氨缓冲溶液：取 50mL 氨缓冲溶液，用水定容至 500mL。

③ 盐酸溶液（0.1mol/L）：吸取 8.4mL 盐酸，用水稀释至 1000mL。

④ 硝酸钠标准储备液：准确称取 0.1232g 硝酸钠（已于 110～120℃ 干燥至恒重，相当于 0.1000g 亚硝酸钠），以重蒸水溶解，移于 500mL 容量瓶中并定容。此液浓度为 200μg/mL 亚硝酸钠。

⑤ 硝酸钠标准使用液：临用时吸取标准液 2.50mL 置于 100mL 容量瓶中，加水定容。此液浓度为 5μmg/mL 亚硝酸钠。

⑥ 其他同亚硝酸盐的测定。

3）操作步骤

① 样品的处理。同亚硝酸盐测定。

② 镉柱还原效率的测定。

a. 先以 25mL 稀氨缓冲溶液冲洗镉柱，流速控制在 3～5mL/min（以滴定管代替的，可控制在 2～3mL/min）。

b. 吸取 20mL 硝酸钠标准使用液，加入 5mL 稀氨缓冲溶液，混匀，注入储液漏斗，使流经镉柱还原，以原烧杯收集流出液，当储液中溶液流完后，再加 5mL 水置换柱内留存溶液。将全部收集液如前经镉柱再还原一次，第二次流出液收集于 100mL 容量瓶中，再用 20mL 水洗涤镉柱，共洗涤 3 次，洗涤液收集于同一容量瓶中，加水至刻度，混匀。

c. 吸取 10.00mL 还原后的标准液（相当于 10μg 亚硝酸钠）于 50mL 比色管中，以下按亚硝酸盐测定的标准曲线的制备“吸取 0、0.20、0.40、0.60、0.80、1.00、1.50、2.00、2.50mL 亚硝酸钠标准使用液……”起依法操作，根据标准曲线计算测得结果。还原效率>98%为符合要求。

$$x = \frac{A}{10} \times 100$$

式中　x——还原效率，%；

A——测得亚硝酸盐的含量，μg；

10——测定用溶液相当于亚硝酸盐的含量，μg；

③ 样品中亚硝酸盐总量测定。

a. 样液还原：吸取 20mL 样品处理液于 50mL 烧杯中，加 5mL 氨缓冲溶液，混匀后注入储液漏斗中，使流经镉柱还原，以下按镉柱还原效率测定操作进行，收集还原后的样液于 100mL 容量瓶中并定容。

b. 吸取 10～20mL 还原后的样液于 50mL 比色管中，以下按镉柱还原效率测定操作进行，测得吸光度，从标准曲线上查出亚硝酸盐量。

④ 亚硝酸盐测定。吸取 40mL 样品处理液于 50mL 比色管中，按镉柱还原效率测定操作进行，测定吸光度，从标准曲线上查出亚硝酸盐含量。

4）结果计算

$$x=\left(\frac{A_1}{m\times\frac{20}{500}\times\frac{V}{500}}-\frac{A_2}{m\times\frac{40}{500}}\right)\times 1.232$$

式中 x——硝酸盐含量，mg/kg；

A_1——经镉柱还原后测得的亚硝酸盐量，μg；

A_2——不经镉柱还原直接测得的亚硝酸盐量，μg；

V——测定用经镉柱还原后样液体积，mL；

1.232——亚硝酸钠换算为硝酸钠的系数；

m——样品的质量，g。

8.2.3 亚硝酸盐和硝酸盐的测定（离子色谱法）（GB/T5009.33—2010）

1）实验原理

试样经沉淀蛋白质、除去脂肪后，采用相应的方法提取和纯化，以氢氧化钾溶液为淋洗液，阴离子交换柱分离，电导检测器检测。以保留时间定性，外标法定量。

2）仪器和试剂

（1）仪器。

参考色谱条件：

① 色谱柱：氢氧化物选择性，可兼容梯度洗脱的高容量阴离子交换柱，如 Dionex IonPac Asll-HC 4mm×250mm（带 IonPac AGll-HC 型保护柱 4mm×50mm），或性能相当的离子色谱柱。

② 淋洗液：氢氧化钾溶液，浓度为 6～70mmol。洗脱梯度为 6mmol/L 30min，70mmol/L 5min，6mmol/L 5min；流速 1.0mL/min。

（2）试剂。

① 超纯水：电阻率>18.2 MΩ·cm。

② 乙酸（CH_3COOH）：分析纯。

③ 氢氧化钾（KOH）：分析纯。

④ 乙酸溶液（3%）：量取乙酸（3.2）3mL 于 100mL 容量瓶中，以水稀释至刻度，混匀。

⑤ 亚硝酸根离子（NO_2^-）标准溶液（100mg/L，水基体）。

⑥ 硝酸根离子（NO_3^-）标准溶液（1000mg/L，水基体）。

⑦ 亚硝酸盐（以 NO_2^- 计，下同）和硝酸盐（以 NO_3^- 计，下同）混合标准使用液：准确移取亚硝酸根离子（NO_2^-）和硝酸根离子（NO_3^-）的标准溶液各 1.0mL 于 100mL 容量瓶中，用水定容至刻度，此溶液 1mL 含亚硝酸根离子 1.0μg 和硝酸根离子 10.0μg。

3）操作步骤

（1）试样预处理。

① 新鲜蔬菜、水果。将整棵蔬菜或水果用去离子水洗净，晾干后，取可食部切碎混匀。将切碎的样品用四分法取适量，用组织捣碎机制成匀浆备用。如需加水应记录加水量。

② 肉类、蛋、水产及其制品。用四分法取适量或取全部，用组织捣碎机制成匀浆备用。

③ 奶粉、豆奶粉、婴儿配方粉等固态乳制品（不包括奶酪）：将样品装入能够容纳 2 倍试样体积的带盖样品容器中，通过反复摇晃和颠倒容器使样品充分混匀直到使样品均一化。

④ 酸奶、牛奶、炼乳及其他液体乳制品。通过搅拌或反复摇晃和颠倒容器使样品充分混匀。

⑤ 奶酪。取适量的样品研磨成均匀的泥浆状。为避免水分损失，研磨过程中应避免产生过多的热量。

（2）提取。

① 水果、蔬菜、鱼类、肉类、蛋类及其制品等。称取试样匀浆 5g（精确至 0.001g），以 80mL 水洗入 100mL 容量瓶中，超声提取 30min，每隔 5min 振摇一次，保持固相完全分散。于 75℃水浴中放置 5min，用水定容至刻度。溶液经滤纸过滤后，取部分溶液于 10000r/min 离心 15min，上清液备用。

② 腌鱼类、腌肉类及其他腌制品。称取试样匀浆 2g（精确至 0.001g），以 80mL 水洗入 100mL 容量瓶中，超声提取 30min，每 5min 振摇一次，保持固相完全分散。于 75℃水浴中放置 5min，用水定容至刻度。溶液经滤纸过滤后，取部分溶液于 10000r/min离心 15min，上清液备用。

③ 牛奶。称取试样 10g（精确至 0.001g），置于 100mL 容量瓶中，加水 80mL，摇匀，超声 30min，加入 3%冰乙酸溶液 2mL，于 4℃放置 20min，放置至室温，用水定容至刻度。溶液经滤纸过滤，取上清液备用。

④ 奶粉。称取试样 2.5g（精确至 0.001g），置于 100mL 容量瓶中，加水 80mL，摇匀，超声 30min，加入 3%冰乙酸溶液 2mL，于 4℃放置 20min，放置至室温，用水定容至刻度。溶液经滤纸过滤，取上清液备用。

⑤ 取上清液约 15mL 通过 0.22μm 水性滤膜针头滤器、C_{18} 柱，弃去前面 3mL（如果 Cl^- ＞100mg/L，则需要依次通过针头滤器、C_{18} 柱、Ag 柱和 Na 柱，弃去前面 7mL），收集后面洗脱液待测。

固相萃取柱使用前需进行活化，如使用 OnGuardⅡ RP 柱（1.0mL）、OnGuard Ⅱ Ag 柱（1.0mL）和 OnGuard Ⅱ Na 柱（1.0mL）其活化过程为：OnGuard Ⅱ RP 柱（1.0mL）使用前依次用 10mL 甲醇、15mL 水通过，静置活化 30min。OnGuard Ⅱ Ag 柱（1.0mL）和 OnGuard Ⅱ Na 柱（1.0mL）用 10mL 水通过，静置活化 30min。

（3）参考色谱条件。

① 色谱柱：氢氧化物选择性，可兼容梯度洗脱的高容量阴离子交换柱，如 Dionex IonPac Asll-HC 4mm×250mm（带 IonPac AGll-HC 型保护柱 4mm×50mm），或性能相当的离子色谱柱。

② 淋洗液：氢氧化钾溶液，浓度为 6～70mmol。洗脱梯度为 6mmol 30min、70mmol 5min、6mmol 5min。

③ 抑制器：连续自动再生膜阴离子抑制器，或等效抑制装置。

④ 检测器：电导检测器，检测池温度 35℃。

⑤ 淋洗液流速：1.0mL/min。

⑥ 进样体积：25μL（可根据样品中被测离子含量进行调整）。

（4）测定。

① 标准曲线。移取亚硝酸盐和硝酸盐混合标准使用液，加水稀释，制成系列标准溶液，含 NO_3^{2-} 浓度为 0、0.02、0.04、0.06、0.08、0.10、0.15、0.20mg/L，NO_3^{2-} 浓度为 0、0.2、0.4、0.6、0.8、1.0、1.5、2.0mg/L 的混合标准溶液，从低到高浓度依次进样，得到上述各浓度标准溶液的色谱图。以 NO_2^{2-} 和 NO_3^{2-} 的浓度（mg/L）为横坐标，以峰高或峰面积为纵坐标，绘制标准曲线，并计算线性回归方程。

② 样品测定。用 1.0mL 注射器分别吸取空白和试样溶液，在相同工作条件下，依次注入离子色谱仪中，记录色谱图。根据保留时间定性，分别测量空白和样品的峰高或峰面积。

4）结果计算

$$x=\frac{(c-c_0)\times V\times f\times 1000}{m\times 100}$$

式中　x——试样中亚硝酸根离子或硝酸根离子的含量，mg/kg；

c——测定用试样溶液中的亚硝酸根离子或硝酸根离子浓度，mg/L；

c_0——试剂空白液中亚硝酸根离子或硝酸根离子的浓度，mg/L；

V——试样溶液体积，mL；

f——试样溶液稀释倍数；

m——试样取样量，g。

亚硝酸盐和硝酸盐混合标准溶液的色谱图（图 8-4）。

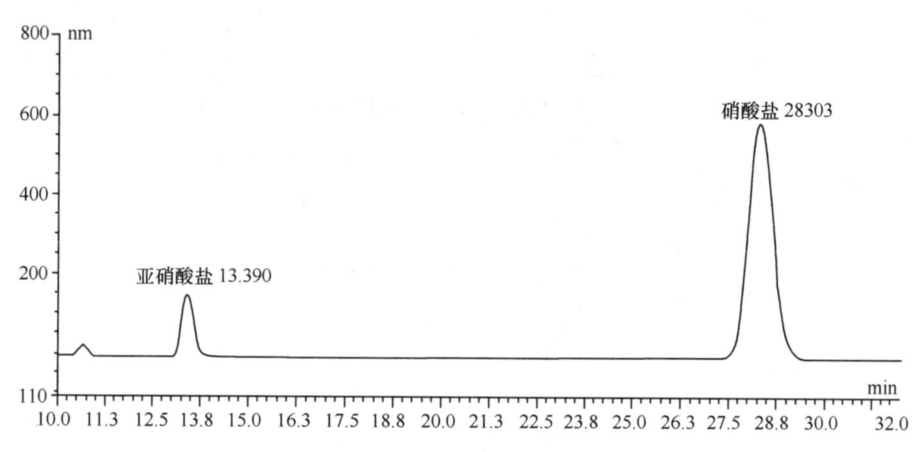

图 8-4　亚硝酸盐和硝酸盐混合标准溶液的色谱图

8.3　漂白剂的测定

漂白剂是指可使食品中的有色物质经化学作用分解转变为无色物质，或使其褪色的一类食品添加剂。可分为还原型和氧化型两类。目前，我国使用的大都是以亚硫酸类化合物为主的还原型漂白剂，通过产生的 SO_2 的还原作用而使食品漂白。

我国《食品添加使用卫生标准》（GB2760—2007）规定：亚硫酸用于葡萄酒、果酒时的用量为 0.25g/kg，残留量（以 SO_2 计）不超过 0.5g/kg。在蜜饯、葡萄糖、食糖、冰糖、糖果、液体葡萄糖、竹笋、蘑菇及其罐头的最大使用量为 0.4～0.6g/kg；薯类淀粉为 0.20g/kg；残留量（以 SO_2 计）竹笋、蘑菇及其罐头不超过 0.04g/kg；液体葡萄糖不超过 0.2g/kg；蜜饯、葡萄糖不超过 0.05g/kg；薯类淀粉不超过 0.03g/kg。

8.3.1　亚硫酸盐的测定（盐酸副玫瑰苯胺法）

1）实验原理

亚硫酸盐与四氯汞钠反应生成稳定的络合物，再与甲醛和盐酸副玫瑰苯胺作用，经分子重排，生成紫红色络合物，于 550nm 处有最大吸收，测定其吸光度以定量。反应式为

$$HgCl_2 + 2NaCl \longrightarrow Na_2HgCl_4$$

$$Na_2HgCl_4 + SO_2 + H_2O \longrightarrow [HgCl_2SO_3]^{2-} + 2H^+ + 2NaCl$$

在甲醛存在的酸性溶液中会产生如下反应：

$$[HgCl_2SO_3]^{2-} + HCHO + 2H^+ \longrightarrow HgCl_2 + HO—CH_2—SO_3H$$

生成的化合物 $HO—CH_2—SO_3H$ 能与盐酸副玫瑰品红起显色反应。20min 即发色完全，在 2～3h 内是稳定的。

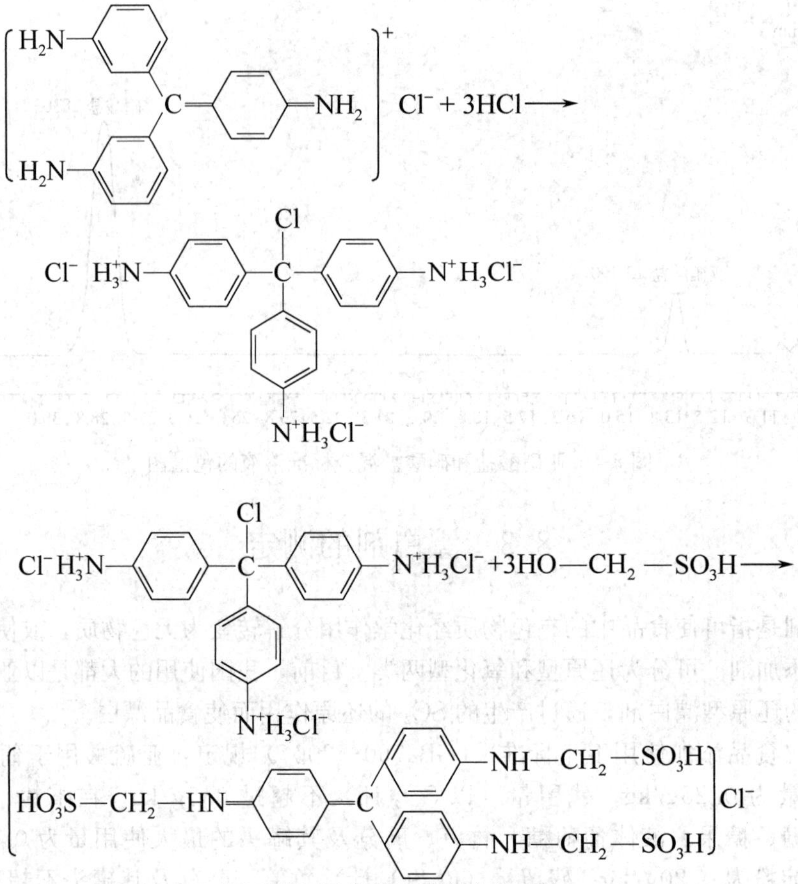

$[H_2N-C_6H_4)_2C=C_6H_4=NH_2]^+Cl^- + 3HCl \longrightarrow$

$Cl^-\ H_3^+N-C_6H_4-C(Cl)(C_6H_4-N^+H_3Cl^-)-C_6H_4-N^+H_3Cl^-$

$Cl^-H_3^+N-C_6H_4-C(Cl)(C_6H_4-N^+H_3Cl^-)-C_6H_4-N^+H_3Cl^- + 3HO-CH_2-SO_3H \longrightarrow$

$[HO_3S-CH_2-HN=C_6H_4=C(C_6H_4-NH-CH_2-SO_3H)_2]Cl^-$

聚玫瑰红甲基磺酸(紫红色络合物)

2）仪器和试剂

（1）仪器。

① 分光光度计。

② 分析天平。

③ 25mL 具塞比色管。

（2）试剂。

① 四氯汞钠吸收液。称取 27.2g 氯化高汞及 11.9g 氯化钠，溶于水中并稀释至 1000mL，放置过夜，过滤后备用。

② 氨基磺酸铵溶液（12g/L）。

③ 甲醛溶液（2g/L）。

④ 淀粉指示液。称取 1g 可溶性淀粉，用少许水调成糊状，缓缓倾入 100mL 沸水中，随加随搅拌，煮沸，放冷备用，此溶液临用时现配。

⑤ 亚铁氰化钾溶液。称取 10.6g 亚铁氰化钾［$K_4Fe(CN)_6 \cdot 3H_2O$］，加水溶解并定容至 100mL。

⑥ 乙酸锌溶液。称取 22g 乙酸锌［$Zn(CH_3COO)_2 \cdot 2H_2O$］溶于少量水中，加入 3mL 冰乙酸，用水定容至 100mL。

⑦ 盐酸副玫瑰苯胺溶液。称取 0.1g 盐酸副玫瑰苯胺（$C_{19}H_{18}N_2Cl \cdot 4H_2O$）于研钵中，加少量水研磨使溶解并定容至 100mL。取出 20mL，置于 100mL 容量瓶中，加盐酸（6mol/L），充分摇匀后使溶液由红变黄，如不变黄再滴加少量盐酸至出现黄色，再加水定容至刻度，混匀备用（如无盐酸副玫瑰苯胺可用盐酸品红代替）。

盐酸副玫瑰苯胺的精制方法：称取 20g 盐酸副玫瑰苯胺于 400mL 水中，用 50mL 盐酸（2mol/L）酸化，徐徐搅拌，加 4～5g 活性炭，加热煮沸 2min。将混合物倒入大漏斗中，过滤（用保温漏斗趁热过滤）。滤液放置过夜，待出现结晶，再用布氏漏斗抽滤，将结晶再悬浮于 1000mL 乙醚-乙醇（10+1）的混合液中，振摇 3～5min，以布氏漏斗抽滤，再用乙醚反复洗涤至醚层不带色为止，于硫酸干燥器中干燥，研细后储于棕色瓶中保存。

⑧ 碘溶液（0.1mol/L）。

⑨ 硫代硫酸钠标准溶液（0.1mol/L）。

⑩ 二氧化硫标准溶液：称取 0.5g 亚硫酸氢钠，溶于 200mL 四氯汞钠吸收液中，放置过夜，上清液用定量滤纸过滤备用。

二氧化硫标准溶液的标定：吸取 10.0mL 亚硫酸氢钠-四氯汞钠溶液于 250mL 碘量瓶中，加 100mL 水，准确加入 20.00mL 碘溶液（0.1mol/L），5mL 冰乙酸，摇匀，放置于暗处 2min 后迅速以硫代硫酸钠（0.1mol/L）标准溶液滴定至淡黄色，加 0.5mL 淀粉指示液，继续滴至无色。另取 100mL 水，准确加入碘溶液 20.0mL（0.1mol/L）、5mL 冰乙酸，按同一方法做试剂空白试验。

结果计算：

$$x_1 = \frac{(V_2 - V_1) \times c \times 32.03}{10}$$

式中　x_1—二氧化硫标准溶液浓度，mg/mL；

V_1——测定用亚硫酸氢钠-四氯汞钠溶液所消耗硫代硫酸钠标准溶液体积，mL；

V_2——滴定空白消耗硫代硫酸钠标准溶液体积，mL；

c——硫代硫酸钠标准溶液的摩尔浓度，mol/L；

64.06——的摩尔质量，g/mol。

⑪ 二氧化硫标准使用液：临用前取二氧化硫标准溶液，以四氯汞钠吸收液稀释成 2mg/mL 二氧化硫的溶液。

⑫ 氢氧化钠溶液（0.5mol/L）。

⑬ 硫酸（0.25mol/L）。

3）操作步骤

（1）样品的处理。

① 水溶性固体样品（如白砂糖等）：称取约 10.00g 均匀样品（样品量可视含量高低而定），以少量水溶解，置于 100mL 容量瓶中，加入 4mL 氢氧化钠溶液（0.5mol/L），5min 后加入 4mL 硫酸（0.25mol/L），然后加入 20mL 四氯汞钠吸收液，以水稀释至刻度。

② 其他固体样品（如饼干、粉丝等）：可称取 5.0～10.0g 研磨均匀的样品，以少

量水湿润并移入100mL容量瓶中，然后加入20mL四氯汞钠吸收液，浸泡4h以上，若上层溶液不澄清可加入亚铁氰化钾溶液及乙酸锌溶液各2.5mL，最后用水稀释至100mL刻度，过滤后备用。

③ 液体样品（如葡萄酒等）：直接吸取5.0～10.0mL样品，置于100mL容量瓶中，以少量水稀释，加20mL四氯汞钠吸收液，摇匀，最后加水至刻度，混匀，必要时过滤备用。

(2) 标准曲线的绘制。吸取0、0.20、0.40、0.60、0.80、1.00、1.50、2.00mL二氧化硫标准使用液（相当于0、0.4、0.8、1.2、1.6、2.0、3.0、4.0mg二氧化硫），分别置于25mL具塞比色管中。各加入四氯汞钠吸收液至10mL，然后再加入1mL氨基磺酸铵溶液（12g/L）、1mL甲醛溶液（2g/L）及1mL盐酸副玫瑰苯胺溶液，摇匀，放置20min。用1cm比色杯，以零管调节零点，于波长550nm处测定吸光度，并绘制标准曲线。

(3) 样品的测定。吸取0.50～5.0mL样品处理液（视含量高低而定）于25mL具塞比色管中。按标准曲线绘制操作进行，于波长550nm处测吸光度，并与绘制标准曲线比较定量。

4) 结果计算

$$x = \frac{m_1 \times 100}{m \times V \times 1000}$$

式中 x——样品中二氧化硫的含量，g/kg；

m_1——测定用样品液中二氧化硫的含量，μg；

V——测定用样液的体积，mL；

100——样品液总体积，mL；

m——样品质量，g。

8.3.2 蒸馏法

1) 实验原理

在密闭容器中对样品进行酸化并加热蒸馏，释放出其中的二氧化硫，释放物用乙酸铅溶液吸收。吸收后用浓盐酸酸化，再以碘标准溶液滴定，由消耗的碘标准溶液的量计算样品中二氧化硫含量。

本法适用于色酒及葡萄糖糖浆、果脯中二氧化硫含量的测定。

2) 仪器和试剂

(1) 仪器。全玻璃蒸馏器。

(2) 试剂。

① 盐酸（1+1）：浓盐酸用水稀释1倍。

② 20g/L乙酸铅溶液：称取2g乙酸铅，溶于少量水中并稀释至100mL。

③ 碘标准溶液［$c_{1/2I_2}$＝0.010mol/L］：将碘标准溶液（0.100mol/L）用水稀释10倍。

④ 10g/L 淀粉指示液：称取 1g 可溶性淀粉，用少许水调成糊状，缓缓倾入 100mL 沸水中，随加随搅拌，煮沸 2min，放冷，备用。此溶液应临用时配制。

3）操作步骤

（1）样品处理。固体样品用刀切或剪刀剪成碎末后混匀，称取约 5.00g 均匀样品（样品量可视含量高低而定）。液体样品可直接吸取 5.0～10.0mL，置于 500mL 圆底蒸馏烧瓶中。

（2）测定。

① 蒸馏。将称好的样品置人圆底烧瓶中，加入 250mL 水，装上冷凝装置，冷凝管下端应插入碘量瓶中的 25mL 乙酸铅（20g/L）吸收液中，然后，在蒸馏瓶中加入 10mL 盐酸（1+1），立即盖塞加热蒸馏。当蒸馏液约 200mL 时，使冷凝管下端离开液面，再蒸馏 1min。用少量蒸馏水冲洗插入乙酸铅溶液中的装置部分。在检测样品的同时要做空白试验。

② 滴定。在取下的碘量瓶中依次加入 10mL 浓盐酸、1mL 10g/L 淀粉指示液，摇匀后用碘标准滴定溶液（0.100mol/L）滴定至变蓝色且在 30s 内不褪色为止。

4）结果计算

$$x=\frac{(V_1-V_2)\times c\times 0.032\times 1000}{m}$$

式中　x——样品中二氧化硫总含量，g/kg；

V_1——滴定样品所用碘标准滴定溶液（0.100mol/L）的体积，mL；

V_2——滴定试剂空白所用碘标准滴定溶液（0.100mol/L）的体积，mL；

m——样品质量，g。

8.3.3　直接滴定法

1）实验原理

样品经过处理后，加入氢氧化钾使残留的 SO_2 以亚硫酸盐的形式固定。再加入硫酸使 SO_2 游离，用碘标准溶液滴定定量。终点稍过量的碘与淀粉指示剂作用呈现蓝色。

$$SO_2+2KOH\longrightarrow K_2SO_3+H_2O$$

$$K_2SO_3+H_2SO_4\longrightarrow K_2SO_4+H_2O+SO_2$$

$$SO_2+2H_2O+I_2\longrightarrow H_2SO_4+2HI$$

2）仪器和试剂

（1）仪器。

① 分析天平。

② 250mL 碘量瓶。

（2）试剂。

① 氢氧化钾溶液（1mol/L）：准确称取 57g 氢氧化钾加水溶解，定容至 1000mL。

② 硫酸溶液（1+3）。

③ 碘标准溶液（0.005mol/L）。

④ 淀粉溶液（1g/L）。

3）操作步骤

（1）称取经粉碎的试样 20g 于小烧杯中，用蒸馏水将试样洗入 250mL 的容量瓶中，加水至容量的 1/2，加塞振荡，用蒸馏水定容，摇匀。待容量瓶内的液体澄清后，用移液管吸取澄清液 50mL 于 250mL 碘量瓶中，加入 1mol/L 氢氧化钾溶液 25mL，用力振摇后放置 10min，然后边振荡边加入硫酸溶液（1＋3）10mL 和 1g/L 淀粉溶液 1mL，以碘标准溶液滴定至呈现蓝色 30s 不褪色为止。

（2）按上法同时做空白试验。

4）结果计算

$$x=\frac{(V_1-V_2)\times c\times 64.06\times 250}{m\times 50}$$

式中 x——样品中 SO_2 的含量，g/kg；

V_1——试样滴定时所消耗的碘标准溶液体积，mL；

V_2——空白滴定时所消耗的碘标准溶液体积，mL；

c——标准溶液的浓度，mol/L；

64.06——SO_2 的摩尔质量，g/mol；

m——样品的质量，g。

8.4 抗氧化剂的测定

抗氧化剂是指能阻止或推迟食品氧化变质，提高食品稳定性和延长储存期的食品添加剂。按其作用可分为天然抗氧化剂和人工合成抗氧化剂。如按其溶解性则可分为油溶性抗氧化剂和水溶性抗氧化剂。常用的抗氧化剂有叔丁基羟基茴香醚（BHA）、2,6-二叔丁基对甲酚（BHT）、没食子酸丙酯（PG）、TBHQ、茶多酚（TP）等，主要用于油脂及高油脂类食品中，以延缓食品的氧化变质。

我国《食品添加使用卫生标准》（GB2760—2007）规定，BHA 与 BHT 单独在食品中最大使用量为 0.2g/kg。PG 在食品中单独最大使用量为 0.1g/kg，与 BHA 和 BHT 混合使用时，不得超过 0.1g/kg。

8.4.1 叔丁基羟基茴香醚（BHA）与 2,6-二叔丁基对甲酚（BHT）的测定

1. 气相色谱法

1）实验原理

样品中的叔丁基羟基茴香醚（BHA）和 2,6 -二叔丁基对甲酚（BHT）用石油醚提取，通过层析柱使 BHA 与 BHT 净化，浓缩后，经气相色谱分离后用氢火焰离子化检测器检测，根据样品峰高与标准峰高比较定量。气相色谱法最低检出量为 2μg，油脂取样量为 0.5g 时最低检出浓度为 4mg/kg。

2）仪器和试剂

（1）仪器。

① 气相色谱仪：附FID检测器。

② 旋转蒸发器。

③ 振荡器。

④ 层析柱：1×30cm玻璃柱，带活塞。

⑤ 气相色谱柱：长1.5m，内径3mm玻璃柱，于Gas Chrom Q（80～100目）担体上涂10%（质量比）QF－1。

（2）试剂。

① 石油醚：沸程30～60℃。

② 二氯甲烷。

③ 二硫化碳。

④ 无水硫酸钠。

⑤ 硅胶G：60～80目于120℃活化4h放干燥器备用。

⑥ 弗罗里硅土（Florisil）：60～80目，于120℃活化4h放干燥器中备用。

⑦ BHA、BHT混合标准储备液：准确称取BHA、BHT各0.1000g，混合后用二硫化碳溶解，定容至100mL，此溶液分别为每毫升含1.0mgBHA、BHT，置冰箱中保存。

⑧ BHA、BHT混合标准使用液：吸取标准储备液4mL于100mL容量瓶中，用二硫化碳定容至100mL，此溶液分别为每毫升含0.040mgBHA、BHT，置冰箱中保存。

3）操作步骤

（1）样品的处理。称取0.5kg含油脂较多的样品，1kg含油脂少的样品，然后用对角线取2/4或2/6或根据样品情况取具有代表性的样品，在玻璃乳钵中研碎，混合均匀后放置广口瓶内，于冰箱中保存。

（2）脂肪的提取。

① 含油脂高的样品（如桃酥等）。称取50.0g，混合均匀，置于250mL具塞锥形瓶中，加50mL石油醚（沸程为30～60℃），放置过夜，用快速滤纸过滤后，减压回收溶剂，残留脂肪备用。

② 含油脂中等的样品（如蛋糕、江米条等）。称取100g左右，混合均匀，置于500mL具塞锥形瓶中，加100～200mL石油醚（沸程为30～60℃），放置过夜，用快速滤纸过滤后，减压回收溶剂，残留脂肪备用。

③ 含油脂少的样品（如面包、饼干等）。称取250～300g混合均匀后，于500mL具塞锥形瓶中，加入适量石油醚浸泡样品，放置过夜，用快速滤纸过滤后，减压回收溶剂，残留脂肪备用。

（3）试样的制备。

① 层析柱的制备。于层析柱底部加入少量玻璃棉，少量无水硫酸钠，将硅胶＋弗罗里硅土（6＋4）共10g，用石油醚湿法混合装柱，柱顶部再加入少量无水硫酸钠。

② 试样制备。称取上述制备的脂肪0.50～1.00g，用25mL石油醚溶解移入上述层

析柱上，再以100mL二氯甲烷分5次淋洗，合并淋洗液，减压浓缩近干时，用二硫化碳定容至2mL，该溶液为待测溶液。

③ 植物油试样的制备：称取混合均匀样品2.00g放入50mL烧杯中，加30mL石油醚溶解转移到上述层析柱上，再用10mL石油醚分数次洗涤烧杯并转移到层析柱，用100mL二氯甲烷分5次淋洗，合并淋洗液，减压浓缩近干，用二硫化碳定容至2mL，该溶液为待测溶液。

(4) 测定。

① 气相色谱参考条件。

色谱柱：长1.5m，内径3mm玻璃柱，10%（质量分数）QF－1GasChromQ（80～100目）。

检测器：FID。

温度：检测室200℃，进样口200℃，柱温140℃。

气体流量：氮气（N_2）70mL/min；氢气（H_2）50mL/min；空气500mL/min。

② 注入气相色谱3μL标准使用液，绘制色谱图（图8-5），分别量取各组分峰高或面积，进3μL样品待测溶液（应视样品含量而定），绘制色谱图，分别量取峰高或面积，与标准峰高或面积比较计算含量。

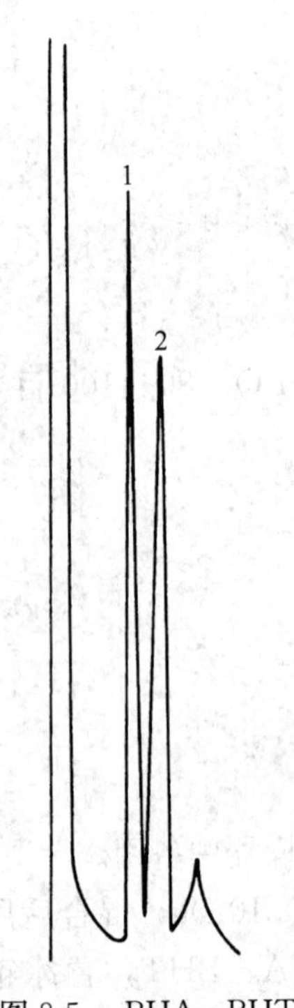

图8-5　BHA、BHT气相色谱图

4）结果计算

$$m=\frac{h_i}{h_s}\times\frac{V_m}{V_i}\times V_s\times c_s$$

式中　m——待测溶液BHA（或BHT）的质量，mg；

h_i——样品中BHA（或BHT）的峰高或面积；

h_s——标准使用液中BHA（或BHT）的峰高或面积；

V_i——注入色谱样品溶液的体积或面积；

V_m——待测样品定容的体积，mL；

V_s——注入色谱标准使用液的体积，mL；

c_s——标准使用液的浓度，mg/mL。

$$x=\frac{m_1\times 1000}{m_2\times 1000}$$

式中　x——食品中以脂肪计BHA（或BHT）的含量，g/kg；

m_1——待测溶液中BHA（或BHT）的质量，mg；

m_2——油脂质量（或食品中脂肪的质量），g。

2. 比色法

1）叔丁基羟基茴香醚（BHA）的测定

(1) 实验原理。利用样品经石油醚提取后，根据BHA石油醚相和含水乙醇相中分配系数的不同，使BHA转入72%乙醇相中，再与2,6-二氯醌氯亚胺的硼砂溶液作用，生成一种稳定的蓝色化合物，其颜色深浅与BHA的量成正比，于620nm处测定吸光度与标准比较定量。

（2）仪器和试剂。

① 仪器。分光光计

② 试剂。

a. 2,6-二氯醌氯亚胺乙醇溶液（0.1g/L）：称取0.01g 2,6-二氯醌氯亚胺，溶于无水乙醇中并稀释至100mL。临用时现配，储于棕色瓶中，置于冰箱中保存。

b. 硼砂溶液（20g/L）。

c. 72%乙醇溶液。

d. 石油醚：沸程30～60℃。

e. 无水乙醇。

f. BHA标准储备溶液：准确称取100mg的BHA，加少许无水乙醇溶解后，移入100mL棕色容量瓶中，并用无水乙醇定容至刻度。摇匀避光保存。此溶液每毫升含1mg的BHA。

g. BHA标准使用液：临用时吸取BHA标准储备溶液，以无水乙醇稀释成每毫升含1.0μg和5.0μg的BHA。

（3）操作步骤。

① BHA标准曲线的绘制：准确吸取每毫升含1.0μg的BHA标准使用溶液0、1.0、3.0、5.0、7.0、9.0mL，另吸取每毫升含5.0μg的BHA标准使用溶液3.0、4.0、5.0、6.0、7.0mL，分别置于25mL比色管中。然后分别加入72%乙醇溶液至总体积为8mL，摇匀，加入0.1g/L2，6-二氯醌氯亚胺乙醇溶液1mL，充分混匀后加入硼砂缓冲溶液1mL，摇匀后静置20min，于分光光度计620nm处测定吸光度，并绘制标准曲线。

② 样品测定：准确称取经粉碎的样品10g，置于150mL带塞三角瓶中，加入石油醚50mL，于振荡器上振荡20min，静止。吸取上层清液25mL置于分液漏斗中，以72%乙醇溶液15、10、10、10mL分次抽提，收集乙醇溶液层于50mL容量瓶中，并用72%乙醇溶液定容至刻度，混匀。吸取样品乙醇溶液4mL，加入72%乙醇溶液至总体积为8mL，摇匀，加入0.1g/L2,6-二氯醌氯亚胺乙醇溶液1mL，以下按标准曲线绘制操作，测得吸光度值，并从标准曲线上查出相应的BHA含量。

（4）结果计算：

$$x=\frac{A}{m}\times 1000$$

式中　x——样品中BHA的含量，mg/kg；

A——相当于标准的量，mg；

m——测定用样品溶液相当于样品的质量，g。

2）2,6-二叔丁基对甲酚（BHT）的测定

（1）实验原理。利用样品通过水蒸气蒸馏，使BHT分离，用甲醇吸收后，遇邻联二茴香胺与亚硝酸钠溶液生成橙红色化合物，再用三氯甲烷提取，于520nm处测定其

吸光度并与标准比较定量。

（2）仪器和试剂。

① 仪器。

a. 水蒸气蒸馏装置。

b. 甘油浴。

c. 分光光度计。

② 试剂。

a. 无水氯化钙。

b. 甲醇。

c. 三氯甲烷。

d. 50%甲醇溶液。

e. 邻联二茴香胺溶液：准确称取125mg邻联二茴香胺于50mL棕色容量瓶中，加入25mL甲醇，振摇振摇使全部溶解，加入50mg活性炭，振摇5min后过滤。吸取滤液20mL于另一个50mL棕色容量瓶中，加1mol/L盐酸并定容至刻度。临用时现配并注意避光保存。

f. 3g/L亚硝酸钠溶液：避光保存。

g. BHT标准储备液：准确称取BHT50mg，用少量甲醇溶解，移入100mL棕色容量瓶中，用甲醇稀释至刻度。避光保存。此溶液每毫升相当于0.5mgBHT。

h. BHT标准使用溶液：临用时吸取1.0mLBHT标准储备液，置于50mL棕色容量瓶中，加甲醇至刻度，混匀，避光保存。此溶液每毫升相当于10.0μgBHT。

（3）操作步骤。

① 样品的处理。称取2.00～5.00g样品（约含BHT0.4mg）于100mL蒸馏瓶中，加16g无水氯化钙粉末及10mL水。当甘油浴温度达到165℃恒温时，将蒸馏瓶浸入甘油浴中，连好水蒸气发生装置及冷凝管，并将冷凝管下端浸入盛有50mL甲醇的200mL容量瓶中，进行蒸馏。馏速控制在1.5～2mL/min，在50～60min内收集馏液约100mL（连同盛有的甲醇共计150mL，注意蒸气压力不可太高，以免油滴带出），以温热的甲醇分次洗涤冷凝管，洗液并入容量瓶中并稀释至刻度，混匀。

② BHT标准曲线的绘制。准确吸取0、1.0、2.0、3.0、4.0、5.0mLBHT标准使用液（相当于0、10、20、30、40、50μgBHT），分别置于黑纸（布）包扎的60mL分液漏斗中，加入甲醇（50%）至25mL。分别加入5mL邻联二茴香胺溶液，混匀，再各加2mL亚硝酸钠溶液（3g/L），振摇1min，放置10min，再各加10mL三氯甲烷，剧烈振摇1min，静置3min后，将三氯甲烷层分入黑纸（布）包扎的10mL比色管中，管中预先放入2mL甲醇，混匀。用1cm比色杯，以三氯甲烷调节零点，于波长520nm处测吸光度，并绘制标准曲线。

③ 样品的测定。准确吸取25mL上述处理后的样品溶液，移入用黑纸（布）包扎的100mL分液漏斗中，分别加入5mL邻联二茴香胺溶液，混匀，以下按标准曲线绘制操作，测得吸光度值并从标准曲线上查得相应的BHT含量。

（4）结果计算：

$$x=\frac{m_1\times 1000}{m\times\frac{V_2}{V_1}\times 1000\times 1000}$$

式中　x——样品中 BHT 的含量，g/kg；

m_1——测定用样液中 BHT 的质量，μg；

m——样品质量，g；

V_1——蒸馏后样液总体积，mL；

V_2——测定用吸取样液的体积，mL。

结果的表述：报告算术平均值的二位有效数。相对相差≤10%。

8.4.2　没食子酸丙酯（PG）的测定

1）实验原理

样品经石油醚溶解，用乙酸铵水溶液提取后，没食子酸丙酯（PG）与亚铁酒石酸盐起颜色反应，在波长 540nm 处测定吸光度，与标准比较定量。

2）仪器和试剂

（1）仪器。

① 分光光度计。

② 125mL 分液漏斗。

（2）试剂。

① 石油醚：沸程 30～60℃。

② 乙酸铵溶液（100g/L 及 16.7g/L）。

③ 显色剂：称取 0.100g 硫酸亚铁（$FeSO_4\cdot 7H_2O$）和 0.500g 酒石酸钾钠（$NaKC_4H_4O_6\cdot 4H_2O$），加水溶解，稀释至 100mL。临用前配制。

④ 没食子酸丙酯（PG）的标准溶液：准确称取 0.0100g 没食子酸丙酯（PG）溶于水中，移入 200mL 容量瓶中，并用水稀释至刻度。此溶液每毫升含 50.0μg 没食子酸丙酯（PG）。

3）操作步骤

（1）样品处理。称取 10.00g 样品，用 100mL 石油醚溶解，移入 250mL 分液漏斗中，加入 20mL 乙酸铵溶液（16.7g/L）振摇 2min，静置分层，将水层放入 125mL 分液漏斗中（如乳化，连同乳化层一起放下），石油醚层再用 20mL 乙酸铵溶液（16.7g/L）重复提取 2 次，合并水层。石油醚层用水振摇洗涤 2 次，每次 15mL，水洗涤液并入同一个 125mL 分液漏斗中，振摇静置。将水层通过干燥滤纸滤入 100mL 容量瓶中，用少量水洗涤滤纸，加 2.5mL 乙酸铵溶液（100g/L），加水至刻度，摇匀。将此溶液用滤纸过滤，弃去初滤液的 20mL，收集滤液供比色测定用。

（2）标准曲线的绘制。准确吸取 0、1.0、2.0、4.0、6.0、8.0、10.0mLPG 标准溶液（相当于 0、50、100、200、300、400、500μg 的没食子酸丙酯），分别置于 25mL

带塞比色管中，加入 2.5mL 乙酸铵溶液（100g/L），准确加水至 24mL，再加入 1mL 显色剂，摇匀。用 1cm 比色杯，以零管调节零点，于分光光度计 540nm 处测定吸光度，并绘制标准曲线。

（3）样品测定。吸取 20.0mL 上述处理后的样品提取液于 25mL 具塞比色管中，加入 1mL 显色剂，加 4mL 水，摇匀。用 1cm 比色杯，以零管调节零点，于分光光度计 540nm 处测定吸光度。从标准曲线查出相应的没食子酸丙酯（PG）含量。

4）结果计算

$$x=\frac{A\times 1000}{m\times\frac{V_2}{V_1}\times 1000\times 1000}$$

式中 x——样品中 PG 的含量，g/kg；

A——测定用样液中 PG 的含量，μg；

m——样品质量，g；

V_1——提取后样液总体积，mL；

V_2——测定用吸取样液的体积，mL。

8.5 甜味剂的测定

甜味剂是指能够赋予食品甜味的食品添加剂，按其来源可分为天然甜味剂和人工合成甜味剂，按其营养价值可分为营养型与非营养型甜味剂，通常所讲的甜味剂系指人工合成的非营养型甜味剂，如糖精钠、环己氨基磺酸钠（甜蜜素）、乙酰磺胺酸钾（安赛蜜）、天冬酰苯丙氨甲酯（甜味素、阿斯巴甜）、三氯蔗糖等。

我国《食品添加使用卫生标准》（GB2760—2007）规定，糖精钠用于饮料、酱菜类、复合调味料、蜜饯、雪糕、配制酒、冰淇淋、冰棒、糕点、饼干、面包等，最大使用量（以糖精计）为 0.15g/kg；高糖果汁（果味）饮料按稀释倍数的 80%加入，瓜子的最大使用量为 1.2g/kg；话梅、陈皮等的最大作用量为 5.0g/kg。环己氨基磺酸钠在饮料、酱菜类、蜜饯、雪糕、配制酒、冰淇淋、冰棒、糕点、饼干、面包等最大使用量为 0.65g/kg；话梅、陈皮等的最大作用量为 8.0g/kg。

8.5.1 糖精钠的测定

1. 高效液相色谱法

利用高效液相色谱法在测定糖精钠时，也可同时测定山梨酸和苯甲酸。

1）实验原理

样品经加温除去二氧化碳和乙醇后，调节 pH 至近中性，过滤后进高效液相色谱仪。经反相色谱分离后，根据保留时间和峰面积进行定性和定量。取样量为 2.5g，进样量为 10μL，最低检出量为 1.5ng。应用高效液相分离条件可以同时测定苯甲酸、山梨酸和糖精钠，见图 8-6。

2）仪器和试剂

（1）仪器。

① 高效液相色谱仪。

② 紫外检测器。

（2）试剂。

① 甲醇。经滤膜（0.5μm）过滤，超声脱气。

② 氨水（1+1）：氨水加等体积水混合。

③ 乙酸铵溶液（0.02mol/L）：称取 1.54g 乙酸铵，加水至 1000mL 溶解，经滤膜（0.45μm）过滤。

④ 糖精钠标准储备溶液：准确称取 0.0851g 经 120℃烘干 4h 后的糖精钠（$C_6H_4CONNaSO_2 \cdot 2H_2O$），加水溶解定容至 100.0mL。糖精钠含量 1.0mg/mL，作为储备溶液。

⑤ 糖精钠标准使用溶液：吸取糖精钠标准储备液 10.0mL 放入 100mL 容量瓶中，加水至刻度。经滤膜（0.45μm）过滤。该溶液每毫升相当于 0.10mg 的糖精钠。

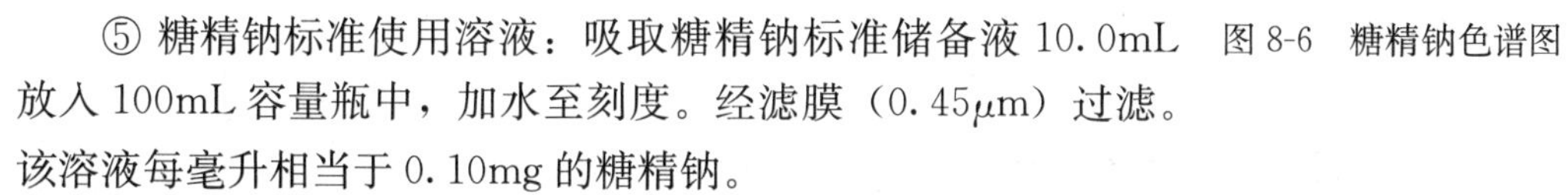

图 8-6　糖精钠色谱图

3）操作步骤

（1）样品处理。

① 汽水、饮料、果汁类：汽水需微温搅拌除去 CO_2。然后吸取 2.0mL 样品加入已装有中性氧化铝（3cm×1.5cm）的小柱中，过滤，弃去初滤液，然后用流动相洗脱糖精钠，接收于 25mL 带塞量筒中，洗脱至刻度，摇匀。此液通过微孔滤膜（0.45μm）后进样。

② 配制酒类：称取 10.0g 样品放入小烧杯中，水浴加热除去乙醇，用氨水（1+1）调 pH 至 7，加水定容至适当体积，经滤膜（0.45μm）过滤后进行 HPLC 分析。

（2）高效液相色谱分析参考条件。

① 色谱柱：YWG-C_{18} 4.6mm×150mm，5μm 不锈钢柱，或其他型号 C_{18} 柱。

② 流动相：甲醇+乙酸铵溶液（0.02mol/L）（5+95）。

③ 流速：1.0mL/min。

④ 进样量：10μL。

⑤ 检测器：紫外检测器，波长 230nm，灵敏度 0.2AUFS。

（3）测定。取样品处理液和标准使用液各 10μL 注入高效液相色谱仪进行分离，根据保留时间定性，外标法峰面积定量。

4）结果计算

$$x = \frac{m_1 \times 1000}{m_2 \times \dfrac{V_2}{V_1} \times 1000}$$

式中　x——样品中糖精钠含量，g/kg（或 g/L）；

m_1——进样体积中糖精钠的质量，mg；

V_2——进样体积，mL；

V_1——样品稀释液总体积，mL；

m_2——样品质量，g。

2. 薄层色谱法

1）实验原理

样品经处理除去蛋白质、果胶、CO_2、酒精等杂质后，在酸性条件下，用乙醚提取食品样品中的糖精钠，经薄层层析分离后用溴甲酚绿-溴甲酚蓝混全指示剂显色后，与标准样品的斑点进行比较定性。在经薄层色谱分离、显色后与标准比较，进行半定量测定。

2）仪器和试剂

（1）仪器。

① 玻璃纸：生物制品透析袋纸或不含增白剂的市售玻璃纸。

② 玻璃喷雾器。

③ 微量注射器。

④ 紫外光灯：波长 253.7nm。

⑤ 薄层板：10cm×20cm 或 20cm×20cm。

⑥ 展开槽。

（2）试剂。

① 乙醚：不含过氧化物。

② 无水硫酸钠。

③ 无水乙醇及乙醇（95%）。

④ 聚酰胺粉：200 目。

⑤ 盐酸（1+1）：取 100mL 盐酸，加水稀释至 200mL。

⑥ 展开剂。

a. 正丁醇+氨水+无水乙醇（7+1+2）。

b. 异丙醇+氨水+无水乙醇（7+1+2）。

⑦ 显色剂 [溴甲酚紫溶液（0.4g/L）]：称取 0.04g 溴甲酚紫，用乙醇（50%）溶解，加氢氧化钠溶液（4g/L）1.1mL，调节 pH 为 8，定容至 100mL。

⑧ 硫酸铜溶液（100g/L）：称取 10g 硫酸铜（$CuSO_4 \cdot 5H_2O$），用水溶解并稀释至 100mL。

⑨ 氢氧化钠溶液（40g/L）。

⑩ 糖精钠标准溶液：准确称取 0.0851g 经 120℃干燥 4h 后的糖精钠，加乙醇溶解，移入 100mL 容量瓶中，加乙醇（95%）稀释至刻度。此溶液每毫升相当于 1mg 糖精钠（$C_6H_4CONNaSO_2 \cdot 2H_2O$）。

3）操作步骤

（1）样品的提取。

① 饮料、汽水。取 10.0mL 均匀试样（如样品中含 CO_2，则应先于 60～70℃水浴上加热除去 CO_2；如样品中含有酒精，则加 4%氢氧化钠溶液使其呈碱性，在沸水

浴中加热除去）置于 100mL 分液漏斗中，加 2mL 盐酸（1＋1），用 30、20、20mL 乙醚提取 3 次，合并乙醚提取液，用 5mL 经盐酸酸化的水洗涤一次，弃去水层。乙醚层通过无水硫酸钠脱水后，挥发乙醚，加 2.0mL 乙醇溶解残留物，密封保存，备用。

② 酱油、果汁、果酱等。称取 20.0g 或吸取 20.0mL 均匀试样，置于 100mL 容量瓶中，加水至约 60mL，加 20mL 硫酸铜溶液（100g/L），混匀，再加 4.4mL 氢氧化钠溶液（40g/L），加水至刻度，混匀，静置 30min 后过滤。取 50mL 滤液置于 150mL 分液漏斗中，以下按饮料、汽水样品提取自“加 2mL 盐酸（1＋1）”起依法操作。

③ 固体果汁粉等。称取 20.0g 磨碎的均匀试样，置于 200mL 容量瓶中，加 100mL 水，加温使其溶解后放冷。以下按酱油、果汁、果酱等样品提取自“加 20mL 硫酸铜溶液（100g/L）”起依法操作。

④ 糕点、饼干等蛋白、脂肪、淀粉多的食品。称取 25.0g 均匀试样，置于透析用玻璃纸中，放入大小适当的烧杯内，加 50mL 氢氧化钠溶液（0.8g/L），调成糊状，将玻璃纸口扎紧，放入盛有 200mL 氢氧化钠溶液（0.8g/L）的烧杯中，盖上表面皿，透析过夜。量取 125mL 透析液（相当 12.5g 样品），加约 0.4mL 盐酸（1＋1）使成中性，加 20mL 硫酸铜溶液（100g/L），混匀，再加 4.4mL 氢氧化钠溶液（40g/L），混匀，静置 30min，过滤。取 120mL（相当 10g 样品），置于 250mL 分液漏斗中，以下按饮料、汽水样品提取自“加 2mL 盐酸（1＋1）”起依法操作。

(2) 薄层板的制备。称取 1.6g 聚酰胺粉，加 0.4g 可溶性淀粉，加约 7.0mL 水，研磨 3～5min，立即涂成 0.25～0.30mm 厚的 10cm×20cm 的薄层板，室温干燥后，在 80℃下干燥 1h。置于干燥器中保存。

(3) 点样。在距薄层板下端 2cm 处，用微量注射器点 10μL 和 20μL 的样液 2 个点，同时点 3.0、5.0、7.0、10.0μL 糖精钠标准溶液，各点间距 1.5cm。

(4) 展开与显色。将点好的薄层板放入盛有展开剂（①或②）的展开槽中，展开剂液层约 0.5cm，并预先已达到饱和状态。展开至 10cm，取出薄层板，挥干，喷显色剂，斑点显黄色，根据样品点和标准点的比移值进行定性，根据斑点颜色深浅进行半定量测定。

4）结果计算

$$x = \frac{m_2 \times 1000}{m_1 \times \frac{V_2}{V_1} \times 1000}$$

式中　x——样品中糖精钠的含量，g/kg（g/L）；

m_1——测定用样液中糖精钠的质量，mg；

m_2——样品质量（或体积），g（mL）；

V_1——样品提取液残留物中加入乙醇的体积，mL；

V_2——点板液体积，mL。

8.5.2　环己氨基磺酸钠（甜蜜素）的测定

1）实验原理

在酸性介质中，环己氨基磺酸钠与亚硝酸反应，生成环己醇亚硝酸酯，利用气相色谱法进行定性定量。

2）仪器和试剂

（1）仪器。

① 气相色谱仪，附氢火焰离子化检测器。

② 旋涡混合器。

③ 离心机。

④ 10μL 微量注射器。

（2）试剂。

① 亚硝酸钠溶液（50g/L）。

② 硫酸溶液（100g/L）。

③ 正已烷。

④ 氯化钠。

⑤ 环已基氨基磺酸钠标准溶液（含环已基氨基磺酸钠>98%）：精确称取 1.0000g 环已基氨基磺酸钠，加水溶解并定容至 100mL，此溶液每毫升含环已基氨基磺酸钠 10mg。

⑥ 层析硅胶（或海沙）。

3）操作步骤

（1）样品的处理。

① 液体样品。摇匀后可直接称取。含 CO_2 的样品要经加热后除去 CO_2，含酒精的样品则需加入 40g/L 氢氧化钠溶液调至碱性后，于沸水浴中加热以除去酒精。称取 20.0g 处理后的样品移入 100mL 带塞比色管中，置于冰浴中。

② 固体样品。凉果、蜜饯类样品，将其剪碎，称取 2.0g 于研钵中，加入少许层析硅胶（或海沙）研磨至呈干粉状，经漏斗倒入 100mL 容量瓶中，加水冲洗研钵，洗液一并移入容量瓶中，加水定容至刻度。不时摇匀，1h 后过滤，即得滤液，准确吸取 20mL 试液于 100mL 带塞比色管中，置冰浴中。

（2）测定。

① 气相色谱分析参考条件。

a. 色谱柱：不锈钢柱，长 2m，内径 3mm。

b. 固定相：Chromsorb WAW DMCS 80～100 目，涂以 10%SE-30。

c. 温度：柱温 80℃，汽化温度 150℃，检测温度 150℃。

d. 流速：氮气 40mL/min；氢气 30mL/min；空气 300mL/min。

② 标准曲线的绘制：准确吸取 1.00mL 环已氨基磺酸钠标准溶液于 100mL 带塞比管中，加水 20mL，置冰浴中，加入 5mL 亚硝酸钠溶液（50g/L），5mL 硫酸溶液

(100g/L)，摇匀，在冰浴中放置 30min，并经常摇动。然后准确加入 10mL 正己烷，5g 氯化钠，摇匀后置旋涡混合器上振动 1min（或振摇 80 次），待静止分层后吸出己烷层于 10mL 带塞离心管中进行离心分离，每毫升正己烷提取液相当于 1mg 环己氨基磺酸钠，将标准提取液进样 1～5μL 于气相色谱仪中，根据响应值绘制标准曲线。

③ 样品测定：准确吸取样品处理液 1～5μL 于气相色谱仪中，按标准曲操作自“加入 5mL 亚硝酸钠溶液（50g/L)”起依法操作，测得响应值，从标准曲线上查出相应的含量。

4）结果计算

$$x=\frac{m_1\times 10\times 1000}{m\times V\times 1000}$$

式中　x——样品中环己氨基磺酸钠的含量，g/kg；

m_1——测定用试样中环己氨基磺酸钠的含量，μg；

m——样品的质量，g；

V——进样体积，μL；

10——正己烷加入量，mL。

8.5.3　乙酰磺胺酸钾（安赛蜜）的测定

1）实验原理

样品中乙酰磺胺酸钾经高效液相反相 C_{18} 柱分离后，以保留时间定性，峰高或峰面积定量。

2）仪器和试剂

（1）仪器。

高效液相色谱仪、超声清洗仪（溶剂脱气用）、离心机、抽滤瓶、G3 耐酸漏斗、微孔滤膜：0.45μm、层析柱，可用 10mL 注射器筒代替，内装 3cm 高的中性氧化铝。

（2）试剂。

① 甲醇。

② 乙腈。

③ 0.02mol/L 硫酸铵溶液：称取硫酸铵 2.642g，加水溶解至 1000mL。

④ 10%硫酸溶液。

⑤ 中性氧化铝：层析用，100～200 目。

⑥ 乙酰磺胺酸钾标准储备液：精密称取乙酰磺胺酸钾 0.1000g，用移动相溶解后流入 100mL 容量瓶中，并用流动相稀释至刻度，此液中乙酰磺胺酸钾浓度为 1mg/mL。

⑦ 乙酰磺胺酸钾标准使用液：吸取乙酰磺胺酸钾标准储备液 2mL 于 50mL 容量瓶，加流动相至刻度，然后分别吸取此液 1、2、3、4、5mL 于 10mL 容量瓶中，各加流动相至刻度，即得各含乙酰磺胺酸钾 4、8、12、16、20μg/mL 的标准液系列。

3）操作步骤

（1）样品处理。

① 汽水。将样品温热，搅拌除去二氧化碳或超声脱气。吸取样品 2.5mL 于 25mL 容量瓶中。加移动相至刻度，摇匀后，溶液通过微孔滤膜过滤，滤液备用。

② 可乐型饮料。将样品温热，搅拌除去二氧化碳或超声脱气，吸取已除去二氧化碳的样品 2.5mL，通过中性氧化铝柱，待样品液流至柱表面时，用流动相洗脱，收集 25mL 洗脱液，摇匀后超声脱气，备用。

③ 果茶、果汁类食品。吸取 2.5mL 样品，加水约 20mL 混匀后，离心 15min（4000r/min），上清液全部转入中性氧化铝柱，待水溶液流至柱表面时，用移动相洗脱，收集洗脱液 25mL，混匀后，超声脱气备用。

（2）测定。

① HPLC 参考条件。

a. 分析柱：SpherisorbC_{18}、4.6mm×150mm，粒度 5μm。

b. 流动相：0.02mol/L 硫酸铵（740～800mL）＋甲醇（170～150mL）＋乙腈（90～50mL）＋10%H_2SO_4（1mL）。

c. 波长：214nm。

流速：0.7mL/min。

② 标准曲线。分别进含乙酰磺胺酸钾 4、8、12、16、20μg/mL 的标准液系列溶液各 10μL，进行 HPLC 分析，然后以峰面积为纵坐标，以乙酰磺胺酸钾的含量为横坐标，绘制标准曲线。

③ 样品测定。取处理后的样品溶液 10μL 注入 HPLC，测定其峰面积，从标准曲线查得测定液中乙酰磺胺酸钾的含量。

4）结果计算

$$x = \frac{c \times V \times 1000}{m \times 1000}$$

式中 x——样品中乙酰磺胺酸钾的含量，mg/kg（mg/L）；

c——由标准曲线上查得进样液中乙酰磺胺酸钾的含量，μg/mL；

V——样品稀释液总体积，mL；

m——样品质量，g 或 mL。

本方法可以同时测定饮料中乙酰磺胺酸钾、糖精钠、咖啡因、天冬酰苯丙氨酸甲酯的含量。

8.5.4 食品中三氯蔗糖（蔗糖素）的测定

1）实验原理

三氯蔗糖是水溶性物质，易溶于水和甲醇。试样经 75%甲醇水溶液处理使蛋白分离，用正己烷萃取去脂肪，水相经水浴蒸干，加水定容，经高效液相色谱 C_{18} 反相色谱柱分离后，由蒸发光散射检测器检测，根据保留时间定性，峰面积与标准比较定量。

2）仪器和试剂

（1）仪器。

① 高效液相色谱仪，附蒸发光散射检测器。

② 旋涡振荡器。

③ 离心机：>3000r/min。

④ 超声仪。

（2）试剂。

① 甲醇。

② 乙腈。

③ 正己烷。

④ 中性氧化铝固相萃取柱。

⑤ 三氯蔗糖标准品（纯度≥99.5%）。

⑥ 三氯蔗糖储备液（1.00mg/mL）：称取三氯蔗糖标准品 0.1g（精确至 0.0001g）用水溶解并定容至 100mL，混匀置于 4℃冰箱保存。

3）操作步骤

（1）试样的制备。

① 低脂、无脂及非酱色类试样的制备。准确称取均匀试样 1～5g（精确至 0.001g），置于 50mL 的离心管中，加入 5mL 蒸馏水，旋涡振荡 3min 后加入 15mL 甲醇，继续振荡 30s，超声波提取 20min，仔细将上清液移入 50mL 玻璃蒸发皿内。沉淀物加入 10mL75%甲醇水溶液，玻棒搅拌均匀后，以 3000r/min 离心 5min，上清液合并于蒸发皿中，置于水浴上蒸干，残渣用水溶解并定容至 5.00mL 后过 0.45μm 滤膜，滤液备用。

② 含脂肪试样的制备。按①操作，上清液移入分液漏斗中，然后 30mL 正己烷加入分液漏斗中，振摇 2min 后分层，移出下层液置于蒸发皿内，于沸水浴上蒸干，残渣用水溶解并定容至 5.00mL 后过 0.45μm 滤膜，滤液备用。

③ 酱色类试样的制备。甜味酱、豆瓣酱、酱油类试样经上述处理后所得的 5.00mL 水溶液通过中性氧化铝固相萃取柱，弃去最初 2mL 滤液，0.45μm 滤膜，滤液备用。

（2）液相色谱参考条件：

① 色谱柱：C_{18}（4.6mm×150mm，5μm）。

② 流速：1.0mL/min。

③ 柱温：35℃。

④ 进样量：5.0～20.0μL。

⑤ 流动相梯度洗脱条件：见表 8-1。

表 8-1　流动相梯度洗脱条件

时间/min	超纯水（体积分数）/%	乙腈（体积分数）/%
13	89	11
14	10	90

续表

时间/min	超纯水（体积分数）/%	乙腈（体积分数）/%
21	10	90
22	89	11
25	89	11

⑥ 蒸发光散射检测器。

(3) 色谱分析。取制备的试样滤液 5.0～20.0μL（视试样中三氯蔗糖含量多少而定）进样，进行 HPLC 分析。以保留时间定性，以试样峰面积与标准比较定量。

(4) 标准曲线制备。准备移取三氯蔗糖标准储备液配制成标准使用液，浓度为 0.100、0.300、0.500、0.800mg/mL，进样 10μL，在上述色谱条件下进行 HPLC 测定，然后按质量（μg）与峰面积之间的关系绘制标准曲线。

4) 结果计算

$$x = \frac{m_1 \times V_0}{m \times V_1}$$

式中　x——试样中三氯蔗糖的含量，g/kg；

m_1——进柱样液中三氯蔗糖的质量，μg；

V_0——试样制备液体积，mL；

m——试样称取质量，g。

8.6　食品中合成着色剂的测定方法

食品中合成着色剂主要是以人工方法进行化学合成的有机色素类，按其化学结构不同可分为偶氮类色素和非偶氮类色素，偶氮类色素按溶解性不同又可分为油溶性和水溶性两类。合成类色素中还包括色淀。

食品中合成着色剂的种类很多，国际上允许使用的有 30 余种，我国允许使用的主要有苋菜红、胭脂红、赤藓红、新红、玫瑰红、柠檬黄、日落黄、亮蓝、靛蓝、牢固绿等。

8.6.1　高效液相色谱法

1) 实验原理

食品中的合成着色剂经聚酰胺吸附法或液-液分配法提取后，制成水溶液，注入高效液相色谱仪，经反相色谱分离，根据保留时间定性和与峰面积比较进行定量。如图 8-7所示。

利用高效液相色谱法测定食品中合成着色剂的最小检出量为：新红 5ng、柠檬黄 4ng、苋菜红 6ng、胭脂红 8ng、日落黄 7ng、赤藓红 18ng、亮蓝 26ng。当进样量为 0.025g 样品时，最低检出浓度分别为 0.2、0.16、0.24、0.32、0.28、0.72、

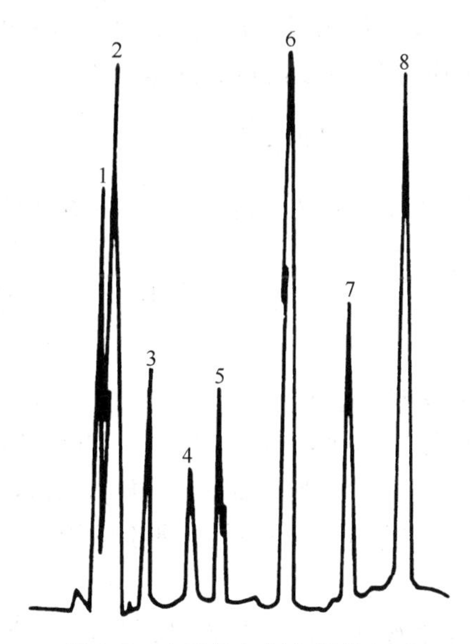

图 8-7　八种着色剂色谱分离图

1. 新红；2. 柠檬黄；3. 苋菜红；4. 靛蓝；5. 胭脂红；6. 日落黄；7. 亮蓝；8. 赤藓红

1.04mg/kg。

2）仪器和试剂

（1）仪器。高效液相色谱仪，带紫外检测器。

（2）试剂。

① 正己烷。分析纯。

② 盐酸。分析纯。

③ 乙酸。

④ 甲醇：经滤膜（0.45μm）过滤。

⑤ 聚酰胺粉（尼龙 6）：过 200 目筛。

⑥ 乙酸铵溶液（0.02mol/L）：称取 1.54g 乙酸铵，加水至 1000mL，溶解，经滤膜（0.45μm）过滤。

⑦ 氨水：量取氨水 2mL，加水至 100mL，混匀。

⑧ 甲醇-甲酸（6+4）溶液：量取甲醇 60mL，甲酸 40mL，混匀。

⑨ 柠檬酸溶液：称取 20g 柠檬酸（$C_6H_8O_7 \cdot H_2O$），加水至 100mL，溶解混匀。

⑩ 无水乙醇-氨水-水（7+2+1）溶液：量取无水乙醇 70mL、氨水 20mL、水 10mL，混匀。

⑪ 三正辛胺正丁醇溶液（5%）：量取三正辛胺 5mL，加正丁醇至 100mL，混匀。

⑫ 饱和硫酸钠溶液。

⑬ pH6 的水：水加柠檬酸溶液调 pH 到 6。

⑭合成着色剂标准溶液：准确称取按其纯度折算为 100%质量的柠檬黄、日落黄、苋菜红、胭脂红、新红、赤藓红、亮蓝、靛蓝各 0.1000g，置 100mL 容量瓶中，加 pH6 水到刻度。此溶液含着色剂 1.00mg/mL。

⑮ 合成着色剂标准使用液：临用时合成着色剂标准溶液加水稀释 20 倍，经滤膜（0.45μm）过滤。配成每毫升相当 50.0μg 的合成着色剂。

3）操作步骤

（1）样品处理。

① 橘子汁、果味水、果子露汽水等。称取 20.0～40.0g，放入 100mL 烧杯中。含二氧化碳样品需要加热以驱除二氧化碳。

② 配制酒类：称取 20.0～40.0g，放 100mL 烧杯中，加小碎瓷片数片，加热驱除乙醇。

③ 硬糖、蜜饯类、淀粉软糖等。称取 5.00～10.00 粉碎样品，放入 100mL 小烧杯中，加水 30mL，温热溶解，若样品溶液 pH 较高，用柠檬酸溶液调 pH 到 6 左右。

④ 巧克力豆及着色糖衣制品：称取 5.00～10.00g，放入 100mL 小烧杯中，用水反复洗涤色素，到巧克力豆无色素为止，合并色素漂洗液为样品溶液。

（2）色素提取。

① 聚酰胺吸附法。样品溶液加柠檬酸溶液调 pH 至 6，加热至 60℃，将 1g 聚酰胺粉加少许水调成粥状，倒入样品溶液中，搅拌片刻，以 G_3 垂融漏斗抽滤，用 60℃pH4 的水洗涤 3～5 次，然后用甲醇-甲酸混合溶液洗涤 3～5 次（含赤藓红的样品用液—液分配法处理），再用水洗至中性，用乙醇-氨水-水混合溶液解吸 3～5 次，每次 5mL，收集解吸液，加乙酸中和，蒸发至近干，加水溶解，定容至 5mL。经滤膜（0.45μm）过滤，取 10μL 进行 HPLC 分析。

② 液-液分配法（适用于含赤藓红的样品）：将制备好的样品溶液放入分液漏斗中，加 2mL 盐酸、三正辛胺正丁醇溶液（5%）10～20mL，充分振摇提取，静置分取有机相，重复提取 2～3 次，每次 10mL，直至有机相无色，合并有机相，用饱和硫酸钠溶液洗 2 次，每次 10mL，分取有机相，放于蒸发皿中，水浴加热浓缩至 10mL，转移至分液漏斗中，加 60mL 正己烷，混匀，加氨水提取 2～3 次，每次 5mL，合并氨水溶液层（含水溶性酸性色素），用正己烷洗 2～3 次，分取氨水层加乙酸调成中性，水浴加热蒸发至近干，加水定容至 5mL。经滤膜（0.45μm）过滤，取 10μL 进高效液相色谱仪。

（3）高效液相色谱分析参考条件。

① 色谱柱：YWG-C_{18}，10μm 不锈钢柱，4.6mm×250mm。

② 流动相：甲醇-乙酸铵溶液（0.02mol/L）（pH4）。

③ 梯度洗脱：甲醇：20%～35%，5min；35%～98%，5min；98%继续 6min。

④ 流速：1mL/min。

⑤ 紫外检测器，波长 254nm。

（4）测定。取相同体积样液和合成着色剂标准使用液分别注入高效液相色谱仪，根据保留时间定性，外标峰面积法定量。

4）结果计算

$$x=\frac{m_1\times V_1}{m_2\times V_2\times 1000}$$

式中　x——样品中着色剂的含量，mg/g；

m_1——样液中着色剂的质量，μg；

V_2——样品进样体积，mL；

V_1——样品稀释总体积，mL；

m_2——样品质量，g。

8.6.2　薄层色谱法及纸色谱法

1）实验原理

水溶性酸性合成着色剂在酸性条件下，被聚酰胺吸附后与食品中的其他成分分离，经过滤、洗涤及在碱性溶液（乙醇-氨）中解吸附，再经薄层色谱法或纸色谱法纯化、洗脱后，用分光光度法进行测定，可与标准比较定性、定量。

2）仪器和试剂

（1）仪器。

① 可见分光光度计。

② 微量注射器或血色素吸管。

③ 展开槽：25cm×6cm×4cm。

④ 层析缸。

⑤ 滤纸：中速滤纸，纸色谱用。

⑥ 玻砂漏斗 G3（50mL）。

⑦ 抽气装置。

⑧ 恒温水箱。

⑨ 薄层板：5cm×20cm。

⑩ 电吹风机。

（2）试剂。

① 石油醚：沸程 60～90℃。

② 甲醇。

③ 聚酰胺粉（尼龙 6）：200 目，使用前于 100℃洗化 1h，放冷密封备用。

④ 硅胶 G。

⑤ 硫酸：（1＋10）。

⑥ 甲醇-甲酸溶液：（6＋4）。

⑦ 氢氧化钠溶液（50g/L）。

⑧ 盐酸（1＋10）。

⑨ 乙醇（50％）。

⑩ 乙醇-氨溶液：取 1mL 氨水，加乙醇（70％）至 100mL。

⑪ pH6 的水：用柠檬酸溶液（200g/L）调蒸馏水的 pH 至 6。

⑫ 海沙、碎瓷片：先用盐酸（1＋10）煮沸 15min，用水漂洗至中性，再用氢氧化钠溶液（50g/L）煮沸 15min，用水漂洗至中性，再于 105℃干燥，储于具玻璃塞的瓶中备用。

⑬ 柠檬酸溶液（200g/L）。

⑭ 钨酸钠溶液（100g/L）。

⑮ 展开剂。

a. 正丁醇-无水乙醇-氨水（1%）（6＋2＋3）：供纸色谱用。

b. 正丁醇-吡啶-氨水（1%）（6＋3＋4）：供纸色谱用。

c. 甲乙酮-丙酮-水（7＋3＋3）：供纸色谱用。

d. 甲醇-乙二胺-氨水（10＋3＋2）：供薄层色谱用。

e. 甲醇-氨水-乙醇（5＋1＋10）：供薄层色谱用。

f. 柠檬酸钠溶液（25g/L）-氨水-乙醇（8＋1＋2）：供薄层色谱用。

⑯ 合成着色剂标准储备液：准确称取按其纯度折算为 100%质量的柠檬黄、日落黄、苋菜红、胭脂红、新红、赤藓红、亮蓝、靛蓝各 0.100g，加少量 pH 为 6 的水溶解，再转移至 100mL 容量瓶中并定容至刻度。配制成的各着色剂标准储备液浓度为 1.00mg/mL。

⑰ 合成着色剂标准使用液：临用时吸取合成着色剂标准溶液各 5.0mL，分别置于 50mL 容量瓶中，加 pH6 的水稀释至刻度。此溶液每毫升相当于 0.10mg 着色剂。

3）操作步骤

（1）样品的处理。

① 果味水、果子露、汽水。称取 50.0g 样品于 100mL 烧杯中。汽水需加热驱除二氧化碳。

② 配制酒。称取 100.0g 样品于 100mL 烧杯中，加碎瓷片数块，加热驱除乙醇。

③ 硬糖、蜜饯类、淀粉软糖。称取 5.00 或 10.0g 粉碎的样品，加 30mL 水，温热溶解，若样液 pH 较高，用柠檬酸溶液调至 pH4 左右。

④ 奶糖类。称取 10.0g 粉碎均匀的样品，加 30mL 乙醇-氨溶液溶解，置水浴上浓缩至约 20mL，立即用硫酸溶液（1＋10）调至微酸性，再多加 1.0mL 硫酸，然后加入 1mL 钨酸钠溶液，使蛋白质沉淀，过滤后，用少量水洗涤，收集滤液。再用柠檬酸调 pH 至 4。

⑤ 蛋糕类。称取 10.0g 粉碎均匀的样品，加海沙少许，混匀，用热风吹干样品（用手摸已干燥即可），加入 30mL 石油醚搅拌。放置片刻，倾出含脂肪的石油醚，如此重复处理 3 次，以除去脂肪。吹干后研细，全部倒入玻砂漏斗中，用乙醇-氨溶液提取色素，直至着色剂全部提完，以下按奶糖类自“置水浴上浓缩至约 20mL”起依法操作。

（2）吸附分离。将处理后所得的溶液加热至 70℃，用柠檬酸溶液（200g/L）调 pH 至 4，加入 0.5～1.0g 聚酰胺粉充分搅拌，使着色剂完全被吸附，如溶液还有颜色，可以再加一些聚酰胺粉。

将吸附着色剂的聚酰胺全部转入玻砂漏斗中抽滤，用已被柠檬酸酸化至pH4的70℃热水反复洗涤，每次20mL，边洗边搅拌。若含有天然着色剂，再用甲醇－甲酸溶液洗涤1～3次，每次20mL，至洗液无色为止。再用70℃热水充分搅拌、洗涤沉淀，至洗液为中性。然后用乙醇-氨溶液分次解吸全部着色剂，收集全部解吸液，于水浴上驱氨。

如果为单色，则用水准确稀释至50mL，用分光光度法进行测定。如果为多种着色剂的混合液，则进行纸色谱或薄层色谱法分离后测定，即可将上述溶液置水浴上浓缩至2mL后移入5mL容量瓶中，用乙醇（50%）洗涤容器，洗液并入容量瓶中并稀释至刻度。

（3）定性分析。

① 纸色谱法：取层析滤纸，在距底边2cm处用铅笔划一条点样线，于点样线上间隔2cm标记刻度。在每个刻度处分别点3～10μL样品纯化溶液和1～2μL着色剂标准溶液，各点直径不超过3mm，悬挂于分别盛有正丁醇-无水乙醇-氨水（1%）（6+2+3）、正丁醇-吡啶-氨水（1%）（6+3+4）的展开剂的层析缸中，用上行法展开，待溶剂前沿展至15cm处，将滤纸取出于空气中自然晾干，与标准色斑移动的距离（R_f）进行比较定性。如R_f相同即为同一色素。

也可取0.5mL样液，在起始线上从左到右点成条状，纸的左边点着色剂标准溶液，依法展开，晾干后先定性后再供定量用。靛蓝在碱性条件下易褪色，可用甲乙酮-丙酮-水（7+3+3）展开剂。

② 薄层色谱法。

薄层板的制备：称取1.6g聚酰胺粉、0.4g可溶性淀粉及2g硅胶G，置于合适的研钵中，加15mL水研匀后，立即置涂布器中铺成厚度为0.3mm的板。在室温晾干后，于80℃干燥1h，置干燥器中备用。

点样：在距离板底边2cm处将0.5mL样液，从左到右点成与底边平行的条状，板的左边点2μL色素标准溶液。

展开：苋菜红与胭脂红用甲醇-乙二胺-氨水（10+3+2）展开剂，靛蓝与亮蓝用甲醇-氨水-乙醇（5+1+10）展开剂，柠檬黄与其他着色剂用柠檬酸钠溶液（25g/L）-氨水-乙醇（8+1+2）展开剂。取适量展开剂倒入展开槽中，将薄层板放入展开，待着色剂明显分开后取出，晾干，与标准斑移动的距离（R_f）进行比较定性。如R_f相同即为同一色素。

（4）定量分析。

① 标准曲线制备：分别吸取0、0.50、1.0、2.0、3.0、4.0mL胭脂红、苋菜红、柠檬黄、日落黄色素标准使用溶液，或0、0.2、0.4、0.6、0.8、1.0mL亮蓝、靛蓝色素标准使用溶液，分别置于10mL比色管中，各加水稀释至刻度。用1cm比色杯，以零管调节零点，于一定波长下（胭脂红510nm，苋菜红520nm，柠檬黄430nm，日落黄482nm，亮蓝627nm，靛蓝620nm），测定吸光度，分别绘制标准曲线。

② 样品的测定：将纸色谱的条状色斑剪下，用少量热水洗涤数次，直至提取完全，合并提取液于入10mL比色管中，冷却后加水至刻度。

将薄层色谱的条状色斑包括有扩散的部分，分别用刮刀刮下，移入漏斗中，用乙醇-氨溶液解吸着色剂，少量反复多次至解吸液于蒸发皿中，于水浴上挥去氨，移入10mL比色管中，加水至刻度，作比色用。

将上述样品液分别用1cm比色杯，以零管调节零点，按标准曲线绘制操作，在一定波长下测定样品液的吸光度，并与标准系列比较定量或与标准色列目测比较。

4）结果计算

$$x = \frac{m_1 \times V_1}{m \times V_2 \times 1000} \times 1000$$

式中 x——样品中着色剂的含量，g/kg；

m_1——样品比色液中着色剂的质量，mg；

V_1——样品解吸后总体积，mL；

V_2——样液点板（纸）体积，mL；

m——样品的质量（体积），g（mL）。

结果的表述：报告算术平均值的二位有效数。

思考题

1. 简述食品添加剂的概念、分类及检测的重要意义。

2. 利用高效液相色谱法测定苯甲酸及苯甲酸钠时，如何处理样品？仪器操作的条件是什么？

3. 硫代巴比妥酸比色法测定山梨酸及山梨酸钾的原理是什么？如何从测定得出的山梨酸钾量推算出与之相应的山梨酸含量？

4. 用有机溶剂提取食品中的苯甲酸和山梨酸时，为什么必须先进行样品的酸化处理？

5. 在气相色谱仪操作过程中，应主要控制哪些条件？

6. 色谱法分析的基本原理是什么？

7. 薄层色谱分析时如何进行定性？简述操作要点。

8. 硝酸盐测定的基本原理是什么？装填镉柱时应注意哪些问题？

9. 利用高效液相色谱法测定糖精钠时，如何进行样品的处理？仪器操作条件是什么？

10. 简述食品中合成着色剂检测的方法和原理。

第 9 章　食品中矿物质的检测

9.1　食品中总汞的测定

1. 原子荧光光谱分析法

1）实验原理

样品经酸加热消解后，在酸性介质中，样品中汞被硼氢化钾或硼氢化钠还原成原子态汞，由载气（氩气）载入原子化器中，在汞空心阴极灯照射下，基态汞原子被激发至高能态，在去活化回到基态时，发射出特征波长的荧光，其荧光强度与汞的含量成正比，与标准系列比较定量分析。

2）仪器和试剂

（1）仪器。

① 双道原子荧光光度计。

② 高压消解罐。

③ 微波消解炉。

（2）试剂。

① 30%过氧化氢。

② 硫酸-硝酸-水混合酸（1＋1＋8）。量取 10mL 硝酸和 10mL 硫酸，缓缓倒入 80mL 水中，冷却后小心混匀。

③ 硝酸溶液（1＋9）。量取 50mL 硝酸，缓缓倒入 450mL 水中，混匀。

④ 5g/L 氢氧化钾溶液。称取 5.0g 氢氧化钾，溶于水中，稀释至 1000mL，混匀。

⑤ 5g/L 硼氢化钾溶液。称取 5.0g 硼氢化钾，溶于 5g/L 的氢氧化钾溶液中，并稀释至 1000mL，混匀，现用现配。

⑥ 汞标准储备溶液。精密称取 0.1354g 干燥过的二氯化汞，加硫酸-硝酸-水混合酸（1＋1＋8）溶解后移入 100mL 容量瓶中，并稀释至刻度，混匀，此溶液每毫升相当于 1mg 汞。

⑦ 汞标准使用溶液。用移液管吸取汞标准储备液 1mL 于 100mL 容量瓶中，用硝酸溶液（1＋9）稀释至刻度，混匀，此溶液浓度为 10μg/mL。再分别吸取 10μg/mL 汞标准溶液 1mL 和 5mL 于 2 个 100mL 容量瓶中，用硝酸溶液（1＋9）稀释至刻度，混匀，溶液浓度分别为 100ng/mL 和 500ng/mL，分别用于测定低浓度样品和高浓度样品，制作标准曲线。

3）操作步骤

（1）样品处理。

① 高压消解法。

粮食及豆类等干样：称取经粉碎混匀过 40 目筛的干样 0.2～1.00g，置于聚四氟乙烯塑料内罐中，加 5mL 硝酸，混匀后放置过夜，再加 7mL 过氧化氢，盖上内盖放入不锈钢外套中，旋紧密封。然后将消解器放入普通干燥箱中加热，升温至 120℃后保持恒温 2～3h，至消解完全，自然冷却至室温，将消解液用硝酸溶液（1＋9）定量转移并定容至 25mL。

取与样品消化相同量的硝酸、过氧化氢、硝酸溶液（1＋9）的试剂，按同样方法做试剂空白试验溶液。

蔬菜、瘦肉、蛋类等水分含量高的样品：样品用捣碎机打成匀浆，称取匀浆 1.0～5.0g，置于聚四氟乙烯塑料内罐中，加盖留缝于 65℃干燥箱中烘至近干，取出，以下按“粮食及豆类等干样”处理中从“加 5mL 硝酸”起操作。

② 微波消解法。称取 0.10～0.50g 样品于消解罐中加入 1～5mL 硝酸、1～2mL 过氧化氢，盖好安全阀后，将消解罐放入微波炉消解系统中，根据不同的样品选择不同的消解条件进行消解。至消解完全，用硝酸溶液（1＋9）定量转移并定容至 25mL（含量低的定容至 10mL），摇匀。

（2）标准系列配制。

① 低浓度标准系列：分别吸取 100ng/mL 汞标准使用液 0.25、0.50、1.00、2.00、2.50mL 于 25mL 容量瓶中，用硝酸溶液（1＋9）稀释至刻度，混匀。各自相当于汞浓度 1.00、2.00、4.00、8.00、10.00ng/mL。此标准系列适用于一般样品测定。

② 高浓度标准系列：分别吸取 500ng/mL 汞标准使用液 0.25、0.50、1.00、1.50、2.00mL 于 25mL 容量瓶中，用硝酸溶液（1＋9）稀释至刻度，混匀。各自相当于汞浓度 5.00、10.00、20.00、30.00、40.00ng/mL。此标准系列适用于鱼及含汞量偏高的样品测定。

（3）仪器参考条件的选择：光电倍增管负高压，240V；汞空心阴极灯电流，30mA；原子化器，温度 300℃，高度 8.0mm；氮气流速，载气 500mL/min，屏蔽气 1000mL/min；测量方式，标准曲线法；读数方式，峰面积；读数延迟时间，1.0s；读数时间，10.0s；硼氢化钾溶液加液时间，8.0s；标准溶液或样品液加液体积，2mL。

（4）样品测定（根据情况选择以下一种方法）。

① 浓度测定方式测定。在开机并设定好仪器条件后，将炉温逐渐升温至所需温度，预热并稳定 10～20min 后开始测定，连续用硝酸溶液（1＋9）进样，等读数稳定后，开始系列标准溶液测定，绘制标准曲线。系列标准溶液测完后转入空白和样品，先用硝酸溶液（1＋9）仔细清洗进样器，使读数基本回零后，测定试剂空白液和样品液，每次测定不同的样品前都应清洗进样器。记录下测量数据。

② 仪器自动计算结果方式测定。开机时设定条件和预热后，输入必要的参数，即样品量（g 或 mL）、稀释体积（mL）、进样体积（mL），结果的浓度单位，系列标准溶液各点的重复测量次数，系列标准溶液的点数（不计零点），各点的浓度值。首先将炉温逐渐升温至所需温度，预热稳定 10～20min 后开始测定，连续用硝酸溶液（1＋9）进样，等读数稳定后，开始系列标准溶液测定，绘制标准曲线。在转入测定样品前，先进入空白值测量状态，先用样品空白消化液进样，让仪器取平均值作为扣除的空白值，随后即可依次测定样品。测定完毕后，选择“打印报告”打印测定结果。

4）结果计算

如果采用浓度测定方式测定，则可按下式计算：

$$x=\frac{(c-c_0)\times V\times 1000}{m\times 1000\times 1000}$$

式中　x——样品的总汞含量，mg/kg 或 mg/L；

c——样品被测液总汞的浓度，ng/mL；

c_0——试剂空白液总汞的浓度，ng/mL；

m——样品的质量或体积，g 或 mL；

V——样品消化液总体积，mL。

2. 冷原子吸收光谱法

1）实验原理

汞原子蒸气对波长 253.7nm 的特征谱线具有强烈的吸收作用。样品经过酸消解或催化酸消解后使汞转为离子状态，在强酸性介质中以氯化亚锡还原成汞原子，然后以氮气或干燥空气作为载体，将汞原子带入汞测定仪，对汞空心阴极灯在波长 253.7nm 处发射的特征谱线进行冷原子吸收。在一定浓度范围内，其吸收值与汞的含量成正比，与标准系列比较后能求出食品中汞的含量。

2）仪器和试剂

（1）仪器。

所用玻璃仪器均需以硝酸（1+5）浸泡过夜，用水反复冲洗，最后用去离子水冲洗干净。

① 双光束测汞仪（附气体循环泵、气体干燥装置、汞蒸气发生装置及汞蒸气吸收瓶）。见图 9-1。

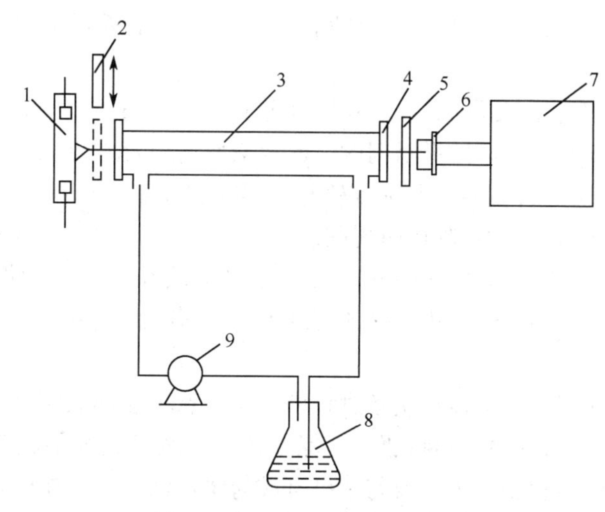

图 9-1　测汞仪工作原理示意图

1. 低压汞泵；2. 校正片；3. 吸收管；4. 石英窗片；5. 荧光粉屏；6. 光电原件；7. 电气和指示系统；8. 汞蒸气发生器；9. 循环泵

② 压力消解器、压力消解罐或压力溶弹。

③ 分析天平。

④ 恒温干燥箱。

（2）试剂。

分析过程中全部用水均使用去离子水（电阻率在 $8\times10^5\Omega$ 以上），所使用的化学试剂均为分析纯或优级纯。

① 硝酸。

② 盐酸。

③ 过氧化氢（30％）。

④ 硝酸（0.5＋99.5）。取 0.5mL 硝酸，慢慢加入 50mL 水中，然后加水稀释至 100mL。

⑤ 高锰酸钾溶液（50g/L）。称取 5.0g 高锰酸钾，置于 100mL 棕色瓶中，以水溶解稀释至 100mL，储于棕色瓶中。

⑥ 硝酸-重铬酸钾溶液（5＋0.05＋94.5）。称取 0.05g 重铬酸钾，溶于水中，加入 5mL 硝酸，用水稀释至 100mL。

⑦ 氯化亚锡溶液（100g/L）。称取 10g 氯化亚锡（$SnCl_2\cdot 2H_2O$），加 20mL 盐酸中，加水稀释至 100mL，临用时现配，放置冰箱保存。

⑧ 无水氯化钙。干燥用。

⑨ 硫酸-硝酸混合液（1＋1＋8）。量取 10mL 硫酸，再加入 10mL 硝酸，慢慢倒入 50mL 水中，冷后加水稀释至 100mL。

⑩ 五氧化二钒。

⑪ 盐酸羟胺溶液（200g/L）。

⑫ 汞标准储备液。准确称取 0.1354g 经干燥器干燥过的二氧化汞，溶于硝酸-重铬酸钾溶液中，移入 100mL 容量瓶中，以硝酸-重铬酸钾溶液稀释至刻度。混匀。此溶液每毫升含 1.0mg 汞。

⑬ 汞标准使用液Ⅰ。吸取 1.0mL 汞标准储备溶液，置于 100mL 容量瓶中，加入硫酸-硝酸混合酸（1＋1＋8）稀释至刻度，此溶液每毫升相当于 10.0μg 汞。再吸取此液 1.0mL，置于 100mL 容量瓶中，加入硫酸-硝酸混合酸（1＋1＋8）稀释至刻度，此溶液每毫升相当于 0.10μg 汞，临用时现配。

⑭ 汞标准使用液Ⅱ：由 1.0mg/mL 汞标准储备液经硝酸-重铬酸钾溶液稀释成 2.0、4.0、6.0、8.0、10.0ng/mL 的汞标准使用液。临用时现配。

3）操作步骤

（1）样品的预处理。在采样和制备过程中，应注意不使样品污染。粮食、豆类去杂质后，磨碎，过 20 目筛，储于塑料瓶中，保存备用。蔬菜、水果、鱼类、肉类及蛋类等水分含量高的鲜样用食品加工机或匀浆机打成匀浆，储于塑料瓶中，保存备用。

（2）样品的消解。可根据实验室条件选用以下任何一种方法消解方法。

① 压力消解罐消解法。称取 1.00～3.00g 样品（干样、含脂肪高的样品少于 1.00g，鲜样少于 3.00g 或按压力消解罐使用说明书称取样品）于聚四氟乙烯内罐中，

加硝酸2～4mL浸泡过夜。再加过氧化氢（30%）2～3mL（总量不能超过罐容积的1/3）。盖好内盖，旋紧不锈钢外套，放入恒温干燥箱中，于120～140℃保持3～4h，在箱内自然冷却至室温，用滴管将消化液洗入或过滤入（视消化后样品的含盐量而定）10.0mL容量瓶中，用水少量多次洗涤罐，洗液合并于容量瓶中并定容至刻度，混匀备用；同时做试剂空白。

②回流消化法（牛乳及乳制品为例）。

牛乳及乳制品：称取20.00g牛乳或酸牛乳，或相当于20.00g牛乳的乳制品（2.4g全脂乳粉、8g甜炼乳、5g淡炼乳），置于消化装置锥形瓶中，加玻璃珠数粒及30mL硝酸，牛乳或酸牛乳加10mL硫酸，乳制品加5mL硫酸，转动锥形瓶防止局部炭化。装上冷凝管后，小火加热，待开始发泡即停止加热，发泡停止后，加热回流2h。如加热过程中溶液变棕色，再加5mL硝酸，继续回流2h，放冷后从冷凝管上端小心加20mL水，继续加热回流10min，放冷，用适量水冲洗冷凝管，洗液并入消化液中，将消化液经玻璃棉过滤于100mL容量瓶内，用少量水洗锥形瓶、过滤器，洗液并入容量瓶内，加水至刻度，混匀。同时做试剂空白试验。

③ 五氧化二钒消化法（适用于水产品、蔬菜、水果）。取可食部分，洗净，晾干，切碎，混匀。取2.50g水产品或10.00g蔬菜、水果，置于100mL锥形瓶中，加50mg五氧化二钒粉末，再加8mL硝酸，振摇，放置4h，加5mL硫酸，混匀，然后移至140℃砂浴上加热，开始作用较猛烈，以后渐渐缓慢，待瓶口基本上无棕色气体逸出时，用少量水冲洗瓶口，再加热5min，放冷，加5mL高锰酸钾溶液（50g/L），放置4h（或过夜），滴加盐酸羟胺溶液（200g/L）使紫色褪去，振摇，放置数分钟，移入容量瓶中，并稀释至刻度。蔬菜、水果为25mL，水产品为100mL。同时做空白试验。

（3）测定。

① 仪器条件。打开测汞仪，预热1～2h，并将仪器性能调至最佳状态。

② 标准曲线的绘制。压力消解法标准曲线制定：吸取上面配制的汞标准使用液Ⅱ 2.0、4.0、6.0、8.0、10.0ng/mL各5.0mL（相当于10.0、20.0、30.0、40.0、50.0ng汞），置于测汞仪的汞蒸气发生器的还原瓶中，再分别加入1.0mL还原剂氯化亚锡（100g/L），迅速盖紧瓶塞，随后便有气泡产生。从仪器读数显示的最高点测得其吸收值。求得吸收值与汞含量的关系，并绘制出标准曲线。测定结束后，打开吸收瓶上的三通阀将产生的汞蒸气吸收于高锰酸钾溶液（50g/L）中，待测汞仪上的读数达到零点时进行下一次测定。

回流消化法标准曲线绘制：吸取0、0.10、0.20、0.30、0.40、0.50mL汞标准使用液Ⅰ（相当0、0.01、0.02、0.03、0.04、0.05μg汞），置于汞蒸气发生器内，加10mL硝酸-硫酸溶液（1+1+8），加入3mL氯化亚锡溶液（300g/L），立即通过流速为1.0L/min的氮气或经活性炭处理的空气，使汞蒸气经过氯化钙干燥管进入测汞仪中，读取测汞仪上最大读数。同时做试剂空白试验。根据吸收值与汞含量的关系绘制标准曲线。

五氧化二钒消化法标准曲线绘制：吸取0、0.10、0.20、0.30、0.40、0.50mL汞标准使用液Ⅰ（相当0、0.01、0.02、0.03、0.04、0.05μg汞），分别置于50mL容量

瓶中，各加 1mL 硫酸（1+1），1mL 高锰酸钾溶液（50g/L），加 20mL 水，混匀，滴加盐酸羟胺溶液（200g/L）使紫色褪去，加水至刻度，混匀。分别吸取 10.0mL（相当于 0、0.02、0.04、0.06、0.08、0.10μg 汞），以下按压力法操作读取测汞仪上最大读数，同时做空白试验。根据吸收值与汞含量的关系绘制标准曲线。

③ 样品测定。分别吸取样液和试剂空白液各 5.0mL，置于测汞仪的汞蒸气发生器的还原瓶中，分别加入 1.0mL 还原剂氯化亚锡，迅速盖紧瓶塞，随后有气泡产生。以下按标准曲线测定程序测得其吸收值，代入标准曲线求得样液中汞含量。

4）结果计算

（1）回流消化法（或五氧化二钒消化法）：

$$x = \frac{(m_1 - m_0) \times 1000}{m \times \frac{V_1}{V_2} \times 1000}$$

式中　x——样品中总汞含量，mg/kg（mg/L）；

m_1——测定用样品消化液中汞的质量，μg；

m_0——试剂空白液中汞质量，μg；

V_1——测定用样品消化液体积，mL；

V_2——样品溶液总体积，mL；

m——样品质量（或体积），g（mL）。

（2）压力消解罐消解法：

$$x = \frac{(m_2 - m_0) \times \frac{V_3}{V_4} \times 1000}{m \times 1000}$$

式中　x——样品中总汞的含量，μg/kg（μg/L）；

m_2——测定用样品消化液中汞的质量，ng；

m_0——试剂空白液中汞的质量，ng；

m——样品质量（或体积），g（mL）；

V_3——样品消化液总体积，mL；

V_4——测定用样品消化液体积，mL。

9.2　食品中铅的测定

1. 石墨炉原子吸收光谱法

1）实验原理

样品经灰化或酸消解后，将样液注入原子吸收分光光度计的石墨炉中，经过电热原子化，铅在波长为 283.3nm 处，对铅空心阴极灯发射的谱线有特异吸收。在一定范围内，其吸收值与铅的含量成正比，与标准系列比较后求出食品中铅的含量。

2）仪器和试剂

（1）仪器。

所用玻璃仪器均需以硝酸（1+5）浸泡过夜，用水反复冲洗，最后用去离子水冲洗干净。

① 原子吸收分光光度计（附石墨炉及铅空心阴极灯）。

② 马弗炉或恒温干燥箱。

③ 瓷坩埚或压力消化器。

④ 微波消解装置。

⑤ 分析天平。

（2）试剂。

实验用水为去离子水。所有试剂要求使用优级纯或处理后不含铅的试剂。

① 硝酸。

② 过硫酸铵。

③ 过氧化氢（30%）。

④ 高氯酸。

⑤ 硝酸溶液（1+1）。量取 50mL 硝酸，缓慢注入 50mL 水中。

⑥ 硝酸溶液（0.5mol/L）。取 3.2mL 硝酸，加入适量的水中，用水稀释并定容至 100mL。

⑦ 硝酸溶液（1.0mol/L）。量取 6.4mL 硝酸，加入 50mL 水中，稀绎至 100mL。

⑧ 磷酸铵溶液（20g/L）。取 2.0g 特纯磷酸铵，用去离子水溶解并定容至 100mL。

⑨ 混合酸（硝酸-高氯酸）。（4+1）。

⑩ 铅标准储备液。精密称取 1.000g 金属铅（99.99%）或 1.598g 硝酸铅（优级纯），分次加入不超过 37mL 的硝酸（1+1），加热溶解后，移入 1000mL 容量瓶，用 0.5mol/L 硝酸溶液定容至刻度。储存于聚乙烯瓶内，冰箱保存。此溶液每毫升含 1.0mg 铅。

⑪ 铅标准使用液：吸取铅标准储备液 1.00mL 于 100mL 容量瓶中，用 0.5mol/L 硝酸溶液稀释至刻度，如此经多次稀释，制成每毫升含 10.0、20.0、40.0、60.0、80.0ng 铅的标准使用液。

3）操作步骤

（1）样品的预处理。

采样和制备过程中，应注意不使样品污染。

① 粮食、豆类。去壳去杂物后，磨碎过 20 目筛，储于塑料瓶中保存备用。

② 蔬菜、水果、鱼类、肉类及蛋类。洗净，晾干，取可食部分捣碎或经匀浆机打成匀浆储于塑料瓶中保存备用。

（2）样品的消解（根据实验条件可任选一方法）。

① 干灰化法。称取 1.00～5.00g 样品（根据铅含量而定）于瓷坩埚中，先于可调式电热板上用小火炭化至无烟，再移入马费炉中，于 500℃±25℃条件下灰化 6～8h，放冷。若个别样品灰化不彻底，则可加 1mL 混合酸，在于可调式电热板上小火上加热，反复多次直到消化完全。放冷后，用硝酸（0.5mol/L）将灰分溶解，用滴管将样品消化液洗入或过滤入 10～25mL 容量瓶中，少量多次用水洗涤瓷坩埚，洗液也一并注入容量瓶中，定容至刻度，摇匀备用，同时做试剂空白试验校正结果。

② 过硫酸铵灰化法。称取样品 1.00～5.00g 于瓷坩埚中，加 2～4mL 硝酸浸泡 1h 以上，先用小火炭化，冷却后加 2～3g 过硫酸铵盖于上面，继续炭化至不冒烟，转入马弗炉内，于 500℃恒温 2h，再升温至 800℃，保持 20min，冷却，加 2～3mL 硝酸溶液(1.0mol/L)，用滴管将样品消化液洗入或过滤入 10～25mL 容量瓶中，少量多次用水洗涤瓷坩埚，洗液也一并注入容量瓶中，定容至刻度，摇匀备用，同时做试剂空白试验校正结果。

③ 压力消解罐法：称取 1.00～2.00g 样品（干样、含脂肪高的样品少于 1.00g，鲜样少于 2.00g 或按压力消解罐使用说明书称取样品）于聚四氟乙烯罐内，加硝酸 2～4mL 浸泡过夜。再加 30%的过氧化氢 2～3mL（总量不能超过罐内容积的 1/3)。盖好内盖，旋紧外盖，放入恒温箱中，于 120～140℃保温 3～4h，于箱内自然冷却至室温。用滴管将样品消化液洗入或过滤入（视消化后样品的含盐量而定）10～25mL 容量瓶中，少量多次用水洗涤瓷坩埚，洗液也一并注入容量瓶中，定容至刻度，摇匀备用，同时做试剂空白试验校正结果。

④ 湿法消解：称取样品 1.000～5.000g 于三角瓶或高型烧杯中，放入数粒玻璃珠，加入 10mL 混合酸（或再加 1～2mL 硝酸)，加盖浸泡过夜。在瓶口上放置 1 个小漏斗，于电炉上消解，若变棕黑色，则再加混合酸。直至冒白烟，消化液应无色透明，或略带黄色。放冷用滴管将样品消化液洗入或过滤入 10～25mL 容量瓶中，少量多次用水洗涤三角瓶或高型烧杯，洗液也一并注入容量瓶中，定容至刻度，摇匀备用，同时做试剂空白试验校正结果。

（3）测定。

① 仪器参考条件：波长 283.3nm；狭缝 0.2～1.0nm；灯电流 5～7mA；120℃，30s；灰化温度为 450℃，15～20s；原子化温度为 1700～2300℃，4～5s，背景校正为氘灯或塞曼效应。

② 标准曲线绘制：将仪器性能调至最佳状态。待稳定后，分别吸取已配制的铅标准使用液 10.0、20.0、40.0、60.0、80.0ng/mL 各 10μL，注入石墨炉中，测得其吸光值，并求得吸光值与浓度关系的一元线性回归方程。

③ 样品测定：分别吸取试剂空白液和样液 10μL，注入石墨炉中，测得其吸光值，代入标准系列的一元线性回归方程中求得样液中铅含量。对于有干扰的样品，需要同时吸取基体改进剂（20g/L 磷酸氢二铵溶液）5.0μL，注入石墨炉。

4）结果计算

$$x=\frac{(m_1-m_2)\times\frac{V_2}{V_1}\times V_3\times 1000}{m\times 1000}$$

式中　x——样品中铅的含量，μg/kg（或 μg/L)；

m_1——测定用样品消化液中铅的含量，ng/L；

m_2——试剂空白溶液中铅的含量，ng/L；

V_1——实际进样品消化液体积，mL；

V_2——进样总体积，mL；

V_3——样品消化液的总体积，mL；

m——样品的质量（或体积），g 或 mL。

2. 双硫腙比色法

1）实验原理

样品经消化后，在 pH8.5～9.0 的碱性条件下，铅离子与双硫腙生成红色络合物，可溶于三氯甲烷中。此红色络合物的深浅与铅离子的浓度成正比，可与标准系列比较定量。加入柠檬酸铵、氰化钾和盐酸羟胺等，防止铁、铜、锌等离子干扰。主要反应式如下：

$$S{=}C\begin{cases}NH{-}NH{-}C_6H_5\\N{-}NH{-}C_6H_5\end{cases} + Pb^{2+} \longrightarrow S{=}C\begin{cases}NH{-}N(C_6H_5)\\N{=}N(C_6H_5)\end{cases}Pb\begin{cases}(C_6H_5)N{-}NH\\(C_6H_5)N{=}N\end{cases}C{=}S + 2H^+$$

2）仪器和试剂

（1）仪器。

① 分光光度计。

② 所用玻璃仪器均用 10%～20%硝酸浸泡 24h 以上，用自来水反复冲洗，最后用水冲洗干净。

（2）试剂。

① 氨水（1∶1）。

② 盐酸（1∶1）。

③ 酚红指示液（1g/L）。称取 0.10g 酚红，用少量多次乙醇溶解后移入 100mL 容量瓶中并定容至刻度。

④ 三氯甲烷（不应含氧化物）。

a. 检查方法。量取 10mL 三氯甲烷，加 25mL 新煮沸过的水，振摇 3min，静置分层后，取 10mL 水液，加数滴碘化钾溶液（150g/L）及淀粉指示液，振摇后应不显蓝色。

b. 处理方法。于三氯甲烷中加入 1/20～1/10 体积的硫代硫酸钠溶液（200g/L）洗涤，再用水洗后加入少量无水氯化钙脱水后进行蒸馏，弃去最初及最后的 1/10 馏出液，收集中间馏出液备用。

⑤ 盐酸羟胺溶液（200g/L）。称取 20g 盐酸羟胺，加水溶解至 50mL，加 2 滴酚红指示液，加氨水（1+1），调 pH 至 8.5～9.0（由黄变红，再多加 2 滴），用双硫腙-三氯甲烷溶液提取至三氯甲烷层绿色不变为止，再用三氯甲烷洗 2 次，弃去三氯甲烷层，水层加盐酸（1+1）呈酸性，加水至 100mL。

⑥ 柠檬酸铵溶液（200g/L）。称取 50g 柠檬酸铵，溶于 100mL 水中，加 2 滴酚红指示液，加氨水（1+1），调 pH 至 8.5～9.0，用双硫腙-三氯甲烷溶液提取数次，每次

10～20mL，至三氯甲烷层绿色不变为止，弃去三氯甲烷层，再用三氯甲烷洗 2 次，每次 5mL，弃去三氯甲烷层，加水稀释至 250mL。

⑦ 氰化钾溶液（100g/L）。称取 10.0g 氰化钾，用水溶解后稀释至 100mL。

⑧ 淀粉指示液。称取 0.5g 可溶性淀粉，加 5mL 水搅匀后，慢慢倒入 100mL 沸水中，随倒随搅拌，煮沸，放冷备用。临用时配制。

⑨ 硝酸（1+99）。量取 1mL 硝酸，加入 99mL 水中。

⑩ 双硫腙-三氯甲烷溶液（0.5g/L）。保存冰箱中，必要时用下述方法纯化。

称取 0.5g 研细的双硫腙，溶于 50mL 三氯甲烷中，如不全溶，可用滤纸过滤于 250mL 分液漏斗中，用氨水（1+99）提取 3 次，每次 100mL，将提取液用棉花过滤至 500mL 分液漏斗中，用盐酸（1+1）调至酸性，将沉淀出的双硫腙用三氯甲烷提取 2～3 次，每次 20mL，合并三氯甲烷层，用等量水洗涤 2 次，弃去洗涤液，在 50℃水浴上蒸去三氯甲烷。精制的双硫踪置硫酸干燥器中，干燥备用。或将沉淀出的双硫腙用 200、200、100mL 三氯甲烷提取 3 次，合并三氯甲烷层为双硫腙溶液。

⑪ 双硫腙使用液。吸取 1.0mL 双硫腙溶液，加三氯甲烷至 10mL 混匀。用 1cm 比色杯，以三氯甲烷调节零点，于波长 510nm 处测吸光度（A），用下式算出配制 100mL 双硫腙使用液（70%透光率）所需双硫腙溶液的毫升数（V）。

$$V=\frac{10\times(2-\lg 70)}{A}=\frac{1.55}{A}$$

⑫ 硝酸-硫酸混合液（4+1）。

⑬ 铅标准溶液：精密称取 0.1598g 硝酸铅，加 10mL 硝酸（1+99），全部溶解后，移入 100mL 容量瓶中，加水稀释至刻度。此溶液每毫升相当于 1.0mg 铅。

⑭ 铅标准使用液：吸取 1.0mL 铅标准溶液，置于 100mL 容量瓶中，加水稀释至刻度。此溶液每毫升相当于 10.0μg 铅。

3）操作步骤

（1）样品消化。

① 硝酸-硫酸法。称取已搅拌均匀的样品 20.0g 于 500mL 凯氏烧瓶中，放数粒玻璃珠，加浓硝酸、浓硫酸各 10mL，先以小火缓慢加热，待剧烈作用停止后，加大火力，待内容物开始变棕色时立即补加浓硝酸，直至溶液透明不再转深为止，继续加热数分钟至浓白烟逸出，冷却后加入 20mL 蒸馏水，继续加热至浓白烟逸出止，冷却。将内容物转入 100mL 容量瓶中，用重蒸馏水定容至刻度。同时做空白试验。

② 灰化法。

粮食及其他含水分少的食品：称取 20.0g 样品，置于石英或瓷坩埚中，先在微火上加热至炭化，然后移入马弗炉中，500℃灰化 3h，放冷，取出坩埚，加硝酸（1＋1）1mL，润湿灰分，用小火蒸干，在 500℃灼烧 1h，放冷，取出坩埚。再加入 2mL 硝酸（1＋1），5mL 水，加热煮沸，使灰分溶解，冷却后移入 100mL 容量瓶中，用水洗涤坩埚，洗液并入容量瓶中，加水至刻度，混匀备用。

含水分多的食品或液体样品：称取 5.0g 或吸取 5.00mL 样品，置于蒸发皿中，先在水浴上蒸干，再上述方法操作。

（2）铅标准曲线的绘制。分别吸取0、0.10、0.20、0.30、0.40、0.50mL铅标准使用液（相当0、1、2、3、4、5μg铅），置于125mL分液漏斗中，各加1%硝酸溶液1mL，加水至20mL。加2mL柠檬酸铵溶液（20g/L），1mL盐酸羟胺溶液（200g/L）和2滴酚红指示液，用氨水（1+1）调至红色，再各加2mL氰化钾溶液（100g/L），混匀。各加5.0mL双硫腙使用液，剧烈振摇1min，静置分层后，三氯甲烷层经脱脂棉滤入1cm比色杯中，以三氯甲烷调节零点，于波长510nm处测吸光度，绘制标准曲线或计算一元回归方程，

（3）样品溶液及试剂空白的测定。吸取10.0mL消化后的样品溶液和同量的试剂空白液，分别置于125mL分液漏斗中，各加水至20mL。依铅标准曲线绘制操作顺序进行，最后于波长510nm处测得吸光度值，并与铅标准曲线比较定量。

4）结果计算

$$x=\frac{(m_1-m_2)\times 1000}{m\times\frac{V_1}{V_2}\times 1000}$$

式中　x——样品中铅的含量，mg/kg（mg/L）；

m_1——测定用样品消化液中铅的质量，μg；

m_2——试剂空白液中铅的质量，μg；

V_1——测定用样品消化液体积，mL；

V_2——样品消化液的总体积，mL；

m——样品质量（体积），g（mL）。

9.3　食品中镉的测定（石墨炉原子吸收分光光度法）

1）实验原理

样品经灰化或酸消解后，样液注入原子吸收分光光度计石墨炉中，经电热原子化后吸收228.8nm共振线，在一定浓度范围，其吸收值与镉含量成正比，与标准系列比较定量。石墨炉原子化法的最低检出浓度为0.1μg/kg。

2）仪器和试剂

（1）仪器。

所用玻璃仪器均需以硝酸（1+5）浸泡过夜，用水反复冲洗，最后用去离子水冲洗干净。

① 马福炉。

② 恒温干燥箱。

③ 瓷坩埚。

④ 压力消解器、压力消解罐或压力溶弹。

⑤ 可调式电热板。

⑥ 可调式电炉。

⑦ 原子吸收分光光度计（附石墨炉及铅空心阴极灯）。

（2）试剂。

分析过程中全部用水均使用去离子水（电阻率在 $8\times10^5\Omega$ 以上），所使用的化学试剂均为优级纯以上。

① 硝酸。

② 硫酸。

③ 高氯酸。

④ 30%过氧化氢。

⑤ 硝酸（1+1）。取 50mL 硝酸，慢慢加入 50mL 水中。

⑥ 硝酸（0.5mol/L）。取 3.2mL 硝酸，加入 50mL 水中，稀释至 100mL。

⑦ 磷酸铵溶液（20g/L）。称取 2.0g 磷酸铵，以去离子水溶解稀释至 100mL。

⑧ 混合酸（硝酸+高氯酸）。取 5 份硝酸与 1 份高氯酸混合。

硝酸（0.5mol/L）。取 31.5mL 硝酸，加入 500mL 水中并用水稀释至 1000mL。

⑨ 镉标准储备液。准确称取 1.000g 金属镉（99.99%），加适量硝酸（1+1）及 2 滴硝酸使之溶解，移入 1000mL 容量瓶，以 0.5mol/L 硝酸定容至刻度，储于聚乙烯瓶内，冰箱中保存。此溶液每毫升含 1mg 镉。

⑩ 镉标准使用液。吸取镉标准储备液 10.0mL 于 100mL 容量瓶中，以 0.5mol/L 硝酸溶液定容至刻度。如此经多次稀释成每毫升含 100.0ng 镉的标准使用液。

3）操作步骤

（1）样品预处理。在采样和制备过程中，应注意不使样品污染。粮食、豆类去杂质后，磨碎，过 20 目筛，储于塑料瓶中，保存备用。蔬菜、水果、鱼类、肉类及蛋类等水分含量高的鲜样用食品加工机或匀浆机打成匀浆，储于塑料瓶中，保存备用。

（2）样品消解（根据实验条件可任选一方法）。

① 压力消解罐消解法。称取 1.00～2.00g 样品（干样、含脂肪高的样品少于 1.00g，鲜样少于 2.0g）于聚四氟乙烯罐内，加硝酸 2～4mL 浸泡过夜。再加 30%过氧化氢 2～3mL（总量不能超过罐容积的 1/3）。盖好内盖，旋紧不锈钢外套，放入恒温干燥箱，于 120～140℃保持 3～4h，在箱内自然冷却至室温，用去离子水将消化液洗入 25mL 刻度试管中，并定容至刻度，混匀备用。同时作试剂空白。

② 干法灰化。称取 1.00～5.00g 样品于瓷坩埚中，先小火在可调式电热板上炭化至无烟，再移入马弗炉中于 500℃±25℃灰化 6～8h，冷却后取出。若个别样品灰化不彻底，则加 1mL 混合酸在可调式电炉上小火加热，反复多次直到消化完全，放冷，用硝酸（0.5mol/L）将灰分溶解，用去离子水将消化液洗入 25mL 刻度试管中，并定容至刻度，混匀备用。

③ 湿式消解法。

a. 固体样品。称取 2.00～5.00g 样品于 150mL 锥形瓶中，放入数粒玻璃珠，加入 20～30mL 混合酸，加盖浸泡过夜。次日于电热板上逐渐升温加热，溶液变为棕红色，要注意防止炭化。如发现消化液颜色变深，则再滴加浓硝酸，继续加热消化至冒白烟，取下放冷后，加入约 20mL 水继续加热赶酸至冒白烟为止。放冷后，用去离子水洗至 25mL 刻度试管中，同时做试剂空白。

b. 液体样品：吸取均匀的样品 10～20mL 于 150mL 锥形瓶中，放入数粒玻璃珠。酒类和碳酸类饮料要先于电热板上用小火加热，以除去酒精和 CO_2，然后加入 20～30mL 混合酸，于电热板上加热至颜色由深变浅，至无色透明冒白烟止。取下放冷后加入约 20mL 水继续加热赶酸至冒白烟为止。放冷后，用去离子水洗分次至 25mL 刻度试管中，同时做试剂空白。

（3）测定。

① 仪器条件：根据各自仪器性能调至最佳状态。参考条件为波长为 228.8nm，狭缝为 0.7nm，灯电流 10mA，干燥温度为 80℃、10s；120℃、20s；灰化温度为 450℃、20s；原子化温度为 1800℃、3s，背景校正为氘灯或塞曼效应。

② 镉标准曲线的制备：准确吸取镉标准使用液 0、1.0、2.0、3.0、5.0、7.0、10.0mL，分别置于 100mL 容量瓶中。以硝酸（0.5mol/L）稀释至刻度（分别相当于 0、1.0、2.0、3.0、5.0、7.0、10.0ng 镉）。各吸取 10μL 注入石墨炉，测得其吸光度并绘制标准曲线。

③ 样品测定：分别吸取样品处理液和试剂空白液各 10μL 注入石墨炉，测得其吸光值，于镉标准曲线中查得样品处理液中镉的含量。

对于有干扰的样品，则可注入适量的基体改进剂——磷酸铵溶液（20g/L），一般为少于 5μL，消除干扰。制定镉标准曲线时也要加入与样品测定时等量的基体改进剂溶液。

4）结果计算

$$x=\frac{(m_1-m_2)\times V\times 1000}{m\times 1000}$$

式中　x——样品中镉含量，μg/kg（μg/L）；

m_1——测定用样品消化液中镉含量，ng/mL；

m_2——空白消化液中镉含量，ng/mL；

V——样品处理液的总体积，mL；

m——样品质量或体积，g 或 mL。

9.4　食品中砷的测定（银盐法）

1）实验原理

样品经消化后，以碘化钾、氯化亚锡将高价砷还原为三价砷，然后与锌粒和酸产生的新生态氢，生成砷化氢，通过用乙酸铅溶液浸泡的棉花去除硫化氢的干扰，然后与溶于三乙醇胺-三氯甲烷的二乙基二硫代氨基甲酸银（AgDDC）作用，生成棕红色胶态银，比色定量。主要反应式如下：

将含砷食品经湿法消化后，其中砷全部转变为五价砷。

$$2As+3H_2SO_4 \longrightarrow As_2O_3+3SO_2+3H_2O$$

$$3As+5HNO_3+2H_2O_3 \longrightarrow 3H_3AsO_4\text{（砷酸）}+5NO$$

$$3H_3AsO_3+4HNO+7H_2O \longrightarrow 4NO+6H_3AsO_4$$

此消化液中的砷酸由碘化钾和氯化亚锡还原成亚砷酸，亚砷酸又由锌与盐酸作用产生的氢还原为砷化氢，砷化氢与二乙基二硫氨基甲酸银［Ag（DDC）或（DDC-Ag）］作用，游离出Ag，此胶状的银呈现红色，可做比色测定，主要反应为

$$H_3AsO_4+2KI+2HCl \longrightarrow H_3AsO_3+I_2+2KCl+H_2O$$

$$H_3AsO_4+SnCl_2+2HCl \longrightarrow H_3AsO_3+SnCl_4+H_2O$$

$$H_3AsO_4+3Zn+6HCl \longrightarrow AsH_3+3ZnCl_2+3H_2O$$

$$AsH_3+6Ag(DDC) \longrightarrow 6Ag+3HDDC+Ag(DDC)_3$$

此反应生成的HDDC可用碱性物质如吡啶或三乙醇胺等（以NR_3代表）吸收，使反应向右进行。

$$HDDC+NR_3 \longrightarrow (NR_3H)(DDC)$$

2）仪器和试剂

（1）仪器。

① 可见分光光度计。

② 测砷装置（图9-2）。

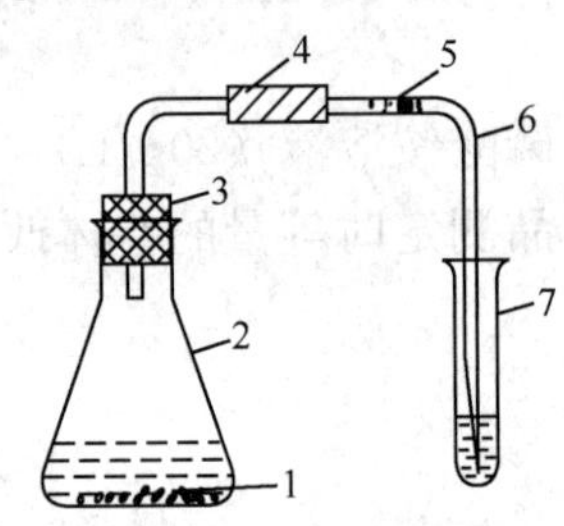

图9-2 砷化氢吸收装置

1. 无砷锌粒；2. 100mL三角瓶；3. 橡皮塞；4. 橡皮管；5. 醋酸铅棉花；6. 玻璃弯管（直径8mm，出口内径1mm）；7. 5mm试管（比色管）

（2）试剂。

① 硫酸（1+1）。

② 浓硝酸。

③ 盐酸溶液（6mol/L）。

④ 盐酸

⑤ 氧化镁。

⑥ 锌粒（不含砷）。

⑦ 硝酸-高氯酸混合液（4+1）。量取80mL硝酸，加入20mL高氯酸，混匀。

⑧ 硝酸镁溶液（150g/mL）。称取15g硝酸镁溶于水中，稀释至100mL。

⑨ 碘化钾溶液（150g/mL）。称取15g碘化钾，用蒸馏水溶解，最后稀释成100mL，保存于棕色瓶中。

⑩ 氢氧化钠溶液（200g/L）。

⑪ 酸性氯化亚锡溶液（400g/L）。称取40g氯化亚锡，加盐酸溶解，稀释至100mL，加入数颗金属锡粒。配制时要在通风橱内进行，当天配制。

⑫ 乙酸铅溶液（100g/L）。称取11.8g醋酸铅，用蒸馏水溶解，并加入1～2滴醋酸，最后稀释至100mL。

⑬ 乙酸铅棉花的制备。将优质医用脱脂棉，用乙酸铅溶液（100g/L）浸透脱，压除多余溶液，并使之疏松。于98℃下干燥后，储于密封容器中，使用时应很好地疏松后再填充。

⑭ 二乙基二硫代氨基甲酸银的三乙醇胺-三氯甲烷溶液（银盐溶液）。称取0.25g二乙基二硫代氨基甲酸银置于研钵中，加入少量三氯甲烷研磨，移入100mL量筒中，加入1.8mL三乙醇胺，再用三氯甲烷分数次洗涤研钵，洗液一并移入量筒中，再用三

氯甲烷稀释至 100mL，静置过夜，过滤于棕色瓶中储存。

⑮ 硫酸（6＋94）。量取 6.0mL 硫酸，加入 80mL 水中，冷却后再加水稀释至 100mL。

⑯ 砷的标准储备溶液（100μg/mL）。准确称取 0.1320g 三氧化二砷（优级纯，于 105～110℃下干燥 3～4h），置于 500mL 烧杯中，加入 5mL 氢氧化钠溶液（200g/L），溶解后，加入 400mL 新煮沸并已冷却的蒸馏水后，用 25mL 硫酸溶液（10%）中和（石蕊试纸变红）。移入 1000mL 容量瓶中，用新煮沸并冷却的蒸馏水定容，储于棕色瓶中。1mL 此溶液相当于 100μg 砷。

⑰ 砷的标准溶液使用液（1.0μg/mL）。吸取 1.0mL 砷的标准储备液于 100mL 容量瓶中，加入 1mL 硫酸（10%），再用新煮沸并冷却的蒸馏水定容至刻度。1mL 此溶液相当于 1μg 砷。临用时现配制。

3）操作步骤

（1）样品的消化。

① 粮食、糕点、粉丝（条）、茶叶及其他水分含量少的食品。取粉碎的干燥样品 5.00g 或 10.00g 置于 250～500mL 凯氏烧瓶中，加入少量水使之湿润，加入玻璃珠数粒，10～15mL 硝酸-高氯酸混合液，放置片刻后，用小火缓慢加热，待作用缓和，放冷。沿瓶壁加入 5mL 或 10mL 硫酸，再加热。当溶液开始变成棕色时，不断沿瓶壁小心补加硝酸-高氯酸混合液，并随时转动防止结块，至有机质分解完全。加大火力，使之产生白烟，待瓶口白烟冒净，瓶内液体再产生浓白烟为消化完全，放冷。消化后此时的溶液应澄清无色或微带黄色。

冷却后缓缓加入 20mL 水煮沸，去除残留的硝酸至产生白烟为止，如此处理 2 次，放冷。将冷却后的溶液移入 50mL 或 100mL 容量瓶中，用水洗涤凯氏烧瓶，洗液也并入容量瓶中，然后加水定容至刻度、混匀。10mL 定容后的溶液相当于 1g 样品，相当于加入的硫酸量 1mL。

取与消化样品同量的硝酸-高氯酸混合液和硫酸溶液，按同样操作方法做试剂空白试验以校正结果。

② 水果、蔬菜。称取 25.00g 或 50.00g 洗净后打成匀浆的样品，置于 250～500mL 凯氏烧瓶中，加入玻璃珠数粒，10～15mL 硝酸-高氯酸混合液，放置片刻后，按粮食、糕点等样品消化处理自“用小火缓慢加热”起依法操作。10mL 定容后的溶液相当于 5g 样品，相当于加入的硫酸量 1mL。

③ 酱、酱油、醋、冷饮、豆腐、腐乳、酱腌菜等。称取 10.00g 或 20.00g 固体样品（也吸取 10.0mL 或 20.0mL 液体样品），置于 250～500mL 凯氏烧瓶中，加入玻璃珠数粒，10～15mL 硝酸-高氯酸混合液，放置片刻后，按粮食、糕点等样品消化处理自“用小火缓慢加热”起依法操作。10mL 定容后的溶液相当于 2g 或 2mL 样品。

④ 含醇饮料、碳酸饮料。吸取 10.0mL 或 20.0mL 样品，置于 250～500mL 凯氏烧瓶中，加入玻璃珠数粒，先用小火加热以除去乙醇或 CO_2，再加入 10～15mL 硝酸-高氯酸混合液，放置片刻后，按粮食、糕点等样品消化处理自“用小火缓慢加热”起依法操作。10mL 定容后的溶液相当于 2mL 样品。

吸取 5～10mL 水，加入与消化样品同量的硝酸-高氯酸混合液和硫酸，按相同操作方法做试剂空白试验校正结果。

⑤ 含糖量高的食品。称取 5.00g 或 10.00g 样品，置于 250～500mL 凯氏烧瓶中，先加少量水使之湿润，加入玻璃珠数粒，5～10mL 硝酸-高氯酸混合液，摇匀。沿瓶壁缓慢加入 5mL 或 10mL 硫酸，待作用缓和停止起泡沫后，先用小火缓慢加热，并不断沿瓶壁补加硝酸-高氯酸混合液，待泡沫全部消失后，再用大火加热至有机质分解完全，产生白烟后，放冷。该溶液应澄清无色或微带黄色，以下按食、糕点等样品消化处理自“加 20mL 水煮沸”起依法操作。

（2）砷标准曲线的绘制。吸取砷标准使用溶液 0、2.0、4.0、6.0、8.0、10.0mL（相当于 0、2.0、4.0、6.0、8.0、10.0μg 砷），分别置于锥形瓶中，各加水至 40mL，再加入 10mL 硫酸（1∶1）、3mL 碘化钾溶液（150g/L）及 0.5mL 酸性氯化亚锡溶液，混匀，静置 15min 以后，各加入 3g 锌粒，立即分别将装有乙酸铅棉花的导气管塞子严密地塞紧在锥形瓶上，并使导气管的尖端插入盛有 4mL 吸收液（银盐溶液）的试管液面之下，使发生的砷化氢经导管导入试管中。在常温下反应 45min 后，取下试管，加三氯甲烷溶液，补足体积至 4mL。以零管调节零点，用 1cm 比色杯于 520nm 处测定其吸光度，并绘制标准曲线。

（3）样品测定。取相当于 5g 样品的消化液和同量的试剂空白液，分别置于 150mL 锥形瓶中，补加硫酸至总量为 5mL，然后加水至 50～55mL。加入 3mL 碘化钾溶液（150g/L）及 0.5mL 酸性氯化亚锡溶液，混匀后按标准曲线操作程序依法操作。测得吸光度后，从标准曲线中查得砷的含量。

4）结果计算

$$x = \frac{(m_1 - m_2) \times 1000}{m \times \frac{V_1}{V_2} \times 1000}$$

式中　x——样品中砷的含量，mg/kg（mg/L）；

m_1——测定用样品消化液中砷的含量，μg；

m_2——试剂空白液中砷的含量，μg；

m——样品的质量（体积），g（mL）；

V_2——样品消化液的总体积，mL；

V_1——测定用样品消化液的体积，mL。

5）说明及注意事项

（1）砷化氢气体有毒，操作时要严防气体逸出，并要求保持良好的通风。

（2）酸的用量对结果有影响，还受锌粒的规格、大小的影响，注意锌粒不宜太细，否则反应过于激烈。

（3）反应温度最好在 25℃为宜，以防反应过激或过缓。

（4）氯化亚锡除起还原作用，可将 As^{5+} 还原为 As^{3+}，并还原反应中生成的碘外，还可在锌粒表面沉积锡层，抑制氢气的生成速度，以及抑制某些元素的干扰，如锑的干扰等。

（5）当吸收液用量少，浓度大时，可提高测定的灵敏度，但如果吸收液用量太少时，吸收液柱太浅，将会引起氢化砷吸收不完全。采用内径 8～9mm 的吸收管盛 4mL 吸收液，使液柱保持在 6cm 以上，便可保证吸收完全。

9.5　食品中氟的测定

1. 实验原理

于样品中加入碳酸钠作为氟元素的固定剂，在 500～600℃条件下灰化，残渣经溶解，在酸性条件下，蒸馏分离氟，蒸发出的氟（氟化氢）被氢氧化钠溶液吸收，氟与氟试剂、硝酸镧作用，生成蓝色的三元络合物，其颜色深浅与试样中氟含量成正比，通过与标准相比较而定量。

2. 仪器和试剂

1）仪器

（1）pH 计。

（2）马弗炉。

（3）蒸馏装置（图 9-3）。

（4）分光光度计。

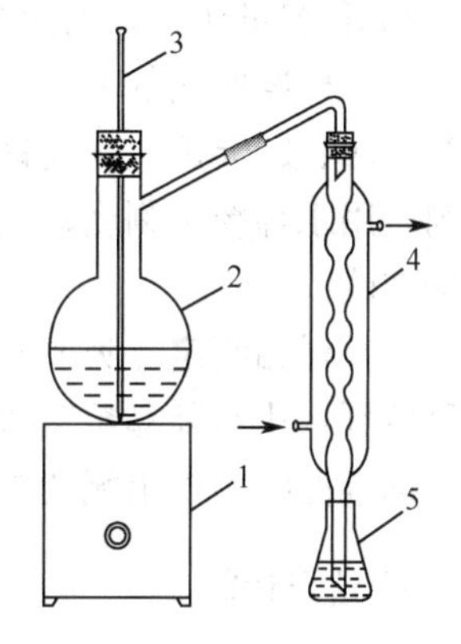

图 9-3　氟蒸馏吸收装置

1. 电炉；2. 蒸馏瓶；3. 温度计；4. 冷凝管；5. 吸收瓶

2）试剂

本方法所用水均为不含氟的去离子水，试剂为分析纯，全部试剂储于聚乙烯塑料瓶中。

（1）丙酮。

（2）硫酸溶液：吸取硫酸 300mL，移入 500mL 烧杯中，置于电炉上加热至沸，保持 1h，以除去其中微量的氟，冷却后装入瓶中备用。

（3）硝酸镧溶液（0.001mol/L）：称取硝酸镧 0.433g，用少量盐酸（1mol/L）溶解，用乙酸钠溶液（250g/L）调节 pH 为 4.1，再加水稀释至 1000mL，置冰箱内保存。

（4）pH 为 4.1 缓冲溶液：称取无水乙酸钠 35g，溶于 800mL 水中，加 75mL 冰乙酸，然后加水稀释至 1000mL。再 pH 计调节 pH 为 4.1。

（5）氟试剂溶液（0.001mol/L）：称取氟试剂 0.193g，加少量水及氢氧化钠溶液（1mol/L）使其溶解，再加入 0.125g 乙酸钠，用盐酸（1mol/L）调节 pH 为 5.0（红色），加水稀释至 500mL，置冰箱内保存。

（6）混合显色剂：取 0.001mol/L 氟试剂溶液，pH 为 4.1 缓冲溶液、丙酮及硝酸镧溶液（0.001mol/L），按 3∶1∶3∶3（体积比）混合即成，使用时现配制。

（7）氟标准溶液：准确称取经 120℃烘干 2h 后冷却的氟化钠 0.2210g，溶于无离子水中，稀释至 1000mL 容量瓶中，混匀，置冰箱中保存。此溶液每 1mL 相当于含 100μg 氟。使用时用水稀释为每 1mL 相当于 2μg 氟的标准液。

3. 操作步骤

(1) 样品处理。取样品 0.50～1.00g，置于坩埚（镍、银、瓷等）内，加入 5mL 碳酸钠溶液（100g/L）作为氟的固定剂，搅匀，在电炉上蒸干，炭化后移入马弗炉内，缓慢升温至 500～600℃灰化 6h 至呈白色灰烬，取出冷却，在坩埚中加入 10mL 水，用 1∶3 硫酸中和至不产生 CO_2 气泡为止。

(2) 蒸馏、吸收。如图 9-3 所示，将消化液移入 250mL 长颈蒸馏瓶中，用 30mL 水分数次洗涤坩埚，洗液一并移入蒸馏瓶中，加入 40mL 浓硫酸和少许纯氧化硅粉末及数粒小玻璃珠，连接蒸馏装置，加热蒸馏。用盛有 5mL 水、5 滴氢氧化钠溶液（100g/L）、1 滴酚酞溶液（1g/L）的小烧杯吸收蒸馏出来的氟，当蒸馏瓶内温度上升至 100℃时 5min 内停止蒸馏，整个蒸馏时间为 20min。用水洗涤冷凝管，洗液一并移入 100mL 容量瓶中，用盐酸（10g/L）中和致使酚酞呈现红色刚好消失，加水到刻度。

(3) 标准曲线的制定。准确吸取每 1mL 相当于 2μg 氟的标准液，0、1.0、2.0、3.0、4.0、5.0mL，分别移入 25mL 比色管中，加水至 10mL，准确加入 10mL 混合显色剂，用水稀释至刻度，摇匀，30min 后于分光光度计 λ=620nm 处测定吸光度，并绘制标准曲线。

(4) 样品测定。吸取蒸出样液 5～10mL 置于 25mL 比色管中，准确加入 10mL 混合显色剂，用水稀释至刻度，摇匀，30min 后于分光光度计 λ=620nm 处测定吸光度，并从标准曲线中查出氟的含量。

4. 结果计算

$$x = \frac{A}{m}$$

式中　x——样品中氟的含量，mg/kg；

A——从标准曲线上查出的测定用样品中氟的标准量，μg；

m——所取样液相当于样品的量，g。

9.6　食品中锡的测定方法

1. 实验原理

样品经消化后，在弱酸性溶液中，四价锡离子与苯芴酮形成微溶性橙红色络合物，在保护性胶体存在下与标准系列比较定量。

2. 仪器和试剂

1) 仪器

(1) 分光光度计。

(2) 马弗炉。

2）试剂

（1）酒石酸溶液（100g/L）。

（2）抗坏血酸溶液（10g/L），临用时配制。

（3）动物胶溶液（5g/L），临用时配制。

（4）酚酞指示液（10g/L）。称取1g酚酞，用乙醇溶解至100mL。

（5）氨水（1＋1）。

（6）硫酸（1＋9）。量取10mL硫酸，倒入90mL水内，混匀。

（7）苯芴酮溶液（0.1g/L）。称取0.010g苯芴酮（1,3,7-三羟基-9-苯基蒽醌），加少量甲醇及硫酸（1＋9）数滴溶解，以甲醇稀释至100mL。

（8）锡标准储备液。准确称取0.1000g金属锡（99.99%），置于小烧杯中，加10mL硫酸，盖以表面皿，加热至锡完全溶解，移去表面皿，继续加热至发生浓白烟，冷却，慢慢加50mL水，移入100mL容量瓶中，用硫酸（1＋9）多次洗涤烧杯，洗液并入容量瓶中，并稀释至刻度，混匀。此溶液每毫升相当于1.0mg锡。

（9）锡标准使用液。吸取10.0mL锡标准储备液，置于100mL容量瓶中，以硫酸（1＋9）稀释至刻度，混匀。如此再次稀释至每毫升相当于10.0μg锡。

3. 操作步骤

（1）样品消化。

① 硝酸-硫酸法。同食品中总砷的测定。

② 灰化法。称取5.00g固体样品，置于石英或瓷坩埚中，加热至炭化（液体样品则吸取5.00mL，置于蒸发皿中，先在水浴上蒸干再加热至炭化），然后移入马弗炉中，500℃灰化3h，放冷，取出坩埚，加1mL硝酸（1＋1），润湿灰分，用小火蒸干，在500℃灼烧1h，放冷，取出坩埚。加1mL硝酸（1＋1），加热，使灰分溶解，移入50mL容量瓶中，用水洗涤坩埚，洗液并入容量瓶中，加水至刻度，混匀备用。

（2）测定。

① 标准曲线的绘制。吸取0、0.20、0.40、0.60、0.80、1.00mL锡标准使用液（相当0、2.0、4.0、6.0、8.0、10.0μg锡），分别置于25mL比色管中。各加入0.5mL酒石酸溶液（100g/L）及1滴酚酞指示液，混匀，再各加入氨水（1＋1）中和至淡红色，加3mL硫酸（1＋9）、1mL动物胶溶液（5g/L）及2.5mL抗坏血酸溶液（10g/L），再加水至25mL，混匀，再各加2mL苯芴酮溶液（0.1g/L），混匀，1h后，用2cm比色杯以水调节零点，于波长490nm处测吸光度，并绘制标准曲线。

② 样品及试剂空白测定。吸取1.00～5.00mL样品消化液和同量的试剂空白溶液，分别置于25mL比色管中。按标准曲线制备程序，依法操作，测定吸光度，并从标准曲线查出相应的锡含量。

4. 结果计算

$$x=\frac{(m_1-m_2)\times 1000}{m\times\dfrac{V_1}{V_2}\times 1000}$$

式中　x——样品中锡的含量，mg/kg；

m_1——测定用样品消化液中锡的含量，μg；

m_2——试剂空白液中锡的含量，μg；

m——样品质量，g；

V_2——样品消化液的总体积，mL；

V_1——测定用样品消化液的体积，mL。

结果的表述：报告平行测定算术平均值的三位有效数字。允许差相对相差≤10％。

9.7　食品中锌的测定（原子吸收光谱法）

1. 实验原理

锌是人体必需的微量元素，但若摄入过量，则会引起锌中毒。样品灰化或酸消解处理后，导入原子吸收分光光度计中，经原子化，锌在波长 213.8nm 处，对锌空心阴极灯发射的谱线有特异吸收。在一定浓度范围内，其吸收值与锌的含量成正比，与标准系列比较后能求出食品中锌的含量。

2. 仪器和试剂

1）仪器

（1）原子吸收分光光度计。

（2）马弗炉。

（3）分析天平。

2）试剂

（1）磷酸（1＋10）。

（2）盐酸（1＋11）。量取 10mL 盐酸，加到适量水中，再稀释至 120mL。

（3）锌的标准储备液。准确称取 0.500g 金属锌（99.99％），溶于 10mL 盐酸中，然后在水浴上蒸发至近干，再用少量水溶解后移入 1000mL 容量瓶中，以水稀释至刻度，储于聚乙烯瓶中。1mL 此溶液相当于 0.5mg 锌。

（4）锌的标准使用液。吸取 10.0mL 锌的标准储备液，置于 50mL 容量瓶中，以盐酸（0.1mol/L）稀释至刻度。1mL 此液相当于 100.0μg 锌。

3. 操作步骤

（1）样品的处理。

① 谷类：去除其中的杂物和尘土，必要时除去外壳，磨碎，过 40 目筛，混匀。称取 5.00～10.00g 置于 50mL 瓷坩埚中，小火炭化至无烟后，移入马弗炉中，于 500℃±25℃下灰化 8h，取出坩埚，放冷后再加入少量混合酸，以小火加热，避免蒸干，必要时补加少许混合酸。如此反复处理，直至残渣中无炭粒。等坩埚稍冷，加 10mL 盐酸（1＋11）溶解残渣，移入 50mL 容量瓶中，再用盐酸（1＋11）反复洗涤坩埚，洗液也并入容量瓶中，稀释至刻度，混匀备用。

取与样品处理量相同的混合酸和盐酸（1+11），按相同的操作方法做试剂空白试验校正结果。

② 蔬菜、瓜果及豆类。将可食用部分洗净晾干，充分切碎或打碎后混匀。称取 10.00～20.00g 置于瓷坩埚中，加 1mL 磷酸（1+10），小火炭化，然后按谷类样品的处理自“至无烟后移入马弗炉中”起，依法操作。

③ 禽、蛋及水产品。将可食用部分充分混匀后，称取 5.00～10.00g 置于瓷坩埚中，小火炭化，然后按谷类样品的处理自“至无烟后移入马弗炉中”起，依法操作。

④ 乳制品。样品经混匀后，量取 50mL 置于瓷坩埚中，加 1mL 磷酸（1+10），在水浴上蒸干，再小火炭化，然后按谷类样品的处理自“至无烟后移入马弗炉中”起，依法操作。

（2）测定。

① 分别吸取 0、0.10、0.20、0.40、0.80mL 锌的标准使用液置于 50mL 容量瓶中，再以 HCl（1mL/L）稀释至刻度，混匀（各容量瓶中的溶液每毫升分别相当于 0、0.2、0.4、0.8、1.6μg 锌）。

② 将处理后的样液、试剂空白溶液及各容量瓶中锌的标准溶液分别导入已调至最佳条件的火焰原子化器内进行测定。

③ 参考测定条件：灯电流为 6mA，波长为 213.8nm，狭缝 0.38nm，空气流量为 10L/min，乙炔流量为 2.3L/min，灯头高度为 3mm，背景校正为气息氘灯。

④ 以锌含量对应吸收值，绘制标准曲线（或计算直线回归方程），然后将样品吸收值与曲线比较（或代入方程），求出其中锌的含量。

4. 结果计算

$$x=\frac{(m_1-m_2)\times V\times 1000}{m\times 1000}$$

式中　x——样品中锌的含量，mg/kg（mg/L）；

m_1——测定用样品液中锌的容量，μg/mL；

m_2——试剂空白溶液中锌的含量，μg/mL；

m——样品的质量（体积），g（mL）；

V——样品处理液的总体积，mL。

9.8　食品中钙的测定

1. 乙二胺四乙酸二钠（EDTA）法

1）实验原理

钙与氨羧络合剂能定量地形成金属络合物，其稳定性较钙与指示剂所形成的络合物为强。在适当的 pH 范围内，以氨羧络合剂 EDTA 滴定，在达到定量点时，EDTA 就自指示剂络合物中夺取钙离子，使溶液呈现游离指示剂的颜色（终点）。根据 EDTA 络合剂用量，可计算钙的含量。

2）仪器和试剂

（1）仪器。

① 微量滴定管（1～2mL）。

② 碱式滴定管（50mL）。

③ 刻度吸管（0.5～1mL）。

④ 高型烧杯（250mL）。

⑤ 电热板：1000～3000W，消化样品用。

（2）试剂。

① 硝酸。

② 高氯酸。

③ 混合酸消化液。硝酸与高氯酸按4∶1混合。

④ 氢氧化钾溶液（25mol/L）。称取71.13g氢氧化钾，用去离子水定容至1000mL。

⑤ 氰化钠溶液（1%）。称取1.0g氰化钠，用去离子水定容至100mL。

⑥ 柠檬酸钠溶液（0.05 mol/L）。称取14.7g柠檬酸钠（$Na_3C_6H_5O_7 \cdot 2H_2O$），用去离子水定容至1000mL。

⑦ EDTA溶液。精确称取4.50g EDTA（乙二胺四乙酸二钠），用去离子水稀释至1000mL，储存于聚乙烯瓶中，4℃保存。使用时稀释10倍即可。

⑧ 钙红指示剂。称取0.1g钙红指示剂（$C_{21}O_7N_2SH_{14}$），用去离子水稀释至100mL，溶解后即可使用。储存于冰箱中可保持一个半月以上。

⑨ 去离子水。

⑩ 钙标准溶液。精确称取0.1248g碳酸钙（纯度>99.99%，105～110℃烘干2h），加20mL去离子水及3mL 0.5mol/L盐酸溶解，移入500mL容量瓶中，加去离子水稀释至刻度，储存于聚乙烯瓶中，4℃保存。此溶液每毫升相当于100μg钙。

3）操作步骤

（1）样品制备。每种样品采集的总重量不得少于1.5kg，样品须打碎混匀后再称重。鲜样（如蔬菜、水果、鲜鱼等）应先用水冲洗干净后，再用去离子水充分洗净，晾干后打碎称重。所有样品应放在塑料瓶或玻璃瓶中于4℃或室温保存。

（2）样品消化。准确称取样品干样（0.3～0.7g），湿样（1.0g左右），饮料等其他液体样品（1.0～2.0g），然后将其放入50mL消化管中，加混合酸15mL左右，过夜。次日，将消化管放入消化炉中，消化开始时可将温度调低（130℃左右），然后逐步将温度调高（最终调至200℃左右）进行消化，一直消化到样品冒白烟并使之变成无色或黄绿色为止。若样品未消化好可再加几毫升混合酸，直到消化完全。消化完后，待凉，再加5mL去离子水，继续加热，直到消化管中的液体约剩2mL左右，取下，放凉，然后转移至10mL试管中，再用去离子水冲洗消化管2～3次，并最终定溶至10mL。

样品进行消化时，应同时进行空白消化。

（3）标定EDTA浓度。吸取0.5mL钙标准溶液，以EDTA滴定，标定其EDTA的浓度，根据滴定结果计算出每毫升EDTA相当于钙的毫克数，即滴定度（T）。

（4）样品及空白滴定。吸取0.1～0.5mL（根据钙的含量而定）样品消化液及空白液于试管中，加1滴氰化钠溶液和0.1mL柠檬酸钠溶液，用滴定管加1.5mL氢氧化钾溶液（25mol/L），加3滴钙红指示剂，立即以稀释10倍的EDTA溶液滴定，至指示剂由紫红色变蓝为止。

4）结果计算

$$x = \frac{T \times (V - V_0) \times f \times 100}{m}$$

式中　x——样品中钙的含量，mg/100g；

T——EDTA滴定度，mg/mL；

V——滴定样品时所用EDTA量，mL；

V_0——滴定空白时所用EDTA量，mL；

f——样品稀释倍数；

m——样品的质量（体积），g（mL）。

5）说明及注意事项

（1）样品处理要防止污染，所用器皿均应使用塑料或玻璃制品，使用的试管器皿均应在使用前泡酸，并用去离子水冲洗干净，干燥后使用。

（2）样品消化时，注意酸不要烧干，以免发生危险。

（3）加指示剂后，不要等太久，最好加后立即。

（4）加氰化钠和柠檬酸钠目的是除去其他离子的干扰。

（5）滴定时的pH为12～24。

（6）样品经过湿法消化处理后，可以用火焰原子吸收分光光度计测定其中的钙含量。

2. 高锰酸钾法

1）实验原理

样品经灰化后，用盐酸溶解，在酸性溶液中，钙与草酸生成草酸钙沉淀。沉淀经洗涤后，加入硫酸溶解，把草酸游离出来，再用高锰酸钾标准溶液滴定与钙等摩尔结合的草酸。稍过量的高锰酸钾使溶液呈现微红色，即为滴定终点。根据消耗的高锰酸钾量，计算出食品中钙的含量。反应式如下：

$$CaCl_2 + (NH_4)_2C_2O_4 \longrightarrow CaC_2O_4 \downarrow + 2NH_4Cl$$

$$CaC_2O_4 + H_2SO_4 \longrightarrow CaSO_4 + H_2C_2O_4$$

$$5H_2C_2O_4 + 2KMnO_4 + 3H_2SO_4 \longrightarrow K_2SO_4 + 2MnO_4 + 10CO_2 + 8H_2O$$

2）仪器和试剂

（1）仪器。

① 马弗炉。

② 分析天平。

③ 离心机（4000r/min）。

④ G3或G4砂芯漏斗。

（2）试剂。

① 盐酸（1+1）。

② 甲基红指示剂（0.1%）。

③ 乙酸溶液（1+4）。

④ 氨水溶液（1+4）。

⑤ 氨水溶液（2%）。

⑥ 1/2 H_2SO_4 溶液（2mol/L）。

⑦ 草酸铵溶液（4%）。

⑧ 1/5$KMnO_4$ 溶液（0.02mol/L）：称取 3.3g 高锰酸钾于 1000mL 烧杯中，加水 1000mL，盖上表面皿，加热煮沸 30min，并随时补加被蒸发掉的水分，冷却，在暗处放 5～7d，用 G3 或 G4 砂芯漏斗过滤，滤液储于棕色瓶中，待标定。

标定方法：准确称取经 130℃烘干 30min 的草酸基准试剂 3 份，每份 0.15～0.2g（精确至 0.0001g），分别置于 250mL 锥形瓶中，加 40mL 水溶解，再加入 10mL [1/2 H_2SO_4溶液（2mol/L）]，加热至 70～80℃。用待标定的高锰酸钾溶液滴定至微红色，且保持 0.5min 内不褪色，即为终点。记录消耗的高锰酸钾溶液的体积（mL）。

$$c_{1/5KMnO_4} = \frac{m \times 1000}{V \times 134} \times \frac{2}{5}$$

式中 $c_{1/5KMnO_4}$——$KMnO_4$ 的浓度，mol/L；

m——草酸钠的质量，g；

V——样品消耗的高锰酸钾体积，mL；

134——草酸钠的摩尔质量，g/mol；

$\frac{2}{5}$——滴定时草酸钠与高锰酸钾反应的质量比值。

3）分析步骤

（1）样品处理。准确称取 3～10g 样品于坩埚中，在电热板上炭化至无烟后移入马弗炉中，在 550℃下灰化至不含炭粒为止，取出冷却后，加入 5mL 盐酸溶液（1+1），置于水浴上蒸干，再加入 5mL 盐酸溶液（1+1）溶解，转移至 250mL 容量瓶中，用热的去离子水多次洗涤，洗液也一并入容量瓶中，冷却后用去离子水定容至刻度。

（2）测定。准确刻取 5mL 样品处理液（含钙量在 1～10mg）于 15mL 离心管中，加入甲基红指示剂 1 滴、2mL 草酸铵溶液（4%）、0.5mL 乙酸溶液（1+4），振摇均匀，用氨水溶液（1+4）调整样液至微蓝色，再用乙酸溶液（1+4）调至微红色，放置 1h，使沉淀完全析出，离心 15min，小心倾去上层清液，倾斜离心管并用滤纸吸干管口溶液，向离心管中加入少量氨水溶液（2%），用手指弹动离心管，使沉淀松动，再加入约 10mL 氨水溶液（2%），离心 20min，用胶帽吸管吸去上清液。向沉淀中加入 2mL [1/2 H_2SO_4 溶液（2mol/L）]，摇匀，置于 70～80℃水浴中加热，使沉淀全部溶解，以 [1/5$KMnO_4$ 溶液（0.02mol/L）] 标准溶液滴定至微红色，并保持 30s 不褪色，即为滴定终点，记录消耗的高锰酸钾标准溶液的体积，同是试剂空白试验校正结果。

4）结果计算

$$x=\frac{c_{1/5KMnO_4}\times(V-V_0)\times 40.80}{\frac{2}{5}\times m\times\frac{V_1}{V_2}}$$

式中　x——样品中钙的含量，mg/kg；

$c_{1/5KMnO_4}$——$KMnO_4$ 的浓度，mol/L；

V——样品滴定消耗高锰酸钾标准溶液的体积，mL；

V_0——试剂空白试验消耗高锰酸钾标准溶液的体积，mL；

V_1——测定用样品稀释液的体积，mL；

V_2——样液定容总体积，mL；

m——样品的质量，g；

40.80——钙的摩尔质量，g/mol。

9.9　食品中总磷的测定

食品中磷的测定有分光光度法、分子吸收光谱法、食品中磷酸盐的测定等三种国家标准方法，其中分光光度法、分子吸收光谱法用于各种食品中总磷的测定，磷酸盐的测定适用于西式蒸煮、烟熏火腿中复合磷酸盐的测定。

1. 实验原理

样品经酸氧化后，在酸性条件下磷与钼酸铵结合生成磷钼酸铵，磷钼酸铵能被对苯二酚、亚硫酸钠还原成蓝色化合物——钼蓝。在 660nm 波长下测定钼蓝的吸光度，根据吸光度的大小与磷的含量成正比的关系，与标准系列比较定量分析。

2. 仪器和试剂

1）仪器

分光光度计。

2）试剂

(1) 高氯酸-硝酸消化液。高氯酸＋硝酸＝1＋4（体积比）。

(2) 15％（体积分数）硫酸溶液。取 15mL 硫酸徐徐加入到 80mL 水中混匀后用水稀释至 100mL。

(3) 钼酸铵溶液。称取 5g 钼酸铵用 15％硫酸溶液稀释至 100mL。

(4) 对苯二酚溶液。称取 0.5g 对苯二酚于 100mL 水中，使其溶解，并加入一滴浓硫酸。

(5) 200g/L 亚硫酸钠溶液。称取 20g 无水硫酸钠于 100mL 水中，使其溶解。临用时现配。

(6) 磷标准储备液（100μg/mL）。精确称取在 105℃下干燥至恒重的磷酸二氢钾（优级纯）0.4394g，置于 1000mL 的容量瓶中，加水溶解并稀释至刻度。此溶液每毫升含 100μg 的磷。

（7）磷标准使用液（10μg/mL）。准确吸取 10mL 磷标准储备液，置于 100mL 容量瓶中，加水稀释至刻度，混匀。此溶液每毫升含磷 10μg。

3. 操作步骤

（1）样品制备。称取被测食品的均匀干样 0.1～0.5g 或湿样 2～5g 转移于 100mL 凯氏烧瓶中，加入 3mL 硫酸、3mL 高氯酸-硝酸消化液，置于消化炉上消化，消化液液体开始为棕黑色。当溶液变成五色或微带黄色清亮液体时，消化即已完全。将溶液放冷，加入 20mL 水，加热煮沸，冷却后转移至 100mL 容量瓶中，用水多次洗涤凯氏烧瓶，洗液合并倒入容量瓶内，加水至刻度，混匀。此溶液为样品测定液。

取与消化样品同量的硫酸、高氯酸-硝酸消化液，按同样方法做试剂空白试验溶液。

（2）磷标准曲线。准确吸取磷标准使用液 0、0.5、1.0、2.0、3.0、4.0、5.0mL（相当于含磷量 0、5、10、20、30、40、50μg），分别置于 20mL 具塞试管中，依次加入 2mL 钼酸铵溶液摇匀，静置几秒钟。加入 1mL 亚硫酸钠溶液、1mL 对苯二酚溶液摇匀，加水至刻度，混匀。静置 0.5h 以后，在分光光度计 660nm 波长处测定吸光度。以各浓度系列标准溶液磷的含量为横坐标，对应的吸光度为纵坐标，绘制出标准曲线。

（3）样品测定。准确吸取样品测定液及空白溶液各 2mL，分别置于 20mL 具塞试管中，以下步骤同标准曲线。记录其对应的吸光度，并在标准曲线上查得样品测定液中的磷含量。

4. 结果计算

$$x=\frac{m_1-m_2}{m}\times\frac{V_1}{V_2}\times\frac{100}{1000}$$

式中　x——样品中磷含量，mg/100g；

m_1——由标准曲线查得的样品测定液中磷的质量，μg；

m_2——空白溶液中磷的质量，μg；

V_1——样品消化液定容总体积，mL；

V_2——测定用样品消化液的体积，mL；

m——样品质量，g。

5. 说明及注意事项

（1）在配制对苯二酚溶液时加入浓硫酸的目的是减缓氧化。

（2）亚硫酸钠溶液应于实验前临时配制，否则可使钼蓝溶液发生浑浊。

思考题

1. 常用的有机物破坏方法有哪些？各处理方法的操作要点及注意的问题是什么？
2. 说明冷原子吸收法测定食品中总汞的基本原理及注意事项。

3. 用二硫腙比色法测定食品中铅含量时的干扰因素有哪些？如何消除？

4. 试述原子吸收分光光度法检测矿物质的基本原理。利用原子吸收法测定食品中矿物质含量时，如何减少误差？

5. 简述利用银盐法检测食品总砷含量的基本原理。

6. 在砷测定时应注意哪些问题？

7. 用乙二胺四乙酸二钠（EDTA）法测定食品中钙含量时应注意哪些问题？

第 10 章　食品中功能性成分的检测

10.1　概　　述

10.1.1　功能食品的概念

随着人们生活水平的提高，对食品的要求由最初的吃饱吃好到对身体健康有一定的促进作用，因此近年来“功能食品”（functional food）受到国内外广泛重视。

所谓功能食品，在我国也称之为“保健食品”，它是指“具有与生物防御、生物节律调整、防止疾病、恢复健康等有关的功能因子，经设计加工，对生物体有明显调整功能的食品”。由于某些食品特别是某些经过重组加工的食品确实具有明显的功能，因此功能食品逐渐得到世界范围的承认，并掀起研究开发的热潮。我国在 1996 年 3 月由卫生部公布了“保健食品管理办法”，国家技术监督局发布了《保健（功能）食品通用标准》（GB16740—1997）。在一定意义上我们可将“功能食品”、“健康食品”、“营养食品”、“保健食品”“改善食品”、“特殊健康用途食品”等看成一个概念。这类食品具有调节人体生理活动的功能，但不以治疗为目的。

有学者认为，在人体健康态和疾病态之间存在一种第三态或称诱发病态或亚健康态。当机体第三态积累到一定程度时，就会发生疾病。一般食品为健康人所摄取，人们从中获取各类营养素并满足色、香、味等感官需求。药物可为病人所服用，达到治疗疾病的目的。而功能食品，不仅满足人们对食品营养和感官的需求，更主要的是它将作用于人体第三态，促使机体向健康状态转化，达到增进健康的目的。随着生活节奏的加快，工作压力的增大和生态环境的恶化，处于亚健康状态的人群逐渐增多，功能食品也不断拥有广阔的市场。

10.1.2　功能食品的类型及在我国的发展状况

功能食品中真正起生理调节作用的成分称为生理活性成分或功能因子，它们有上百个品种，九个大类，分别是：活性多糖、功能性甜味剂、功能性油脂、自由基清除剂、维生素、活性微量元素、活性肽与活性蛋白、乳酸菌及黄酮类化合物、多酚类化合物、皂苷、二十八烷醇。随着科学研究的深入，新的功能因子还在不断的发现之中。目前我国的功能食品依据它们调节的功能分为 24 个类型，分别是调节血脂，调节免疫，抗氧化，延缓衰老，抗疲劳，耐缺氧，辅助抑制肿瘤，调节血糖，减肥，改善睡眠，改善记忆，抗突变，促进生长发育，护肝，抗辐射，改善胃肠功能，改善营养贫血，美容，改善视力，促进排铅，改善骨质疏松，改善微循环，护发，调节血压。

我国保健食品的发展经历了三个阶段。20 世纪 80 年代开始发展的第一代保健食品，大多没有经过严格的实验验证。1996 年《保健食品管理办法》颁布以后，我国保健食品的发展逐步走上了规范化的轨道。第二代的保健食品经过了动物实验，部分经过了人体实验，具有较强的科学性。第三代保健食品目前在市场上仅占极少数，它们不仅要经过动物及人体试验，验证产品的生理调节功能，而且还必须查明功能因子的结构、含量、作用机理及在食品中的稳定形态。因此第二、第三代保健食品才是真正意义上的保健食品，即既具有某项生理调节功能，但又不以治疗为目的。

发展保健食品是当代食品研究和开发的潮流。目前卫生部已经颁布了 12 项保健功能测试项目、检测方法和评价标准。今后尚须建立更多、更新、更灵敏的指标评价体系，与世界先进水平接轨，以满足保健食品发展的需要。

10.2　活性低聚糖及活性多糖的测定

低聚糖（寡糖）的分子中所含的单糖数为 2～10 个。低聚糖分类的标准很多，除按单糖残基分类外，按组成的单糖类型是否相同，可以分为同质和异质低聚糖，按分子中是否存在半缩醛羟基，可将其分为还原性和非还原性低聚糖；按照组成糖单位连接方式，还可以区分为不同的族别；按用途可分为功能性和普通低聚糖两大类。一些学者研究认为具有活性的低聚糖，包括水苏糖、棉子糖、帕拉金糖（Palatinse)、乳酮糖、低聚果糖、低聚木糖、低聚半乳糖、低聚乳果糖、低聚异麦芽糖、低聚帕拉金糖和低聚龙胆糖等。这类低聚糖不能被人体肠胃道内酶系酶解，即不被消化吸收而直接进入大肠内为双歧杆菌所利用，称之为肠道有益菌大肠杆菌的增殖因子。除低聚龙胆糖外，均带有甜度不一的甜味。活性低聚糖因其独特的生理功能而成为一类重要的保健食品基料。现已确认活性低聚糖的主要有以下方面作用：

（1）很难或不被人体消化吸收，提供的能量很低或根本没有，可在低能量食品中发挥作用，供糖尿病人、肥胖病人和低血糖病人食用。

（2）可活化肠道内双歧杆菌，促进其生长繁殖。

（3）不会引起牙齿龋变，有利保持口腔卫生。

（4）属于小分子水溶性膳食纤维，具有膳食纤维的部分生理功能，且可添加到食品中基本上不会改变食品原有的组织结构及物化性质。

10.2.1　高效液相色谱法测定低聚果糖

低聚果糖是蔗糖分子中的 D-果糖以 β-(2,1) 糖苷键连接 1～3 个果糖而成的蔗果三糖、蔗果四糖和蔗果五糖及其混合物，它的相对分子质量最多不超过 823，分子聚合度在 2～7 之间。由于其优量的保健功能和特殊的生理活性，使低聚果糖成为一种国际公认的典型的功能性食品成分，而备受现代食品生产企业和消费者的青睐。

低聚合度和小分子质量的低聚果糖，能不被胃液和小肠黏液水解而到达大肠，可使双歧杆菌大量快速繁殖，从而抑制肠道腐败菌的生长，起到调整肠道的作用。低聚果糖广泛存在于自然界中，目前已发现约 3 万种植物中含有低聚果糖成分，如菊科、禾本科、百合科、十字花科等。

低聚果糖具有纯正清爽的甜味、较好的保湿性能，易于加工，可广泛应用于饮料、糖果、面包、点心及各种保健食品。

1. 检测方法

测定条件：

HPLC：二元梯度（或等梯度泵）配有差示折光检测器和 PC 机。

色谱柱：Aps Hypersil 4.6mm×100mm，填料粒度 5μm（也可采用其他氨基柱）。

流动相：乙腈/水=75/25（体积比）。

流速：1mL/min。

进样量：5μL（20℃）。

2. 结果计算

各成分峰保留时间依次为葡萄糖、果糖、蔗糖、蔗糖、蔗果三糖、蔗果四糖和蔗果五糖。记录仪自动记录色谱图，并量记各峰面积，按峰面积归一法计算出各成分含量。

10.2.2 分光光度法测定枸杞子多糖含量

枸杞多糖（LBP）是枸杞的主要活性成分之一，具有多方面的药理作用及生理功能。从枸杞中分离出的枸杞多糖 LBP-1，为白色纤维状疏松固体，极易溶于水，能溶于酒精，不溶于丙酮、氯仿等有机溶剂。LBP 由半乳糖、葡萄糖、鼠李糖、阿拉伯糖、甘露糖及木糖等组成，具有一定的抗衰老、抗辐射作用，能激活 T 细胞及 M 细胞，调节机体免疫功能，促进生长发育等多种功能。实际上枸杞作为有疗效的保健食品基料在我国早已为人们所接受，枸杞多糖的分离提取及产品的开发正日益受到重视。

1. 实验原理

样品先用 80%乙醇提取以除去单糖、低聚糖、苷类及生物碱等干扰成分，然后用蒸馏水提取其中所含的多糖类成分。多糖在硫酸作用下，水解成单糖，并迅速脱水生成糠醛衍生物，此衍生物与苯酚缩合形成有色化合物，用分光光度法测定其吸光度，从而计算出枸杞多糖的含量。本法简便，显色稳定，灵敏度高，重现性好。

2. 仪器和试剂

1）仪器

721 型（或其他型号）分光光度计。

2）试剂

（1）葡萄糖标准液：精确称取 105℃干燥恒重的标准葡萄糖 100mg，置 100mL 容量瓶中，加蒸馏水溶解并稀释至刻度。

（2）苯酚液：取苯酚 100g，加铝片 0.1g，碳酸氢钠 0.05g，蒸馏收集 182℃馏分，称取此馏分10g，加蒸馏水150g，置棕色瓶中备用。

3. 操作步骤

(1) 枸杞多糖的提取与精制。

① 称取剪碎的枸杞子100g，经石油醚（60～90℃）500mL回流脱脂2次，每次2h，回收石油醚。再用80%乙醚500mL浸泡过夜，回流提取2次，每次2h。

② 将滤渣加蒸馏水3000mL，于90℃热提取1h，滤液减压浓缩至300mL，用氯仿多次萃取，以除去蛋白质，加活性炭1%脱色，抽滤。

③ 滤液加入95%乙醇，使含醇量达80%，静置过夜。

④ 过滤，沉淀物用无水乙醇、丙醇、乙醚多次洗涤，真空干燥，记得枸杞多糖。

(2) 标准曲线制备。

① 吸取葡萄糖标准液10、20、40、60、80、100μL，分别置于具塞试管中，各加蒸馏水使体积为2.0mL，再加苯酚试液1.0mL，摇匀，迅速滴加浓硫酸5.0mL，摇匀后放置5min，置沸水浴中加热15min，取出冷却至室温。

② 另以蒸馏水2mL，加苯酚和硫酸，同上操作做空白对照。

③ 于490nm处测吸光度，绘制标准曲线。

(3) 换算因素的测定。

① 枸杞多糖储备液：精确称取枸杞多糖20mg，置100mL容器瓶中，加蒸馏水溶解并稀释至刻度。

② 吸取储备液200μL，按“标准曲线制作”的方法测定吸光度，从标准曲线中求出供试液中葡萄糖的含量，按下式计算换算因素：

$$F=\frac{m}{\rho\times D}$$

式中　m——多糖的质量（μg）；

ρ——多糖液中葡萄糖的浓度，μg/mL；

D——多糖的稀释因素。

测得F=3.19。

(4) 样品溶液的制备。

① 精确称取样品粉末0.2g，置于圆底烧瓶中，加80%乙醇100mL回流提取1h，趁热过滤，残渣用80%乙醇洗涤（10mL×3）。

② 残渣连同滤纸置于烧瓶中，加蒸馏水100mL，加热提取1h，趁热过滤，残渣用热水洗涤（10mL×3），洗液并入滤液，放冷后移入250mL量瓶中，稀释至刻度，备用。

(5) 样品中多糖含量测定。

吸取适量样品液，加蒸馏水至2mL，按标准曲线制备的方法测定吸光度。查标准曲线得样品液中葡萄糖含量（μg/mL）。

4. 结果计算

按下式计算样品中多糖含量：

$$w=\frac{\rho \times D \times F}{m} \times 100$$

式中　w——样品中多糖含量（%）；

ρ——样液葡萄糖浓度（μg/mL）；

D——样品液稀释因素；

F——换算因素；

m——样品质量，μg。

10.2.3　魔芋葡甘露聚糖含量测定

魔芋葡甘露聚糖，简称 KGM，是从魔芋块茎分离提取出的一种复合多糖，外观为白色丝状物，无特殊味道，几乎不为人体消化吸收。它由甘露糖-甘露糖-葡萄糖的长链组成，相对分子质量约为 200 万以上，以β-1,4-糖苷键连接，C_3 处有分支结构。KGM 与水具有很强的亲和力，能自动吸收水分而膨胀形成溶胶，吸水膨胀至 80～100 倍仍能呈溶胶状态，在膨胀物中添加凝固剂氢氧化钠、氢氧化钙、碳酸钠、磷酸三钠等，可促进凝胶的形成而使之失去流动性。pH10.8～11 时形成的凝胶最好，当 KGM 在 1.5% 以下时为软凝胶状态，3.5%以上时，凝胶气泡难以排除，以 1.64%～3.29%较为理想。

魔芋葡甘露聚糖（KGM）是具有重要生物活性的多糖，可广泛应用在食品、轻工、医药、化工等领域。在营养保健上是一种理想的膳食纤维，具有减肥、健美、降血压、降低胆固醇、预防糖尿病及防癌等功能。魔芋作为一种新兴食品由于它具有独特的助控体重及保健疗效，很适应当今世界流行的"减肥热"对食物结构的需求，欧洲、东南亚等地对生产和进口魔芋食品热情倍增。在一个相当长的时期内，国内外魔芋产业发展趋势为，大众化系列食品与高附加值、高档次的魔芋保健食品并存，同时魔芋在医学、食品工业上的应用，加速了其高新技术产品的开发利用。

1. 实验原理

在剧烈搅拌下，葡甘聚糖于冷水中能膨胀 50 倍以上，可形成稳定的胶体溶液，而淀粉在冷水中几乎不溶解，即使有少量淀粉游离出来，也可通过离心沉淀，使之与葡甘露聚糖分离。葡甘露聚糖在浓硫酸中加热，迅速水解生成糠醛，糠醛与酮作用生成一种蓝绿色化合物，在一定的范围内，颜色深浅与葡甘露聚糖含量成正比。

2. 仪器和试剂

1）仪器

（1）分光光度计。

（2）离心机。

（3）分析天平。

（4）电磁搅拌器等。

2）试剂。

蒽酮-硫酸溶液。称 0.4g 蒽酮溶于 100mL 88%硫酸（约 84 份体积 97%浓硫酸与 16 份体积水混合）中，装入磨口瓶，冷至室温备用，此液应当天配制。

3. 操作步骤

（1）葡甘露聚糖的分离、纯化。

① 取适量魔芋精粉置于 200～250 倍（体积分数）pH5.0～5.5 的蒸馏水中，于室温下搅拌 2.0～2.5h 呈胶体液，以 4000r/min 离心 30min，除去不溶物。

② 在不断搅拌下，缓缓加入与胶体溶液等体积的无水乙醇，使葡甘露聚糖脱水沉淀。

③ 取沉淀物同上操作方法溶解，重复去杂。将沉淀物移入砂芯漏斗中抽气过滤去大部分水，再用无水乙醇、丙酮多次脱水，真空干燥，得纯白色絮状物，即为魔芋葡甘露聚糖纯品（纯度为 98.5%）。

（2）葡甘聚糖标准曲线制备。

取 100μg/mL 葡甘露聚糖标准液 0～1.2mL。于 15mL 具塞试管中，均加蒸馏水至 2mL，再加蒽酮-硫酸液 6.0mL，放在沸水浴中准确加热 7min，取出迅速冷却至室温，于 630nm 处测定各管吸光度。以对应的浓度值绘制标准曲线。

（3）样品测定。

① 准确称取 100mg 左右粉碎过的 60 目筛样品（或精粉）置于 250mL 烧杯中，加入 50mL 蒸馏水，在电磁搅拌器上搅拌 2h，无损地将烧杯内容物转移到 100mL 容量瓶中，加蒸馏水定量至刻度，摇匀。

② 将溶液在 4000r/min 离心 15min，取上清液 5mL，加蒸馏水至 50mL，摇匀。取 1～2mL 样品稀释液，加蒸馏水至 2mL 于 15mL 具塞试管中，加蒽酮-硫酸液 60mL，同上制备标准曲线操作测定样品液吸光度。

4. 结果计算

$$x = \frac{m_1 \times 100}{m \times V} \times 100$$

式中　x——样品中葡甘露聚糖含量（%）；

m_1——标准曲线中查得测定液中葡甘露聚糖含量，μg；

V——样品测定液体积，mL；

m——样品质量，mg。

10.2.4　气相色谱法（GC）测定食品中糖醇及糖的含量

1. 实验原理

加工食品中的糖类主要有葡萄糖、果糖、蔗糖及麦芽糖。而糖醇类如山梨糖醇、麦芽糖醇、甘露糖醇等是保健食品中的重要功能成分。用气相色谱法（GC），设定适宜的条件，一次就能对多种糖及糖醇进行分析。GC 法中最重要的是制备 TMS 衍生物，固定相用 2% Silicone DC QF-1［担体：Chromosorb W（AW，DMCS)］，程序升温约 20min，可以分离定量果糖、葡萄糖、蔗糖、麦芽糖、甘露糖醇、山梨糖醇及麦芽糖醇。当甘露糖醇与山梨糖醇共存时可以用 TFA 衍生物和 5%SiliCone XE-60 固定液［担体：Chromosorb W（AW，DMCS)］的组合进行 GC 分析，将两者分离定量。也可用乙酸衍生物和 5%ECNSS-M 固定液［担体：Chromosorb W（AW. DMCS)］的组合来鉴定。

2. 仪器和试剂

1）仪器

(1) 气相色谱仪：带有火焰电离检测器（FID)。

(2) 柱子：2 根直径 3mm×3mm 的玻璃柱。

(3) 旋转式汽化器：使用 25mL 圆底烧瓶；微量注射器。

2）试剂

(1) 糖标准品。山梨糖醇、麦芽糖醇、甘露精醇、果糖、葡萄糖、蔗糖及麦芽糖等。

(2) 吡啶。用氢氧化钾干燥后蒸馏。

(3) 芘：作内标物用，六甲基二硅胺烷（HMDS)。

(4) 三氟乙酸（TFA)。

3. 操作步骤

(1) 试样溶液的制备。

① 果汁用原液（适量)，加蒸馏水 50mL。果酱取均匀试样 0.2g，置于 200mL 烧杯中，加 50mL 蒸馏水，用分散混合器处理使试样分散。以氢氧化钾溶液调至 pH 到 7.0，再用蒸馏水稀释至 200mL，离心分离，取上清液作试样溶液。

② 含脂肪的食品，取均匀样品 2g，放入 50mL 具塞玻璃离心沉降管中，加正己烷 20mL 混匀，离心，去掉正己烷层，重复 2 次，将残存的正己烷蒸发去掉。

③ 残渣加入 20mL 80%乙醇（体积分数）溶液，在水浴上加热回流 30min，过滤，用蒸馏水洗涤并定容至 250mL，混匀。

(2) 色谱条件。

柱子：3% Sllcone DC OF-1（ChromosorbW（AW，DWCS）60～80 目，直径 3mm×3m 玻璃柱。

柱温：120～240℃（升温)，升温速度；6℃/min，进样检查器温度 250℃。

氮气流量：60mL/min；FID 氢气流量：50mL/min，

FID 空气流量：1L/min。

(3) TMS 衍生物的制备。

取适量的试样溶液（相当于 10mg 总糖量）放入 25mL 磨口圆底烧瓶中，在低温下（40℃左右）减压干燥，并用 99.5%乙醇溶液共沸脱水。加入内标物芘的吡啶溶液

（40mg/50mL）500μL，再加 HMDS 0.45mL，TFA 0.05mL，加塞，充分摇匀，使糖溶解，在室温下放置 15～60min 即为 TMS 衍生物溶液。取 1μL，按色谱条件进行 GC 分析。

（4）工作曲线的制备。

① 将各种糖醇及糖标准品，在 70℃减压干燥。

② 制备标准液（1mg/mL）：取适量的标准液（每种糖含量 0～3mg），置于磨口容器中，冷冻干燥，按 TMS 衍生物制备法进行 TMS 化，注入 1μL，在设定的色谱条件下进行 GC 分析。从得到的色谱图算出各种糖及内标物的面积。

③ 设 X 为质量分数（TMS 衍生物中糖的毫克量/TMS 衍生物中内标物的毫克量），Y 为面积比（糖的峰面积/内标物的峰面积）根据最小二乘法 $Y=a+bX$ 求回归直线即为工作曲线。

4. 结果计算

首先求出试样 GC 图上各种糖醇、糖的峰面积与内标物峰面积之比，然后再从制作的工作曲线上求得试样中糖醇、糖的含量。

10.3　自由基清除剂 SOD 活性的测定

超氧化物歧化酶，简称 SOD。SOD 是一类含金属的酶，按金属辅基成分为三种最常见的一种含有铜、锌金属辅基（Cu · Zn-SOD）呈蓝绿色；第二种含有锰金属辅基（Mn-SOD），纯晶呈粉红色；第三种是（Fe-SOD），纯品呈黄色。SOD 广泛存在于动植物和微生物组织细胞中，可以分离提取出具有生物活性的 SOD 产品，但目前国内 SOD 的生化制品主要是从动物血液的红细胞中提取的。

SOD 能清除人体内过多的氧自由基（O_2^- ·），可延缓衰老，提高人体免疫力并增强对疾病抵抗力。SOD 作为一种临床药物在治疗由于自由基的损害而引发的多种疾病其效果是显著的。另外其应用范围也在逐步扩大，如在治疗自身免疫病、肿瘤、老年性白内障、炎症及肺气肿等疾病方面的研究已经深入，有的已进入实用阶段。

测定自由基清除剂 SOD 的活性对于评价功能食品具有重要意义。

SOD 活性的测定以化学法测定最为实用和普遍。黄嘌呤氧化酶细胞色素 C 法（简称 550nm 法）这是国际上公认的 SOD 的活性测定方法之一，也称为经典法，已有商品的试剂盒供应。微量连苯三酚自氧化法（简称 325nm 法）是目前国内广泛采用的方法之一。另外还有，粟呤氧化酶-氮蓝四唑法（NBT 法）、肾上腺素法、羟胺法和氧电极法等。

SOD 活性测定方法很多，不同方法测定结果往往是不一致的，不同方法对“单位”的定义也不同，不能直接对比。即使是同一测定方法，测定条件（如 pH、温度、吸光度测定的波长等）稍有改变，其测定结果也不一样。因此，当比较 SOD 活性时，应特别注意所采用的测定方法、测定条件以及对单位的定义，不能简单地从活性定义概念上去推测酶活性之间的倍比关系。同时，重复测定特定条件下的 SOD 活性也很有必要，因为在各种测定条件下受到各种主、客观因素的限制，在 SOD 活性测定中仍存在 10％左右的误差。

1. NBT 比色法

1）实验原理

SOD 活性的测定可采用 Giannoplitis 和 Ries 等人（1977 年）创立的氮蓝四唑（NBT）光还原法（氮蓝四唑又称硝基四氮唑蓝），此法利用核黄素（V_{B_2}）在光激发下产生超氧阴离子（$O_2^- \cdot$），O_2^- 可使 NBT 还原生成蓝色的蓝甲，蓝甲在 560nm 波长处有最大的吸收值。当加入 SOD 提取液时，O_2^- 被 SOD 清除而抑制了 NBT 的还原，于是在 560nm 处的吸光度（A）值降低，酶活性越强，光密度值就减少得越多，一般以抑制 NBT 还原 50％时，定义为一个酶活力单位，反应式如下：

$$O_2 \xrightarrow[V_{B_2}]{Kr} O_2^- \xrightarrow[SOD]{NBT} \underset{\text{蓝甲}}{H_2O_2} + O_2$$

2）仪器和试剂

（1）仪器。

① 分光光度计。

② 恒温水浴。

③ 离心机及离心管。

（2）试剂。

① 酶反应体系成分：反应体系中应含有 63μmol/L NBT，13mmol/L 甲硫氨酸（Met），1.3μmol/L 核黄素和 1/15mol/L 的 pH7.8 的磷酸（钠）缓冲液。

a. 试剂甲：由 NBT 和 Met 组成；分别称取 NBT0.0125g 和 Met0.4656g 溶于 pH7.8 磷酸缓冲液中，待加热溶解完全后，用 pH7.8 磷酸缓冲液定容为 200mL。

b. 试剂乙（核黄素溶液）：

母液：称取 0.020g 核黄素，用 pH7.8 磷酸缓冲液溶解后，定容 100mL（视核黄素的溶解度，可适当加大用量）。

稀释液：测定前取母液 1mL 用 pH7.8 磷酸缓冲液稀释成 25mL，即为乙试剂，用于测定。

② pH7.8 磷酸（钠）缓冲液：

a. 1/15mol/L Na_2HPO_4 溶液：称取 8.9g$Na_2HPO_4 \cdot 2H_2O$（相对分子质量＝178.05）或 17.90g $Na_2HPO_4 \cdot 12H_2O$ 溶于蒸馏水中，最后定容为 1L 备用。

b. 1/15mol/L Na_2HPO_4 溶液：称取 7.8g $Na_2HPO_4 \cdot 2H_2O$（相对分子质量＝156.03）溶于蒸馏水中，定容为 1L。

取 a. 溶液 91.5mL 和 b. 溶液 8.5mL 混合均匀即为 pH7.8 磷酸缓冲液。

3）操作步骤

（1）酶溶液的提取。称取 2g 样品（植物材料）于预冷的研钵中，加少量石英砂及 pH7.8 磷酸缓冲液（磷酸缓冲液的最终体积为 10mL，即样品：缓冲液=1∶5）在冰浴上研磨成匀浆，全部转入离心管中，用 3500r/min 的离心机离心 10min，取上清液再用 12000r/min 离心机离心 10～15min，上清液即为 SOD 提取液，保留备用。

（2）酶活性的测定：取试管三支按表 10-1 加入试剂。

表 10-1　NBT 比色法测定 SOD 活性加样表

试剂处理	试剂甲体积/mL	试剂乙体积/mL	酶液体积/mL	0.05mol/L pH7.8 磷酸缓冲液体积/mL
1 号待测	2.5	0.5～1.0	0.05～0.1	—
2 号对照	2.5	0.5～1.0	—	0.05～0.1
3 号参比	2.5	0.5～1.0	—	0.05～0.1

酶液用量视植物材料而定，乙液视核黄素的优劣而定，一般用 0.5mL，加完试剂后，立即摇匀，将 1 号和 2 号管置 25℃，4000 lx 光照下，照光反应 15min。15min 后立即终止照光反应，以第三管（未照光）溶液为参比，立即在 560nm 波长下进行比色测定，记录 A 值，然后进行计算。如表 10-2 所示。

表 10-2　数据记录表

项目处理	光密度值	酶活力单位	酶活力：酶活力单位/g 鲜重 15min
对照	$A_0=$		
待测 1	$A_1=$		
待测 2	$A_2=$		

4）结果计算

酶活力单位常以抑制光还原 NBT 50%时，为一个酶活力单位，材料酶活力常以酶活力单位/g 鲜重或酶活力单位/mg 蛋白质表示，计算公式为

$$\text{酶活力单位}=\frac{A_0(\text{对照})-A_1(\text{待测})}{A_0}\div 0.5$$

$$\text{SOD 活力}=\frac{A_0-A_1}{A_0}\div 0.5\times\frac{\text{酶提取液总体积(mL)}}{\text{测定时所用酶液体积}\times\text{材料重(g)}}$$

（酶活力单位 /g 鲜重 15min）

2. 黄嘌呤氧化酶——细胞色素 C 法

黄嘌呤氧化酶——细胞色素 C 法（简称 550nm 法）这是国际上公认的 SOD 的活性测定方法之一。

1）测定系统

（1）pH7.8、300mmol/L 磷酸缓冲液 0.5mL（其中含有 6mmol/L 的 EDTA）。

（2）6×10^{-5}mmol/L 氧化型细胞色素 C 溶液。

(3) 0.3mmol/L 黄嘌呤溶液 0.5mL。

(4) 重蒸水 1.3mL。

2) 操作步骤

(1) 将以上系统在 25℃保温 10min，最后加入 1.7×10^{-3} U/mg 的黄嘌呤氧化酶溶液 0.2mL，并立即计时，速率变化在 2min 内有效，控制黄嘌呤氧化酶的浓度，使氧化型细胞色素 C 还原速率在 550nm 波长处的吸光度 A 值的变化在 0.025/min。

(2) 样品 SOD 活性测定，加入被测 SOD 溶液 0.3mL，重蒸水 1.0mL，如表 10-3 所示。控制 SOD 浓度使氧化型细胞色素 C 还原速率的 A 值降为 0.0125/min 左右。

表 10-3 黄嘌呤氧化酶-细胞色素 C 法加样表

试 液	最终浓度/(mmol/L)	添加液浓度/(mmol/L)	添加量/mL
pH7.8 磷酸缓冲液	50	300	0.5
含 EDTA	0.1	0.6	
细胞色素 C	1×10^{-5}	6×10^{-5}	0.5
黄嘌呤	0.5	0.3	0.5
重蒸水	—	—	1.0
待测 SOD 液	—	—	0.3
黄嘌呤氧化酶	1.1×10^{-4}	1.7×10^{-3}	0.2

SOD 活性计算公式：

$$\text{SOD 活性(U/mL)}=\frac{0.025-\text{加酶后还原速率}}{0.025}\div50\times\frac{V_{总}}{V_{定义体积}}\times\frac{\text{酶稀释倍数}}{\text{取酶液体积}}$$

式中：$V_{总}$: $V_{定义体积}=3:3$。

在上述条件下，3mL 的反应液中，每 1min 抑制氧化型细胞色素 C 在 550nm 波长处还原速率达 50%（即 A_{550nm}0.0125/min）的酶量定义为一个活性单位。

3. 微量连苯三酚自氧化法

微量连苯三酚自氧化法（简称 325nm 法）测定 SOD 活性，是目前国内广泛采用的方法之一。

1) 测定系统

(1) pH8.2、50mmol/L Tris-盐酸缓冲液 2.99mL（其中含 lmmol/LEDTA-2Na）。

(2) 50mmol/L 连苯三酚溶液（配置于 10mmol/L 盐酸中）10μL。

2) 操作步骤

(1) 将以上系统在 25℃预保温 10min，然后加入 50mmol/L 连苯三酚溶液（配置于 10mmol/L 盐酸中）10μL，使反应体积为 3mL 立即计时，自氧化速率变化在 4min 内有效。

(2) 控制连苯三酚的量，使其在 325nm 处的自氧化速率变化在 0.070/min。

(3) 样品 SOD 活性测定，加入约 0.4mL 的待测 SOD 溶液，缓冲液相应减至 2.55mL，如表 10-4 所示。控制 SOD 浓度，使连苯二酚自氧化速率的 A 值降为

0.035/min左右。

表 10-4　微量联苯三分子氧化法加样表

试　液	最终浓度/（mmol/L）	添加液浓度/（mmol/L）	添加量/mL
pH8.2Tris-HCl 缓冲液	50	54	2.95
含 EDTA	1	1	—
待测 SOD 溶液	—	—	0.4
联苯三酚溶液	0.17	50	10

3）结果计算

SOD 活性计算公式：

$$\text{SOD 活性(U/mL)}=\frac{0.070-\text{加酶后还原速率}}{0.070}\div 50\times\frac{V_{\text{总}}}{V_{\text{定义体积}}}\times\frac{\text{酶稀释倍数}}{\text{取酶液体积}}$$

式中：$V_{\text{总}}:V_{\text{定义体积}}=3:1$

在上述条件下，1mL 反应液中，每 1min 抑制连苯三酚自氧化速率达 50%时的酶量（即 A_{325nm}0.035/min）的酶量定义为一个活性单位。若自氧化速率在 35%～65%，通常可按比例计算，不在此范围的数值应增减酶量。

10.4　生物抗氧化剂茶多酚、类黄酮物质的测定

类黄酮（flivonoides）为具有结构为 2-苯基苯并吡喃酮结构的化合物，主要包括有黄酮类、黄酮醇类、双黄酮类等。银杏叶提取物（GBE）中主要药理成分是银杏黄酮醇苷和萜内酯。银杏黄酮类化合物主要有黄酮醇苷、双黄酮苷等。GBE 是一种重要的生物抗氧化剂，其清除自由基作用主要来自黄酮部分，它所含的还原性酚基是其发挥清除作用的主要化学基础。GBE 表现出很明显的抗 OH·特性，科学家发现 GBE 与尿酸在抗 OH·方面有类似的作用，低浓度的 GBE（$<500\mu g/mL$）仍具有不可忽视的活性。GBE 对 O^{2-}·的清除作用具有量效关系，这方面的基础研究工作还在不断深入。GBE 作为保健食品的基料，对预防心脑血管疾病，增强人体健康有着重要作用。

茶多酚（tea poly phellols）。茶叶中多酚类物质占茶嫩梢干重的 20%～35%，由约 30 种以上的酚类物质所组成，通称茶多酚。按其化学结构分为四类：

（1）儿茶素类，属黄烷醇类。

（2）黄酮及黄类。

（3）花白素及花青素，即羟基-［4］-黄烷醇及其钾盐。

（4）酚酸及缩酚酸类。

其中以黄烷醇类化合物最重要（占多酚的 80%左右）。纯儿茶素一般为白色无定形粉末，在空气中极易氧化成棕色物，能溶于水、乙醇、甲醇、丙酮、乙酸乙酯等有机溶剂中。儿茶素分子中含有较活泼的羟基氢，具有很强的供氢能力，是一种理想的纯天然抗氧化剂，能与脂肪酸自由基结合，使自由基转化为惰性化合物，中止自由基的连锁反

应，即中止油脂的自动氧化。实验表明，茶多酚清除活性氧自由基作用的活性，为等量维生素 C 的 493 倍，对亚硝酸盐的消除率及对 N-亚硝胺合成的阻断率分别为 96.9%和 98.6%。且能有效消除脂质过氧化产物丙二醛，具有降血脂显著功效。还有研究表明，茶多酚还具有抑制痢疾、伤寒、霍乱、金黄色葡萄球菌等有害菌的作用；具有较强的抗放射性作用，以及在抗衰老、抑制瘤细胞、预防心脑血管疾病等方面都显示出很好的效应，是一种有开发前景的天然抗氧化剂。1988 年 7 月我国已批准茶多酚作为食品添加剂。国内已建立了茶多酚工业化生产线，并开发研制出了茶多酚的第二代产品即儿茶素(TC)。

10.4.1　酒石酸铁比色法测定茶多酚的含量（GB/T21733—2008）

1. 实验原理

根据酒石酸铁能与茶多酚生成紫褐色络合物。络合物溶液颜色的深浅与茶多酚的含量成正比，因此可以用比色方法测定。

2. 仪器和试剂

1）仪器

分光光度计。

2）试剂

（1）酒石酸铁溶液。称取硫酸亚铁 0.1 g，含 4 个结晶水的酒石酸钾钠 0.5 g，加蒸馏水溶解后，用蒸馏水稀释至 100mL（低温保存有效期为 10d）。

（2）pH7.5 的磷酸缓冲液。

23.87g/ L 磷酸氢二钠。称取磷酸氢二钠 23.87g，加蒸馏水溶解后定容至 1000mL。

9.08g/L 磷酸二氢钾。称取 110℃烘干 2h 的磷酸二氢钾 9.08g，加蒸馏水溶解后定容至 1000mL。

取上述磷酸氢二钠溶液 85mL 和磷酸二氢钾溶液 15mL 混合均匀，即为 pH7.5 的磷酸缓冲液。

3. 操作步骤

（1）样品制备。

① 较透明的样液，如果味茶饮料，将样液充分摇匀后，直接取样测定。

② 较浑浊的样液，如果汁茶饮料、奶茶饮料等，称取充分混匀的样液 25.00g 于 50mL 容量瓶中，加 95%的乙醇 15mL 充分混匀，放置 15min，用水定容至刻度，过滤。

③ 含有碳酸气的样液，称取充分混匀的样液 100.00g 于 250mL 的烧杯中，称取其总量，于电炉上加热至沸，在微沸状态下加热 10min，以将二氧化碳排除，放冷，用水补足原来的质量，摇匀，备用。

（2）测定。称取样品溶液 1～5g 于 25mL 容量瓶中，加蒸馏水 4mL，加酒石酸铁溶液5mL，摇匀，再加入pH7.5磷酸缓冲液稀释至刻度。用10mm比色皿，在波长540nm处，以试剂空白作参比，测定其吸光度（A_1）

同时称取等量的试液于25mL容量瓶中，加蒸馏水4mL，用pH7.5磷酸缓冲液稀释至刻度。用10mm比色皿，在波长540nm处，以试剂空白作参比，测定其吸光度（A_2）。

4. 结果计算

$$x=\frac{(A_1-A_2)\times 1.957\times 2\times K}{m}\times 1000$$

式中　x——样品中茶多酚含量，mg/kg；

A_1——样品溶液的吸光度；

A_2——试液底色的吸光度；

1.957——用10mm比色皿，当吸光度等于0.50时，1mL茶汤中茶多酚的含量相对于1.957mg；

m——测定时称取试液的质量，g。

5. 说明及注意事项

（1）本方法适用于茶饮料中茶多酚含量的测定。如要测定茶叶中茶多酚的含量，应先用70%的甲醇将茶叶中茶多酚提取出来，然后用福林酚比色法测定，用没食子酸作校正标准定量茶多酚。

（2）磷酸缓冲液在常温下容易生长霉菌，以冷藏为宜。

（3）酒石酸铁与茶多酚反应时，因连苯酚比邻苯酚显色强，所以没食子酸酯类儿茶素显色深，凡是此类儿茶素含量比例大的，显色就较深。因此酒石酸铁比色法与高锰酸钾滴定法两者测定的结果会有所出入。

10.4.2　香荚兰素比色法测定儿茶素含量

1. 实验原理

儿茶素和香荚兰素在强酸性条件下生成橘红到紫红色的产物，红色的深浅和儿茶素的量呈一定的比例关系。该反应不受花青苷和苷的干扰，在某种程度上可以说，香荚兰素是儿茶素的特异显色剂，而且显色灵敏度高，最低检出量可达0.5μg。

2. 仪器和试剂

1）仪器

（1）10μL或50μL的微量注射器。

（2）10～15mL具塞刻度试管。

（3）分光光度计。

2）试剂

（1）95%乙醇（AR）。

（2）盐酸（GR）。

（3）1%香荚兰素盐酸溶液：1g 香荚兰素溶于 100mL 浓盐酸（GR）中，配制好的溶液呈淡黄色，如发现变红、变蓝绿色者均属变质不宜采用。该试剂配好后置冰箱中可用 1d，不耐储存，宜随配随用。

3. 操作步骤

（1）称取 1.000～5.000g 磨碎干样（绿茶用 1.000g，红茶另用 2.000g）加 95%乙醇 20mL，在水浴上提取 30min，提取过程中要保持乙醇的微沸，提取完毕进行过滤。滤液冷却后加 95%乙醇定容至 25mL 为样品溶液。

（2）吸取 10μL 或 20μL 样品溶液，加入装有 1mL95%乙醇的刻度试管中，摇匀，再加入 1%香荚兰素盐酸溶液 5mL，加塞后摇匀显出红色，放置 40min 后，立即进行比色测定消光度（E），另以 1mL95%乙醇加香荚兰素盐酸溶液作为空白对照。比色测定时，选用 500nm 波长，0.5cm 比色杯（如用 1cm 比色杯进行测定，必须将测得的消光度除以 2，折算成相当于 0.5cm 比色杯的测定值，才能进行计算含量）。

4. 结果计算

当测定消光值等于 1.00 时，被测液的儿茶素含量为 145.68μg，因此测得的任一消光度只要乘以 145.68，即得被测液中儿茶素的微克数。按下式计算儿茶素总含量。

$$x = \frac{E \times 145.68}{1000} \times \frac{V_{总}}{V \times m}$$

式中 x——儿茶素总量，mg/g；

E——样品光密度；

$V_{总}$——样品总溶液量，mL；

V——吸取的样液量，mL；

m——样品质量，g。

5. 说明及注意事项

儿茶素约占茶多酚总量的 80%左右，儿茶素类化合物已经明确结构的有 14 种，主要是儿茶素（C）、表儿茶素（EC）、表没食子儿茶素（EGC）、没食子酸表儿茶素酯（ECG）、没食子酸表没食子儿茶素酯（EGCG）等。香荚兰素比色法测得的是儿茶素的总量，高效液相色谱法可以分离测定几种主要儿茶素的含量。

10.4.3 食品中黄酮类化合物的测定（氯化铝比色法）

黄酮类化合物是一类在自然界分布广泛的植物次生代谢产物，主要有黄烷酮、黄酮苷、黄酮醇苷和异黄酮四类。它们具有明显的抗氧化，清除自由基及保护心血管，辅助抑制肿瘤等作用，是一大类重要的保健功能因子。

1. 实验原理

黄酮类化合物能与三氯化铝作用，生成黄色的黄酮氯络合物，黄色的深浅与黄酮含量呈一定比例关系，可用作定量。

2. 仪器和试剂

1）仪器

（1）分光光度计。

（2）水浴。

2）试剂

1%三氯化铝。称取 $AlCl_3 \cdot 6HO$ 1.7567g，加蒸馏水溶解后，定容至 100mL。

3）操作步骤

（1）1.000g 茶叶磨碎的干样，加入沸蒸馏水 40mL，置沸水浴中提取 30min，过滤，滤液加蒸馏水定容至 50mL，摇匀为样品液。吸取样品液 0.5mL，加 1% $AlCl_3$ 蒸馏水溶液至 10mL，摇匀，10min 后比色。

（2）用分光光度计，以 1cm 比但杯 420nm 波长，1% $AlCl_3$，溶液为空白，测定消光值（E）。

3. 结果计算

根据消光值等于 1.00 时，相当于 320μg 黄酮苷计算含量：

$$x = \frac{E \times 320}{1000} \times \frac{V_{总}}{V \times m}$$

式中　x——黄酮苷含量，mg/100g；

E——样品光密度；

$V_{总}$——样品总溶液量，mL；

V——吸取的样液量，mL；

m——样品质量，g。

10.5　牛磺酸的测定

牛磺酸是一种含硫氨基酸；它和胱氨酸、半胱氨酸的代谢有着密切关系。牛磺酸是人体条件必需氨基酸，具有较广泛的生理功能，特别是与胎儿和婴幼儿的中枢神经系统及视网膜等的发育有着密切的关系。人体合成牛磺酸的限速酶是半胱氨酸亚硫酸脱羧酶，它的活性较低，因此人体必需从食物中摄取牛磺酸来满足机体的需要。母乳是牛磺酸的较好来源。牛磺酸的测定可用氨基酸分析仪或高效液相色谱仪进行也可用测定。下面介绍氨基酸分析仪测定牛磺酸的方法。

1. 实验原理

氨基酸分析仪检测食品中的氨基酸主要是通过强酸性阳离子交换树脂对氨基酸的吸附、洗脱、分离来完成的。氨基酸在 pH2.2 环境下带正电荷，而强酸性阳离子交换树脂具有负离子的特性。氨基酸结构不同，带电荷数不同，和树脂亲和力不同，一般酸性氨基酸含氨基少，带正电荷少，与树脂结合不紧，容易被洗脱下来。不同性质氨基酸与强酸性树脂的亲和力为：碱性氨基酸＞中性氨基酸＞酸性氨基酸（—OH＞—COOH、$—NH_2$＞—COOH＞$—SO_3H$）。牛磺酸是磺化氨基酸（$NH_2—CH_2—CH_2—SO_3H$），含有磺酸根（$—SO_3H$），与树脂结合最不紧，首先被洗脱下来。

2. 仪器和试剂

1）仪器

(1) 索氏提取器。

(2) 日立 835-50 型氨基酸自动分析仪。

(3) 分析条件：

① 分离柱：4.0mm×150mm，填充剂是：2616F 树脂。

② 除氨柱：4.0mm×120mm，填充剂是：2650 树脂。

③ 流速：缓冲液，0.45mL/min；显色剂 0.3mL/min。

④ 泵压：p_1，9800～12740kPa；p_2，2940～3920 kPa。

⑤ 柱温：53℃

⑥ 进样量：50μL。

2）试剂

牛磺酸：配成 2mol/L 标准储备液保存于冰箱，临用时分别稀释成 0.1、0.2mol/L 的使用液上机分析。

3. 操作步骤

(1) 样品处理。将市售的食物样品研碎或打成匀浆，准确称取一定量（0.5～1.0g）的样品放入索氏提取瓶中，加 5.0mL 80％乙醇于浴上回流提取 20min，反复提取 3 次，合并 3 次提取液，残渣用少量 80％乙醇洗 2～3 次，均合并到提取液中，定容到 25.0mL，然后离心（1800r/min）或过滤。取上清液 4.0mL 在 NS—1 型浓缩器上 55～60℃浓缩干燥样品，加去离子水反复 3 次干燥去乙醇。（含脂肪高的样品用乙醚去脂，即在样品浓缩管中加 5.0mL 乙醚轻摇倒入分液漏斗中，振摇抽提 3min，反复 3 次，收集水层），用 0.02mol/L 的盐酸稀释到适宜的浓度上机分析。

(2) 样品浓度的预测。取 A、B 两管，在 A 管中加入 0.1mL 试管，B 管中加入 0.1mL 0.1mol/L 牛磺酸标准液，两管各加入 1.0mL 茚三酮显色剂及 1.0mL 11 号钠盐缓冲液，两管于 100℃水浴中煮 3min，在分光光度计 570nm 波长比色，调整取样量以两管浓度基本接近为宜。

(3) 样品的测定。取经过处理的浓度适宜的样品上机分析，与标准比较计算出样品中牛磺酸的含量。

该法重现性好，变异系数小，回收率高，方法可靠。

10.6　活性脂的测定

人体脂肪量摄入过多，特别是富含饱和脂肪酸的脂肪摄入量过多被认为与严重危害人体健康的肥胖症、动脉硬化和冠心病等密切相关，通常认为脂肪摄入的种类与数量是心血管疾病的一个重要影响因素。

现代的消费者对食品中脂肪含量非常敏感，但又不能接受减服或无脂食品的口感。于是，出现了油脂替代品成了低能量食品的重要基料。多不饱和脂肪酸油脂和磷脂类因具有重要的生物活性，作为保健食品基料，可以达到增强机体健康的目的。

磷脂是含有磷酸根的类脂化合物，对生物膜的生物活性和机体的正常代谢有着重要的调节作用。磷脂具有促进神经传导，提高大脑活力，促进脂肪代谢，防止出现脂肪肝，降低血清胆固醇，预防心血管疾病等作用。磷脂为含磷的单脂衍生物，含甘油醇磷和视和神经氨基酸磷脂两大类。甘油醇磷脂主要有卵磷脂（PC）、脑磷脂（PE）、肌醇磷脂（PI）、丝氨酸磷脂（PS）等。神经氨基醇磷脂主要有神经鞘磷脂、神经醇磷脂等。

卵磷脂广泛存在于动植物体内，动物的脑、精液、肾上腺及细胞中含量较多，蛋卵黄中含量达8%～10%（干基计）。

天然存在的不饱和和多不饱和脂肪酸的种类繁多，其中有三种显得特别重要被称为必需脂肪酸，即亚油酸、亚麻酸和花生四烯酸。

10.6.1　分光光度法测定磷脂含量

1. 实验原理

样品中磷脂，经消化后定量生成磷，加钼酸铵反应生成铝蓝，其颜色深浅与磷含量（即磷脂含量）在一定范围内成正比，借此可定量磷脂。

2. 仪器和试剂

1）仪器

（1）分光光度计。

（2）消化装置。

2）试剂

（1）72%高氯酸。

（2）5%钼酸铵溶液。

（3）1%2,4-二氯酚溶液：取0.5g 2,4-二氯酚溶于50 mL20%的亚硫酸氢钠溶液中，过滤，滤液备用，临用现配。

（4）磷酸盐标准溶液。取干燥的磷酸二氢钾（KH_2PO_4）溶于蒸馏水并稀释至

100mL，用时用水 100 倍稀释，配制成含磷 10μg/mL 溶液。

3. 操作步骤

(1) 脂质的提取。将供检样品粉碎，脱脂，再过柱（将活化的硅胶，按每分离 1g 样品用 5g 的比例，用正己烷混匀装柱），以苯：乙醚（9：1）、乙醚各 300mL 依次洗脱溶出中性质。用 200mL 三氯甲烷、100mL 含 5%丙酮的三氯甲烷洗脱，溶出糖质。再用 100mL 含 10%甲醇的丙酮，400mL 甲醇洗脱，得磷脂，供分析用。

(2) 消化。取含磷约 0.5～10μg 的磷脂置于硬质玻璃消化管中，挥去溶剂，加 0.4mL 高氯酸加热至消化完全，若不够再补加 0.4mL 高氯酸继续消化至完全。

(3) 测定。向消化好的试管中加 4.2mL 蒸馏水，0.2mL 钼酸铵溶液，0.2mL 二氯酚溶液。试管口上盖一小烧杯，放在沸水浴中加热 7min，冷却 15min 后，移入 1cm 比色皿中，于波长 630nm 处测定吸光度。同时用磷标准 0～14μg 制作工作曲线。

4. 结果计算

$$\text{总磷} = \frac{\text{样品磷脂的总磷量(mg)}}{\text{样品磷脂的质量(mg)}} \times 100\%$$

$$\text{磷脂含量} = \text{总磷}(\%) \times 25\%$$

说明：脂肪中磷脂占 24.6%，糖脂占 9.6%，中性质占 65.8%。

对于非同位素标记的组织样品，可用标样作比较进行定性定量。

10.6.2　气相色谱法（GC）测定花生四烯酸含量

花生四烯酸（arachidonic acid，AA）是 5,8,11,14-二十碳不饱和脂肪酸为亚油酸的中间产物，在体内能转化成一系列生物活性物质，如前列腺素、血栓素、白三烯等，具有重要的生理功能。主要存在于花生油中，母乳中含有一定数量的花生四烯酸，据推算母乳喂养，婴儿每天 1kg 体重摄入花生四烯酸量为 21mg。花生四烯酸广泛分布于动物中性脂肪中，它在牛乳脂、猪脂肪、牛脂肪、血液磷脂、肝磷脂和脑磷脂中的含量约为 1%，肾上腺磷脂混合脂肪酸中含量高达 15%，它和亚麻酸一样，对心脏病患者、糖尿病患者、过敏性疹患者、老年人等的健康有着重要的作用。

1. 实验原理

花生四烯酸（AA）含量的测定可利用有机溶剂将组织中的花生四烯酸分离提取出来，经甲酯化，采用气相色谱法测定。

2. 仪器和试剂

1) 仪器

气相色谱仪：分离柱为长 2m 内径 4mm 螺旋形玻璃管。

载体：Chromosorb WAW，DMCS，80～100 目。

固定液：10%DEGS（二乙二醇丁酸酯）。
柱温：190℃。
检测器：FID，温度 300℃，气化温度 280℃。
载气：高纯氮。
流速：60mL/min。
燃气：高纯氢，30mL/min。
助燃气：压缩空气，250mL/min。
记录速度 5mm/min。
2）试剂
（1）花生四烯酸甲酯。
（2）氯仿。
（3）甲醇。
（4）KOH（AR）。
（5）0.5mol/L KOH-甲醇溶液。

3. 操作步骤

（1）样品 AA 的提取及甲酯化。血中红细胞膜样品制备：以动物血离心去血浆层得红细胞，用等渗溶液洗 3 次，再用 10mmol/L pH7.8 磷酸盐缓冲液溶血，离心去血红蛋白。红细胞膜以相同的缓冲液洗 3 次，得到乳白色红细胞膜。取适量待测样品，放入到带塞玻璃试管中，加 2.5mL 氯仿-甲醇混合液（2∶1 体积分数），振摇 1min，以 3500r/min 离心 12min，小心吸出全部液体，将其转移到另一试管中，氮气吹干，再用 1mL 磷脂溶液溶解，将溶解液转移至 10mL 容量瓶中，加入 1mL0.5mol/L KOH-甲醇溶液，振荡 1min，室温放置 15min，加蒸馏水至刻度，摇匀，静置分层，取 1μL 进行气相色谱分析。
（2）标准样品。标准花生四烯酸甲酯 1mg/mL，进样 1μL。

4. 结果计算

将待测样品与标准样保留时间比较定性，采用外标定量。

思考题

1. 什么是功能性食品？有哪些类型？
2. 在功能性多糖的测定中如何进行检测成分的提取及精制，请举例说明。
3. 用气相色谱法测定糖醇应如何做出工作曲线？
4. 说明高锰酸钾滴定法测定茶多酚的原理及如何保证测定的准确度？
5. 茶多酚与茶素有什么区别？其测定结果分别代表了什么？
6. 磷脂的测定中如何进行样品的提取和消化？

第11章 食品常见有毒有害物质的检测

在食品生产（包括作物收获、禽兽饲料等），加工包装、储藏、运输、烹调过程中，由于生物、化学性、物理性因素产生某些有害物质，使食品受到污染。据试验，用含有滴滴涕1.0mg/kg以上的饲料喂养奶牛，其分泌的乳汁即可检出滴滴涕的残留。这说明，农药可以通过食物链由土壤进入食物，再进入动物，而最后富集到人体组织中去。

食品中的有害有毒物质不同程度地危害着人体健康。对食品中的有害有毒物质进行分析检验，有利于找出污染源，以便采取有效的治理措施，防止食品受到污染，保障人们的身体健康。因此，食品中有毒有害物质的检测是食品检测中的重要内容。

对食品中的有毒有害物质，有时须迅速进行鉴别，以便采取针对性的防治措施，所以本章除讲述食品中有毒有害物质的定量分析方法外，还将介绍一些定性分析方法。由于食品中常见的有毒有害物质通常都是微量存在，一般的化学分析方法灵敏度达不到，目前较多的使用仪器分析方法。

随着科学技术的发展和人民对食品质量的要求的提高，食品中有毒有害物质不断地被发现，其产生的机理、对人体有害计量的大小及清除污染的方法也不断被人们所认识。食品中常见的有毒有害物质通常是指：有机氯农药残留、有机磷农药残留、黄曲霉毒素、苯并芘、亚硝胺类化合物、苯酚、多氯联苯、动植物毒素、氰化物及其他金属元素类毒物、非金属元素毒物、某些添加剂等。

食品中有机氯农药残留对人类的危害是一慢性中毒作用。被六六六、DDT污染的食品，其中毒作用主要侵害人的肝、肾和神经系统，而在小鼠实验中已发现它们可以致癌。

有机磷农药多属于磷酸酯类化合物。这类农药具有杀虫效力高、用药量少、选择性高、使用经济、要害小等优点。特别是这类农药在植物和土壤中容易分解，对植物要害小，减少了对环境的污染，所以在农业及卫生事业上应用非常广泛。目前使用较多的有：对硫磷（1605）、内吸磷（1059）、甲拌磷（3911）、马拉硫磷（4049）、乐果、敌百虫、敌敌畏、旁硫磷、稻瘟净、杀螟硫磷等。

不过，由于使用、保管、运输等方面的不慎，也会造成有机磷农药对食品的污染。尤其是在喷施农药后，未在规定的时间范围外收获，而致残留的有机磷农药引起人畜中毒的现象屡见不鲜。因此，食品中常常要进行有机磷农药残留量的测定，并且规定了食品中有机磷农药残留量的限定标准。

黄曲霉毒素（aflataxin，AFT）是真菌毒素中的一种，存在于粮食、食品及饲料之中，特别是在花生、玉米、乳与乳制品、腌制肉中，最容易感染黄曲霉毒素。1960年，英国发生了火鸡X病事件后，人们才开始对黄曲霉毒素进行了大量的研究工作，得出了黄曲霉毒素的化学组成。黄曲霉毒素是一组化学结构十分相似的化合物，都含有一双呋喃环、一个氧杂邻酮（香豆素）。前者是基本毒性结构，后者与致癌有关。

黄曲霉毒素在紫外光照射下能发出荧光，根据发出荧光颜色的不同，可分为B、G

两大类，其中以 $AFTB_1$、$AFTG_1$ 及 $AFTM_1$ 毒性最大。黄曲霉素是一种肝脏中毒性的毒素，而且具有很强的致癌能力，对人、畜、禽危害极大，其毒性是 KCN 的 10 倍；砒霜的 68 倍。因此，近年来对 AFT 的测定提出了越来越高的要求。

苯并［a］芘 {Benzo［a］Pyrene} 简称 B［a］P，又称 3,4-苯并芘是个五环芳烃，其分子式为 $C_{20}H_{12}$，结构式为

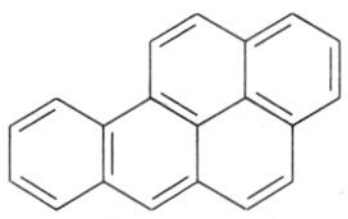

目前已知有致癌作用的多环芳香烃约有 20 种，3,4-苯并芘占其中的约 20%，为最具有代表性的致癌物。有类似致癌作用的还有 1,2-苯并芘（四环化合物）和 3,4,9,10-苯并芘（六环化合物）。多环芳烃产生的原因很多，如煤炭、石油、天然气的不完整燃烧；细菌、原生动物、淡水藻类、高等植物的合成；食品加工，如烟熏、烘烤、油炸等加工过程中产生。

亚硝胺化合物也是一种有强致癌作用的物质。广泛存在于自然界的亚硝酸盐和仲胺，可以合成亚硝胺。硝酸盐在自然界中分布很广，又很容易还原成亚硝酸盐。仲胺存在于鱼类、谷类、茶和烟草中，而鱼类、肉类等在腌制过程中往往加入一定量的硝酸盐作为防腐剂及生色剂，因此具备了生成亚硝胺类化合物的条件。许多食物本身就存在硝酸盐或亚硝酸盐，如海鱼、蔬菜等，在一定条件下“硝”能与食品中的腐败产物二级胺形成亚硝胺。亚硝胺是对人体有害的物质，所以常常需要对食品进行亚硝胺类的化合物的检验。

11.1　有机氯农药残留量的测定

11.1.1　定性检验

1. 焰色法

1）实验原理

此法是利用样品中的有机氯受热分解为氯化氢，它与铜勺表面的氧化铜作用，生成挥发性的氯化铜，在无色火焰中呈绿色。用以鉴别样品提取液中有机氯农药的存在。

2）操作步骤

取铜勺在煤气灯或酒精灯上灼烧，直至铜勺表面覆盖一层黑色氧化铜为止。

取少量怀疑污染有机氯农药的食品，用乙醚浸渍振摇并过滤。将滤液逐滴加在铜勺表面蒸发，然后进行灼烧，呈绿色火焰者，说明食品被有机氯农药（包括滴滴涕及六六六）污染。若样品中农药含量很低，可将乙醚提取液浓缩蒸干，用少量乙醇溶解残留物，然后按上法检验，本法最低检出范围为 1μg 有机氯。

2. 亚铁氨化银试纸法

1）实验原理

此法是根据有机氯农药与碳酸钠灼烧生成氯化钠。与硫酸作用生成氯化氢。氯化氢

与亚铁氰化银试纸反应，在硫酸铁存在下产生蓝色，可鉴别有机氯的存在。

2）操作步骤

（1）亚铁氰化银试纸。称取硝酸银 2.5g、亚铁氰化钾 1.3g，分别溶于 25mL 水中。将硝酸银溶液缓慢加到亚铁氰化钾溶液中，离心分离，将沉淀物反复用水洗涤至不含银离子为止。在沉淀中加浓氨水 25mL，摇匀后，将滤纸浸入悬浮氨溶液中 5min，取出试纸用热风吹干，备用。

（2）检测。取 10.0g 左右待测磨碎样品，置于三角烧瓶中，加入 20mL 乙醚，振摇后，分出乙醚层。置水溶上挥发至 0.4mL，移入小试管中，加入一勺碳酸钠，在水浴上蒸干、冷却。

取亚铁氰化银试纸条，在 1g/L 硫酸铁溶液中浸湿后，悬挂于橡皮塞下。向试管内残渣小心滴入浓硫酸 2～3 滴，迅速将挂有试纸的橡皮塞塞紧小试管，将试管移入水浴内加热 5min，如果试纸变为蓝色，表示样品中有有机氯农药存在。试验中应防止无机氯的干扰。

11.1.2 定量检验

1. 气相色谱法

1）实验原理

样品中六六六、滴滴涕经提取、净化后用气相色谱法测定，与标准比较定量。电子捕获检测器对于负电极强的化合物具有较高的灵敏度，利用这一特点，可分别测出微量的六六六和滴滴涕。不同异构体和代谢物可同时分别测定。

出峰顺序：a-666、β-666、μ-666、δ-666、p，p′-DDE、0，p′-DDT、p，p′-DDD、p，p′-DDT。

2）仪器和试剂

（1）仪器。

① 小型粉碎机。

② 小型绞肉机。

③ 组织捣碎机。

④ 电动振荡器。

⑤ 旋转浓缩蒸发器。

⑥ 吹氮浓缩器。

⑦ 气相色谱仪：具有电子捕获检测器（ECD）。

（2）试剂。

① 丙酮。

② 正己烷。

③ 石油醚：沸程 30～60℃。

④ 苯。

⑤ 硫酸。

⑥ 无水硫酸钠。

⑦ 硫酸钠溶液（20g/L）。

⑧ 六六六、滴滴涕标准溶液：准确称取甲、乙、丙、丁六六六四种异构体和 p,p′-滴滴涕、p,p′-滴滴滴、p,p′-滴滴伊、o,p′-滴滴涕（α-666、β-666、γ-666、δ-666、p,p′-DDT、p,p′-DDD、p,p′-DDE、o,p′-DDT）各 10.0mg，溶于苯，分别移入 100mL 容量瓶中，加苯至刻度，混匀，每毫升含农药 100.0μg，作为储备液存于冰箱中。

⑨ 六六六、滴滴涕标准使用液：将上述标准储备液以己烷稀释至适宜浓度，一般为 0.01μg/mL。

3）操作步骤

（1）提取。

① 称取具有代表性的样品（适用于生的及烹调加工过的蔬菜、水果或谷类、豆类、肉类、蛋类）约 200g，加适量水，于捣碎机中捣碎，混匀。称取匀浆 2.00～5.00g，于 50mL 具塞三角瓶中，加 10～15mL 丙酮，在振荡器上振荡 30min，过滤于 100mL 分液漏斗中，残渣用丙酮洗涤 4 次，每次 4mL，用少许丙酮洗涤漏斗和滤纸，合并滤液 30～40mL，加石油醚 20mL，摇动数次，放气。振荡 1min，加 20 mL 硫酸钠溶液（20g/L），振荡 1min，静置分层，弃去下层水溶液。用滤纸擦干分液漏斗颈内外的水，然后将石油醚液缓缓放出，经盛有约 10g 无水硫酸钠的漏斗，滤入 50 mL 三角瓶中。再以少量石油醚分 3 次洗涤原分液漏斗、滤纸和漏斗，洗液并入滤液中，将石油醚浓缩，移入 10mL 具塞试管中，定容至 5.0 mL 或 10.0 mL。

② 称取具有代表性的乳样品 2.00g，于 10mL 具塞试管中，加 4mL 丙酮，振摇 1min，加 4mL 石油醚，振摇 1min，静置分层。将上层石油醚溶液移入另一 25mL 具塞试管中，再加 1mL 石油醚于原试管中，不摇。取出上层石油醚合并于 25mL 试管中，重复 2 次。再加与石油醚等体积的硫酸钠溶液（20g/L），摇混，分层。将上层石油醚溶液取出经无水硫酸钠滤入 10mL 具塞试管中，再加 1mL 石油醚于原 25mL 试管中，不摇。取出上层液合并于 10mL 试管中，重复 2 次。提取液定容至 4.0mL。

③ 称取具有代表性的均匀食用油样品 0.50g 以石油醚溶解于 10mL 试管中，定容至 10.0mL。

（2）净化。5.0mL 提取液加 0.50mL 浓硫酸，盖上试管塞。振摇数次后，开塞子放气，然后振摇 0. 5min。于 1600r/min 离心 15min，上层清液供气相色谱法分析用。

（3）测定。

① 气相色谱参考条件。

色谱柱：内径 3～4mm，长 1.2～2m 的玻璃柱，内装涂以 OV-7（15g/L ）和 QF-1（20g/L）的混合固定液的 80～100 目硅藻土。

② Ni-电子捕获检测器：汽化室温度，215℃；色谱柱温度，195℃；检测器温度，225℃；载气（氮气）流速，90mL/min；纸速，0.5cm/min。

③ 电子捕获检测器的线性范围窄，为了便于定量，选择样品进样量使之适合各组分的线性范围。根据样品中六六六、滴滴涕存在形式，相应的制备各组分的标准曲线，从而计算出样品中的含量。

六六六、滴滴涕及其异构体含量按下式计算。

$$x_1 = \frac{A_1 \times 1000}{m_1 \times \frac{V_2}{V_1} \times 1000}$$

式中　x_1——样品中六六六或滴滴涕及其异构物体的单一含量，mg/kg；

A_1——样品中六六六或滴滴涕及其异构物体的单一含量，ng；

V_1——样品净化液体积，mL；

V_2——样液进样体积，μL；

m_1——样品质量，g。

4）色谱图（图 11-1）

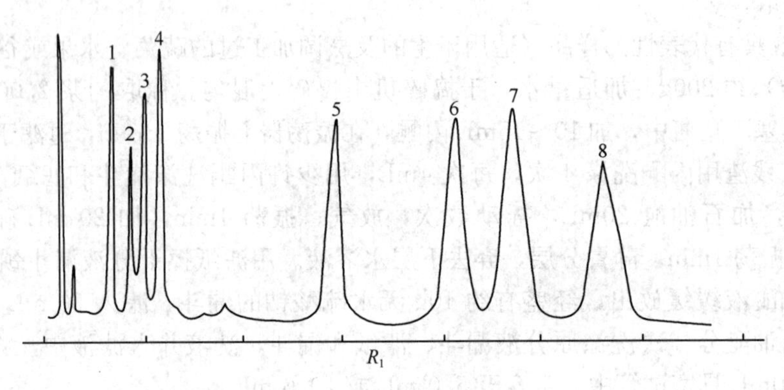

图 11-1　六六六、DDT 色谱图

1. α-666；2. β-666；3. γ-666；4. δ-666；5. p,p′-DDE；6. o,p′-DDT；7. p,p′-DDD；8. p,p′-DDT

2. 薄层色谱法

1）实验原理

样品中六六六、滴滴涕经有机溶剂提取，并经硫酸处理，除去干扰物质，浓缩，点样展开后，用硝酸银显色，经紫外线照射生成棕黑色斑点，与标准比较，可概略定量。

2）仪器和试剂

（1）仪器。

① 薄层板涂布器。

② 玻璃板：5cm×20cm。

③ 展开槽：内长 25cm，宽 6cm，高 4cm。

④ 玻璃喷雾器。

⑤ 紫外线杀菌灯：15W。

⑥ 微量注射器或血色素吸管。

（2）试剂。

① 氧化铝 G。薄层色谱用。

② 硝酸银溶液（10g/L）。

③ 硝酸银显色液。称取硝酸银 0.050g 溶于数滴水中，加苯氧乙醇 10mL，加 30%（体积分数）过氧化氢溶液 10mL，混合后储存于棕色瓶中，放冰箱内保存。

④ 六六六、滴滴涕标准使用液。各吸取六六六、滴滴涕标准溶液（100μg/mL）2.0mL，分别移入 10mL 容量瓶中，各加苯至刻度，混匀。每毫升含农药 20μg。

3）操作步骤

（1）提取。同上述气相色谱法

（2）净化 10mL 提取液浓缩至 1mL，加 0.1mL 浓硫酸，盖上试管塞振摇数下，打开塞子放气，再振摇 0.5min，于 1600r/min，离心 15min。上层清液供薄层色谱分析。

（3）测定。

① 薄层板的制备。称取氧化铝 G 4.5g，加 1mL 硝酸银溶液（10g/L）及 6mL 水，研磨至糊状，立即涂在 3 块 5cm×20cm 的薄层板上，涂层厚度 0.25mm，于 100℃烘 0.5h，置于干燥器中，避光保存。

② 点样。离薄层板底端 2cm 处，用针划一标记。在薄层板上点 1～10μL 样液和六六六、滴滴涕标准溶液，一块板可点 3～4 个。中间点标准溶液，两边点样品溶液。也可用滤纸移样法点样。

③ 展开。在展开槽中预先倒入 10mL 丙酮-己烷（1+99）或丙酮-石油醚（1+99）。将经过点样的薄层板放入槽内。当溶剂前沿距离原点 10～12cm 时取出，自然挥干。

④ 显色。将展开后的薄层板喷以 10mL 硝酸银显色液，干燥后距紫外灯 8cm 处照 10～20min，六六六、滴滴涕等全部显现棕黑色斑点。

4）结果结算

$$x_2 = \frac{A_2 \times 1000}{m_2 \times \dfrac{V_4}{V_3} \times 1000}$$

式中　x_2——样品中六六六、滴滴涕及其异构体或代谢物的单一含量，mg/kg；

A_2——被测定用样液中六六六或滴滴涕及其异构或代谢物的单一含量，ng；

V_3——样品浓缩液总体积，mL；

V_4——点板样液体积，μL；

m_2——样品质量，g。

结果：以平行测定的算数平均值的二位有效数来表达。允许相对误差≤15%。

11.2　有机磷农药残留量的测定

11.2.1　定性检验

1. 刚果红法

1）实验原理

本法是利用样液中的有机磷农药经溴氧化后，与刚果红作用，生成蓝色化合物，来鉴别样品是否存在有有机磷农药。

2）操作步骤

取经粉碎的样品用苯浸泡、振摇，用滤纸过滤，取滤液于蒸发皿上，加入 100g/L

甘油甲醇溶液1滴，沥干，加1mL水混匀。将样液滴于定性滤纸上，挥发干。将滤纸置于溴蒸气上熏5min，取出，在通气处将溴挥发尽。滴入5g/L刚果红乙醇溶液，置于滤纸的点样处，如果滤纸显示出蓝紫色则表示样品中有有机磷存在。呈粉红色者则为溴的色泽。

2. 纸上斑点法

1）实验原理

样液中的硫代磷酸酯类有机磷与2,6-二溴苯醌氯酰亚胺，在溴蒸气作用下，形成各种有颜色的化合物，用以鉴定是否存在有机磷及是哪一种有机磷。

2）操作步骤

（1）2,6-二溴苯醌氯酰亚胺试纸：称取0.05g2,6-二溴苯醌氯酰亚胺，溶于10mL 95%（体积分数）乙醇中，将定性滤纸浸湿，晾干备用。

（2）检验：吸取按刚果红法制备的样液滴，于2,6-二溴苯醌氯酰亚胺试纸上，稍干，置于溴蒸气上蒸熏片刻，呈现出不同颜色的斑点，根据所显示斑点的颜色鉴别属于哪种有机磷农药。试验时，为防止色素干扰，试纸要临时配制。有机磷农药呈色反应如表11-1所示。

表11-1 有机磷农药的呈色反应

农药种类	反应颜色	反应时间/min	农药种类	反应颜色	反应时间/min
3911	鲜黄，周围较深	5s～3	乐果	黄→橙黄	20s～5
1605	淡黄→紫红	30s～3	M-74	淡土黄→暗紫红	30s～5
1059	鲜黄→暗黄	30s～3	三硫磷	土黄→杏红	15s～5
4049	黄→黄棕	30s～5	1240	鲜黄→暗黄	30s～3

11.2.2 定量检测

这里介绍有机磷农药残留量的气相色谱检测法。

1）实验原理

本法是利用含有机磷的样品在富氢焰上燃烧，以HPO碎片的形式放射出526nm的特性光，这种光通过滤光片选择后，由光电倍增管接收，转变成电信号，经放大器放大后，由记录仪记录下色谱图，将样品的峰高或峰面积与标准品相比较做定量分析。本法适用于水果、蔬菜、谷类的检测。最低检出量为0.1～0.25ng。

2）仪器和试剂

（1）仪器。

① 组织捣碎机。

② 粉碎机。

③ 旋转蒸发器。

④ 气相色谱仪：附有火焰光度检测器（FPD）。

（2）试剂。

① 丙酮。

② 二氯甲烷。

③ 氯化钠。

④ 无水硫酸钠。

⑤ 助滤剂 Celiee545。

⑥ 农药标准品：敌敌畏 99%，速灭磷顺式 60%、反式 40%，久效磷 99%，甲拌磷 98%，巴胺磷 99%，二嗪农 98%，乙嘧硫磷 97%，甲基嘧啶硫磷 99%，甲基对硫磷 99%，稻瘟净 99%，水胺硫磷 99%，氧化喹硫磷 99%，稻丰散 99.6%，甲喹硫磷 99.6%，克线磷 99.9%，乙硫磷 95%，乐果 99.0%，喹硫磷 98.2%，对硫磷 99.0%，杀螟硫磷 98.5%。

3）操作步骤

（1）标准溶液的配制。分别准确称取标准品，用二氯甲烷为溶剂，分别配制成 1.0mg/mL 的标准储备液，储于冰箱（4℃）中。使用时用二氯甲烷分别稀释成 1.0μg/mL 的标准使用液。再根据各农药品种的最小检测限，吸取不同量的标准储备液，用二氯甲烷稀释成混合标准使用液。

（2）试样制备。取粮食样品经粉碎机粉碎，过 20 目筛制成粮食试样；取水果、蔬菜样品洗净，晾干，去掉非可食部分后制成待测试样。

（3）提取。

① 称取 50.00g 水果、蔬菜试样，置于 300mL 烧杯中，加入 50mL 水和 100mL 丙酮（总体积 150mL）。用组织捣碎机捣 1～2min。匀浆液经铺有两层滤纸和约 10g Celite545 的布氏漏斗，减压抽滤。从滤液中分取 100mL，移至 500mL 分液漏斗中。

② 称取 25.00g 谷物试样，置于 300mL 烧杯中，加入 50mL 水和 100mL 丙酮，以下同上一步骤。

（4）净化。向以上两种滤液中，加入 10～15g 氯化钠，使呈饱和状态。猛烈振摇 2～3min，静置 10min，使丙酮从水相中盐析出来，水相用 50mL 二氯甲烷振摇 2min，再静置分层。

将丙酮与二氯甲烷提取液合并，并经装有 20～30g 无水硫酸钠的玻璃漏斗脱水，滤入 250mL 圆底烧瓶中。再以约 40mL 二氯甲烷分数次洗涤容器和无水硫酸钠，洗涤液也并入烧瓶中。用旋转蒸发器浓缩至约 2mL，浓缩液定量转移至 5～25mL 容量瓶中，加二氯甲烷定容至刻度。

（5）测定。

① 气相色谱条件；

色谱柱：a. 玻璃柱 2.6m×3mm（i.d.），填装涂有 4.5%（质量分数）DC200＋2.5%（质量分数）OV-17 的 ChromosorbWAW DMCS（80～100 目）的担体。b. 玻璃柱 2.6m×3mm（i.d.），填装涂有 1.5%（质量分数）DCOE-1 的 Chromosorb WAW DMCS（60～80 目）。

气体速度：氮气（N_2）50mL/min、氢气（H_2）100mL/min、空气 50mL/min。

温度：柱温 240℃、汽化室 260℃、检测器 270℃。

② 测定。吸取 2～5μL 混合标准液及样品净化液，注入色谱仪中，以保留时间定

性。以试样的峰高或峰面积与标准比较定量。

4）结果计算

$$x_i = \frac{A_i \times V_1 \times V_3 \times E_{si} \times 1000}{A_{si} \times V_2 \times V_4 \times m \times 1000}$$

式中　x_i——i 组分有机磷农药的含量，mg/kg；

A_i——试样中 i 组分的峰面积，积分单位；

A_{si}——混合标准液中 i 组分的峰面积，积分单位；

V_1——试样提取液的总体积，mL；

V_2——净化用提取液的总体积，mL；

V_3——浓缩后的定容体积，mL；

V_4——进样体积，mL；

E_{si}——进入色谱仪中的 i 标准组分的质量，ng；

m——样品的质量，g。

结果报告要算出平均值的二位有效数字，相对误差≤15%。

5）16 种有机磷农药的色谱图（图 11-2）

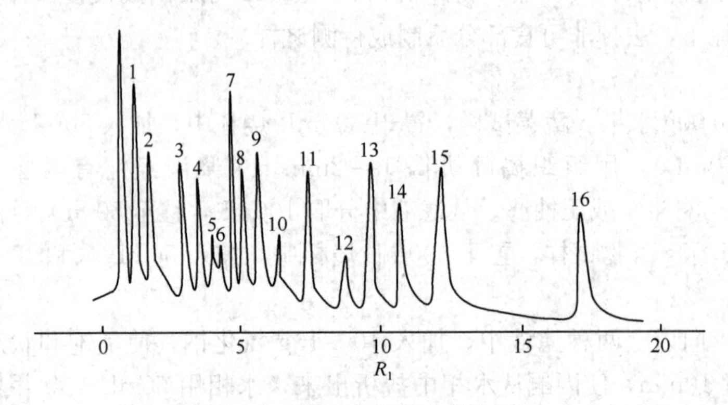

图 11-2　16 种有机磷农药色谱图

	最低检测浓度/（mg/kg）
1. 敌敌畏（1.21min）	0.005
2. 速灭磷（1.67min）	0.004
3. 久效磷（3.03min）	0.014
4. 甲拌磷（3.37min）	0.004
5. 巴胺磷（3.94min）	0.011
6. 二嗪农（4.27min）	0.003
7. 乙嘧硫磷（4.65min）	0.003
8. 甲基嘧啶硫磷（5.01min）	0.004
9. 甲基对硫磷（6.44min）	0.004
10. 稻瘟净（6.94min）	0.004
11. 水胺硫磷（7.46min）	0.005
12. 氧化喹硫磷（8.51min）	0.025
13. 稻丰硫（9.33min）	0.017
14. 甲喹硫磷（9.95min）	0.014
15. 克线磷（11.64min）	0.009
16. 乙硫磷（17.00min）	0.014

11.3　薄层层析法测定食品中黄曲霉毒素

1993 年黄曲霉毒素被世界卫生组织（WHO）的癌症研究机构划定为Ⅰ类致癌物，是一种毒性极强的剧毒物质。黄曲霉毒素的危害性在于对人及动物肝脏组织有破坏作用，严重时，可导致肝癌甚至死亡。在天然污染的食品中以黄曲霉毒素 B_1 最为多见，其毒性和致癌性也最强。由于 $AFTB_1$ 毒性大、含量多，且在一般情况下，如未检查出 $AFTB_1$，就不存在 $AFTG_1$ 等，故食品中污染 AFT 的含量，通常以 $AFTB_1$ 为主要指标。

黄曲霉毒素（aflatoxins）是一组化学结构类似的化合物，目前已分离鉴定出 12 种，包括 B_1、B_2、G_1、G_2、M_1、M_2、P_1、Q、H_1、GM、B_{2a}和毒醇。黄曲霉毒素的基本结构为二呋喃环和香豆素，B_1 是二氢呋喃氧杂萘邻酮的衍生物。即含有一个双呋喃环和一个氧杂萘邻酮（香豆素）。前者为基本毒性结构，后者与致癌有关。M_1 是黄曲霉毒素 B_1 在体内经过羟化而衍生成的代谢产物。黄曲霉毒素的主要分子类型含 B_1、B_2、G_1、G_2、M_1、M_2 等。其中 M_1 和 M_2主要存在于牛奶中。B_1 为毒性及致癌性最强的物质。黄曲霉毒素 B_1、B_2、G_1、G_2、M_1、M_2 化学结构式，见图 11-3 所示。

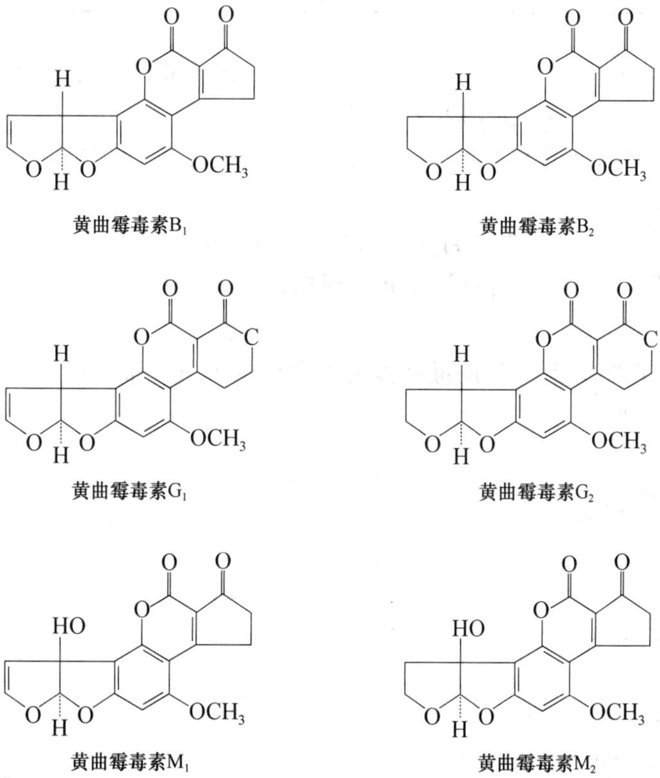

黄曲霉毒素B_1　　黄曲霉毒素B_2

黄曲霉毒素G_1　　黄曲霉毒素G_2

黄曲霉毒素M_1　　黄曲霉毒素M_2

图 11-3　黄曲霉毒素 B_1、B_2、G_1、G_2、M_1、M_2 化学结构式

在紫外线下，黄曲霉毒素 B_1、B_2 发蓝色荧光，黄曲霉毒素 G_1、G_2 发绿色荧光。

黄曲霉毒素的相对分子量为 312～346。难溶于，易溶于油、甲醇、丙酮和氯仿等有机溶剂，但不溶于石油醚、已烷和乙醚中。一般在中性溶液中较稳定，但在强酸性溶液中稍有分解，在 pH9～10 的强酸溶液中分解迅速。其纯品为无色结晶，耐高温，黄曲霉毒素 B_1 的分解温度为 268℃紫外线对低浓度黄曲霉毒素有一定的破坏性。

1995 年，世界卫生组织制定的食品黄曲霉毒素最高允许浓度为 15μg/kg。

我国政府对各种食物中黄曲霉毒素的最高允许量见表 11-2。

表 11-2　中国对食品中黄曲霉毒素的最高允许含量

食 物 名 称	最高允许含量/（μg/kg）
玉米、花生、花生油、坚果和干果（核桃、杏仁）	20（黄曲霉毒素 B_1）
玉米、花生仁制品（按原料折算）	20（黄曲霉毒素 B_1）
大米、其他食用油（香油、菜子油、大豆油、葵花油、胡麻油、茶油、麻油、玉米胚芽油、米糠油、棉子油）	10（黄曲霉毒素 B_1）
其他粮食（麦类、面粉、薯干）、发酵食品（酱油、食用醋、豆豉、腐乳制品）、淀粉类制品（糕点、饼干、面包、裱花蛋糕）	5 黄曲霉毒素 B_1）
牛乳及其制品（消毒牛乳、新鲜生牛乳、全脂牛奶粉、淡炼乳、甜炼乳、奶油）、黄油、新鲜猪组织（肝、肾、血、瘦肉）	0.5（黄曲霉毒素 M_1）

薄层层析（thin-layer chromatography，TLC）是在黄曲霉毒素研究方面应用最广的分离技术。自 1990 年，它被列为 AOAC（association of official agricultural chemists）标准方法，该方法同时具有定性和定量分析黄曲霉毒素的功能

1）实验原理

本法是利用样品中的黄曲霉毒素 B_1 经有机溶剂提取、净化、浓缩、薄层分离后，在波长 365nm 紫外光下产生蓝紫色荧光，根据其在薄层上显示荧光的最低检出量来测定黄曲霉毒素 B_1 的含量。

薄层色谱法黄曲霉毒素 B_1 的最低检出量为 0.0004μg，最低检出浓度为 5μg/kg。

2）仪器和试剂

(1）仪器。

① 小型粉碎机。

② 样筛。

③ 电动振荡器。

④ 玻璃浓缩器。

⑤ 玻璃板 5cm×20cm。

⑥ 薄层板涂布器。

⑦ 展开槽（25cm×6cm×4cm）。

⑧ 紫外光灯 100～125W。

⑨ 波长 365nm 滤光片。

⑩ 微量注射器。

（2）试剂。

① 三氯甲烷、正己烷（沸程30～60℃）或石油醚（沸程60～90℃）、甲醇、苯、乙腈、无水乙醚或乙醚经无水硫酸钠脱水、丙酮。以上试剂在试验前需先进行空白试验，如不干扰测定即可使用，否则需逐一进行重蒸。

② 硅胶G（薄层色谱用）、三氟乙酸、无水硫酸钠、氯化钠、苯-乙腈（98+2）混合液、甲醇水溶液（55+45）。

③ 黄曲霉毒素B_1标准液：准确称取1～1.2mgAFTB_1标准品，先加入2mL乙腈溶解后，再用苯稀释至100mL，避光、于冰箱4℃保存。此标准液浓度约为10μg/mL。先用紫外分光光度计测定其浓度，再用苯-乙腈混合液调整其浓度为准确10.0μg/mL。在350nm，AFTB_1在苯-乙腈（98+2）混合液中的摩尔消光系数为19800。

④ 黄曲霉毒素B：标准使用液。

Ⅰ液（1.0μg/mL）：取1mL AFTB标准液（10.0μg/mL）于10mL容量瓶中，用苯-乙腈混合液稀释、定容。

Ⅱ液（0.2μg/mL）：取Ⅰ液1mL，按上法定容5mL。

Ⅲ液（0.04μg/mL）：取液Ⅱ1mL，按上法定容5mL。

⑤ 次氯酸钠溶液（消毒用）：取100g漂白粉，加入500mL水，搅拌均匀。另将80g工业用碳酸钠（$Na_2CO_3 \cdot H_2O$）溶于500mL温水中。将两液合并、搅拌、澄清、过滤。此液含次氯酸25g/L。污染的玻璃器皿用次氯酸钠溶液浸泡可达到去毒的效果。

3）操作步骤

（1）取样。试样中污染黄曲霉毒素高的霉粒1粒可以左右测定结果，而且有毒粒的比例小，同时分布不均匀。为避免取样带来的误差，应大量取样，并将该大量试样粉碎，混合均匀，才有可能得到准确能代表一批试样的相对可靠的结果，所以采样时应根据规定采取有代表性的试样；对局部发霉变质的试样应单独检验；每份检测用样品从大样经粗碎及连续多次用四分法缩减至0.5～1 kg，然后全部粉碎。粮食样品全部通过20目筛，花生样品全部通过10目筛、混匀。或将好、坏分别测定，再计算其含量。花生油和花生酱等试样不需制备，但取样时应搅拌均匀。必要时，每批试样可采取3份大样作试样制备及分析测定用，以观察所采试样是否具有一定代表性。

（2）提取。称取20.00g经粉碎样品，置于250mL具塞锥形瓶中，加30mL正己烷或石油醚和100mL甲醇水清液，瓶塞上涂一层水、盖严防漏。振荡30min，静置片刻，以叠成折叠式的快速定性滤纸过滤于分液漏斗中，待下层甲醇水溶液分清后，放出甲醇水溶液于另一具塞锥形瓶内。取20.00mL甲醇水溶液（相当于4.0g样品）置于另一125mL分液漏斗中，加20mL三氯甲烷，振摇2min、静置分层，如出现乳化现象，可滴加甲醇促使分层。放出三氯甲烷层，经盛有约10g预先用三氯甲烷湿润的无水硫酸钠的定量慢速滤纸，过滤于50mL蒸发皿中，再加5mL三氯甲烷于分液漏斗中重复振摇提取，三氯甲烷层一并滤于蒸发皿中，最后用少量三氯甲烷洗过滤器，洗液并于蒸发皿中。将蒸发皿放在通风柜，于65℃水浴上通风挥干，然后于冰盒上冷却2～3min后，准确加入1mL苯-乙腈混合液。用带橡皮头的滴管的管尖将残渣充分混合，若有苯的结晶析出，将蒸发皿从冰盒上取出，继续溶解、混合，晶体即消失，再用此滴管吸取上清液转移于2mL的具塞试管中。

（3）测定。

① 单向展开法。

a. 薄板制备：称取3g硅胶G，加2～3倍量的水，研磨1～2min呈糊状后，倒入涂布器推成5cm×20cm，厚度约0.25mm的薄层板3块。在空气中干燥15min，在100℃活化2h，取出，放干燥器中保存。一般可保存2～3d，若放置时间较长，可再活化后使。

b. 点样：将薄板边缘附着的吸附剂刮净，在距薄层板下端3cm的基线上用微量注射器或血红素吸管滴加样液。一块板可滴加4个点，点距边缘和点间距为1cm，点直径约3mm，在同一板上滴加点的大小应一致，滴加时可用吹风机用冷风边吸边加。滴加样式如下：

第一点：10μLAFTB，标准使用液（0.04μg/mL）。

第二点：20μL样液。

第三节：20μL样液＋10μL0.04μg/mLAFTB$_1$标准使用液。

第四点：20μL样液＋10μL0.02μg/mLAFTB$_1$标准使用液。

c. 展开与观察，在展开槽内加10mL无水乙醚，预展12cm，取出挥干。再于另一展开槽内加10mL丙酮-三氯甲烷（8＋92），展开10～12cm，取出，在紫外光下观察结果，方法如下：

由于样液上加滴了AFTB$_1$标准，可使AFTB$_1$标准点与样液中AFTB$_1$，荧光点重叠。若样液为阴性，薄板上第三点AFTB$_1$为0.0004μg，可用做检查样液中AFTB$_1$最低检出量是否正常出现；若样液为阳性；则起定性作用。薄层板上第四点AFTB$_1$标准为0.002μg，主要起定位作用。

若第二点与AFTB$_1$标准点的相应位置上无蓝色荧光点，则表示样品中AFTB$_1$含量＜5μg/kg；若在相应位置上有蓝色荧光点，则需进行确证试验。

d. 确证试验：为确认薄层样上样液荧光系由黄曲霉毒素B$_1$产生的，加滴三氟乙酸，产生AFTB$_1$的衍生物，展开后此衍生物的比移值约在0.1。于薄层板左边依次滴加两个点。

第一点：10μL 0.04μg/mL AFTB$_1$标准使用液。

第二点：20μL样液。

于以上两点各加一小滴三氟乙酸盖于其上，反应5min后，用吹风机吹热风2min（板上温度不高于40℃），再于薄层板上滴加以下两点。

第三点：10μL 0.04μg/mL AFTB$_1$标准使用液。

第四点：20μL样液。

按上法展开并观察，样液是否产生与AFTB$_1$标准点相同的衍生物。未加三氟乙酸的三、四两点，可依次作为标准与标准的衍生物空白对照。

e. 稀释定量：样液中的AFTB$_1$荧光点的荧光强度，如与AFTB$_1$标准点最低检出量（0.0004μg）的荧光强度一致，则样品中AFTB$_1$含量为即为5μg/kg。

若样液中荧光强度比最低检出量强，则根据其强度估计，减少滴加微升数，或将样液稀释后再滴加不同微升数，直至样液的荧光强度与最低检出量的荧光强度一致为止。滴加式样如下：

第一点：10μLAFTB$_1$ 标准使用液（0.04μg/mL）。

第二点；根据情况滴加 10μL 样液。

第三点：根据情况滴加 15μL 样液。

第四点：根据情况滴加 20μL 样液。

f. 结果计算：

$$x = 0.0004 \times \frac{V_1 \times D \times 1000}{V_2 \times m_1}$$

式中　x——样品中 AFTB$_1$ 的含量，μg/kg；

V_1——加入苯-乙腈混合液的体积，mL；

V_2——出现最低荧光时滴加样液的体积，mL；

D——样液的总稀释倍数；

m_1——加入苯-乙腈混合液溶解时相当样品的质量，g；

0.0004——AFTB$_1$ 的最低检出限量，μg。

② 双向展开法。如用单向展开法后，薄层色谱由于杂质干扰掩盖了 AFTB$_1$ 的荧光强度，需采用双向展开法。薄层板先用无水乙醚做横向展开，将干扰的杂质展至样液点的一边，而 AFTB$_1$ 不动，然后再用丙酮-三氯甲烷（8+92）做纵向展开，样品在相应处的杂质底色大量减少，因而提高了方法的灵敏度。

a. 点样：取薄层板 3 块，在距下端 3cm 基线上，在距左边缘 0.8～1cm 处，各滴加 10μL AFTB$_1$（0.04μg/mL）标准液，在距左边缘 2.8～3cm 处，各滴加 20μL 样液。然后在第二块板的样液点上加滴 10μL AFTB$_1$（0.04μg/mL）标准液，在第三块板的样液点上加滴 10μL AFTB$_1$（0.02μg/mL）标准液。

b. 展开。

横向展开：在展开槽内的长边置一玻璃支架，加 10mL 无水乙醇，将上述点好的薄层板靠标准点的长边，置于展开槽内展开，展至板端后，取出挥干。根据情况，需要时，可再重复 1～2 次。

纵向展开：挥干的薄层板以丙酮-三氯甲烷（8∶92）展开至 10～12cm 为止。丙酮与氯甲烷的比例，根据不同条件自行调节。

c. 观察与评定结果：

在紫外光下观察第一、二块板，若第二块板在 AFTB$_1$ 标准点的相应处出现最低检出量，而在第一板与第二板的相同位置上未出现荧光，则样品中 AFTB$_1$ 含量＜5μg/kg。

若第一块板与第二块板的相同位置上出现荧光点，则将第一块板与第三块板比较，着第三块板上第二点与第一块板上第二点的相同位置上的荧光点是否与 AFTB$_1$ 标准点重叠，如果重叠，再进行确证试验。在具体测定中，三块板可以同时做，也可按顺序做。当第一块板出现阴性时，第三块板可以省略，如第一块板为阳性，则第二块板可省略，直接做第三块。

d. 确认试验：另取薄层板二块，于第四、五两板距左边缘 0.8～1cm 处，各滴加 10μLAFTB_1（0.04μg/mL）标准液及 1 小滴三氟乙酸；在距左边缘 2.8～3cm 处，于第四板滴加 20μL 样液及 1 小滴三氟乙酸；于第五板滴加 20μL 样液、10μLAFTB_1（0.04μg/mL）标准液及 1 小滴三氟乙酸，反应 5min 后，用热风吹 2min（板上温度不高于 40℃）。再用双向展开法展开后，观察样液是否产生与 AFTB_1 标准点重叠的衍生物。观察时，可将第一板作为样液的衍生物空白板。若样液 AFTB_1 含量较高时，则将样液稀释后，按单向展开法中（4）做确认试验。

e. 稀释定量：若样液中 AFTB_1 含量较高，可按单向展开法中（5）稀释定量操作。若 AFTB_1 含量较低，稀释倍数小，在定量的纵向展开板上仍有杂质干扰，影响结果判断，可将样液再做双向展开法测定，以确定含量。

f. 结果计算：同单向展开法。

4）说明及注意事项

（1）用过后受污染的玻璃器皿，应经次氯酸溶液（25g/L），浸泡消毒后再清洗之。

（2）液相色谱法测定黄曲霉毒素。液相色谱（liquid chromatography，LC）与薄层层析在许多方面具有相似性，两者互相补充。通常用 TLC 进行前期的条件设定，选择适宜的分离条件后，再用 LC 进行黄曲霉毒素的定量测定。

（3）免疫化学分析方法测定黄曲霉毒素。利用具有高度专一性的单克隆抗体或多克隆抗体设计的黄曲霉毒素的免疫分析方法，也是最常用的黄曲霉毒素检测方法。这类方法通常包括放射免疫分析方法（radioimmunoassay，RIA），酶联免疫法（enzyme-linked of Immunosorbent assay，ELISA）和免疫层析法（immunoaflinity column assay，ICA）。它们均可以对黄曲霉毒素进行定量测定。

① 免疫亲和柱-荧光分光光度法和免疫亲和术-HPLC 法：免疫亲和柱法和酶联免疫吸附法虽然都可达到速简便效果，但酶联免疫吸附法仅能检测单一毒素（如黄曲霉毒素 B_1）含量，而且易出现假阳性结果，难以控制。免疫亲和柱法（包括荧光光度法和 HPLC 法）却能达到既定量准确又快速简便的要求。

免疫亲和柱的使用可以避免传统 TLC 和 HPLC 的缺点，同时免疫亲和柱与 TLC 和 HPLC 法结合可以大大提高工作效率，提高灵敏度和准确度。

黄曲霉毒素免疫亲和柱-荧光光度计法是以单克隆免疫亲和柱为分离手段，用荧光计、紫外灯作为检测工具的快速分析方法。它克服了 TLC 和 HPLC 法在操作过程中使用剧毒的真菌毒素作为标定标准物和在样品预处理过程中使用多种有毒、异味的有机溶剂，毒害操作人员和污染环境的缺点。同时黄曲霉毒素免疫亲和柱-荧光光度计法分析速度快，一个样品只需 10～15min，比传统方法快几个小时甚至几天时间；仪器设备轻便容易携带，自动化程度高，操作简单，直接读出测试结果，可以在小型实验或现场使用。可以进行黄曲霉毒素总量（B_1、B_2、G_1、G_2）的测定，检测限可达到 1μg/kg，达到黄曲霉毒素标准限量值以下测定范围为 1～300μg/kg。

黄曲霉毒素免疫亲和柱-高效液相色谱法比传统的 HPLC 法更加安全、可靠、灵敏度和准确度高。它采用单克隆抗体免疫技术，可以特效性地将黄曲霉毒素或其他真菌毒素分离出来，分离效率和回收率高。

分析试样中的黄曲霉毒素用一定比例的甲醇/水提取液经过过滤，稀释后，用免疫亲和柱净化，以甲醇将亲和柱上的黄曲霉毒素淋洗下来，在淋洗液中加入溴溶液衍生，以提高测定灵敏度，然后用荧光分光光度计进行定量。也可以将甲醇-黄曲霉毒素淋洗液的一部分注入 HPLC 中，对黄曲霉毒素 B_1、B_2、G_1、G_2 分别进行定量分析。免疫亲和柱是用大剂量的黄曲霉毒素单克隆抗体固化在水不溶性的载体上，然后装柱而成。该方法的测定范围 0～300μg/kg。

② 酶联免疫吸附法：1996 年，Nakane 建立了辣根过氧化物酶标记抗体的测定技术。由于该方法简便、敏感、特异，可作为多种抗原或抗体的测定，20 世纪 70 年代后期，该方法引入真菌毒素的检测中，下面介绍的是竞争性酶联免疫吸附间接法检测黄曲霉毒素 B_1。

原理：将已知抗原吸附在固态载体表面，洗除未吸附抗原，加入一定量抗体与待测样品（含有抗原）提取液的混合液，竞争培养后，在固相载体表面形成抗原抗体复合物。洗除多余抗体成分，然后加入酶标记的抗球蛋白的第二抗体结合物，与吸附在固体表面的抗原抗体结合物相结合，再加入酶底物。在酶的催化作用下，底物发生降解反应，产生有色物质，通过酶标检测仪测出酶底物的降解量，从而推知被测样品中的抗原量。

③ 微柱筛选法：可以用来半定量测定各种食品中黄曲霉毒素 B_1、B_2、G_1、G_2 的总量。

原理：样品提取液中的黄曲霉毒素被微柱管风硅镁型吸附层吸附后，在波长 365nm 紫外光灯下显示蓝紫色荧光环，其荧光强度与黄曲霉毒素在一定的光密度范围内成正比例关系。若硅镁型吸附剂层未出现蓝紫色荧光，则样品为阴性（方法灵敏度为 5～10μg/kg）。由于在微柱上不能分离黄曲霉毒素 B_1、B_2、G_1、G_2，所以测得结果为总的黄曲霉毒素含量。

④ 一步式黄曲霉毒素检测金标试纸法：一步式黄曲霉毒素检测金标试纸法是利用单克隆抗体而设计的固相免疫分析法。由此产生的一步式黄曲霉毒素快速检测试纸可在 5～10min 完成对样品中黄曲霉毒素的定性测定。借助黄曲霉毒素标准样品，这种方法能估算黄曲霉毒素的含量，非常适用于现场测试和进行大量样品的初选。

（4）检测方法的分析。薄膜层析法和液相色谱法是目前国内绝大多数检测机构都在使用的方法，由于其检测周期长、程序复杂、所需试剂繁多等缺点已远远不能满足现代检测要求。随着现代科学技术的不断发展，特别是免疫学、生物化学、分子生物学的不断发展，人们已创建了不少快速、简便、特异、敏感、低耗且适用的黄曲霉毒素检测方法。而且以金标试纸为代表的这些方法已经被先进国家所广泛使用，引进和消化这些先进的方法是我们检测领域的当务之急。免疫亲和柱法优点很多，但由于检测费用过高，而无法普及。而一步式黄曲霉毒素检测金标试纸法似乎更适用于我国，值得推广。

11.4　液相色谱法测定食品中苯并［a］芘

食品中苯并［a］在的测定方法有荧光分光光度法、薄层层析法、气相色谱和液相色谱法，这里介绍液相色谱法。

1）实验原理

本法主要是利用样品经过提取、皂化或者液-液分配以及柱层析净化，除去脂肪类物质、色素和多环芳烃以外的其他物质后，再通过液相色谱仪中的色谱柱，将苯并芘从多环芳烃物质中分离出来。求出样品中苯并芘的含量。

2）仪器

(1) 液相色谱仪。

色谱柱：ODS 柱，柱长 250mm，ϕ4mm；

柱温：30℃；

流动相：75%甲醇；

流速：2mL/min。

(2) 检测器。荧光检测器，激发波长 369nm，荧光波长 405nm。

3）操作步骤

(1) 定性测定。用微量注射器吸取一定量的苯并芘标准溶液和样液，注入色谱仪内，根据苯并芘的出峰保留时间和样品中加标准样产生重叠情况进行定性。

(2) 标准曲线的绘制。用微量注射器准确吸取每 1mL 含 1μg 的苯并芘标准溶液 1、2、3、4、5μL 按照上述实验条件进行操作，以获得相应的色谱图。然后，分别测量各个色谱的峰面积。以峰面积为纵坐标，标准苯并芘量为横坐标，绘制标准曲线。

(3) 样品的测定。在上述实验条件下，吸取一定量经过柱净化的样品提取液，注入液相色谱仪中进行分离、分析，测得峰面积，然后从标准曲线上查出相应于此面积的苯并芘含量。

4）结果计算

$$x = \frac{A}{W \cdot P}$$

式中　x——苯并芘含量，μg/g；

A——从标准曲线中查出相当于苯并此的标准量，μg；

W——样品的质量 g；

P——点样体积/样品浓缩体积。

5）说明及注意事项

(1) 本法所用试剂及配制方法、样品的提取、净化步骤参照荧光分光光度法。

(2) 高效液相色谱分离多环芳烃的效果与洗脱液的比例、柱温和流速等有关，其最适宜的条件随仪器而异。

(3) 本法灵敏度为 0.1ng/g。

11.5　比色法测定食品中 N-亚硝胺类

食品中挥发性 N-亚硝胺类化合物的测定，可采用气相色谱-质谱联用法、气相色谱-热能分析仪法及分光光度比色法。这里介绍分光光度比色测定法。

1）实验原理

本法主要是利用食品中挥发性亚硝胺可采用夹层保温水蒸气蒸馏加以纯化，在紫外光的照射下，亚硝胺分解释放亚硝酸根。通过强碱性离子交换树脂浓缩，在酸性条件下，与对位氨基苯磺酸形成重氮盐，再与*N*-萘乙烯二胺二盐酸盐形成红色偶氮染料来测定。颜色的深浅与亚硝胺的含量成正比，此法可用于测定挥发性*N*-亚硝胶总量。

2）仪器和试剂

（1）仪器。

① 分光光度计。

② 紫外灯。

（2）试剂。

① 磷酸缓冲溶液（0.1mol/L，pH7）：吸取 0.1mol/L 磷酸氢二钠 61.0mL 和 0.1mol/L 磷酸二氢钠 39.0mL 混合而成。

② 300g/L 乙酸溶液。

③ 0.5mol/L 氢氧化钠溶液。

④ 显色试剂：

显色剂 A——10g/L 对氨基苯磺酸的 300g/L 乙酸溶液。

显色剂 B——2g/L*N*-1-萘乙烯二胺二盐酸盐的 300g/L 乙酸溶液。

显色剂 C——10g/L 对氨基苯磺酸的 1.7mol/L 盐酸溶液。

显色剂 D——10g/L*N*-1-萘乙烯二胺二盐酸盐溶液。

⑤ 盐酸溶液（1.7mol/L）。

⑥ 二乙基亚硝胺标准溶液（100μg/mL）。

⑦ 亚硝酸钠标准溶液（100μg/mL）。

⑧ 强碱性离子交换树脂：交链度 8，粒度 150 目。

⑨ 正丁醇饱和的 1mol/L 氢氧化钠溶液。

3）操作步骤

（1）亚硝胺标准曲线的绘制。准确吸取每 1mL 为 100μg 的亚硝胺标准溶液 0、0.02、0.04、0.06、0.08、0.10mL，分别移入小培养皿中，并分别加入 pH7 的磷酸缓冲溶液，使每份反应液的总体积达 2.0mL。摇匀后在紫光下照 1min。按顺序加入 0.5mL 显色剂 A，摇匀后再加 0.5mL 显色剂 B，待溶液呈玫瑰红色后，分别在分光光度计 550nm 波长处测定吸光值，绘制标准曲线。

（2）样品制备。

液体样品：根据样品中亚硝胺的含量称取样品 10.0～20.0g，移入 100mL 容量瓶中，加入氢氧化钠溶液使其浓度为 1mL/L，摇匀后过滤，收集滤液待测定。

固体样品，取经捣碎或研磨均匀的样品 20.0g，加入正丁醇饱和的 1mol/L 氢氧化钠溶液，移入 100mL 容量瓶中，并加至刻度，摇匀，浸泡过夜，离心分离，取清滤液待测定。

（3）挥发性*N*-亚硝胺的总量的测定。吸取样品的清液 50mL 移入蒸馏瓶内进行夹层保温水蒸气蒸馏，收集 25mL 馏出液，用 300g/L 乙酸调节至 pH3～4。再移入隙馏瓶内进行夹层保温水蒸气蒸馏，收集 20mL 馏出液，用 0.5mol/L 氢氧化钠调至 pH7～8。将馏出液在紫外光下照 15min，通过强碱性离子（氯离子型）交换柱（1cm×0.5cm）浓缩，以少量水洗后，用 1mol/L 氯化钠溶液洗脱亚硝酸根，分管收集洗脱液（每管 1mL），至所收集的洗脱液加入显色剂不显色为止。各管中加入 1.0mLpH7 有磷酸缓冲溶液，0.5mL 显色剂 A，摇匀后再加入 0.5mL 显色剂 B，以下操作同标准曲线的绘制。根据测得的吸光值，从标准曲线中查得每管亚硝胺的含量，汇总总含量。

4）结果计算

$$x = \frac{A}{W} \times 1000$$

式中 x——挥发性 N-亚硝胺含量，μg/kg；

A——相当于挥发性 N-亚硝胺标准的量，μg；

W——测定时样品液相当于样品的量，g。

11.6 液相色谱法快速检测原料乳中三聚氰胺

1）实验原理

用乙腈作为原料乳中的蛋白质沉淀剂和三聚氰胺提取剂，强阳离子交换色谱柱分离，高效液相色谱-紫外检测器/二极管阵列检测器检测，外标法定量。

2）仪器和试剂

(1) 仪器。

① 一次性注射器。2 mL。

② 滤膜。水相，0.45μm。

③ 针式过滤器。有机相，0.45μm。

④ 具塞刻度试管。50mL。

⑤ 液相色谱仪。配有紫外检测器/二极管阵列检测器。

⑥ 分析天平。感量 0.0001g 和 0.01g。

⑦ pH 计。测量精度±0.02。

⑧ 溶剂过滤器。

(2) 试剂

① 乙腈（CH_3CN）（色谱纯）。

② 磷酸（H_3PO_4）。

③ 磷酸二氢钾（KH_2PO_4）。

④ 三聚氰胺标准物质（$C_3H_6N_6$）：纯度≥99%。

⑤ 三聚氰胺标准储备溶液：1.00×10^3 mg/L。称取 100mg 三聚氰胺标准物质（准确至 0.1mg），用水完全溶解后，100 mL 容量瓶中定容至刻度，混匀，4℃条件下避光保存，有效期为 1 个月。

⑥ 标准工作溶液：使用时配制。

a. 标准溶液 A：2.00×10^2 mg/L。

准确移取20.0 mL三聚氰胺标准储备溶液，置于100mL容量瓶中，用水稀释至刻度，混匀 。

b. 标准溶液B：0.50mg/L。

准确移取0.25mL标准溶液A，置于100mL容量瓶中，用水稀释至刻度，混匀。

c. 按表11-3分别移取不同体积的标准溶液A于容量瓶中，用水稀释至刻度，混匀。按表11-4分别移取不同体积的标准溶液B于容量瓶中，用水稀释至刻度，混匀。

表11-3　标准工作溶液配制（高浓度）

标准溶液A体积/mL	0.10	0.25	1.00	1.25	5.00	12.5
定容体积/mL	100	100	100	50.0	50.0	50.0
标准工作溶液浓度/（mg/L）	0.20	0.50	2.00	5.00	20.0	50.0

表11-4　标准工作溶液配制（低浓度）

标准溶液B体积/mL	1.00	2.00	4.00	20.0	40.0
定容体积/mL	100	100	100	100	100
标准工作溶液浓度/（mg/L）	0.005	0.01	0.02	0.10	0.20

⑦ 磷酸盐缓冲液：0.05 mol/L。称取6.8g磷酸二氢钾（准确至0.01g），加水800mL完全溶解后，用磷酸调节pH至3.0，用水稀释至1L，用滤膜过滤后备用。

3）操作步骤

（1）试样的制备。称取混合均匀的15 g原料乳样品（准确至0.01g），置于50mL具塞刻度试管中，加入30mL乙腈，剧烈振荡6 min，加水定容至满刻度，充分混匀后静置3 min，用一次性注射器吸取上清液用针式过滤器过滤后，作为高效液相色谱分析用试样。

（2）高效液相色谱测定。

① 色谱条件。

a. 色谱柱：强阳离子交换色谱柱，SCX，250mm×4.6mm（i. d.），5 μm，或性能相当者。

注：宜在色谱柱前加保护柱（或预柱），以延长色谱柱使用寿命。

b. 流动相：磷酸盐缓冲溶液-乙腈（70+30，体积比），混匀。

c. 流速：1.5mL/min。

d. 柱温：室温。

e. 检测波长：240nm。

f. 进样量：20μL。

② 液相色谱分析测定。

a. 仪器的准备。

b. 开机，用流动相平衡色谱柱，待基线稳定后开始进样。

c. 定性分析。

依据保留时间一致性进行定性识别的方法。根据三聚氰胺标准物质的保留时间，确定样品中三聚氰胺的色谱峰（图 11-4）。必要时应采用其他方法进一步定性确证。

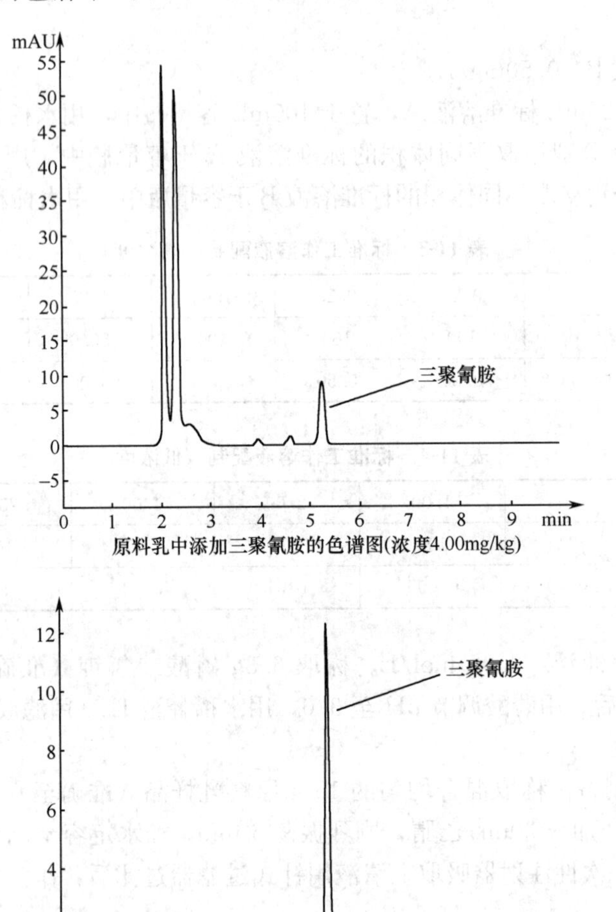

原料乳中添加三聚氰胺的色谱图(浓度4.00mg/kg)

三聚氰胺标准样品色谱图(浓度5.00mg/kg)

图 11-4　三聚氰胺的色谱图

d. 定量分析。校准方法为外标法。

校准曲线制作：根据检测需要，使用标准工作溶液分别进样，以标准工作溶液浓度为横坐标，以峰面积为纵坐标，绘制校准曲线。

试样测定：使用试样分别进样，获得目标峰面积。根据校准曲线计算被测试样中三聚氰胺的含量（mg/kg）。试样中待测三聚氰胺的响应值均应在方法线性范围内。

注：当试样中三聚氰胺的响应值超出方法的线性范围的上限时，可减少称样量再进行提取与测定。

同时做空白试验：除不称取样品外，均按上述步骤同时完成空白试验。

4）结果计算

结果按下列公式计算：

$$X = c \times \frac{V}{m} \times \frac{1000}{1000}$$

式中　X——原料乳中三聚氰胺的含量，mg/kg；

c——从校准曲线得到的三聚氰胺溶液的浓度，mg/L；

V——试样定容体积，mL；

m——样品称量质量，g。

通常情况下计算结果保留 3 位有效数字；结果在 0.1～1.0mg/kg 时，保留 2 位有效数字；结果<0.1mg/kg 时，保留 1 位有效数字。

5）说明及注意事项

（1）如果保留时间或柱压发生明显的变化，应检测离子交换色谱柱的柱效以保证检测结果的可靠性。

（2）使用不同的离子交换色谱柱，其保留时间有较大的差异，应对色谱条件进行优化。

（3）强阳离子交换色谱的流动相为酸性体系，每天结束实验时应以中性流动相冲洗仪器系统进行维护保养。

（4）本方法适用于原料乳，也适用于不含添加物的液态乳制品。

（5）本方法定量检测范围为 0.30～100.0mg/kg，方法检测限为 0.05mg/kg。

思考题

1. 食品中常见的有害有毒物质有哪些?

2. 为什么说在农药残量的检测中，样品的预处理是一项十分重要的工作？如何进行样品的预处理。

3. 食品中农药残留有什么简易的定性检测方法？请简要说明。

4. 气相色谱法测定有机氯及有机磷农药残留量，是如何分别进行定性及时性定量的?

5. 简述薄层层法测定黄曲霉毒素 B_1 的原理及操作要点。

6. 测定黄曲霉毒素后的玻璃器皿，为什么要用次氯酸溶液浸泡清洗?

7. 怎样配制黄曲霉毒素 B_1 的标准溶液?

8. 液相色谱法测定食品中的苯并［a］芘是怎样进行定性及定量的？食物中的苯并［a］芘是怎样产生的?

9. 简述分光光度比色测定食品中挥发性 N-亚硝胺类物质的方法？食物中的亚硝胺类化合物是怎样产生的?

第 12 章　食品包装材料及容器的检测

食品包装有两个目的，一个是为计数方便；二是保证食品的卫生质量，它是食品质量完好的重要条件之一。包装是为食品服务的，必须在保证食品安全性的前提下，力求经济美观，便于销售。

食品包装分为两类，一类是运输包装，也称为外包装或大包装，是在储存和运输中使用的；一类是销售包装，也称为内包装或小包装，是在食品销售和使用过程中使用的。

在国际贸易中，为方便储存和运输，对包装的基本要求是：保护食品品质，适合运输条件，节省费用，符合各国规定（包装的质量和体积应当适合国内外堆码、搬运的要求）。

其中，保护食品在运输和储存中不受损失是对包装的最基本要求。包装要适应运输条件，注意转运中的自然条件，并要适应各地装、卸运输的机械化程度。

运输过程，要注意节省运输费用，在注意质量的前提下，合理压缩体积，尽量节省包装费用和运输费用。

食品在生产加工储存运输等过程中，接触各种容器、工具、包装材料等，在接触过程中，容器、包装材料中的某些成分可以移到食品中，造成污染，这方面的例子屡见不鲜。故食品包装的卫生是一个非常重要的问题。

12.1　食品包装的分类

用于食品包装的材料很多，可从使用的材料来源和使用用途分为以下两大类。

1. 按包装材料来源分类

1）塑料

（1）可溶性包装。不必去掉包装材料，一同置入水中溶化。如速溶果汁、速溶咖啡、茶叶等饮料的内包装。

（2）收缩包装。加热时即自行收缩，裹紧内容物，突出产品轮廓。如常用于腊肠、肉脯等聚乙烯薄膜包装。

（3）吸塑包装。用真空吸塑热成型的包装。如此法生产成型的两个半圆透明塑膜，充满糖果后捏拢呈橄榄形、葡萄形等各种果型，再用塑条贴牢。可悬挂展销。许多种糖果采用此种包装。

（4）泡塑包装。将透明塑料按所需要模式吸塑成型后，罩在食品的硬纸板或塑料板上，可供展示。如糕点、巧克力糖多采用此种包装。

（5）蒙皮包装。将食品与塑料底板同时用吸塑法成型，在食品上蒙上一层贴体的衣服，它比收缩包装更光滑，内容物轮廓更加突出，清晰可见。如香肠的包装。

（6）拉伸薄膜包装。将拉伸薄膜依序绕在集装板上垛的纸箱箱外，全部裹紧，以代替集装箱。

（7）镀金属薄膜包装。在空箱内，将汽化金属涂复到薄膜上，性能与铝箔不相上下，造价较低，如罐头的包装及一些饮料的包装。

2）纸与纸板

（1）可供烘烤的纸浆容器。有涂聚乙烯的纸质以及用聚乙烯聚酯涂层的漂白硫酸盐纸制成的容器。这种纸浆容器可在微波炉及常规炉上烘烤加热。

（2）折叠纸盒（箱）。使用前为压有线痕的图案，按线痕折叠后即成纸盒箱，这样方便运输，节省运输费用开支。

（3）包装纸。这种普通的包装纸是流通最多，使用最广泛的，使用时要注意国家规定的卫生标准。

3）金属

（1）马口铁罐。质量较轻，不易破碎，运输方便，但易为酸性食品所腐蚀，故采用镀锡在马口铁面上，注意镀锡的卫生标准。

（2）易开罐及其他易开器。最广泛使用的是拉环式易开罐，还有用手指掀开的液体罐头，罐盖上有两个以金属薄片封闭的小孔，用手指下掀，露出小孔，液体即可从罐中倾出。铝箔封顶的罐，外罩塑料套盖，开启时用三指捏铝箔上突出的箔片，将箔撕掉，塑盖还可以再盖上。出口的饮料常采用此种罐装。

（3）轻质铝罐头。呈长筒形，多用以盛饮料。

2. 按包装功能分类

1）方便包装

（1）开启后可复关闭的容器。如糖果盒上的小漏斗，以便少量取用。大瓶上有水龙头或小口，盖上有筒形的小盖，抽出或竖直即可倾出器内液体，塞进或横置小盖则复闭，粉状食品的塑料代斜角开一小口，口边黏有一小铝皮，便于捏紧、折合、关闭。

（2）气雾罐。如用盛调味晶、香料。同时捏罐即可将调味晶喷出。

（3）软管式。如用装果酱、膏、泥状佐料，挤出来抹在食品上。

（4）集合包装。将有关联的食品，搭配在一起，以便利消费者。如一日三餐包装在一个大盒内，每餐又另包开。

2）展示包装

展示包装即便于陈列的包装。如瓦楞箱上部呈梯形，开启后即可显示出内容物。

3）运输包装

运输包装有脚的纸箱或塑料箱，便于叉车搬运，堆垛。容器上下端有供互相衔接的槽，如六角形罐头，有边纸箱，便于堆高陈列。

4）专用包装

（1）饮料。从目前发展的情况来看趋向于塑料瓶或塑料小桶等。乳制品等饮料多采用砖式铝箔复合纸盒、复合塑料袋等。

（2）鲜肉、鱼、蛋的包装。

鲜肉：内有透气薄膜、外用密封薄膜包装。零售展销时，去掉外层包装，使空气进入代内，肉即恢复鲜红色。

活鱼：充氧包装，一般采用空运，使远方消费者也能吃到鲜货。

鲜蛋：充二氧化碳包装，抑制其呼吸作用，延长鲜蛋的保存期。

(3) 鲜果。鲜果一般用气调储藏，运输时用保鲜纸或保鲜袋（加入一定的保鲜剂）等包装方法。

12.2　食品包装的安全卫生要求

食品容器包装材料根据卫生学特性可以分成三大类，有其不同的卫生问题。

(1) 传统材质。如竹、木、纸、布等主要特点是表面不光洁，质地疏松，渗水性强，因而增加了微生物污染的机会。目前，在小作坊、乡镇企业，有些工厂设备陈旧，工艺比较落后，从竹、木、布、纸上由于微生物的繁殖，造成对食品的污染事例较多，尤其是包装纸的污染食品更为广泛，必须引起我们的高度注意。

(2) 长期使用的材质。如搪瓷、陶瓷、马口铁等主要是重金属、金属盐或金属氧化物对食品造成的化学性污染。这些材质虽然质地坚硬，表面光洁，不渗水。其主要的卫生问题是有害金属溶出后，移入盛装的食品中去。

(3) 新兴的材质。运用到食品包装中最多的是塑料等一类高分子化合物，以下做简单介绍。

树脂或塑料、合成橡胶、化学纤维等，这一类高分子化合物构成的材质，分子质量越大，越难溶，化学反应性也越趋向于惰性，因而生物学活性的毒性也越弱。这类高分子化合物本身不易移到食品中去，但是，它未参与聚合的游离单体及裂解物可移到食品中，进入人体后会造成危害甚至可以使人体致突变、致癌。

为了使塑料等一类高分子材质，具有较好的外观和耐久性，所加入的稳定剂、增塑剂、润滑剂、着色剂等的质与量加入不当可能产生一定的毒害作用，也可以移入食品，造成危害。

玻璃制品的材质要注意是否有玻璃碎质的残渣留在瓶中或容器中；另外，玻璃瓶体要注意规格标准。有时因瓶体高低参差不齐造成破碎，影响到产品的卫生标准。

此外，回收再生材质更要注意微生物学及化学标准，注意回收再生材质的添加剂毒性。再生材质用于食品容器具或做包装材料，一定要经过严格地测试、检验，应完全符合卫生标准方可使用。

12.2.1　塑料制品的卫生

目前我国规定，可用于接触食品的塑料是聚乙烯、聚丙烯、聚苯乙烯和三聚氰胺等：从这些树脂的合成、加工等方面都较符合卫生安全性，但产品卫生标准必须是符合我国的国家标准方可使用。

根据《食品用塑料制品及原料卫生管理办法》中规定，聚氯乙烯树脂不得用于制作食品用具、容器、生产管道及运输带等及直接接触食品的包装材料，因为聚氯乙烯制品中往往含有聚氯乙烯单体，并要加入增塑剂、稳定剂等油剂接触食品后向食品中迁移的化学成分复杂，在卫生安全性存在较多的问题。

关于氯乙烯的毒性，国外已有较多的报道，其毒性主要表现在神经系统、骨骼和肝脏，是一种致癌物质。据调查，长期（10、20 年）在几百到几千 mg/kg 的氯乙烯环境中进行操作的人员，可发生指端动脉痉挛症、硬皮病、脂端溶骨症和肝血管肉瘤等病症。50mg/kg 的氯乙烯就可以对小鼠有致癌性。氯乙烯单体可自聚氯乙烯包装材料中迁移到食品中，长期摄入氯乙烯的危害性不容忽视。由于氯乙烯的毒性，各国对聚氯乙烯树脂中氯乙烯残留量都做了规定，如日本、美国、英国、法国、荷兰、意大利、瑞士等国规定应＜1mg/kg，法国、意大利、瑞士还规定食品中迁入量应＜0.05mg/kg。

聚乙烯（polyethylene）和聚丙烯（polypropylene）属于聚烯烃类的长直链烷烃，分子式以（$CH_2—CH_2$）$_n$ 和（$CH—CH_2$）$_n$为代表。半透明而有一定韧性的塑料桶和塑料食品袋就是聚乙烯或聚丙烯制品。它的毒性极低，LD_{50} 大于最大可能灌胃量。化学稳定性极高，毒理学试验中从未发现其毒害作用，其游离单体乙烯、丙烯本身毒性很低，含量极微规故不规定单体含量限制。由于聚合度不一，低聚合度的分子易溶于油脂，而使油带有蜡味，故不适于盛装油脂。聚合过程中也使用催化剂，但一般不存在残留问题。其他添加剂在聚烯烃类塑料中加入的种类很少，对颜料的限制主要要求是用溶剂强烈涂擦而不应褪色。

对于聚乙烯、聚丙烯的一个值得注意的问题是再生制品，由于回收来源复杂，难于保证洗净回收容器上的残留物，由于回收品已变色而再生时加入大量深色颜料掩盖，故再生制品应禁止用于盛装食品。

1. 聚乙烯成型品卫生标准

聚乙烯成型品卫生标准适用于以聚乙烯树脂为原料的食具、包装容器及食品工业用器具（表 12-1）。

1）技术要求

聚乙烯成型品卫生指标如表 12-1 所示。

表 12-1　聚乙烯成型品卫生指标

指标名称			指标/（mg/L）
蒸发残渣	4%醋酸	≤	30
	65%乙醇	≤	30
	正己烷	≤	60
高锰酸钾消耗量（水）		≤	10
重金属（4%醋酸）		≤	1
脱色实验	冷餐油或用无色油脂		阴性
	乙醇		阴性
	浸泡液		阴性

2）聚乙烯、聚苯乙烯、聚丙烯成型品卫生标准的检验方法

（1）取样方法。每批中按 0.1%取样品，小批时取样数不少于 10 只（以 500mL/只计；<500mL/只时，样品相应加倍取量）。其中半数供化验用；另半数供保存 2 个月，以备作仲裁分析用。分别注明：产品名称，批号，取样日期。

（2）浸泡条件。

蒸馏水：60℃保温 2h。

4%醋酸：60℃保温 2h。

65%乙醇：常温（在 20℃+1℃）浸泡 2h。

正己烷：常温（在 20℃±1℃）浸泡 2h。

以上浸泡溶液量按接触面积 $2mL/cm^2$ 计，容器则盛至 2/3～4/5 容积为准。

（3）高锰酸钾消耗量。

① 原理：试样经浸泡液浸泡后，测定其高锰酸钾消耗量，表示可溶出有机物的含量。

② 试剂。

a. 高锰酸钾溶液（$c_{1/5KMnO_4}=0.01mol/L$）；

b. 草酸溶液（$c_{1/2H_2C_2O_4}=0.01mol/L$）；

c. 稀硫酸：1 份硫酸加 2 份水。

③ 操作步骤。

a. 锥形瓶处理。取 100mL 水，放入 250mL 锥形瓶中，加入 5mL 加稀硫酸 5mL，0.01mol/L 高锰酸钾 5mL 和玻璃珠 2 粒，煮沸 5min，倒去，用水清洗备用。

b. 滴定。取蒸馏水浸泡液 100mL（有残渣则需过滤）于上述锥形瓶中，加稀硫酸 5mL、0.01mol/L 高锰酸钾 10.0mL 和玻璃珠 2 粒，准确煮沸 5min 后，乘热加入 0.01mol/L 草酸 10.0mL，再以 0.01mol/L 高锰酸钾滴定至微红色，记录二次高锰酸钾滴定量，另取蒸馏水 100mL，按上法同样方法做试剂空白试验。

④ 结果计算：

$$\text{高锰酸钾消耗量(mg/L)} = \frac{(V_1 - V_2) \times c \times 31.6 \times 1000}{100}$$

式中　V_1——试样浸泡液消耗高锰酸钾标准滴定溶液的体积，mL；

V_2——试样浸泡液消耗高锰酸钾标准滴定溶液的体积，mL；

c——高锰酸钾标准滴定溶液的浓度，mol/L；

31.6——与 1.0mL 高锰酸钾标准滴定溶液（$c_{1/5KMnO_4}=0.001mol/L$）相当的高锰酸钾的质量，mg。

（4）蒸发残渣。

① 原理：试样用各种浸泡液浸泡后，蒸发残渣即表示在不同浸泡液中的溶出量。

② 测定：取各浸泡液 200mL，分别置于预先在 100℃±5℃干燥至恒重的 50mL 玻璃蒸发皿或浓缩器中，在水浴上蒸干，于 100℃±5℃干燥 2h，在干燥器中冷却 0.5h 后称重，再于 100℃±5℃干燥 1h，取出在干燥器中冷却 0.5h，称至恒重 a，同时取不经食具浸泡的同一种浸泡液 200mL，按同法蒸干、干燥，称至恒重 b。

③ 结果计算：

$$蒸发残渣(mg/L)=\frac{(a-b)\times 1000}{浸泡液毫升数}$$

（5）重金属。

① 原理：浸泡液中重金属（以铅计）与硫化钠作用，在酸性溶液中形成黄棕色硫化铅，与标准比较不得更深，即表示重金属含量符合标准。

② 试剂。

a. 铅标准溶液：称取硝酸铅 0.1598g 溶于 10%硝酸 10mL 中，准确加水稀释至 1000mL，为 100μg/mL 的铅标准溶液，吸取 10mL 铅标准溶液于 100mL 容量瓶中，加水稀释至刻度，此液每毫升含有 10μg 的铅标准使用液。

b. 硫化钠溶液：5g 硫化钠溶于 10mL 水和 30mL 甘油混合溶液中。

另一制法是把水 30mL、甘油 90mL，混合后分成 2 等份，于 1 份中加氢氧化钠 5g，使其溶解后，通入硫化氢气体使溶液饱和；再把另一份水和甘油的混合溶液倒入，混合均匀后装入瓶内，密塞保存。

③ 操作步骤：取 4%醋酸浸泡液 20mL，于 50mL 比色管中，加水至 50mL。另取 2mL 铅标准使用液于 50mL 比色管中，加 20mL 乙酸（4%），加水至刻度。两液中均加硫化钠溶液 2 滴，混合之后放 5min，两管以白色为背景，从上方或侧面观察，试样呈色不能比标准溶液深。

呈色大于标准管的试样，重金属（以铅计）报告值>1。

（6）脱色试验。取洗净待测食具一个，用蘸有冷餐油、65%乙醇的棉花，在接触食品部位的小面积内用力反复擦拭 100 次。棉花不得染有颜色。

4 种浸泡液亦不得染有颜色。

2. 食品包装用三聚氰胺成型品卫生标准

本标准适用于以三聚氰胺树脂为原料的食具及容器。

1）技术要求

食品包装用三聚氰胺成型品卫生标准如表 12-2 所示。

表 12-2　食品包装用三聚氰胺成型品卫生标准

指标名称			指标/（mg/L）
蒸发残渣	甲醛	≤	30
	4%醋酸	≤	10
高锰酸钾消耗量（水）		≤	10
重金属（4%醋酸）		≤	1
脱色实验	冷餐油或用无色油脂		阴性
	乙醇		阴性
	浸泡液		阴性

2）食品包装用三聚氰胺成型品卫生标准分析方法

（1）取样方法、浸泡条件、高锰酸钾消耗量、蒸发残渣、重金属、脱色试验等的测定均同聚乙烯、聚苯乙烯、聚丙烯成型品的测定。

（2）甲醛（盐酸苯肼比色法）。

① 原理：甲醛与盐酸苯肼在酸性情况下经氧化生成红色化合物，与标准系列比较定量。

② 试剂。

a. 1%盐酸苯肼溶液：盐酸苯肼 1g，加水 80mL 溶解，再加盐酸（10+2）2mL，加水稀释至 100mL，过滤，储存于棕色瓶中。

b. 2%铁氰化钾。

c. 盐酸（10+2）。

d. 甲醛标准溶液，取 36%～38%的甲醛溶液 2.5mL，以水定容至 250mL，用碘量法标定，最后稀释至每毫升含甲醛 100μg、临用前稀释成每毫升含 10μg 甲醛。

③ 操作步骤。吸取 10.0mL 乙酸（4%）浸泡液于 100mL 容量瓶中，加水至刻度，混匀。再吸取 2mL 此稀释液于 25mL 比色管中。另取 25mL 比色管 6 只分别加入 0、0.2、0.4、0.6、0.8、1.0mL 甲醛标准溶液（10μL/mL），各管加水至 2mL。于样品管和标准管中加盐酸苯肼 1mL，摇匀，放置 20min，加 2%铁氰化钾溶液 0.5mL，放置 4min，加盐酸（10+2）2.5mL，以水稀释至 10mL。在 10～40min 内以 1cm 比色杯，用零管调零点，在 520nm 处测定吸光度，以甲醛标准溶液中甲醛含量为横坐标，以其吸光度为纵坐标，绘制标准曲线。并计算样品中甲醛含量。

④ 结果计算：

$$\text{甲醛(mg/L)} = \frac{m \times 1000}{10 \times \frac{V}{100} \times 1000}$$

式中　m——测定时所取稀释液中甲醛的质量，μg；

V——测定时所取稀释浸泡液的体积，mL。

除上述几种主要用于食品包装的材料外，还有聚偏二氯乙烯塑料（polyvinylidene resin）在食品加工行业主要用于薄膜，有的做肠衣。国内毒性限量未定，可参考国外限量溶出物单体含量不超过 0.05mg/kg。

聚对苯二甲酸乙二醇酯（polyehyleneglycot-terepht-halat）用于纤维（聚酯纤维）也用做成型容器，在食品加工行业常用做液态食品塑料瓶、饮料罐、软罐头的复合薄膜等，它的主要卫生问题是重金属（Sb、Ge、Co、Mn 等）的含量问题。故规定长期储有试验后溶出量不超过 100mg/kg。

尼龙（nylon）为聚酰胺树脂，是二元酸和二元胺的酰胺型共聚物，主要用于食品机械设备，如阀门、绳索，具有耐磨耐腐蚀等优点。

玻璃纸（cellophane）是天然纤维素的衍生物，由于无毒、无味、无臭、透明度好，表面不吸尘，容易印刷、广泛用于食品包装，用做软罐头的复合薄膜及食品盒的内衬纸等。

3. 几种塑料制品简易鉴别法——燃烧试验

通过燃烧试验的燃烧情况、离火后的表现、火焰状态、表面色泽、气味等特点鉴别是否可用于食品包装。这是最简易的方法，用于个别或小量包装的鉴别。具体鉴别方法见表 12-3。

表 12-3　几种塑料燃烧试验结果一览表

品种	燃烧试验					其他特点
	燃烧难易	离火焰后	火焰的状态	表面状态	臭味	
聚氯乙烯	难燃	不燃	中心呈黄色外边绿色	卷曲变黑	氯化氢刺激味	柔软 透明 易着色
聚乙烯	易燃	燃烧	蓝色，上端呈黄色	蜡洋滴落	石蜡气味	柔软 半透明 色易脱落 表面蜡状
聚丙烯	难燃	燃烧	蓝色，上端呈黄色	膨胀滴落	石油气味	—
聚苯乙烯	易燃	燃烧	橙黄色有浓黑烟	—	特殊气味	无色 透明 脆 易着色

通过上述简易试验，鉴别出食用与非食用的塑料制品，了解广泛用于食品工业的聚乙烯、聚丙烯的燃烧时的特征。燃烧试验的另一做法是将投试物用水和 15%盐水中漂浮过滤沉下，以及用铅笔划痕，由软硬度可以鉴别。聚乙烯、聚丙烯燃烧时有蜡味及石油味，而且烟少。聚苯乙烯冒黑烟（因碳氢比例中碳含量较高）。聚氯乙烯燃烧时，有氯刺激臭，离火即灭。尼隆用 2H 铅笔能划出痕迹。三聚氰胺脲醛塑料用 4H 铅笔也不能划出痕迹，燃烧时有甲醛臭味。

12.2.2　橡胶制品的卫生

1. 橡胶制品的卫生标准

橡胶分为天然橡胶和合成橡胶。天然橡胶本身既不分解也不被人体吸收，因而一般可以认为无毒。但由于加工的需要往往加入某些添加剂。合成橡胶也和塑料一样存在未完全聚合的单体和添加剂的卫生问题。橡胶制品卫生标准见表 12-4。

表 12-4　橡胶制品的卫生标准

名称	高锰酸钾消耗量	蒸发残渣		铅	锌
橡皮垫片（圈）	≤40	≤40	（20%乙醇）	≤1	≤20
		≤2000	（4%醋酸）		
		≤3500	（正己烷）		
高压锅圈	≤40	≤50	（水泡液）	≤1	≤100
		≤800	（正己烷）		
奶嘴	≤70	≤40	（水泡液）	≤1	≤30
		≤120	（4%醋酸）		

2. 橡胶制品食品卫生意义

橡胶制品是广泛用于食品工业的包装材料除奶嘴、瓶盖、垫片、垫圈、高压锅圈等直接接触食品外，食品工业中还应用橡胶管道以及与食品设备有关的附件等。这些制品可能接触到含醇饮料、含油食品、酸性食物或高压水蒸气。因此，对橡胶制品中的有毒溶出物值得注意，这是我们食品卫生工作中的重点。

橡胶制品是以天然橡胶或合成橡胶为基质，添加入各种助剂在一定的生产工艺条件下制成，由于各种橡胶制品的使用要求不同，所以添加的助剂也有所差异。橡胶制品中所添加的助剂有硫化刑、硫化促进剂及防老剂等，这些化合物的化学结构较为复杂，应注意它们的毒性问题。有一些橡胶添加剂已有慢性试验的报道。

橡胶制品中的添加剂的助剂在使用过程中可迁移至食品或饮料中。美国FDA1-4974年9月23日禁止在食用橡胶制品中使用乙撑硫脲（促进剂NA22）；乌洛托品（促进剂H）可分解成氨和甲醛、二苯胍（促进剂D）对肝脏及肾脏有毒性，这些助剂均不宜在食用橡胶制品中使用。我国规定氧化铅禁止用于食具。

目前比较安全的无机促进剂有氧化锌、氧化镁、氧化钙等用量少时比较安全。正确使用硫化促进剂可以提高橡胶制品的硬度、耐热性、耐浸泡性。此外，橡胶工业中使用的架桥剂，如2,5-二甲己烷较安全，应在二次加硫后用热水洗去未参与反应的过氯化物。过氯化二苯甲酰可分解毒性较强的二氯苯甲酸，不宜用于食用工业橡胶。为了使橡胶对热稳定、提高耐酸性、耐臭氧性、耐曲折龟裂性等，需要加入防老剂。防老剂有酚类和芳胺类衍生物等，在食品方面应用的主要是酚类，在使用酚类抗老化剂时应限制游离酚含量。芳胺衍生物中某些化合物有明显的毒性，我国食用橡胶卫生管理办法明确指出下列原料及配合剂禁止在食品用橡胶制品中使用：

再生胶
乌洛托品（促进剂H）
乙撑硫脲
α-硫基咪唑啉
α-硫醇基苯并噻唑（促进剂M）
二硫化二苯并噻唑（促进剂DM）
乙苯基-β-萘胺（防老剂J）
对苯二胺类
苯乙烯化苯酚
防老剂124

食用橡胶制品应按规定的配方和工艺生产，如需更改配方中原材料品种时应按《中华人民共和国食品卫生管理条例》的规定办理。对于食品加工、销售及使用上述橡胶制品的单位均应遵守本方法规定。

3. 食用橡胶制品的卫生标准分析方法

1）取样方法

以日产量为一批号，每批均匀地取500g，装于干燥清洁的玻璃瓶中，贴标签，注明产品名称、批号、取号日期，半数供化验用，半数保存半个月，备作仲裁分析用。所采样品应色泽正常、无嗅、无味、无异物。用自来水洗冲干净，再用蒸馏水淋洗、晾干、备用。

2）浸泡条件

每份样品取 20g，每克样品加浸泡液 20mL。水：60℃，保温 0.5h；4%乙酸：60℃、保温 0.5h；20%乙醇：60℃保温 0.5h（瓶盖垫片）；正己烷：于水浴加热回流 0.5h（罐头垫圈）。

3）感官检查

样品浸泡液不应着色，无嗅味，室内自然光下浸泡液无荧光。

4）高锰酸钾消耗量及蒸发残渣的测定

同前述塑料制品聚乙烯等成型品卫生标准的分析方法。

5）金属的测定

（1）铅的测定。

① 原理：同聚乙烯等成型品卫生标准的分析方法中重金属的测定。

② 试剂。50%柠檬酸铵溶液、10%氰化钾溶液、氨水，其他试剂同前述塑料中聚乙烯。

③ 操作步骤。吸取 20mL 4%乙酸于 50mL 比色管中，另取 2mL 铅标准使用液（相当 20μg 铅）于 50mL 比色管中，加 4%乙酸至 20mL，两管中各加 1mL50%柠檬酸铵溶液，3mL 氨水，1mL10%氰化钾溶液，加水至刻度，混匀，再各加 2 滴硫化钠液液，摇匀放置 5min，以白色为背景，从上方或侧面观察，样品显色不能比标准液更深。

（2）锌的测定。

① 原理：锌离子在酸性条件下与亚铁氰化钾作用生成亚铁氰化锌，产生浑浊，与标准浊度比较定量。

② 试剂。

a. 锌标准溶液：精密称取 0.1000g 锌，加 4mL 1∶1 盐酸，溶解后移入 1000mL 容量瓶中，加水稀释至刻度。此溶液每毫升相当于 100μg 锌。

b. 锌标准使用液：吸取 10.0mL 锌标准液于 100mL 容量瓶中，加水稀释至刻度。此溶液每毫升相当于 10μg 锌。

c. 0.5%亚铁氰化钾溶液。

d. 20%亚硫酸钠溶液（现用现配）。

e. 1∶1 盐酸溶液。

f. 10%氯化铵溶液。

③ 操作步骤。吸取 2.0mL 4%乙酸浸泡液，置于 25mL 比色管中，加水至 10mL。

吸取 0、1.0、2.0、4.0、6.0、8.0mL 锌标准使用液（相当于 0、10、20、40、60、80μg 锌），分别置入 25mL 比色管中，各加 2mL4%乙酸，再各加水至 10mL。

于样品及标准管中各加 1∶1 盐酸 1mL；10%氯化铵溶液 10mL；0.1mL20%亚硫酸钠溶液，摇匀，放置 5min 后，各加 0.5mL0.5%亚铁氰化钾溶液，加水至刻度，混匀。放置 5min 后，目视比较浊度定量。

④ 结果计算：

$$x = \frac{A \times 1000}{V \times 1000}$$

式中 x——样品浸泡液中锌含量，mg/L；

A——测定时所取样品浸泡液中锌含量，μg；

V——测定时所取样品浸泡液体积，mL。

12.2.3 陶瓷制品的卫生

1. 陶瓷制品卫生标准

陶瓷是由黏土、长石、石英等无机物的混合物烧结而成素烧胎，然后再涂上釉药烧结。陶瓷容具的卫生主要是涂覆在素胎的釉药，釉药中加入铅、锌、镉、锑、钡、铬等金属的氧化物硅酸盐，可以降低熔点，容易烧结。这样铅等金属元素能移入食品中。尤其是用陶瓷容器具盛醋、装果汁、接触酒等酸性食品可引起铅等重金属含量过多而中毒，故我国限制釉药中铅、镉、锑等重金属的溶出量（表 12-5）。

表 12-5 陶瓷制品卫生标准

指标/（mg/L）	陶瓷食具	搪瓷食具	搪瓷碗	搪瓷杯
铅 ≤	7.0	1.0	1.0	1.0
镉 ≤	0.5	0.5	0.5	0.5
锑 ≤	—	0.7	0.7	0.7

2. 陶瓷制食品容器卫生标准的分析方法

小批采样不得少于 6 只，注明产品名称、批号、取样日期。如样品形小，按检验需要可增加采样量。取样一半供化验用，另一半保存两个月，备作仲裁分析用。

操作方法如下：

一般先做外观检查。器形端正、内壁表面光洁，釉彩均匀，花饰无脱落现象。其后将样品用浸润过微碱性洗涤剂的软布揩试表面后，用自来水刷干净，再用水冲洗，晾干后备用。上述样品中加入沸 4%乙酸至距上口边缘 1cm 处（边缘有花彩者要浸入花面）加上玻璃盖，在不低于 20℃的室温下浸泡 24h；不能盛装液体的扁平器皿的浸泡液体积，以器皿表面积 2mL/cm^2 计算。

1）铅的测定

陶瓷制食品容器中铅的测定有两种方法，一是用原子吸收分光光度法，可把 4%乙酸浸泡液直接注入原子吸收分光光度计进行分析，当灵敏度不足时，取浸泡液一定量经蒸发、浓缩、定容后再进行测定。另一种方法是双硫腙比色法。

2）镉的测定

陶瓷制品中镉的含量测定也用原子吸收分光光度计法和双硫腙法。原子吸收分光光度计法测定时用波长 228.8nm、灯电流为 7.5mA、狭缝为 0.2nm、空气流量为 7.5L/min、乙炔流量为 1.0L/rain 的氘灯背景校正。双硫腙法是使镉离子在碱性条件下与双硫腙生成红色的络合物，再以三氯甲烷等有机溶剂比色之，在测试中加入酒石酸钾钠和控制 pH 可掩蔽其他金属离子的干扰。

12.2.4　铝制品的卫生

1. 铝制品的卫生标准

铝制品是指以铝为原料冲压或浇铸而成型的各种炊具、食具及其他接触食品的容器或材料。目前使用的铝原料纯度较高，其中所含有害金属较少，但回收铝往往夹有其他金属，纯度很难控制，因此我国在颁布《铝制食具容器卫生管理办法》中规定："凡回收铝，不得用来制作食具容器，如必须使用时，应符合铝制品食具容器卫生标各项规定，并不得含有其他有害杂质。"铝制品主要卫生问题是铸铝中的杂质金属和回收铝中的杂质。故我国一般禁用回收铝制造食品容器、工具。铝制食具容器卫生标准，见表 12-6。

表 12-6　铝制品的卫生标准

项　目		指　标
锌/（mg/L）（4%醋酸浸泡液中）	≤	1
铅/（m/L）（以 Pb 计，4%醋酸浸泡液中）	≤	1
精铝	≤	0.2
回收铝	≤	5
镉/（m/L）（以 Cd 计，4%醋酸浸泡液中）	≤	0.02
砷/（m/L）（以 As 计，4%醋酸泡液中）	≤	0.04

2. 铝制食品容器卫生标准的分析方法

取样数量为 1‰，小批量不得少于 6 只，分别注明名称、批号、取样日期。样品一半供化验用，另一半保存 2 个月，各作仲裁分析用。取样后一般先检查外观，器形端正，表面光洁均匀，无碱渍、油斑，底部无气泡。

浸泡方法：先将试样用肥皂洗刷，用自来水冲洗干净，再用蒸馏水冲洗，晾干。用 4%乙酸室温下浸泡 24h，供检验用。

铝制食品容器中的砷、锌的测定方法同第 9 章"食品中矿物质中的检测"。

12.2.5　包装纸的卫生

1. 包装纸的卫生标准

食品包装纸直接与食品接触，是我们食品行业使用最广泛的包装材料，所以它的卫生质量应引起我们的高度重视。

包装纸的种类很多，大体分内包装和外包装两种。内包装为可直接接触食品的包装如原纸：包咸菜、油糕点、豆制品、熟肉制品等；托蜡纸：包面包、奶油、冰棍、雪糕、糖果等；玻璃纸：包糖果；锡纸：包奶油糖及巧克力糖等。外包装主要为纸板，如糕点盒、冰点心盒等。另外，还有印刷纸等。

包装纸的卫生问题与纸浆、黏合剂、油墨、溶剂等有关。要求这些材料必须是低毒或无毒，并不得采用社会回收废纸作为原料、禁止添加荧光增白剂等有害助剂，制造托蜡纸的蜡应采用食用级石蜡，控制其中多环芳烃含量。用于食品包装纸的印刷油墨、颜料应符合食品卫生要求，石蜡纸及油墨颜料印刷面不得直接与食品接触。食品包装纸还要防止再生产对食品的细菌污染和回收废纸中残留的化学物质对食品的污染。食品包装纸的卫生标准参考国家卫生部 1989 年 11 月 8 日向有关部门发出关于颁发《果蔬类罐头食品卫生标准》等 13 个食品卫生标准来执行，这些标准自 1990 年 5 月 1 日起执行。

此外，为减少食品污染包装纸中色素要严格控制使用量。目前，国内外许多食品工厂采用彩色包装纸包装无色素食品。使用彩色包装纸时由于印刷捆扎时每张包装纸均接触下一张油墨面，故应控制油墨中所用的染料（即色素的使用量及品质）的卫生质量。

2. 包装纸的检验方法

1）取样方法

从每批产品中取 500g 纸样供检验用。分别注明产品名称、批号、日期。其中一半供检验用，另一半保存 2 个月，预留作仲裁分析用。

2）样品处理及操作

浸泡液：4%乙酸溶液。

被检样品置入浸泡液中（以每平方厘米加 2mL 浸泡液计算，纸条不要重叠），在不低于 20℃的常温下浸泡 24h，水和正己烷浸泡液不得染有颜色。

3）铅、砷含量的测定

① 铅的测定：铅的测定方法有二种：一种是双硫腙比色法和原子吸收分光光度法。一般用原子吸收分光光度法较迅速。

② 砷的测定：试样经干法灰化后，用砷斑法测定。

4）荧光物质的检验

从试样中随机取 5 张 $100cm^2$ 的纸样，置波长 365nm 及 254nm 光源下检查，任何一张纸样中最大荧光面积不得 $>5cm^2$。

直接接触食品的包装材料是不允许含有荧光增白剂，具体检测方法如下：

试剂：

① 稀氨水：2000mL 蒸馏水中加 0.15mL1%氨水（pH8.6）。

② 1%盐酸。

方法：样品剪切成 5cm×5cm 方纸，用 100mL 微碱性稀氨水溶液浸泡。纸纤维消开时，滤去其固形物（纤维）取其浸出液。将纱布（要用肯定无荧光增白剂的纱布）2cm×4cm 加入浸出液内，滴入 1～2 滴盐酸是弱酸性，在热水浴上加温 30min，取出纱布，充分水洗，纹干，在暗处用 3650nm 的紫外光照射，当有荧光增白剂时，能呈现紫-蓝的荧光。

12.2.6　涂料的卫生

涂料是指涂于食品容器内壁或大池内壁的能形成保护膜的物质，它们能起到耐腐蚀、耐浸泡的作用。构成这种涂层的涂料是一些成膜物质如溶剂挥发成膜涂料，过氯乙烯酒糟漆就是其中的一种，过氯乙烯树脂漆是以氯化聚氯乙烯为原料，加入各种助剂配制而成。主要用于储酒池。这种涂料在涂复时要用溶剂溶解，喷涂后溶剂挥发成膜。所以树脂的分子质量不能太大，经酒（特别是含乙醇浓度高的酒）浸泡后，可使涂膜变软，部分涂料及助剂可随之溶解于酒中，据检验，储于这种涂料池中的白酒，可检出过氯乙烯，这是个在食品卫生上值得注意的问题。

目前，国内外广泛使用的涂料是环氧树脂。环氧树脂涂料是一种加固化剂固化成膜的一种涂料。主要类型是以双酚A（二酚基丙烷）与环氧氯丙烷聚合而成，聚合程度不同其分子质量大小也不同。双酚A与环氧氯丙烷聚合而成的树脂是中等分子质量，其一般结构式为

$$\underbrace{CH_2-CH}_{\diagdown O \diagup}-CH_2-O[M]_2O-CH_2-\underbrace{CH-CH_2}_{\diagdown O \diagup}$$

在上式中M为单体，两端的环氧基为化学性质活泼的官能团。但使用时用固化剂使两端的环氧基打开交联成巨大的网状结构而固化，活性基即消失，故环氧树脂毒性很低，熔解性和化学反应性也都基本消失，故环氧树脂涂料的毒性主要在于树脂中存在的游离单体环氧氯丙烷和未参与聚合反应的固化剂。从卫生学的角度看，分子质量越大（即环氧值越小）的环氧树脂越稳定，越不容易溶出而迁移到食品中去、因此其安全性亦越高。为降低环氧树脂涂料的毒性，应该使用缩合到一定分子质量的大分子固化剂、我国已经批准使用的聚酰胺固化剂配套分桶包装的环氧树脂储槽涂料，通过有关的毒性试验已证明了其安全性。涂覆后为进一步确保安全，应该进行冲刷等后处理。环氧树脂涂料应用于食品工业是有发展前途的，但必须注意环氧树脂的质量、固化剂的种类及施工涂复时环氧树脂与固化剂的配比。

沥青涂料的使用必须慎重，因沥青种类繁多，如煤焦油的沥青、地沥青，它们中间都含有较多致癌多环芳烃，如苯并［a］芘及低分子有毒物，作为食品工业涂料，可使食品污染致癌物质，不宜使用。

除此以外，用于食品工业中的涂膜物还有氧化成膜树脂，加热熔合的高分子乳液聚四氟乙烯等，这些成膜物质不适合盛放酸性及油脂性食品。

涂料的卫生标准及其分析方法可以参考GB/T 5009.80—2003中的方法。

12.3　食品包装材料及容器的卫生安全性评价

《食品安全卫生法》规定：利用新的原材料生产的食品容器、包装材料和食品用工具、设备的新品种，生产企业在投入生产前必须提出该产品卫生评价所需的资料。上述新品种在投入生产前还需提供样品，并按照规定的食品卫生标准审批程序报请审批。

12.3.1　食品包装材料及容器的卫生评价

1. 工艺及配方的审查

从各种食品包装材料，容器中有关原材料的合成工艺中有否产生有毒物质的可能：在配方中必须使用国家规定允许使用或无毒的材料，并考虑各种材料互相配合时的增毒作用。

2. 卫生测试

食品包装材料，容器的卫生测试要根据不同的性质的材料和用途来确定测试项目。

国外大部分采用模拟食品的溶剂来浸泡。然后取浸泡液测试，模拟食品的溶剂有水(代表中性食品及饮料)、醋酸（2%～4%代表酸性食品及饮料)、乙醇（8%～60%浓度代表酒类及含醇饮料）及正己烷或正庚烷（代表油脂性食品)。浸泡条件则要根据食品包装材料、容器的使用条件来定，温度有常温 60℃或煮沸，浸泡时间可从 30min 到 24h，必要时可增加至数天或数月，在浸泡液中可测定可能迁移出的各种物质。

3. 毒性试验

食品包装材料、容器的毒性试验可选择配方中有关物质，配制后的涂料、涂制后的涂膜粉或涂膜经浸泡后的浸泡液作试验，根据毒性试验的结果进行选择。

4. 制定及履行卫生标准

内容略。

12.3.2　食品包装容器的卫生检验

食品包装容器所造成的污染，其危害性不低于食品污染。食品容器所造成的污染主要有两种，食物残留物引起的污染和食品容器本身溶出的有害物引起的污染。

1. 食器溶出物检查

用于食品容器的材质，不允许由于水和食品中的成分，特别是酸的作用使有害成分溶出。包装容器材质溶出有害物的简便检查法如下所述。

1）陶瓷容器的铅溶出

试剂：

① 4%醋酸。

② 醋酸。

③ 5%铬酸钾溶液。

方法：将 4%醋酸注满试验容器内，室温下放置 10min。如果试验容器是煮沸用器具，此时同样地注满 4%醋酸，微微煮沸 10min。取 10mL 浸出液于试管内，加入 3mL

醋酸和2～3滴5%铬酸钾溶液。如果检验液中含有铅，那么30min以内会出现黄色混浊沉淀。

2）塑料容器溶出的甲醛

试剂：1%苯肼溶液：将1 g盐酸苯肼溶于约80mL蒸馏水中，加入2mL35%盐酸，加蒸馏水至100mL。

35%盐酸。

1%铁氰化钾溶液。

方法：试验容器内注入60℃温水，30min，不时搅拌，并保持此温度。取此液5mL加入0.5mL苯肼溶液，放置5min以上。加入1 mL铁氰化钾溶液，再放置5min，加2mL盐酸。若液体呈桃红色，则表示有甲醛溶出。

在日本食品厂还常用下面方法检验甲醛：

试剂：

① 1%苯肼溶液。

② 1%硝普酸钠（sodium nitroprusside）溶液。

③ 10%氢氧化钠溶液。

方法：与上同样处理的5mL检验液内，加入0.5mL苯肼溶液，混匀，滴入2滴硝酸钠溶液，混合后加入1 mL氢氧化钠溶液。若有甲酸溶出，则呈蓝色或蓝黑色［里米尼氏（Rimini）反应］。

2. 黏附在食物容器上的食物残渣检验

1）淀粉质污物

淀粉质污物可以用淀粉的淀粉碘反应（strchiodine reaction）举例说明：可用1%淀粉、葡萄糖溶液作为样品，试剂是碘-碘化钾溶液或碘的乙醇溶液（0.1%）。若有淀粉质残留，则会起蓝-紫黑色的淀粉碘反应。

备注：淀粉是由葡萄糖分子呈直链状连接的直链淀粉和具有侧链的支链淀粉构成。大多数淀粉是直链淀粉占20%左右，其余为支链淀粉，但糯性植物（如糯米或糯玉米等）的淀粉是100%支链淀粉，直链淀粉和支链淀粉对碘的呈色反应各不相同的，直链淀粉呈蓝色、支链淀粉呈紫色或红褐色。葡萄糖溶液不发生淀粉碘的蓝色反应。

2）油脂质污物

油脂质污物的检查可将0.1%奶油乙醇溶液滴于食品容器上，暂放片刻，缓缓地用蒸馏水喷洗多余的色素，观察其着色反应，如着色不明显，可衬张滤纸观察。

备注：奶油乙醇溶液使用0.1%苏丹Ⅲ号或姜黄素（乙醇溶液）也可，姜黄素的着色不会污染塑料食品容器，紫外线下发出荧光，所以还可用于深底容器的检验。

黏附在食物容器具上的食物残渣检查结果，按一、±、+、H等标准加以比较评定，此检查宜作食物容器洁净的卫生管理项目。

3）食品容器具溶出物的检查

食品容器具溶出物的检查重点放在陶瓷容器铅等重金属及塑料容器的甲醛溶出、检查方法在本章前一部分已做叙述，不再重复。

12.4　预包装食品标签的检测

预包装食品是指经预先定量包装，或装入（灌入）容器中，向消费者直接提供的食品。

食品标签是指食品包装上的文字、图形、符号及一切说明物。GB7718—2004 中明确规定了预包装食品标签的要求，标签的检验也是产品 QS 认证发证检验和监督检验的必检项目。

12.4.1　预包装食品标签的基本要求

（1）预包装食品标签的所有内容，应符合国家法律、法规的规定，并符合相应产品标准的规定。

（2）预包装食品标签的所有内容应清晰、醒目、持久；应使消费者购买时易于辨认和识读。

（3）预包装食品标签的所有内容，应通俗易懂、准确、有科学依据；不得标示封建迷信、黄色、贬低其他食品或违背科学营养常识的内容。

（4）预包装食品标签的所有内容，不得以虚假、使消费者误解或欺骗性的文字、图形等方式介绍食品；也不得利用字号大小或色差误导消费者。

（5）预包装食品标签的所有内容，不得以直接或间接暗示性的语言、图形、符号，导致消费者将购买的食品或食品的某一性质与另一产品混淆。

（6）预包装食品的标签不得与包装物（容器）分离。

（7）预包装食品的标签内容应使用规范的汉字，但不包括注册商标。可以同时使用拼音或少数民族文字，但不得大于相应的汉字；可以同时使用外文，但应与汉字有对应关系（进口食品的制造者和地址，国外经销者的名称和地址、网址除外）。所有外文不得大于相应的汉字（国外注册商标除外）。

（8）包装物或包装容器最大表面面积$>20cm^2$时，强制标示内容的文字、符号、数字的高度不得$<1.8mm$。

（9）如果透过外包装物能清晰地识别内包装物或容器上的所有或部分强制标示内容，可以不在外包装物上重复标示相应的内容。

（10）如果在内包装物（或容器）外面另有直接向消费者交货的外包装（或大包装），可以只在外包装（或大包装）上标示强制标示内容。

12.4.2　标签标示内容的要求

1. 强制标示内容

1）食品名称

应在食品标签的醒目位置清晰地标示反映食品真实属性的专用名称。

当国家标准或行业标准中已规定了某食品的一个或几个名称时，应选用其中的一个，或等效的名称。无国家标准或行业标准规定的名称时，应使用不使消费者误解或混淆的常用名称或通俗名称。当食品真实属性的专用名称因字号不同易使人误解食品属性时，也应使用同一字号标示食品真实属性的专用名称。如“橙汁饮料”中的“橙汁”、“饮料”，“巧克力夹心饼干”中的“巧克力”、“夹心饼干”，都应使用同一字号。为避免消费者误解或混淆食品的真实属性、物理状态或制作方法，可以在食品名称前或食品名称后附加相应的词或短语。如干燥的、浓缩的、复原的、熏制的、油炸的、粉末的、粒状的。

2）配料清单

预包装食品的标签上应标示配料清单。单一配料的食品除外。配料清单应以“配料”或“配料表”作标题。各种配料应按制造或加工食品时加入量的递减顺序一一排列；加入量不超过2%的配料可以不按递减顺序排列。如果某种配料是由两种或两种以上的其他配料构成的复合配料，应在配料清单中标示复合配料的名称，再在其后加括号，按加入量的递减顺序标示复合配料的原始配料。当某种复合配料已有国家标准或行业标准，其加入量小于食品总量的25%时，不需要标示复合配料的原始配料，但在最终产品中起工艺作用的食品添加剂应一一标示。在食品制造或加工过程中，加入的水应在配料清单中标示。在加工过程中已挥发的水或其他挥发性配料不需要标示。可食用的包装物也应在配料清单中标示原始配料。如可食用的胶囊、糖果的糯米纸。各种配料应按标示具体名称，但下列情况除外。甜味剂、防腐剂、着色剂应标示具体名称，其他食品添加剂可以按GB2760—2007的规定标示具体名称或种类名称。当一种食品添加了两种或两种以上着色剂，可以标示类别名称（着色剂），再在其后加括号，标示GB/T12493—1990规定的代码。如，某食品添加了姜黄、菊花黄浸膏、诱惑红、金樱子棕、玫瑰茄红，可以标示为：“着色剂（102、113、012、131、125）”。当加工过程中所用的原料已改变为其他成分（指发酵产品，如酒、酱油、食醋）时，可用“原料”或“原料与辅料”代替“配料”、“配料表”。制造、加工食品时使用的加工助剂，不需要在配料清单中标示。

3）配料的定量标示

如果在食品标签或食品说明书上特别强调添加了某种或数种有价值、有特性的配料，应标示所强调配料的添加量。同样，如果在食品的标签上特别强调某种或数种配料的含量较低时，应标示所强调配料在成品中的含量。食品名称中提及的某种配料而未在标签上特别强调，不需要标示某种配料在成品中的含量。添加量很少，仅作为香料用的配料而未在标签上特别强调，也不需要标示香料在成品中的含量。

4）净含量和沥干物（固形物）含量

净含量的标示应由净含量、数字和法定计量单位组成。如“净含量450g”，或“净含量450克”。净含量应与食品名称排在包装物或容器的同一展示版面。如容器中含有固、液两相物质的食品（如糖水梨罐头），除标示净含量外，还应标示沥干物（固形物）的含量，用质量或质量分数表示。同一预包装内如果含有互相独立的几件相同的预包装食品时，在标示净含量的同时还应标示食品的数量或件数但不包括大包装内非单件销售小包装，如小块糖果。

5）制造者、经销者的名称和地址

应标示食品的制造、包装或经销单位经依法登记注册的名称和地址，进口预包装食品应标示原产国的国名或地区区名（指香港、澳门、台湾），以及在中国依法登记注册的代理商、进口商或经销商的名称和地址。有下列情形之一的，应按下列规定予以标示：

（1）依法独立承担法律责任的集团公司、集团公司的分公司（子公司），应标示各自的名称和地址。

（2）依法不能独立承担法律责任的集团公司的分公司（子公司）或集团公司的生产基地，可以标示集团公司和分公司（生产基地）的名称、地址，也可以只标示集团公司的名称、地址。

（3）受其他单位委托加工预包装食品但不承担对外销售，应标示委托单位的名称和地址。

6）日期标示和储藏说明

应清晰地标示预包装食品的生产日期（或包装日期）和保质期，也可以附加标示保存期。如日期标示采用"见包装物某部位"的方式，应标示所在包装物的具体部位。日期标示不得另外加贴、补印或篡改。应按年、月、日的顺序标示日期。年代号一般应标示 4 位数字；难以标示 4 位数字的小包装食品，可以标示 2 位数字。应按下列方式之一标示保质期或保存期：

（1）用于保质期。

"最好在……之前食用"或"最好在……之前饮用"；

"……之前最佳"，"……之前食用最佳"或"……之前饮用最佳"；

"此日期前最佳……"，"此日期前食用最佳……"或"此日期前饮用最佳……"；

"保质期（至）……"；

"保质期××个月［××日（天），×年］"。

（2）用于保存期。

"……之前食用"，或"……之前饮用"；

"此日期前食用……"，或"此日期前饮用……"；

"保存期（至）……"；

"保存期××个月"［××日（天），×年］。

如果食品的保质期或保存期与储藏条件有关，应标示食品的特定储藏条件。

7）产品标准号

国内生产并在国内销售的预包装食品（不包括进口预包装食品）应标示企业执行的国家标准、行业标准、地方标准或经备案的企业标准的代号和顺序号。

8）质量（品质）等级

企业执行的产品标准已明确规定质量（品质）等级的食品，应标示质量（品质）等级。

9）其他强制标示内容

（1）辐照食品。经电离辐射线或电离能量处理过的食品，应在食品名称附近标明“辐照食品”；经电离辐射线或电离能量处理过的任何配料，应在配料清单中标明。

（2）转基因食品。转基因食品的标示应符合国务院行政管理部门的规定。

2. 强制标示内容的免除

下列预包装食品可以免除标示保质期：乙醇含量 10%或 10%以上的饮料酒；食醋；食用盐；固态食糖类。当包装物或包装容器的最大表面面积<10cm^2 时，可以只标示产品名称、净含量、制造者（或经销商）的名称和地址。进口预包装食品应标示原产国的国名或地区区名（指香港、澳门、台湾），以及在中国依法登记注册的代理商、进口商或经销商的名称和地址；免除制造者的名称和地址。

3. 非强制标示内容

1）批号

如有必要，可以标示产品的批号。

2）食用方法

如有必要，可以标示容器的开启方法、食用方法、每日（每餐）食用量、烹调方法、复水再制方法等对消费者有帮助的说明。

3）能量和营养素

如标示能量值、营养素含量、声称营养素含量水平、营养素含量比较、营养素作用，应符合 GB13432—2004 的规定。

思考题

1. 食品包装的种类有哪些？
2. 三聚氰胺树脂的安全问题主要是指什么物质？为什么？
3. 盐酸苯肼法测定甲醛时，主要的影响因素是什么？
4. 成品纸检验与原纸是否相同，为什么？
5. 加入荧光增白剂的包装纸，还需测定什么物质的含量？
6. 在食品包装中，陶瓷制品的卫生检验指标有哪些，测定意义是什么？

附　录

附表 1　χ^2 分布表

f	a											
	0.995	0.99	0.975	0.95	0.9	0.75	0.25	0.1	0.05	0.025	0.01	0.005
1	—	—	0.001	0.004	0.016	0.102	1.323	2.706	3.814	5.024	6.635	7.879
2	0.010	0.020	0.051	0.103	0.211	0.575	2.773	4.605	5.991	7.378	9.210	10.597
3	0.072	0.115	0.216	0.352	0.584	1.213	4.108	6.251	7.815	9.348	11.345	12.838
4	0.207	0.297	0.484	0.711	1.064	1.923	5.385	7.779	9.488	11.143	13.277	14.860
5	0.412	0.554	0.831	1.145	1.610	2.675	6.626	9.236	11.071	12.833	15.086	16.750
6	0.676	0.872	1.237	1.635	2.204	3.455	7.841	10.645	12.592	14.449	16.812	18.548
7	0.989	1.239	1.690	2.167	2.833	4.255	9.037	12.017	14.067	16.013	18.475	20.278
8	1.344	1.646	2.180	2.733	3.490	5.071	10.219	13.362	15.507	17.535	20.090	21.955
9	1.735	2.088	2.700	3.325	4.168	5.899	11.389	14.684	16.919	19.023	21.666	23.589
10	2.156	2.558	3.247	3.940	4.865	6.737	12.549	15.987	18.307	20.483	23.209	25.188
11	2.603	3.053	3.816	4.575	5.578	7.584	13.701	17.275	19.675	21.920	24.725	26.757
12	3.074	3.571	4.404	5.226	6.304	8.438	14.845	18.549	21.026	23.337	26.217	28.299
13	3.565	4.107	5.009	5.892	7.042	9.233	15.984	19.812	22.362	24.736	27.688	29.819
14	4.075	4.660	5.629	5.571	7.790	10.165	17.117	21.064	23.685	26.119	29.141	31.319
15	4.601	5.229	6.262	7.261	8.547	11.037	18.245	22.307	24.996	27.488	30.578	32.801
16	5.142	5.812	6.908	7.962	9.312	12.212	19.369	23.542	26.296	28.845	32.000	34.267
17	5.697	6.408	7.564	8.672	10.085	12.792	20.489	24.769	27.587	30.191	33.409	35.718
18	6.265	7.015	8.231	9.390	10.865	13.675	21.605	25.989	28.869	31.526	34.805	37.156
19	6.844	7.633	8.907	10.117	11.651	14.562	22.718	27.204	30.144	32.852	36.191	38.582
20	7.434	8.260	9.591	10.851	12.443	15.452	23.828	28.412	31.410	34.170	37.566	39.997
21	8.034	8.897	10.283	11.591	13.240	16.344	24.935	29.615	32.671	35.479	38.932	41.401
22	8.643	9.542	10.982	12.338	14.042	17.240	26.039	30.813	33.924	36.781	40.289	42.796
23	9.260	10.193	11.689	13.091	14.848	18.137	27.141	32.007	35.172	38.076	41.638	44.181
24	9.885	10.593	12.401	13.848	15.659	19.939	28.241	33.196	36.415	39.364	42.980	45.559
25	10.520	11.524	13.120	14.611	16.473	19.939	29.339	34.382	37.652	40.646	44.314	46.928
26	11.160	12.198	13.844	15.379	17.292	20.843	30.435	35.563	38.885	41.923	45.642	48.290
27	11.808	12.879	14.573	16.151	18.114	21.749	31.528	36.741	40.113	43.194	46.963	49.645
28	12.461	13.555	15.308	16.928	18.939	22.657	32.602	37.916	41.337	44.461	48.278	50.993
29	13.121	14.257	16.047	17.708	19.768	23.567	33.711	39.081	42.557	45.722	49.588	52.336

续表

f	a											
	0.995	0.99	0.975	0.95	0.9	0.75	0.25	0.1	0.05	0.025	0.01	0.005
30	13.787	14.954	16.791	18.493	20.599	24.478	34.800	40.256	43.773	46.979	50.892	53.672
31	14.458	15.655	17.539	19.281	21.434	25.890	35.887	41.422	44.985	48.232	52.191	55.003
32	15.134	16.362	18.291	20.072	22.271	26.304	36.973	42.585	46.194	49.480	53.486	56.328
33	15.815	17.047	19.047	20.867	23.110	27.219	38.058	43.745	47.400	50.725	54.776	57.648
34	16.501	17.789	19.806	21.664	23.952	28.136	39.141	44.903	48.602	51.966	56.061	58.964
35	17.682	18.509	20.569	22.465	21.797	29.054	40.223	46.059	49.082	53.203	57.342	60.275
36	17.887	19.233	21.336	23.269	25.643	29.973	41.304	47.212	50.998	54.437	58.619	61.581
37	18.586	19.950	22.106	21.075	25.492	30.893	42.383	48.363	52.192	55.668	59.892	62.883
38	19.289	20.691	22.878	24.884	27.343	31.815	43.462	49.513	53.384	56.896	61.162	64.181
39	19.996	21.426	23.654	25.695	28.196	32.737	44.539	50.660	54.572	58.120	62.428	65.476
40	20.707	22.164	24.433	26.509	29.051	33.660	45.616	51.805	55.758	59.342	63.691	66.766
41	21.421	22.906	25.215	27.326	29.907	34.585	46.692	52.949	56.942	60.561	64.950	68.053
42	22.138	23.650	25.999	28.144	30.765	35.510	47.766	54.090	58.124	61.777	66.206	69.336
43	22.859	24.398	26.785	28.965	31.625	36.436	48.840	55.230	59.304	62.990	67.459	70.615
44	23.584	25.148	27.575	29.787	32.487	37.363	49.913	56.369	60.481	64.201	68.710	71.893
45	24.311	25.901	28.366	31.612	33.350	38.291	50.985	57.505	61.656	65.410	69.957	73.166
46	25.041	26.557	29.160	31.439	34.215	39.220	52.056	58.641	62.830	66.617	71.201	74.437
47	25.775	27.416	29.956	32.268	35.081	40.149	53.127	59.774	64.001	67.821	72.443	75.704
48	26.511	28.177	30.755	33.098	35.949	41.079	54.196	60.907	65.171	69.023	73.683	76.969
49	27.249	28.941	31.555	33.930	36.818	42.010	55.265	62.038	66.339	70.222	74.919	78.231
50	27.991	29.707	32.357	34.764	37.689	42.942	56.334	63.167	67.505	71.420	76.154	79.490
51	28.735	30.475	33.162	35.600	38.560	43.874	57.401	64.295	68.669	72.616	77.386	80.747
52	29.481	31.246	33.968	36.437	39.433	44.808	58.468	65.422	69.832	73.810	78.616	82.001
53	30.230	32.018	34.776	37.276	40.303	45.741	59.534	66.548	70.993	75.002	79.843	83.253
54	30.981	32.793	35.586	38.116	41.183	46.676	60.600	67.673	72.153	76.192	81.069	84.502
55	31.735	33.570	36.398	38.958	42.060	47.610	61.665	68.796	73.311	77.380	82.292	85.749
56	32.490	34.350	37.212	39.801	42.937	43.546	62.729	69.919	74.468	78.567	83.513	86.994
57	33.248	35.131	38.027	40.646	43.816	59.482	63.793	71.040	75.624	79.752	84.733	88.236
58	34.008	35.913	38.844	41.492	44.696	50.419	64.857	72.160	76.778	80.936	85.950	89.477
59	34.770	36.698	39.662	42.339	45.577	51.356	65.919	73.279	77.931	82.117	87.166	90.715
60	35.534	37.485	40.482	43.188	46.459	52.294	66.981	74.397	79.082	83.298	88.379	91.952
61	36.300	38.273	41.303	44.038	47.342	53.232	68.043	75.514	80.232	84.476	89.591	93.186
62	37.058	39.063	42.126	44.889	48.226	54.171	69.104	76.630	81.381	85.654	90.802	94.419
63	37.838	39.855	42.950	45.741	49.111	55.110	70.165	77.745	82.529	86.830	92.010	95.649

续表

f	a											
	0.995	0.99	0.975	0.95	0.9	0.75	0.25	0.1	0.05	0.025	0.01	0.005
64	38.610	40.649	43.776	46.595	49.996	56.050	71.225	78.860	83.675	88.004	93.217	96.878
65	39.383	41.444	44.603	47.450	50.883	56.990	72.285	79.973	84.821	89.117	94.422	98.105
66	40.158	42.240	45.431	48.305	51.770	57.931	73.344	81.085	85.965	90.349	95.626	99.330
67	40.935	43.038	46.261	49.162	52.659	58.872	74.403	82.197	87.108	91.519	96.828	100.554
68	41.713	43.838	47.092	50.020	53.543	59.814	75.461	83.308	88.250	92.689	98.028	101.776
69	42.494	44.639	47.024	50.879	54.438	60.756	76.519	84.418	89.391	93.856	99.228	102.996
70	43.275	45.442	48.758	51.739	55.329	61.698	77.577	85.527	90.531	95.023	100.425	104.215
71	44.058	46.246	49.592	52.600	56.221	62.641	78.634	86.635	91.670	96.189	101.621	105.432
72	44.843	47.051	50.428	53.462	57.113	63.585	79.690	87.743	92.808	97.353	102.816	106.648
73	45.629	47.858	51.265	54.325	58.006	64.528	80.747	88.850	93.945	98.516	104.010	107.862
74	46.417	48.666	52.103	55.189	58.900	65.472	81.803	89.956	95.081	99.678	105.202	109.074
75	47.206	49.475	52.942	56.054	59.795	56.417	82.858	91.061	96.217	100.839	106.393	110.286
76	47.997	50.286	53.782	56.920	60.690	67.362	83.913	92.166	97.351	101.999	107.583	111.195
77	48.788	51.097	54.623	57.786	61.585	68.307	84.968	93.270	98.484	103.158	108.771	112.704
78	49.582	51.910	55.466	58.654	62.483	69.252	86.022	94.374	99.617	104.316	109.958	113.911
79	50.376	52.752	56.309	59.522	63.380	70.198	87.077	95.476	100.749	105.473	111.144	115.117
80	51.172	53.340	57.153	60.391	64.278	71.145	88.130	96.578	101.879	106.629	112.329	116.321
81	51.969	54.357	57.998	61.261	65.176	72.091	89.184	97.680	103.010	107.783	113.512	117.524
82	52.767	55.174	58.845	62.132	66.075	73.038	90.237	98.780	104.139	108.937	114.695	118.726
83	53.567	55.993	59.692	63.004	66.976	73.985	91.289	99.880	105.267	110.090	115.876	119.927
84	54.368	56.813	60.540	63.876	67.875	74.933	92.342	100.980	106.395	111.242	117.057	121.325
85	55.170	57.634	61.389	64.749	68.777	75.881	93.394	102.097	107.522	112.393	118.236	122.325
86	55.973	58.456	62.239	65.623	69.679	76.829	94.446	103.177	108.648	113.544	119.414	123.522
87	56.777	59.279	63.089	66.498	70.581	77.777	95.497	104.275	109.773	114.693	120.591	124.781
88	57.582	60.103	63.941	67.373	71.484	78.726	96.548	105.372	110.898	115.841	121.767	125.913
89	68.389	60.928	64.793	68.249	72.387	79.675	97.599	106.469	112.022	116.980	122.942	127.406
90	59.196	61.754	65.647	69.126	73.291	80.625	98.650	107.365	113.145	118.136	124.116	128.299

附表 2　*t* 分布表

自由度	a								
	0.050	0.400	0.200	0.100	0.050	0.025	0.010	0.005	0.001
1	1.000	1.376	3.078	6.314	12.706	25.452	63.657	—	—
2	0.815	1.061	1.886	2.920	4.303	6.205	9.925	14.089	31.598
3	0.785	0.978	1.638	2.363	3.182	4.176	5.841	7.453	12.941

续表

自由度	a								
	0.050	0.400	0.200	0.100	0.050	0.025	0.010	0.005	0.001
4	0.777	0.941	1.533	2.132	2.776	3.495	4.604	5.598	8.610
5	0.727	0.920	1.476	2.015	2.571	3.163	4.032	4.773	6.859
6	0.718	0.906	1.440	1.943	2.417	2.989	3.707	4.317	5.959
7	0.711	0.896	1.415	1.895	2.385	2.841	3.489	4.029	5.405
8	0.706	0.889	1.397	1.860	2.306	2.752	3.355	3.832	5.041
9	0.703	0.883	1.383	1.833	2.262	2.685	3.250	3.630	4.781
10	0.700	0.879	1.372	1.812	2.226	2.634	3.169	3.581	4.587
11	0.697	0.876	1.363	1.795	2.201	2.593	3.106	3.497	4.437
12	0.695	0.873	1.356	1.782	2.179	2.590	3.055	3.428	4.318
13	0.694	0.870	1.350	1.771	2.160	2.533	3.012	3.372	4.221
14	0.692	0.868	1.345	1.761	2.145	2.510	2.977	3.326	4.140
15	0.691	0.866	1.341	1.753	2.131	2.490	2.947	3.286	4.073
16	0.690	0.865	1.337	1.746	2.120	2.473	2.921	2.252	4.015
17	0.689	0.863	1.333	1.740	2.110	2.459	2.898	3.222	3.965
18	0.688	0.862	1.330	1.734	2.101	2.445	2.878	3.197	3.922
19	0.688	0.861	1.328	1.728	2.093	2.433	2.861	3.174	3.883
20	0.687	0.860	1.325	1.725	2.086	2.423	2.845	3.153	3.850
21	0.686	0.859	1.323	1.717	2.080	2.414	2.831	3.135	3.789
22	0.686	0.858	1.321	1.717	2.074	2.406	2.819	3.119	3.782
23	0.685	0.858	1.319	1.714	2.069	2.393	2.807	3.104	3.767
24	0.685	0.857	1.313	1.711	2.064	2.391	2.799	3.090	3.745
25	0.684	0.836	1.315	1.706	2.060	2.385	2.787	3.078	3.725
26	0.684	0.856	1.315	1.706	2.055	2.379	2.779	3.067	3.707
27	0.694	0.855	1.314	1.703	2.052	2.373	2.771	3.056	3.690
28	0.683	0.855	1.313	1.701	2.048	2.368	2.763	3.047	3.674
29	0.683	0.854	1.311	1.696	2.045	2.364	2.756	3.038	3.659
30	0.693	0.854	1.310	1.691	2.042	2.360	2.750	3.030	3.646
35	0.692	0.852	1.306	1.690	2.030	2.342	2.724	2.996	3.591
40	0.681	0.851	1.303	1.684	2.201	2.329	2.704	2.971	3.551
45	0.680	0.850	1.301	1.680	2.014	2.319	2.690	2.952	3.520
50	0.680	0.849	1.299	1.676	2.008	2.310	2.678	2.937	3.496
55	0.679	0.849	1.297	1.673	2.004	2.304	2.669	2.925	3.476
60	0.679	0.849	1.296	1.671	2.000	2.299	2.660	2.951	3.460
70	0.678	0.847	1.294	1.667	1.994	2.290	2.648	2.899	3.435

续表

自由度	*a*								
	0.050	0.400	0.200	0.100	0.050	0.025	0.010	0.005	0.001
80	0.678	0.847	1.293	1.665	1.989	2.284	2.638	2.887	3.416
90	0.678	0.846	1.291	1.662	1.986	2.278	2.631	2.878	3.402
100	0.677	0.846	1.290	1.661	1.982	2.276	2.625	2.871	3.390
120	0.677	0.845	1.289	1.658	1.980	2.270	2.617	2.860	3.373
<x>	0.6745	0.8418	1.2816	1.6448	1.9800	2.2414	2.5758	2.8070	3.2905

附录3　a. 排列实验统计表（5%水平）

试验次数	样品数										
	2	3	4	5	6	7	8	9	10	11	12
2	—	—	—	—	—	—	—	—	—	—	—
	—	—	—	3～9	3～11	3～13	4～14	4～16	4～18	5～19	5～21
3	—	—	—	4～14	4～17	4～20	4～23	5～25	5～28	5～31	5～34
	—	4～8	4～11	5～13	6～15	6～18	7～20	8～22	8～25	9～27	10～29
4	—	5～11	5～15	6～18	6～22	7～25	7～29	8～32	8～36	8～39	9～43
	—	5～11	6～14	7～17	8～20	9～23	10～26	11～29	13～31	14～34	15～37
5	—	6～14	7～18	8～22	9～26	9～31	10～35	11～39	12～43	12～48	13～52
	6～9	7～13	8～17	10～20	11～24	13～27	14～31	15～35	17～38	18～42	20～45
6	7～11	8～16	9～21	10～26	11～31	12～36	13～41	14～46	15～51	17～55	18～60
	7～11	9～15	11～19	12～24	14～38	16～32	18～36	20～40	21～45	23～49	25～53
7	8～13	10～18	11～24	12～30	14～35	15～41	17～46	18～52	19～58	21～63	22～69
	8～13	10～18	13～22	15～27	17～32	19～37	22～41	24～46	26～51	28～56	30～61
8	9～15	11～21	13～27	15～33	17～39	18～46	20～52	22～58	24～64	25～71	27～77
	10～14	12～20	15～25	17～31	20～36	23～41	25～47	28～52	31～57	33～63	36～68
9	11～16	13～23	15～30	17～37	19～44	22～50	24～57	26～64	28～71	30～78	32～85
	11～16	14～22	17～28	20～34	23～44	26～46	29～52	32～58	35～64	38～70	41～76
10	12～18	15～25	17～33	20～40	22～48	25～25	27～63	30～70	32～78	35～85	37～93
	12～18	16～24	19～31	23～37	26～44	30～50	34～56	37～63	40～70	44～76	47～83
11	13～20	16～28	19～36	22～44	25～32	28～60	31～68	34～76	36～85	39～93	42～101
	14～19	18～26	21～34	25～41	29～48	33～55	37～62	41～69	45～76	49～83	53～90
12	15～21	18～30	21～39	25～47	28～56	31～65	34～74	38～82	41～91	44～100	47～109
	15～21	19～29	24～36	28～44	32～52	37～59	41～67	45～75	50～82	54～90	58～98
13	16～23	20～32	24～41	27～51	31～60	35～69	38～79	42～88	45～98	49～107	52～117
	17～22	21～31	26～39	31～47	35～56	40～64	45～72	50～80	54～89	59～97	64～105

续表

试验次数	样品数										
	2	3	4	5	6	7	8	9	10	11	12
14	17～25	22～34	26～44	30～54	34～46	38～74	42～84	46～94	50～104	54～114	57～125
	18～24	23～35	28～42	33～51	83～60	44～68	49～77	54～86	59～95	65～103	70～112
15	19～26	23～37	28～47	32～58	37～68	41～79	46～89	50～100	54～111	58～122	63～132
	19～26	25～35	30～45	36～54	42～63	47～73	53～82	59～91	64～101	70～110	75～120
16	20～28	25～39	30～50	35～61	40～72	45～83	49～95	54～106	59～117	63～129	68～140
	21～27	27～37	33～47	39～57	45～67	51～77	57～87	62～98	69～107	75～117	81～127
17	22～29	27～41	32～53	38～64	43～76	48～88	53～100	58～112	63～124	68～136	73～148
	22～29	28～40	35～50	41～61	48～71	54～82	61～92	67～103	74～113	81～123	87～134
18	23～31	29～43	34～56	40～68	46～80	52～92	57～105	61～118	68～130	73～143	79～155
	24～30	30～42	37～53	44～64	51～75	58～86	65～97	72～108	79～119	86～130	93～141
19	24～33	30～46	37～58	43～71	49～84	55～97	61～110	67～123	73～136	78～150	84～163
	25～32	32～44	39～56	47～67	54～79	62～90	69～102	76～114	84～125	91～137	99～148
20	26～34	32～48	39～61	45～75	52～88	58～102	62～115	71～129	77～143	83～157	90～170
	26～34	34～46	42～58	50～70	57～83	65～95	73～107	81～119	89～131	97～143	105～155

b. 排列实验统计表（1%水平）

试验次数	样品数										
	2	3	4	5	6	7	8	9	10	11	12
2	—	—	—	—	—	—	—	—	—	—	—
	—	—	—	—	—	—	—	—	3～19	3～21	3～23
3	—	—	—	—	—	—	—	—	4～29	4～32	4～35
	—	—	—	4～14	4～17	4～20	5～22	5～25	6～27	6～30	6～33
4	—	—	—	5～19	5～23	5～27	6～30	6～34	6～38	6～42	7～45
	—	—	5～15	6～18	6～22	7～25	8～28	8～32	9～35	10～38	10～42
5	—	—	6～19	7～23	7～28	8～23	8～37	9～41	9～46	10～50	10～55
	—	6～14	7～18	8～22	9～26	10～30	11～34	12～38	13～42	14～46	15～50
6	—	7～17	8～22	9～27	9～33	10～38	11～43	12～48	13～53	13～59	14～64
	—	8～16	9～21	10～26	12～30	13～35	14～40	16～44	17～49	18～54	20～58
7	—	8～20	10～25	11～31	12～37	13～43	14～49	15～55	16～61	17～67	18～73
	8～13	9～19	11～24	12～30	14～35	16～40	18～45	19～51	21～56	23～61	25～66
8	9～15	10～22	11～29	13～35	14～42	16～48	17～55	19～61	20～68	21～75	23～81
	9～15	11～21	13～27	15～33	17～39	19～45	21～51	23～57	25～63	28～68	30～74
9	10～17	12～24	13～32	15～39	17～46	19～53	21～60	22～68	24～75	26～82	27～90
	10～17	12～24	15～30	17～37	20～43	22～50	25～56	27～63	30～69	32～76	35～82

续表

试验次数	样品数										
	2	3	4	5	6	7	8	9	10	11	12
10	11～19	13～27	15～35	18～42	20～50	22～58	24～66	26～74	28～82	30～90	32～98
	11～19	14～26	17～33	20～40	23～47	25～55	28～62	31～69	34～76	37～83	40～90
11	12～21	15～29	17～38	20～46	22～55	25～63	27～72	30～80	32～89	34～98	37～106
	13～20	16～28	19～36	22～44	25～52	29～59	32～67	35～75	39～82	42～90	45～98
12	14～22	17～31	19～41	22～50	25～59	28～68	31～77	33～87	36～96	39～105	42～114
	14～22	18～30	21～39	25～47	28～56	32～64	36～72	39～81	43～89	47～97	50～106
13	15～24	18～34	21～44	25～53	28～63	31～73	34～83	37～93	40～103	43～113	46～123
	15～24	19～33	23～42	27～51	31～60	35～69	39～78	44～86	48～95	52～104	56～113
14	16～26	20～36	24～46	27～57	31～67	34～78	38～88	41～98	45～100	48～120	51～131
	17～25	21～35	25～45	30～54	34～64	39～73	43～83	48～92	52～102	57～121	61～121
15	18～27	22～38	26～49	30～60	34—71	37～83	41～94	45～105	49～116	53～127	56～139
	18～27	23～37	28～47	32～58	37～68	42～78	47～88	52～98	570～108	62～118	67～128
16	19～29	23～41	28～52	32～64	36～76	41～87	45～99	49～111	53～123	57～135	62～146
	19～29	25～39	30～50	35～61	40～72	46～82	51～93	56～104	61～115	67～125	72～136
17	20～31	25～43	30～55	35～67	39～80	44～92	49～104	53～117	58～129	62～142	67～154
	21～30	26～42	32～53	38～64	43～76	49～87	55～98	60～110	66～121	72～132	78～143
18	22～32	27～45	32～58	37～71	42～84	47～97	52～110	57～123	62～136	67～149	72～170
	22～32	28～44	34～56	40～68	46～80	52～92	57～105	62～118	68～130	73～143	79～155
19	23～34	29～47	34～61	40～74	45～88	50～102	56～115	61～129	67～142	72～156	77～170
	24～33	30～46	36～59	43～71	49～84	56～96	62～109	69～121	76～133	82～146	89～158
20	24～36	30～50	36～64	42～78	48～92	54～106	60～120	65～135	71～149	77～163	82～178
	25～35	32～48	38～62	45～75	52～88	59～101	66～114	73～127	80～140	87～153	94～166

附表 4 观测锤度温度改正表(标准温度 20℃)

温度/℃	观测锤度																									
	0	1	2	3	4	5	6	7	8	9	10	11	12	13	14	15	16	17	18	19	20	21	22	23	24	25	30
	……温度低于 20℃时读数应减之数……																										
0	0.30	0.34	0.36	0.41	0.45	0.49	0.52	0.55	0.59	0.62	0.65	0.67	0.70	0.72	0.75	0.77	0.79	0.82	0.84	0.87	0.89	0.91	0.93	0.95	0.97	0.99	1.08
5	0.35	0.38	0.40	0.43	0.45	0.47	0.49	0.51	0.52	0.54	0.56	0.58	0.60	0.61	0.63	0.65	0.67	0.68	0.70	0.71	0.73	0.74	0.75	0.76	0.77	0.80	0.86
10	0.32	0.33	0.34	0.36	0.37	0.38	0.39	0.40	0.41	0.42	0.43	0.44	0.45	0.46	0.47	0.48	0.49	0.50	0.50	0.51	0.52	0.53	0.54	0.55	0.56	0.57	0.60
10.5	0.31	0.32	0.33	0.34	0.35	0.36	0.37	0.38	0.39	0.40	0.41	0.42	0.43	0.44	0.45	0.46	0.47	0.48	0.48	0.49	0.50	0.51	0.52	0.52	0.53	0.54	0.57
11	0.31	0.32	0.33	0.33	0.34	0.35	0.36	0.37	0.38	0.39	0.40	0.41	0.42	0.42	0.43	0.44	0.45	0.46	0.46	0.47	0.48	0.49	0.49	0.50	0.50	0.51	0.55
11.5	0.30	0.31	0.31	0.32	0.32	0.33	0.34	0.35	0.36	0.37	0.38	0.39	0.40	0.40	0.41	0.42	0.43	0.43	0.44	0.44	0.45	0.46	0.46	0.47	0.47	0.48	0.52
12	0.29	0.30	0.30	0.31	0.31	0.32	0.33	0.34	0.34	0.35	0.36	0.37	0.38	0.38	0.39	0.40	0.41	0.41	0.42	0.42	0.43	0.44	0.44	0.45	0.45	0.46	0.50
12.5	0.27	0.28	0.28	0.29	0.29	0.30	0.31	0.32	0.32	0.33	0.34	0.35	0.35	0.36	0.36	0.37	0.38	0.38	0.39	0.39	0.40	0.41	0.41	0.42	0.42	0.43	0.47
13	0.26	0.27	0.27	0.28	0.28	0.29	0.30	0.30	0.31	0.31	0.32	0.33	0.33	0.34	0.34	0.35	0.36	0.36	0.37	0.37	0.38	0.39	0.39	0.40	0.40	0.41	0.44
13.5	0.25	0.25	0.25	0.25	0.26	0.27	0.28	0.28	0.29	0.29	0.30	0.31	0.31	0.32	0.32	0.33	0.34	0.34	0.35	0.35	0.36	0.36	0.37	0.37	0.38	0.38	0.41
14	0.24	0.24	0.24	0.24	0.25	0.26	0.27	0.27	0.28	0.28	0.29	0.29	0.30	0.30	0.31	0.31	0.32	0.32	0.33	0.33	0.34	0.34	0.35	0.35	0.36	0.36	0.38
14.5	0.22	0.22	0.22	0.22	0.23	0.24	0.24	0.25	0.25	0.26	0.26	0.26	0.27	0.27	0.28	0.28	0.29	0.29	0.30	0.30	0.31	0.31	0.32	0.32	0.33	0.33	0.35
15	0.20	0.20	0.20	0.20	0.21	0.22	0.22	0.23	0.23	0.24	0.24	0.24	0.25	0.25	0.26	0.26	0.26	0.27	0.27	0.28	0.28	0.28	0.29	0.29	0.30	0.30	0.32
15.5	0.18	0.18	0.18	0.18	0.19	0.20	0.20	0.21	0.21	0.22	0.22	0.22	0.23	0.23	0.24	0.24	0.24	0.24	0.25	0.25	0.25	0.25	0.26	0.26	0.27	0.27	0.29
16	0.17	0.17	0.17	0.18	0.18	0.18	0.18	0.19	0.19	0.20	0.20	0.20	0.21	0.21	0.22	0.22	0.22	0.22	0.23	0.23	0.23	0.23	0.24	0.24	0.25	0.25	0.26
16.5	0.15	0.15	0.15	0.16	0.16	0.16	0.16	0.16	0.17	0.17	0.17	0.17	0.18	0.18	0.19	0.19	0.19	0.19	0.20	0.20	0.20	0.20	0.21	0.21	0.22	0.22	0.23
17	0.13	0.13	0.13	0.14	0.14	0.14	0.14	0.14	0.15	0.15	0.15	0.15	0.16	0.16	0.16	0.16	0.16	0.16	0.17	0.17	0.18	0.18	0.18	0.18	0.19	0.19	0.20
17.5	0.11	0.11	0.11	0.12	0.12	0.12	0.12	0.12	0.12	0.12	0.12	0.12	0.12	0.13	0.13	0.13	0.13	0.13	0.14	0.14	0.15	0.15	0.15	0.16	0.16	0.16	0.16
18	0.09	0.09	0.09	0.10	0.10	0.10	0.10	0.10	0.10	0.10	0.10	0.10	0.10	0.11	0.11	0.11	0.11	0.11	0.12	0.12	0.12	0.12	0.12	0.13	0.13	0.13	0.13
18.5	0.07	0.07	0.07	0.07	0.07	0.07	0.07	0.07	0.07	0.07	0.07	0.07	0.07	0.08	0.08	0.08	0.08	0.08	0.09	0.09	0.09	0.09	0.09	0.09	0.09	0.09	0.10
19	0.05	0.05	0.05	0.05	0.05	0.05	0.05	0.05	0.05	0.05	0.05	0.05	0.05	0.06	0.06	0.06	0.06	0.06	0.06	0.06	0.06	0.06	0.06	0.06	0.06	0.06	0.07

续表

温度/℃	观测锤度																									
	0	1	2	3	4	5	6	7	8	9	10	11	12	13	14	15	16	17	18	19	20	21	22	23	24	25	30
	……温度低于20℃时读数应减之数……																										
19.5	0.03	0.03	0.03	0.03	0.03	0.03	0.03	0.03	0.03	0.03	0.03	0.03	0.03	0.03	0.03	0.03	0.03	0.03	0.03	0.03	0.03	0.03	0.03	0.03	0.03	0.03	0.04
20	0	0	0	0	0	0	0	0	0	0	0	0	0	0	0	0	0	0	0	0	0	0	0	0	0	0	0
20.5	0.02	0.02	0.02	0.03	0.03	0.03	0.03	0.03	0.03	0.03	0.03	0.03	0.03	0.03	0.03	0.03	0.03	0.03	0.03	0.03	0.03	0.03	0.03	0.03	0.04	0.04	0.04
21	0.04	0.04	0.04	0.05	0.05	0.05	0.05	0.05	0.06	0.06	0.06	0.06	0.06	0.06	0.06	0.06	0.06	0.06	0.06	0.06	0.06	0.06	0.06	0.07	0.07	0.07	0.07
21.5	0.07	0.07	0.07	0.08	0.08	0.08	0.08	0.08	0.09	0.09	0.09	0.09	0.09	0.09	0.09	0.09	0.09	0.09	0.09	0.09	0.09	0.09	0.09	0.10	0.10	0.10	0.11
22	0.10	0.10	0.10	0.10	0.10	0.10	0.10	0.10	0.11	0.11	0.11	0.11	0.11	0.12	0.12	0.12	0.12	0.12	0.12	0.12	0.12	0.12	0.12	0.13	0.13	0.13	0.14
22.5	0.13	0.13	0.13	0.13	0.13	0.13	0.13	0.13	0.14	0.14	0.14	0.14	0.14	0.15	0.15	0.15	0.15	0.15	0.16	0.16	0.16	0.16	0.16	0.17	0.17	0.17	0.18
23	0.16	0.16	0.16	0.16	0.16	0.16	0.16	0.16	0.17	0.17	0.17	0.17	0.17	0.17	0.17	0.17	0.17	0.18	0.18	0.19	0.19	0.19	0.19	0.20	0.20	0.20	0.21
23.5	0.19	0.19	0.19	0.19	0.19	0.19	0.19	0.19	0.20	0.20	0.20	0.20	0.20	0.21	0.21	0.21	0.21	0.22	0.22	0.23	0.23	0.23	0.23	0.24	0.24	0.24	0.25
24	0.21	0.21	0.21	0.22	0.22	0.22	0.22	0.22	0.23	0.23	0.23	0.23	0.23	0.24	0.24	0.24	0.24	0.25	0.25	0.26	0.26	0.26	0.26	0.27	0.27	0.27	0.28
24.5	0.24	0.24	0.24	0.25	0.25	0.25	0.26	0.26	0.26	0.27	0.27	0.27	0.27	0.28	0.28	0.28	0.28	0.28	0.29	0.29	0.29	0.29	0.30	0.30	0.31	0.31	0.32
25	0.27	0.27	0.27	0.28	0.28	0.28	0.28	0.29	0.29	0.30	0.30	0.30	0.30	0.31	0.31	0.31	0.31	0.31	0.32	0.32	0.32	0.32	0.33	0.33	0.34	0.34	0.35
25.5	0.30	0.30	0.30	0.31	0.31	0.31	0.31	0.32	0.32	0.33	0.33	0.33	0.33	0.34	0.34	0.34	0.34	0.35	0.35	0.36	0.36	0.36	0.36	0.37	0.37	0.37	0.39
26	0.33	0.33	0.33	0.34	0.34	0.34	0.34	0.35	0.35	0.36	0.36	0.36	0.36	0.37	0.37	0.37	0.38	0.38	0.39	0.39	0.40	0.40	0.40	0.40	0.40	0.40	0.42
26.5	0.37	0.37	0.37	0.38	0.38	0.38	0.38	0.38	0.39	0.39	0.39	0.39	0.40	0.40	0.41	0.41	0.41	0.42	0.42	0.43	0.43	0.43	0.43	0.44	0.44	0.44	0.46
27	0.40	0.40	0.40	0.41	0.41	0.41	0.41	0.41	0.42	0.42	0.42	0.42	0.43	0.43	0.44	0.44	0.44	0.45	0.45	0.46	0.46	0.46	0.47	0.47	0.48	0.48	0.50
27.5	0.43	0.43	0.43	0.44	0.44	0.44	0.44	0.45	0.45	0.46	0.46	0.46	0.47	0.47	0.48	0.48	0.48	0.49	0.49	0.50	0.50	0.50	0.51	0.51	0.52	0.52	0.54
28	0.46	0.46	0.46	0.47	0.47	0.47	0.47	0.48	0.48	0.49	0.49	0.49	0.50	0.50	0.51	0.51	0.52	0.52	0.53	0.53	0.54	0.54	0.55	0.55	0.56	0.56	0.58
28.5	0.50	0.50	0.50	0.51	0.51	0.51	0.51	0.52	0.52	0.53	0.53	0.53	0.54	0.54	0.55	0.55	0.56	0.56	0.57	0.57	0.58	0.58	0.59	0.59	0.60	0.60	0.62
29	0.54	0.54	0.54	0.55	0.55	0.55	0.55	0.55	0.56	0.56	0.56	0.57	0.57	0.58	0.58	0.59	0.59	0.60	0.60	0.61	0.61	0.61	0.62	0.62	0.63	0.63	0.66
29.5	0.58	0.58	0.58	0.59	0.59	0.59	0.59	0.59	0.60	0.60	0.60	0.61	0.61	0.62	0.62	0.63	0.63	0.64	0.64	0.65	0.65	0.65	0.66	0.66	0.67	0.67	0.70

续表

温度/℃	观测锤度																									
	0	1	2	3	4	5	6	7	8	9	10	11	12	13	14	15	16	17	18	19	20	21	22	23	24	25	30
	……温度低于20℃时读数应减之数……																										
30	0.61	0.61	0.61	0.62	0.62	0.62	0.62	0.62	0.63	0.63	0.63	0.64	0.64	0.65	0.65	0.66	0.66	0.67	0.67	0.68	0.68	0.68	0.69	0.69	0.70	0.70	0.73
30.5	0.65	0.65	0.65	0.66	0.66	0.66	0.66	0.66	0.67	0.67	0.67	0.68	0.68	0.69	0.69	0.70	0.70	0.71	0.71	0.72	0.72	0.73	0.73	0.74	0.74	0.75	0.78
31	0.69	0.69	0.66	0.70	0.60	0.70	0.70	0.70	0.71	0.71	0.71	0.72	0.72	0.73	0.73	0.74	0.74	0.75	0.75	0.76	0.76	0.77	0.77	0.78	0.78	0.79	0.82
31.5	0.73	0.73	0.73	0.74	0.74	0.74	0.74	0.74	0.75	0.75	0.75	0.76	0.76	0.77	0.77	0.78	0.79	0.79	0.80	0.80	0.81	0.81	0.82	0.82	0.83	0.83	0.86
32	0.76	0.76	0.77	0.77	0.78	0.78	0.78	0.78	0.79	0.79	0.79	0.80	0.80	0.81	0.81	0.82	0.83	0.83	0.84	0.84	0.85	0.85	0.86	0.86	0.87	0.87	0.90
32.5	0.80	0.80	0.81	0.81	0.82	0.82	0.82	0.83	0.83	0.83	0.83	0.84	0.84	0.85	0.85	0.86	0.87	0.87	0.88	0.88	0.89	0.90	0.90	0.91	0.91	0.92	0.95
33	0.84	0.84	0.85	0.85	0.85	0.85	0.85	0.86	0.86	0.86	0.86	0.87	0.88	0.88	0.89	0.90	0.91	0.91	0.92	0.92	0.93	0.94	0.94	0.95	0.95	0.96	0.99
33.5	0.88	0.88	0.88	0.89	0.89	0.89	0.89	0.89	0.90	0.90	0.90	0.91	0.92	0.92	0.93	0.94	0.95	0.95	0.96	0.97	0.98	0.98	0.99	0.99	1.00	1.00	1.03
34	0.91	0.91	0.92	0.92	0.93	0.93	0.93	0.93	0.94	0.94	0.94	0.95	0.96	0.96	0.97	0.98	0.99	1.00	1.00	1.01	1.02	1.02	1.03	1.03	1.04	1.04	1.07
34.5	0.95	0.95	0.96	0.96	0.97	0.97	0.97	0.97	0.98	0.98	0.98	0.99	0.99	0.100	1.01	1.02	1.03	1.04	1.04	1.05	1.06	1.07	1.07	1.08	1.08	1.09	1.12
35	0.99	0.99	1.00	1.00	1.01	1.01	1.01	1.01	1.02	1.02	1.02	1.03	1.04	1.05	1.05	1.06	1.07	1.08	1.08	1.09	1.10	1.11	1.11	1.12	1.12	1.13	1.16
40	1.42	1.43	1.43	1.44	1.44	1.45	1.45	1.46	1.47	1.47	1.47	1.48	1.49	1.50	1.50	1.51	1.52	1.53	1.53	1.54	1.54	1.55	1.55	1.56	1.56	1.57	1.62

附表 5　相当于氧化亚铜质量的葡萄糖、果糖、乳糖、转化糖质量表　　单位：mg

氧化亚铜	葡萄糖	果　糖	乳　糖	转化糖	氧化亚铜	葡萄糖	果　糖	乳　糖	转化糖
11.3	4.6	5.1	7.7	5.2	54.0	23.1	25.4	36.8	24.5
12.4	5.1	5.6	8.5	5.7	55.2	23.6	26.0	37.5	25.0
13.5	5.6	6.1	9.3	6.2	56.3	24.1	26.5	38.3	25.5
14.6	6.0	6.7	10.0	6.7	57.4	24.6	27.1	39.1	26.0
15.8	6.5	7.2	10.8	7.2	58.5	25.1	27.6	39.8	26.5
16.9	7.0	7.7	11.5	7.7	59.7	25.6	28.2	40.6	27.0
18.0	7.5	8.3	12.3	8.2	60.8	26.1	28.7	41.4	27.6
19.1	8.0	8.8	13.1	8.7	61.9	26.5	29.2	42.1	28.1
20.3	8.5	9.3	13.8	9.2	63.0	27.0	29.8	42.9	28.6
21.4	8.9	9.9	14.6	9.7	64.2	27.5	30.3	43.7	29.1
22.5	9.4	10.4	15.4	10.2	65.3	28.0	30.9	44.4	29.6
23.6	9.9	10.9	16.1	10.7	66.4	28.5	31.4	45.2	30.1
24.8	10.4/11.5	16.9	11.2	92.3	67.6	29.0	31.9	46.0	30.6
25.9	10.9	12.0	17.7	11.7	68.7	29.5	32.5	46.7	31.2
27.0	11.4	12.5	18.4	12.3	69.8	30.0	33.0	47.5	31.7
28.1	11.9	13.1	19.2	12.8	70.9	30.5	33.6	48.3	32.2
29.3	12.3	13.6	19.9	13.3	72.1	31.0	34.1	49.0	32.7
30.4	12.8	14.2	20.7	13.8	73.2	31.5	34.7	49.8	33.2
31.5	13.3	14.7	21.5	14.3	74.3	32.0	35.2	50.6	33.7
32.6	13.8	15.2	22.2	14.8	75.4	32.5	35.8	51.3	34.3
33.8	14.3	15.8	23.0	15.3	76.6	33.0	36.3	52.1	34.8
34.9	14.8	16.0	23.8	15.8	77.7	33.5	36.8	52.9	35.3
36.0	15.3	16.8	24.5	16.3	78.8	34.0	37.4	53.6	35.8
37.2	15.7	17.4	25.3	16.8	79.9	34.5	37.9	54.4	36.3
38.3	16.2	17.9	26.1	17.3	81.1	35.0	38.5	55.2	36.8
39.4	16.7	18.4	26.8	17.8	82.2	35.5	39.0	55.9	37.4
40.5	17.2	19.0	27.6	18.3	83.3	36.0	39.6	56.7	37.9
41.7	17.7	19.5	28.4	18.9	84.4	36.5	40.1	57.5	38.4
42.8	18.2	20.1	29.1	19.4	85.6	37.0	40.7	58.2	38.9
43.9	18.7	20.6	29.9	19.9	86.7	37.5	41.2	59.0	39.4
45.0	19.2	21.1	30.6	20.4	87.8	38.0	41.7	59.8	40.0
46.2	19.7	21.7	31.4	20.9	88.9	38.5	42.3	60.5	40.5
47.3	20.1	22.2	32.2	21.4	90.1	39.0	42.8	61.3	41.0
48.4	20.6	22.8	32.9	21.9	91.2	39.5	43.4	62.1	41.5
49.5	21.1	23.3	33.7	22.4	40.0	43.9	62.8	42.0	—
50.7	21.6	23.8	34.5	22.9	93.4	40.5	44.5	63.6	42.6
51.8	22.1	24.4	35.2	23.5	94.6	41.0	45.0	64.4	43.1
52.9	22.6	24.9	36.0	24.0	95.7	41.5	45.6	65.1	43.6

续表

氧化亚铜	葡萄糖	果　糖	乳　糖	转化糖	氧化亚铜	葡萄糖	果　糖	乳　糖	转化糖
96.8	42.0	46.1	65.9	44.1	145.2	63.8	69.9	99.0	66.8
97.9	42.5	46.7	66.7	44.7	146.4	64.3	70.4	99.8	67.4
99.1	43.0	47.2	67.4	45.2	147.5	64.9	71.0	100.6	69.7
100.2	43.5	47.8	68.2	45.7	148.6	65.4	71.6	101.3	68.4
101.3	44.0	48.3	69.0	46.2	149.7	65.9	72.1	102.1	69.0
102.5	44.5	48.9	69.7	46.7	150.9	66.4	72.7	102.9	69.5
103.6	45.0	49.4	70.5	47.3	152.0	66.9	73.2	103.6	70.0
104.7	45.5	50.0	71.3	47.8	153.1	67.4	73.8	104.4	70.6
105.8	46.0	50.5	72.1	48.3	154.2	68.0	74.3	105.2	71.1
107.0	46.5	51.1	72.8	48.8	155.4	68.5	74.9	106.0	71.6
108.1	47.0	51.6	73.6	49.4	156.5	69.0	75.5	106.7	72.2
109.2	47.5	52.2	74.4	49.9	157.6	69.5	76.0	107.5	72.7
110.3	48.0	52.7	75.1	50.4	158.7	70.0	76.6	108.3	73.2
111.5	48.5	53.3	75.9	50.9	159.9	70.5	77.1	109.0	73.8
112.6	49.0	53.8	76.7	51.5	161.0	71.1	77.7	109.8	74.3
113.7	49.5	54.4	77.4	52.0	162.1	71.6	78.3	110.6	74.9
114.8	50.0	54.9	78.2	52.5	163.2	72.1	78.8	111.4	75.4
116.0	50.6	55.5	79.0	53.0	164.4	72.6	79.4	112.1	75.9
117.1	51.1	56.0	79.7	53.6	165.5	73.1	80.0	112.9	76.5
118.2	51.6	56.6	80.5	54.1	166.6	73.7	80.5	113.7	77.0
119.3	52.1	57.1	81.3	54.6	167.8	74.2	81.1	114.4	77.6
120.5	52.6	57.7	82.1	55.2	168.9	74.7	81.6	115.2	78.1
121.6	53.1	58.2	82.8	55.7	170.0	75.2	82.2	116.0	78.6
122.7	53.6	58.8	83.6	56.2	171.0	75.7	82.8	116.8	79.2
123.8	54.1	59.3	84.4	56.7	172.3	76.3	83.3	117.5	79.7
125.0	54.6	59.9	85.1	57.3	173.4	76.8	83.9	118.3	80.3
126.1	55.1	60.4	85.9	57.8	174.5	77.3	84.4	119.1	80.8
127.2	55.6	61.0	86.7	58.3	175.6	77.8	85.0	119.9	81.3
128.3	56.1	61.6	87.4	58.9	176.8	78.3	85.6	120.6	81.9
129.5	56.7	62.1	88.2	59.4	177.9	78.9	86.1	121.4	82.4
130.6	57.2	62.7	89.0	59.9	179.0	79.4	86.7	122.2	83.0
131.7	57.7	63.2	89.8	60.4	180.1	79.9	87.3	122.9	83.5
132.8	58.2	63.8	90.5	61.0	181.3	80.4	87.8	123.7	84.0
134.0	58.7	64.3	91.3	61.5	182.4	81.0	88.4	124.5	84.6
135.1	59.2	64.9	92.1	62.0	183.5	81.5	89.0	125.3	85.1
136.2	59.7	65.4	92.8	62.6	184.5	82.0	89.5	126.0	85.7
137.4	60.2	66.0	93.6	63.1	185.8	82.5	90.1	126.8	86.2
138.5	60.7	66.5	94.4	63.6	186.9	83.1	90.6	127.6	86.8
139.6	61.3	67.1	95.2	64.2	188.0	83.6	91.2	128.4	87.3
140.7	61.8	67.7	95.9	64.7	189.1	84.1	91.8	129.1	87.8
141.9	62.3	68.2	96.7	65.2	190.3	84.6	92.3	129.9	88.4
143.0	62.8	68.8	97.5	65.8	191.4	85.2	92.9	130.7	88.9
144.1	63.3	69.3	98.2	66.3	192.5	85.7	93.5	131.5	89.5

续表

氧化亚铜	葡萄糖	果　糖	乳　糖	转化糖	氧化亚铜	葡萄糖	果　糖	乳　糖	转化糖
193.6	86.2	94.0	132.2	90.0	242.1	109.2	118.6	165.6	113.7
194.8	86.7	94.6	133.0	90.6	243.1	109.7	119.2	166.4	114.3
195.9	87.3	95.2	133.8	91.1	244.3	110.2	119.8	167.1	114.9
197.0	87.8	95.7	134.6	91.7	245.4	110.8	120.3	167.9	115.4
198.1	88.3	96.3	135.3	92.2	246.6	111.3	120.9	168.7	116.0
199.3	88.9	96.9	136.1	92.8	247.7	111.9	121.5	169.5	116.5
200.4	89.4	97.4	136.9	93.3	247.8	112.4	122.1	170.3	117.1
201.5	89.9	98.0	137.7	93.8	247.9	112.9	122.6	171.0	117.6
202.7	90.4	98.6	138.4	94.4	251.1	113.5	123.2	171.8	118.2
203.8	91.0	99.2	139.2	94.9	252.2	114.0	123.8	172.6	118.8
204.9	91.5	99.7	140.0	95.5	253.3	114.6	124.4	173.4	119.3
206.0	92.0	100.3	140.8	96.0	254.4	115.1	125.0	174.2	119.9
207.2	92.6	100.9	141.5	96.6	255.6	115.7	125.5	174.9	120.4
208.3	93.1	101.4	142.3	97.1	256.7	116.2	126.1	175.7	121.0
209.4	93.6	102.0	143.1	97.7	257.8	116.7	126.7	176.5	120.6
210.5	94.2	102.6	143.9	98.2	258.9	117.3	127.3	177.3	122.1
211.7	94.7	103.1	144.6	98.8	260.1	117.8	127.9	178.1	122.7
212.8	95.2	103.7	145.4	99.3	261.2	118.4	128.4	178.8	123.3
213.9	95.7	104.3	146.2	99.9	262.3	118.9	129.0	179.6	123.8
215.0	96.3	104.8	147.0	100.4	263.4	119.5	129.6	180.4	124.4
216.2	96.8	105.4	147.7	101.0	264.6	120.0	130.2	181.2	124.9
217.3	97.3	106.0	148.5	101.5	265.7	120.6	130.8	181.9	125.5
218.4	97.9	106.6	149.3	102.1	266.8	121.1	131.3	182.7	126.1
219.5	98.4	107.1	150.1	105.6	268.0	121.7	131.9	183.5	126.6
220.7	98.9	107.7	150.8	103.2	269.1	122.2	132.5	184.3	127.2
221.8	99.5	108.3	151.6	103.7	270.2	122.7	133.1	185.1	127.8
222.9	100.0	108.8	152.4	104.3	271.3	123.3	133.7	185.8	128.3
224.0	100.5	109.4	153.2	104.8	272.5	123.8	134.2	186.6	128.9
225.2	101.1	110.0	153.9	105.4	273.6	124.4	134.8	187.4	129.5
226.3	101.6	110.6	154.7	106.0	274.7	124.9	135.4	188.2	130.0
227.4	102.2	111.1	155.5	106.5	275.8	125.5	136.0	189.0	130.6
228.5	102.7	111.7	156.3	107.1	277.0	126.0	136.6	189.7	131.2
229.7	103.2	112.3	157.0	107.6	278.1	126.6	137.2	190.5	131.7
230.8	103.8	112.9	157.8	108.2	279.2	127.1	137.7	191.3	132.3
231.9	104.3	113.4	158.6	108.7	280.3	127.7	138.3	192.1	132.9
233.1	104.8	114.0	159.4	109.3	281.5	128.2	138.9	192.9	133.4
234.2	105.4	114.6	160.2	109.8	282.6	128.8	139.5	193.6	134.0
235.3	105.9	115.2	160.9	110.4	283.7	129.3	140.1	194.4	134.6
236.4	106.5	115.7	161.7	110.9	284.8	129.9	140.7	195.2	135.1
237.6	107.0	116.3	162.5	111.5	286.0	130.4	141.3	196.0	135.7
238.7	107.5	116.9	163.3	112.1	287.1	131	141.8	196.8	136.3
239.8	108.1	117.5	164.0	112.6	288.2	131.6	142.4	197.5	136.8
240.9	108.6	118.0	164.8	113.2	289.3	132.1	143.0	198.3	137.4

续表

氧化亚铜	葡萄糖	果 糖	乳 糖	转化糖	氧化亚铜	葡萄糖	果 糖	乳 糖	转化糖
290.5	132.7	143.6	199.1	138.0	338.9	156.8	169.0	232.7	162.8
291.6	133.2	144.2	199.9	138.6	340.0	157.3	169.6	233.5	163.4
292.7	133.8	144.8	200.7	139.1	341.1	157.9	170.2	234.3	164.0
293.8	134.3	145.4	201.4	139.7	342.3	158.5	170.8	235.1	164.5
295.0	134.9	145.9	202.2	140.3	343.4	159.0	171.4	235.9	165.1
296.1	135.4	146.5	203.0	140.8	344.5	159.6	172.0	236.7	165.7
297.2	136	147.1	203.8	141.4	345.6	160.2	172.6	237.4	166.3
298.3	136.5	147.7	204.6	142.0	346.8	160.7	173.2	238.2	166.9
299.5	137.1	148.3	205.3	142.6	347.9	161.3	173.8	239.0	167.5
300.6	137.7	148.9	206.1	143.1	349.0	161.9	174.4	239.8	168.0
301.7	138.2	149.5	206.9	143.7	350.1	162.5	175.0	240.6	168.6
302.9	138.8	150.1	207.7	144.3	351.3	163.0	175.6	241.4	169.2
304.0	139.3	150.6	208.5	144.8	352.4	163.6	176.2	242.2	169.8
305.1	139.9	151.2	209.2	145.4	353.5	164.2	176.8	243.0	170.4
306.2	140.4	151.8	210.0	146.0	354.6	164.7	177.4	243.7	171.0
307.4	141	152.4	210.8	146.6	355.8	165.3	178.0	244.5	171.6
308.5	141.6	153.0	211.6	147.1	356.9	165.9	178.6	245.3	172.2
309.6	142.1	153.6	212.4	147.7	358.0	166.5	179.2	246.1	172.8
310.7	142.7	154.2	213.2	148.3	359.1	167.0	179.8	246.9	173.3
311.9	143.2	154.8	214.0	148.9	360.3	167.6	180.4	247.7	173.9
313.0	143.8	155.4	214.7	149.4	361.4	168.2	181.0	248.5	174.5
314.1	144.4	156.0	215.5	150.0	362.5	168.8	181.6	249.2	175.1
315.2	144.9	156.5	216.3	150.6	363.6	169.3	182.2	250.0	175.7
316.4	145.5	157.1	217.1	151.2	364.8	169.9	182.8	250.8	176.3
317.5	146.0	157.7	217.9	151.8	365.9	170.5	183.4	251.6	176.9
318.6	146.6	158.3	218.7	152.3	367.0	171.1	184.0	252.4	177.5
319.7	147.2	158.9	219.4	152.9	368.2	171.6	184.6	253.2	178.1
320.9	147.7	159.5	220.2	153.5	369.3	172.2	185.2	253.9	178.7
322.0	148.3	160.1	221.0	154.1	370.4	172.8	185.8	254.7	179.3
323.1	148.8	160.7	221.8	154.6	371.5	173.4	186.4	255.5	179.8
324.2	149.4	161.3	222.6	155.2	372.7	173.9	187.0	256.3	180.4
325.4	150.0	161.9	223.3	155.8	373.8	174.5	187.6	257.1	181.0
326.5	150.5	162.5	224.1	156.4	374.9	175.1	188.2	257.9	181.6
327.6	154.1	163.1	224.9	157.0	376.0	175.7	188.8	258.7	182.2
328.7	151.7	163.7	225.7	157.5	377.2	176.3	189.4	259.4	182.8
329.9	152.2	164.3	226.5	158.1	378.3	176.8	190.1	260.2	183.4
331.0	152.8	164.9	227.3	158.7	379.4	177.4	190.7	261.0	184.0
332.1	153.4	165.4	228.0	159.3	380.5	178.0	191.3	261.8	184.6
333.3	153.9	166.0	228.8	159.9	381.7	178.6	191.9	262.6	185.2
334.4	154.5	166.6	229.6	160.5	382.8	179.2	192.5	263.4	185.8
335.5	155.1	167.2	230.4	161.0	383.9	179.7	193.1	264.2	186.4
336.6	155.6	167.8	231.2	161.6	385.0	180.3	193.7	265.0	187.0
337.8	156.2	168.4	232.0	162.2	386.2	180.9	194.3	265.8	187.6

续表

氧化亚铜	葡萄糖	果　糖	乳　糖	转化糖	氧化亚铜	葡萄糖	果　糖	乳　糖	转化糖
387.3	181.5	194.9	266.6	188.2	435.7	206.9	221.3	300.6	214.2
388.4	182.1	195.5	267.4	188.8	436.8	207.5	221.9	301.4	214.8
389.5	182.7	196.1	268.1	189.4	438.0	208.1	222.6	302.2	215.4
390.7	183.2	196.7	268.9	190.0	439.1	208.7	232.2	303.0	216.0
391.8	183.8	197.3	269.7	190.6	440.2	209.3	223.8	303.8	216.7
392.9	184.4	197.9	270.5	191.2	441.3	209.9	224.4	304.6	217.3
394.0	185.0	198.5	271.3	191.8	442.5	210.5	225.1	305.4	217.9
395.2	185.6	199.2	272.1	192.4	443.6	211.1	225.7	306.2	218.5
396.3	186.2	199.8	272.9	193.0	444.7	211.7	226.3	307.0	219.1
397.4	186.8	200.4	273.7	193.6	445.8	212.3	226.9	307.8	219.8
398.5	187.3	201.0	274.4	194.2	447.0	212.9	227.6	308.6	220.4
399.7	187.9	201.6	275.2	194.8	448.1	213.5	228.2	309.4	221.0
400.8	188.5	202.2	276.0	195.4	449.2	214.1	228.8	310.2	221.6
401.9	189.1	202.8	276.8	196.0	450.3	214.7	229.4	311.0	222.2
403.1	189.7	203.4	277.6	196.6	451.5	215.3	230.1	311.8	222.9
404.2	190.3	204.0	278.4	197.2	452.6	215.9	230.7	312.6	223.5
405.3	190.9	204.7	279.2	197.8	453.7	216.5	231.3	313.4	224.1
406.4	191.5	205.3	280.0	198.4	454.8	217.1	232.0	314.2	224.7
407.6	192.0	205.9	280.8	199.0	456.0	217.8	232.6	315.0	225.4
408.7	192.6	206.5	281.6	199.6	457.1	218.4	233.2	315.9	226.0
409.8	193.2	207.1	282.4	200.2	458.2	219.0	233.9	316.7	226.6
410.9	193.8	207.7	283.2	200.8	459.3	219.6	234.5	317.5	227.2
412.1	194.4	208.3	284.0	201.4	460.5	220.2	235.1	318.3	227.9
413.2	195.0	209.0	284.8	202.0	461.6	220.8	235.8	319.1	228.5
414.3	195.6	209.6	285.6	202.6	462.7	221.4	236.4	319.9	229.1
415.4	196.2	210.2	286.3	203.2	463.8	222.0	237.1	320.7	229.7
416.6	196.8	210.8	287.1	203.8	465.0	222.6	237.7	321.6	230.4
417.7	197.4	211.4	287.9	204.4	466.1	223.3	238.4	322.4	231.0
418.8	198.0	212.0	288.7	205.0	467.2	223.9	239.0	323.3	231.7
419.9	198.5	212.6	289.5	205.7	468.4	224.5	239.7	324.0	232.3
421.1	199.1	213.3	290.3	206.3	469.5	225.1	240.3	324.9	232.9
422.2	199.7	213.9	291.1	206.9	470.6	225.7	241.0	325.7	233.6
423.3	200.3	214.5	291.9	207.5	471.7	226.3	241.6	326.5	234.2
424.4	200.9	215.1	292.7	208.1	472.9	227.0	242.2	327.4	234.8
425.6	201.5	215.7	293.5	208.7	474.0	227.6	242.9	328.2	235.5
426.7	202.1	216.3	294.3	209.3	475.1	228.2	243.6	329.1	236.1
427.8	202.7	217.0	295.0	209.9	476.2	228.8	244.3	329.9	236.8
428.9	203.5	217.6	295.8	210.5	477.4	229.5	244.9	330.8	237.5
430.1	203.9	218.2	296.6	211.1	478.5	230.1	245.6	331.7	238.1
431.2	204.5	218.8	297.4	211.8	479.6	230.7	246.3	332.6	238.8
432.3	205.1	219.5	298.2	212.4	480.7	231.4	247.0	333.5	239.5
433.5	205.1	220.1	299.0	213.0	481.9	232.0	247.8	334.4	240.2
434.6	206.3	220.7	299.8	213.6	483.0	232.7	248.5	335.3	240.8

附表 6　乳稠计读数变为 15℃ 时的相对密度换算表

乳稠计读数 \ 鲜乳温度/℃	8	9	10	11	12	13	14	15	16	17	18	19	20	21	22
15	14.2	14.3	14.4	14.5	14.6	14.7	14.8	15.0	15.1	15.2	15.4	15.6	15.8	16.0	16.2
16	15.2	15.3	15.4	15.5	15.6	15.7	15.8	16.0	16.1	16.3	16.5	16.7	16.9	17.1	17.3
17	16.2	16.3	16.4	16.5	16.6	16.7	16.8	17.0	17.1	17.3	17.5	17.7	17.9	18.1	18.3
18	17.2	17.3	17.4	17.5	17.6	17.7	17.8	18.0	18.1	18.3	18.5	18.7	18.9	19.1	19.5
19	18.2	18.3	18.4	18.5	18.6	18.7	18.8	19.0	19.0	19.3	19.5	19.7	19.9	20.1	20.3
20	19.1	19.2	19.3	19.4	19.5	19.6	19.8	20.0	20.1	20.3	20.5	20.7	20.9	21.1	21.3
21	20.1	20.2	20.3	20.4	20.5	20.6	20.8	21.0	21.2	21.4	21.6	21.8	22.0	22.2	22.4
22	21.1	21.2	21.3	21.4	21.5	21.6	21.8	22.0	22.2	22.4	22.6	22.8	23.0	23.4	23.4
23	22.1	22.2	22.3	22.4	22.5	22.6	22.8	23.0	23.2	23.4	23.6	23.8	24.0	24.2	24.4
24	23.1	23.2	23.3	23.4	23.5	23.6	23.8	24.0	24.2	24.4	24.6	24.8	25.0	25.2	25.5
25	24.0	24.1	24.2	24.3	24.5	24.6	24.8	25.0	25.2	25.4	25.6	25.8	26.0	26.2	26.4
26	25.0	25.1	25.2	25.3	25.5	25.6	25.8	26.0	26.2	26.4	26.6	26.9	27.1	27.3	27.5
27	26.0	26.1	26.2	26.3	26.4	26.6	26.8	27.0	27.2	27.4	27.6	27.9	28.1	28.4	28.6
28	26.9	27.0	27.1	27.2	27.4	27.6	27.8	28.0	28.2	28.4	28.6	28.9	29.2	29.4	29.6
29	27.8	27.9	28.1	28.2	28.4	28.6	28.8	29.0	29.2	29.4	29.6	29.9	30.2	30.4	30.6
30	28.7	28.9	29.0	29.2	29.4	29.6	29.8	30.0	30.2	30.4	30.6	30.9	31.2	31.4	31.6
31	29.7	29.8	30.0	30.2	30.4	30.6	30.8	31.0	31.2	31.4	31.6	32.0	32.2	32.5	32.7
32	30.6	20.8	31.0	31.2	31.4	31.6	31.8	32.0	32.2	32.4	32.7	33.0	33.3	33.6	33.8
33	31.6	31.8	32.0	32.2	32.4	32.6	32.8	33.0	33.2	33.4	33.7	34.0	34.3	34.7	34.8
34	32.6	32.8	32.8	33.1	33.3	33.6	33.8	34.0	34.2	34.4	34.7	35.0	35.3	35.6	35.9
35	33.6	33.7	33.8	34.0	34.2	34.4	34.8	35.0	35.2	35.4	35.7	36.0	36.3	36.6	36.9

附表 7　糖液折光锤度温度改正表（20℃）

温度/℃ \ 锤度	0	5	10	15	20	25	30	35	40	45	50	55	60	65	70
10	0.50	0.54	0.58	0.61	0.64	0.66	0.68	0.70	0.72	0.73	0.74	0.75	0.76	0.78	0.79
11	0.46	0.49	0.53	0.55	0.58	0.60	0.62	0.64	0.65	0.66	0.67	0.68	0.69	0.70	0.71
12	0.42	0.45	0.48	0.50	0.52	0.54	0.56	0.57	0.58	0.59	0.60	0.61	0.61	0.63	0.63
13	0.37	0.40	0.42	0.44	0.46	0.48	0.49	0.50	0.51	0.52	0.53	0.54	0.54	0.55	0.55
14	0.33	0.35	0.37	0.39	0.40	0.41	0.42	0.43	0.44	0.45	0.45	0.46	0.46	0.47	0.48
15	0.27	0.29	0.31	0.33	0.34	0.34	0.35	0.36	0.37	0.37	0.38	0.39	0.39	0.40	0.40
16	0.22	0.24	0.25	0.26	0.27	0.28	0.28	0.29	0.30	0.30	0.30	0.31	0.31	0.32	0.32
17	0.17	0.18	0.19	0.20	0.21	0.21	0.21	0.22	0.22	0.23	0.23	0.23	0.23	0.24	0.24
18	0.12	0.13	0.13	0.14	0.14	0.14	0.14	0.15	0.15	0.15	0.15	0.16	0.16	0.16	0.16
19	0.06	0.06	0.06	0.07	0.07	0.07	0.07	0.08	0.08	0.08	0.08	0.08	0.08	0.08	0.08
21	0.06	0.07	0.07	0.07	0.07	0.08	0.08	0.08	0.08	0.08	0.08	0.08	0.08	0.08	0.08
22	0.13	0.13	0.14	0.14	0.15	0.15	0.15	0.15	0.15	0.16	0.16	0.16	0.16	0.16	0.16
23	0.19	0.20	0.21	0.22	0.22	0.23	0.23	0.23	0.23	0.24	0.24	0.24	0.24	0.24	0.24
24	0.26	0.27	0.28	0.29	0.30	0.30	0.31	0.31	0.31	0.31	0.31	0.32	0.32	0.32	0.32
25	0.33	0.35	0.36	0.37	0.38	0.38	0.39	0.40	0.40	0.40	0.40	0.40	0.40	0.40	0.40
26	0.40	0.42	0.43	0.44	0.45	0.46	0.47	0.48	0.48	0.48	0.48	0.48	0.48	0.48	0.48
27	0.48	0.50	0.52	0.53	0.54	0.55	0.55	0.56	0.56	0.56	0.56	0.56	0.56	0.56	0.56
28	0.56	0.57	0.60	0.61	0.62	0.63	0.63	0.64	0.64	0.64	0.64	0.64	0.64	0.64	0.64
29	0.64	0.66	0.68	0.69	0.71	0.72	0.72	0.73	0.73	0.73	0.73	0.73	0.73	0.73	0.73
30	0.72	0.74	0.77	0.78	0.79	0.80	0.80	0.81	0.81	0.81	0.81	0.81	0.81	0.81	0.81

附表 8　碳酸气吸收系数表

温度/℃ \ 倍数 \ 压力/9.8×10^4Pa	0	0.1	0.2	0.3	0.4	0.5	0.6	0.7	0.8	0.9	1.0	1.1	1.2	1.3	1.4	1.5	1.6	1.7	1.8	1.9	2.0	2.1	2.2	2.3	2.4
0	1.713	1.88	2.04	2.21	2.38	2.54	2.71	2.87	30.4	3.21	3.37	3.54	3.70	3.87	4.03	4.20	4.37	4.53	4.70	4.86	5.03	5.19	5.36	5.53	5.69
1	1.645	1.81	1.96	2.12	2.28	2.44	2.60	2.76	2.92	3.08	3.24	3.46	3.56	3.72	3.88	4.04	4.19	4.35	4.51	4.67	4.83	4.99	5.15	5.31	5.47
2	1.584	1.74	1.89	2.04	2.20	2.35	2.50	2.66	2.81	2.96	3.12	3.27	3.42	3.58	3.73	3.88	4.04	4.19	4.32	4.50	4.65	4.80	4.96	5.11	5.26
3	1.527	1.67	1.82	1.97	2.12	2.27	2.41	2.56	2.71	2.86	3.00	3.15	3.30	3.45	3.60	3.74	3.89	4.04	4.19	4.33	4.48	4.63	4.78	4.93	5.07
4	1.473	1.62	1.76	1.90	2.04	2.19	2.33	2.47	2.61	2.76	2.90	3.04	3.18	3.33	3.47	3.61	3.75	3.95	4.04	4.18	4.32	4.47	4.61	4.75	4.89
5	1.424	1.56	1.70	1.84	1.98	2.11	2.25	2.39	2.53	2.66	2.80	2.94	3.08	3.22	3.35	3.49	3.63	3.77	3.90	4.04	4.18	4.32	4.46	4.59	4.73
6	1.377	1.51	1.64	1.78	1.91	2.04	2.18	2.31	2.44	2.58	2.71	2.84	2.98	3.11	3.24	3.38	3.51	3.64	3.78	3.91	4.04	4.18	4.31	4.44	4.58
7	1.331	1.46	1.59	1.72	1.85	1.98	2.10	2.23	2.36	2.49	2.62	2.75	2.88	3.01	3.13	3.26	3.39	3.52	3.65	3.78	3.91	4.04	4.17	4.29	4.42
8	1.282	1.41	1.53	1.65	1.78	1.90	2.03	2.15	2.27	2.40	2.52	2.65	2.77	2.90	3.02	3.14	3.27	3.39	3.52	3.64	3.76	3.89	4.01	4.14	4.26
9	1.237	1.36	1.48	1.60	1.72	1.84	1.96	2.08	2.19	2.31	2.43	2.55	2.67	2.79	2.91	3.03	3.15	3.27	3.39	3.51	3.63	3.75	3.87	3.99	4.11
10	1.194	1.31	1.43	1.54	1.66	1.77	1.89	2.00	2.12	2.23	2.35	2.47	2.58	2.70	2.81	2.93	3.04	3.16	3.27	3.39	3.51	3.62	3.74	3.85	3.97
11	1.154	1.27	1.38	1.49	1.60	1.71	1.82	1.94	2.05	2.16	2.27	2.38	2.49	2.61	2.72	2.83	2.94	3.05	3.16	3.28	3.39	3.50	3.61	3.72	3.83
12	1.117	1.23	1.33	1.44	1.55	1.66	1.77	1.87	1.98	2.09	2.20	2.31	2.41	2.52	2.63	2.74	2.85	2.95	3.06	3.17	3.28	3.39	3.50	3.60	3.71
13	1.083	1.19	1.29	1.40	1.50	1.61	1.71	1.82	1.92	2.03	2.13	2.24	2.34	2.45	2.55	2.66	2.76	2.86	2.97	3.07	3.18	3.28	3.39	3.49	3.60
14	1.050	1.51	1.25	1.35	1.46	1.56	1.66	1.76	1.86	1.96	2.07	2.17	2.27	2.37	2.47	2.57	2.68	2.78	2.88	2.98	3.08	3.18	3.29	3.39	3.49
15	1.019	1.12	1.22	1.31	1.41	1.51	1.61	1.71	1.81	1.91	2.01	2.10	2.20	2.30	2.40	2.50	2.60	2.70	2.79	2.89	2.99	3.09	3.19	3.29	3.39
16	0.985	1.08	1.18	1.27	1.37	1.46	1.56	1.65	1.75	1.84	1.94	2.03	2.13	2.22	2.32	2.41	2.51	2.61	2.70	2.80	2.89	2.99	3.08	3.18	3.27
17	0.956	1.05	1.14	1.23	1.33	1.42	1.51	1.60	1.70	1.79	1.88	1.97	2.07	2.16	2.25	2.34	2.44	2.53	2.62	2.71	2.81	2.90	2.99	3.08	3.18
18	0.928	1.02	1.11	1.20	1.29	1.38	1.47	1.56	1.65	1.74	1.83	1.92	2.01	2.10	2.19	2.28	2.37	2.45	2.54	2.63	2.72	2.81	2.90	2.99	3.08
19	0.902	0.99	1.08	1.16	1.25	1.34	1.43	1.51	1.60	1.69	1.77	1.86	1.95	2.04	2.12	2.21	2.30	2.39	2.47	2.56	2.65	2.74	2.82	2.91	3.00
20	0.878	0.96	1.05	1.13	1.22	1.30	1.39	1.47	1.56	1.64	1.73	1.81	1.90	1.98	2.07	2.15	2.24	2.32	2.41	2.49	2.58	2.66	2.75	2.83	2.92
21	0.854			1.10	1.18	1.27	1.35	1.43	1.52	1.60	1.68	1.76	1.85	1.93	2.01	2.09	2.18	2.26	2.34	2.42	2.51	2.59	2.67	2.76	2.84
22	0.829				1.15	1.23	1.31	1.39	1.47	1.55	1.63	1.71	1.79	1.87	1.95	2.03	2.11	2.19	2.27	2.35	2.43	2.51	2.59	2.67	2.75
23	0.804				1.19	1.27	1.35	1.43	1.50	1.58	1.66	1.74	1.82	1.89	1.97	2.05	2.13	2.20	2.28	2.36	2.44	2.52		2.59	2.67
24	0.781					1.23	1.31	1.39	1.46	1.54	1.61	1.69	1.76	1.84	1.91	1.99	2.07	2.14	2.22	2.29	2.37	2.44		2.52	2.60
25	0.759						1.27	1.35	1.42	1.49	1.57	1.64	1.71	1.79	1.86	1.93	2.01	2.08	2.15	2.23	2.30	2.38		2.45	2.52

续表

压力/9.8×10⁴Pa 倍数 温度/℃	2.5	2.6	2.7	2.8	2.9	3.0	3.1	3.2	3.3	3.4	3.5	3.6	3.7	3.8	3.9	4.0	4.1	4.2	4.3	4.4	4.5	4.6	4.7	4.8	4.9	5.0
0	5.86	6.02																								
1	5.63	5.79	5.95	6.11																						
2	5.42	5.57	5.72	5.88	6.03																					
3	5.22	5.37	5.52	5.67	5.81	5.96	6.11																			
4	5.04	5.18	5.32	5.46	5.61	5.75	5.89	6.01	6.18																	
5	4.87	5.01	5.15	5.28	5.42	5.56	5.70	5.83	5.97	6.11																
6	4.71	4.84	4.98	5.11	5.24	5.38	5.51	5.64	5.77	5.91	6.04	6.17														
7	4.55	4.68	4.81	4.94	5.07	5.20	5.32	5.45	5.58	5.71	5.84	5.97	6.10	6.23												
8	4.38	4.51	4.63	4.76	4.88	5.00	5.13	5.25	5.38	5.50	5.62	5.75	5.87	6.00	6.12											
9	4.23	4.35	4.47	4.59	4.71	4.83	4.95	5.07	5.19	5.31	5.43	5.55	5.67	5.79	5.91	6.03	6.15									
10	4.08	4.20	4.31	4.43	4.55	4.66	4.78	4.89	5.01	5.12	5.24	5.35	5.47	5.59	5.70	5.82	5.93	6.05								
11	3.95	4.06	4.17	4.28	4.39	4.50	4.62	4.73	4.84	4.95	5.06	5.17	5.29	5.40	5.51	5.62	5.73	5.84	5.96	6.07	6.18	6.29	6.40			
12	3.82	3.93	4.04	4.14	4.25	4.36	4.47	4.58	4.68	4.79	4.90	5.01	5.12	5.23	5.33	5.44	5.55	5.66	5.77	5.87	5.98	6.09	6.20	6.31	6.41	6.52
13	3.70	3.81	3.91	4.02	4.12	4.23	4.33	4.44	4.54	4.65	4.75	4.86	4.96	5.07	5.17	5.28	5.38	5.49	5.59	5.69	5.80	5.90	6.01	6.11	6.22	6.32
14	3.59	3.69	3.79	3.90	4.00	4.10	4.20	4.30	4.40	4.51	4.61	4.71	4.81	4.91	5.01	5.11	5.22	5.32	5.42	5.52	5.62	5.72	5.83	5.93	6.03	6.13
15	3.48	3.58	3.68	3.78	3.88	3.98	4.08	4.17	4.27	4.37	4.47	4.57	4.67	4.77	4.87	4.96	5.06	5.16	5.26	5.36	5.46	5.56	5.56	5.75	5.85	5.95
16	3.37	3.46	3.56	3.65	3.75	3.84	3.94	4.04	4.13	4.23	4.32	4.42	4.51	4.61	4.70	4.80	4.89	4.99	5.08	5.18	5.27	5.37	5.47	5.56	5.66	5.75
17	3.27	3.36	3.45	3.55	3.64	3.73	3.82	3.92	4.01	4.10	4.19	4.29	4.38	4.47	4.56	4.66	4.75	4.84	4.93	5.03	5.12	5.21	5.30	5.40	5.49	5.58
18	3.17	3.26	3.35	3.44	3.53	3.62	3.71	3.80	3.89	3.98	4.07	4.16	4.25	4.34	4.43	4.52	4.61	4.70	4.79	4.88	4.97	5.06	5.15	5.24	5.33	5.42
19	3.08	3.17	3.26	3.35	3.43	3.52	3.61	3.70	3.78	3.87	3.96	4.04	4.13	4.22	4.31	4.39	4.48	4.57	4.66	4.74	4.83	4.92	5.01	5.09	5.18	5.27
20	3.00	3.09	3.17	3.26	3.34	3.43	3.51	3.60	3.68	3.77	3.85	3.94	4.02	4.11	4.19	4.28	4.36	4.45	4.53	4.62	4.70	4.79	4.87	4.96	5.04	5.18
21	2.92	3.00	3.09	3.17	3.25	3.33	3.42	3.50	3.58	3.66	3.75	3.83	3.91	3.99	4.08	4.16	4.24	4.33	4.41	4.49	4.57	4.66	4.74	4.82	4.90	4.99
22	2.83	2.92	3.00	3.08	3.16	3.24	3.32	3.40	3.48	3.56	3.64	3.72	3.80	3.88	3.96	4.04	4.12	4.20	4.28	4.36	4.44	4.52	4.60	4.68	4.76	4.84
23	2.75	2.83	2.90	2.98	3.06	3.14	3.22	3.29	3.37	3.45	3.53	3.61	3.68	3.76	3.84	3.92	3.99	4.04	4.15	4.23	4.31	4.38	4.46	4.54	4.62	4.69
24	2.67	2.75	2.82	2.90	2.97	3.05	3.12	3.20	3.28	3.35	3.43	3.50	3.58	3.65	3.73	3.80	3.88	3.96	4.03	4.11	4.18	4.26	4.33	4.41	4.48	4.56
25	2.60	2.67	2.74	2.82	2.89	2.96	3.04	3.11	3.18	3.26	3.33	3.40	3.48	3.55	3.62	3.70	3.77	3.84	3.92	3.99	4.06	4.14	4.21	4.29	4.36	4.43

注：① 碳酸气吸收系数称为气容量。

② 本样品测试之标准温度为20℃。若差异应进行温度校正，本表已将各因素整理、换算、归纳，可直接查出正确数值。

主要参考文献

无锡轻工业大学与天津轻工业学院．1983．食品分析．北京：中国轻工业出版社．
许牡丹，毛跟年．2003．食品安全性与分析检测．北京：化学工业出版社．
杨祖英．2001．食品检验．北京：化学工业出版社．
张意静．1999．食品分析．修订2版．北京：中国轻工业出版社．
张英．2004．食品理化与微生物检测实验．北京：中国轻工业出版社．